本书得到中国林业科学研究院中央级公益性科研院所基本科研业务费专项资金数字化管理平台与能力建设项目世界林业发展热点追踪及对策研究子项目（CAFYBB2011006-06）的支持

所刊物《世界林业动态》近年的主要报道内容,编写出版了本书《2013 世界林业热点问题》。

本书对近期国际林业的热点问题及其进展进行了系统分析和总结。受篇幅和时间所限,在众多问题中,重点选择绿色发展下的森林问题、绿色经济、森林多功能经营、林业生物质能源、森林绿色核算、林业碳贸易、森林保险及应对非法采伐贸易法规等 8 个国内外热点问题进行了较为深入的专题研究,提出了针对我国的启示与对策。全书分为上下两篇。上篇为世界林业热点问题,包括综论和专题报告;下篇为世界林业动态,精选了 2011—2013 年科信所编辑《世界林业动态》稿件。附录为项目组收录的 2011—2013 年世界林业年度主题事件和世界森林资源和林产品贸易的相关图表,供读者查询使用。各部分作者如下:第 1 章:徐斌、侯元兆、胡延杰、何璆、何友均、于天飞、李玉敏、赵荣;第 2 章:侯元兆;第 3 章:何友均;第 4 章:侯元兆;第 5 章:胡延杰;第 6 章:李玉敏;第 7 章:于天飞;第 8 章:徐斌、宿海颖、李剑泉、李岩、李静;第 9 章:赵荣。下篇世界林业动态部分由白秀萍和徐芝生摘编自 2011～2013 年《世界林业动态》(内部刊物)。附录 I 的专题 1 由徐斌、付博、李茗,专题 2 由徐斌、付博、李岩,专题 3 由郎燕、吴水荣、马文君,专题 4 由吴水荣收集整理;附录 II 由李岩、何璆收集整理;附录Ⅲ由徐斌、李岩收集整理。最后,由徐斌、刘开玲、陈绍志、王登举、侯元兆、李岩和何璆进行统稿和审稿工作。

值得关注的世界林业问题很多,项目组将继续关注热点问题,进行跟踪研究,并定期选择不同时期的热点问题继续出书,向读者汇报我们的研究成果。

本项目在执行过程中,得到了中国林业科学研究院领导和专家的大力支持,林业科技信息研究所和新技术所同仁给予了帮助,他们对项目的申报、年报的框架和最终研究成果都提出了很好的意见和建议。科信所老所长、知名专家侯元兆先生亲自撰写第 2 章和第 4 章并参与审稿,陈绍志所长和王登举副所长也亲自参与本书的框架设计、定稿和审稿工作,付出了巨大的心血。在此一并表示最诚挚的谢意!

由于时间和研究范围有限,本书还存在很多疏漏和不足之处,敬请大家批评指正。

编 者
2014 年 3 月

▶ 目录

上篇 世界林业热点问题

第 1 章
世界林业热点问题综论

21 世纪以来，随着经济全球化进程的加快，人类活动对自然界的干扰不断加剧，许多生态环境问题日益突出，人类赖以生存的空间受到严重威胁，人类发展面临着全球气候变暖、土地沙漠化、湿地锐减、水土流失、干旱缺水、洪涝灾害、物种灭绝等七大生态危机。世界自然基金会（WWF）发布的《地球生命报告》警告称："人类对地球自然资源需求的不断增加，已超出了地球承载力的近 1/3，其结果是地球每年的生态债务高达 4 亿～4.5 万亿美元。如果到 2030 年情况依然如此，维持人类生计将需要两个地球（WWF，2008）。"因此，应对生态危机、维护生态安全已成为全球面临的重大课题。在这样一个大背景下，促进绿色经济发展、实现绿色转型已成为世界性的潮流和趋势。而林业由于其在维护国土生态安全、满足林产品供给、发展绿色经济、促进绿色增长以及推动人类生态文明进步中发挥着重要作用，受到了国际社会的广泛关注，并日渐成为国际政治的热点领域。可以说，林业正在从一个部门产业向维护全球生态安全的基础产业转变。在这样一个转变时期，全面梳理世界林业热点问题，不仅有利于及时掌握世界林业发展的制高点，促进我国林业与世界接轨；而且也有利于推动今后更广泛而深入的林业国际合作，为我国在涉林谈判中争取更大的国际话语权，提升我国作为负责任大国的国际形象。鉴于此，本篇总结与阐述了近期全球范围内的一些林业热点问题，并选择部分热点问题进行了专题研究。

1.1 应对生态危机，林业在全球可持续发展和环境治理中的作用日益凸显

1992 年，联合国环境与发展大会在巴西里约热内卢召开，世界 183 个国家和地区的

领导人一致通过了《21世纪行动议程》和《里约宣言》（又称《地球宪章》），号召世界各国制定其本国的"可持续发展"战略和政策，并加强国际间的合作。其后，环境与发展一直是国际社会关注的热点问题，国际社会在推进可持续发展进程和建立全球环境治理体系方面取得诸多积极进展。目前，全球有100多个国家制定了可持续发展战略，各级政府以及工商界、非政府组织和民众积极参与，可持续发展理念深入人心。在这一过程中，随着人们生态与环境价值观、思想和意识的转变，国际社会对森林价值和作用的认识日趋深入，森林这个貌似平静的自然物实际上承担了大量的经济、社会和生态责任，全球的政治、经济、社会发展也日趋集中体现在林业发展中，这是一个推进与适应的过程，使得林业日益成为全球可持续发展和环境治理的重要组成部分。

具体来说，在推进全球可持续发展方面，随着全球气候变暖、土地沙化、湿地锐减、水土流失、干旱缺水、洪涝灾害、物种灭绝等生态危机日益突出，国际社会为保护全球生态环境，相继缔结了一系列国际环境公约。国际社会讨论的问题主要包括资金和技术转让、贸易与环境、毁林和森林退化的根本原因、沙漠化产生的原因和治理责任、森林资源的主权问题、森林认证与可持续经营的关系问题、应对气候变化以及传统林业知识等方面。在国际层面，联合国相继成立了可持续发展委员会下的政府间森林工作组和政府间森林论坛，就森林问题进行持续讨论；在区域层面，制定了20多个有关森林可持续经营标准和指标体系的进程和倡议，而且仍在继续讨论；在国家层面，各国积极参与各种国际、区域、多边与双边谈判，制定出了相应的林业可持续发展国家行动方案，认真履行国际义务。可以看出，林业部门在推动全球可持续发展进程中发挥着不可替代的作用，林业成为全球可持续发展中的重要评价指标。今后世界各国将着力研究如何采取措施来充分释放林业对可持续发展的潜力。

在全球环境治理方面，林业作为最为活跃的部门也发挥着举足轻重的作用。如前所述，虽然各国在可持续发展领域取得了长足的进展，但是可持续发展领域执行力不足的状况长期存在，区域经济、社会发展很不均衡，生态恶化、环境污染趋势未能得到根本扭转。2012年6月，联合国环境规划署在里约发布的《全球环境展望》报告指出："目前地球的自然资本已经从盈余变成了亏损，人类可持续发展的形势更加严峻"（UNEP，2012）。为了有效地应对挑战，可持续利用自然资源、公平分配环境利益的环境治理理念成为世界各国的共识。

从全球森林资源来看，根据FAO的数据，2010年全球森林总面积为40.33亿公顷，占陆地总面积的31%，人均森林面积为0.6公顷。但是全球森林分布极不均匀，5个森林资源最丰富的国家（俄罗斯、巴西、加拿大、美国和中国）占森林总面积的53%。10个国家或地区已经完全没有森林，有54个国家的森林覆盖率不足10%。在2000~2010年期间，全球森林面积每年净减少520万公顷，每年仍有约1300万公顷的森林转为其它用途，并且大部分的森林损失发生在热带地区（FAO，2011）。可见，当前全球森林面积减少的趋势尚未得到根本扭转。面对严峻的森林资源下降趋势，为了有效应对生态危机，国际社会保护森林资源的呼声与诉求日益增强，日益认识到森林作为陆地上面积最大、结构最复杂、生物量最大、初级生产力最高的生态系统，森林的特殊功能决定了其在维持生态安全、保护环境、维护人类生存发展的基本条件中起着决定性和不可替代的作用。因此，林业在全球环境治理体系中的作用不可或缺。目前，国际金融危机深层次影响仍在持续发酵，世界经济复苏的不稳定性和不确定性依然十分突出，世界可持续发展事业面临更为复杂的形势和严峻的挑战，随着国际社会对森林问题的共识日益增强，对森林问题做出的政治承诺日渐明晰，建立公平高效的全球森林治理体系已成为当务之急并将成为今后世界林业发展的焦点问题之一。

1.2　迈向绿色发展新模式，寻求森林与林业新定位

发展绿色经济是当前国际社会关注的一个重大主题。归纳各种观点来看，绿色经济是资源环境经济社会的协调发展，是经济生态和社会效应兼得的一种发展方式，是经济活动过程中的绿色化和生态化；是有助于改善人类福祉、促进社会公平，同时显著降低环境风险和生态稀缺性的经济发展模式；是基于可持续发展和生态经济学的一种全新的发展路径。绿色经济的基本内涵，一是把生态与环境资源化，通过经济运行增加环境风险约束，降低生态稀缺性，解决生态资源有效配置，目标是促进社会可持续发展，即在传统经济发展目标中增加了社会公平的目标；二是把自然资源资本化、内部化，将自然资本纳入社会体系，突出自然资本对经济增长的价值。

实现绿色增长是近年来国际的热点议题之一，2011年9月，中国国家主席胡锦涛在首届亚太经合组织林业部长级会议上明确提出，林业要成为绿色增长的重要力量。2011年2月，联合国森林论坛第九届大会在讨论森林为民、森林减轻贫困等议题时提出，林业在发展绿色经济中具有重要作用，应该将林业置于重要的优先领域。2011年2月，联合国环境规划署（UNEP）在全球发布了第一本关于绿色经济的研究报告《迈向绿色经济——通向可持续发展和消除贫困之路》，将林业作为全球绿色经济发展10个至关重要的部门之一。2012年6月召开的联合国可持续发展大会，即"里约＋20大会"，又把绿色经济确定为大会主题。

近年来，一些主要国家也提出了一些绿色经济发展思路。美国以绿色新政为基本理念来推动本国的绿色经济发展；欧盟提出以绿色经济来振兴地区经济；日本计划成为全球第一个低碳绿色国家；中国倡导科学发展，建设资源节约型、环境友好型社会，强调以人为本，改善民生等。

林业在绿色经济发展中扮演着主体角色。林业在发展绿色经济中的地位主要体现在以下方面：林业构筑了绿色经济发展的生态基础、物质基础，是绿色经济发展的基本构成部门；林业在应对气候变化过程中发挥着特殊作用，在改善社会福利和减轻贫困过程中，发挥着重要作用。

在绿色发展模式下，森林、农田、草原、淡水、海洋等可更新自然资源，都应成为投资的重点，尤其是森林。森林具有多种资产价值和服务价值，分布各地，最具公平性、普遍性。在绿色发展的框架下，森林的地位应被定义为基础的国民财富，基础的国

民福利和基础的国民安全，一句话，森林是绿色发展的基础。

发展绿色经济给林业带来的机遇：进一步提升林业在国民经济中的地位和作用，扩大公共财政对林业的投资力度；增强森林资源的保护和培育力度，增加森林资源资产；促进林业产业结构的调整和产业升级，提高林业产业的国际竞争力，发挥林业在应对气候变化中的重要作用；进一步发挥林业在减轻贫困、改善人们生计方面的特殊作用。发展绿色经济也面临着挑战：从全球范围来看，由于绿色经济发展并没有改变级差地租的经济规律，因此由土地竞争所引起的毁林和森林退化的压力并不会消除；由于林业生态效益的价值化、内部化还不能完全实现，因此林业被边缘化的问题也很难消除。同时，全球有超过 16 亿人依赖森林所提供的食品和服务，超过 20 亿人口还依靠森林提供的木材作为生产和生活能源，林业面对过度消费的压力不会完全消除。

1.3 启动林业碳贸易，增强森林碳汇功能

应对气候变化是国际社会当前和未来的历史使命，也是发展低碳经济、促进经济发展的必由之路。世界银行、联合国环境署、粮农组织等国际组织，以及发达国家和发展中国家，都推出了一系列林业应对气候变化的政策和举措。1992 年《联合国气候变化框架公约》（以下简称《公约》）确定了应对气候变化国际合作的基本框架；1997 年《京都议定书》在《公约》的基础上，将其框架性内容进行细化，为各缔约方规定了具有法律约束力的温室气体减排或限排目标；2007 年《巴厘行动计划》提出了"通过减少发展中国家的毁林和森林退化导致的排放以及森林保护、可持续经营和增加森林存量来增加的固碳量（简称为 REDD +）"新的机制，作为减缓气候变化的举措；2009 年哥本哈根协议确认了减少毁林和森林退化在减少排放量中发挥的关键作用，强调需要立即设立一个包含 REDD + 的机制，提供激励措施，以期能够调动来自发达国家的资金；2010 年坎昆气候峰会强调林业作为减缓和适应气候变化的有效途径和重要手段，在应对气候变化中的特殊地位进一步得到了国际社会的充分肯定和各国政府的高度重视。

按照《京都议定书》和相关规则的要求或出于自愿行为，碳交易的双方在市场上相互买卖经核证的碳信用指标或投资进行减排增汇活动，这就形成了碳市场。国际碳市场按减排交易体系的不同划分为京都市场和非京都市场，按减排强制程度划分为强制性和非强制性。强制性减排交易是一种以行政命令为主导、市场机制为手段的贸易行为，多表现为具有强制力的减排目标下的期货交易。而自愿性减排交易则是一种建立在基于法律约束的自愿承诺之上的贸易行为，多表现为自愿参与并达成一定减排目标下的期货交易。由于发达国家国内减排二氧化碳成本很高，为了成功有效地实现减排目标，《京都议定书》建立了三种基于市场机制的、旨在成功有效地实现减排目标的国际合作机制，包括排放权交易机制（ET，Emission Trade）、联合履行机制（JI，Jointly Implemented）和清洁发展机制 CDM（Clean Development Mechanism）。目的是促进发展中国家缔约方实现可持续发展，并协助发达国家缔约方完成《京都议定书》为其规定的限制和减少温室气

体排放的目标。允许发达国家的投资者从其在发展中国家实施的、并有利于发展中国家可持续发展的减排项目中获取"经核证的减排量"（CERs）。

随着对气候变化问题认识的逐步深化，中国政府将应对气候变化问题作为国家发展的重要战略内容，形成了一系列纲领性文件，保持了在气候变化政策上的连续性。2007年6月国务院发布了《中国应对气候变化国家方案》，正式确定了林业应对全球气候变化的国家战略；2009年11月6日国家林业局发布《应对气候变化林业行动计划》将林业主要发展目标、措施与应对气候变化进行了全面的结合；2010年10月，《国务院关于加快培育和发展战略性新兴产业的决定》中提出，要建立和完善主要污染物和温室气体排放交易制度；2011年10月国家发展改革委印发了《关于开展碳排放权交易试点工作的通知》（发改办气候〔2011〕2601号），提出"十二五"期间将在国内率先实施碳排放权交易制度，并正式批准北京、天津、上海等7地为国家首批碳排放权交易试点。为促进林业碳汇抵减碳排放的国家战略，中国绿色碳汇基金会与华东林业产权交易所合作，在制定了相应交易标准和规则的基础上，建立了碳信用托管平台。2011年11月1日，经国家林业局批准，在浙江省启动了中国林业碳汇交易试点。依托华东林业产权交易所的交易平台，中国绿色碳汇基金会提供了首批14.8万t的林业碳汇的碳信用。

目前，碳贸易面临的主要问题包括碳排放总量控制与粗放型增长方式的矛盾、碳排放权初始分配的公平性、交易成本的控制以及政府监督制度的建立。针对碳市场，亟待建立和完善市场供求机制、市场风险机制、市场融资机制及市场竞争机制。在国际开展碳贸易的大背景下，我国应制定法律法规，完善林业碳贸易的管理机构；建立林业碳贸易的市场交易机制；建立林业碳贸易的技术标准化体系；通过扩大森林面积、提高森林质量、加强森林保护、发展生物质能源等措施，增加林业碳汇。

1.4　开展多功能森林经营，提高森林质量和产出

1992年联合国环境与发展大会以后，森林可持续经营成为林业发展的重要方向。为了应对气候变化，以永久性森林为主的多功能森林，正在成为森林资源的主体架构。

多功能森林的本质特点，就是追求近自然化的、但又非纯自然的森林生态系统，因此，必须"模仿自然法则、加速发育进程"，就是人工按照自然规律，促进森林生态系统的发育，生产出所需要的木材及其他多种产出。模仿自然，主要是指利用自然力、关注乡土树种、异龄、混交、复层等。这种"人工天然林"或"天然人工林"，也要保留腐朽木，保持食物链，但它一般不实行主伐，而是实行弱干扰式的择伐（单株择伐、群状择伐等）。

现代的多功能森林模式，已经在向永久性森林演变。所谓永久性森林，就是一种异龄、混交、复层、近自然的多功能森林。森林生态系统里的成熟立木和其他非木林产品不断产出，林下幼树不断生长，而森林生态系统永存。永久性森林是多功能森林的最高形态。

我国实行至今的森林分类经营，是把森林资源区分为"商品林"和"生态公益林"两大类，非此即彼。这是我国林业中很多问题的根源。必须在强化工业原料林和核心公益林的专业化的同时，明确我国其余大部分森林资源为兼顾经济和生态目标的多功能森林资源。现在需要解决的只是处于工业原料林和保护区之外的那些森林资源的经营模式。为开展多功能森林经营，从政策角度应该采取的措施：

（1）校准资源管理目标。多功能森林资源管理目标，不应当是"生态保护"，而应当是"生态经济"。

（2）调整分类经营方案。把林业用地中的小部分优质土地，用于发展专业化的高效商品林，把那些生态敏感和生物多样性最为丰富的地区划为自然保护区，而把其余的大部分的森林资源仍作为既发挥生态功能也发挥经济功能的多功能森林资源，政策上实行国家扶持加经济自养相结合的机制。

（3）用经营方案替代采伐限额。开展用森林经营方案管理和培育森林资源的试验、示范，以试验取得的经验教训为基础，逐步转变管理模式。

（4）森林经营权与采伐权分立。把森林培育与森林采伐分开，设立专业的采伐公司，或在社会上招标，承担采伐，包括育林作业。

（5）把资产培育做为政绩考核目标，在剥离森林采伐权的同时改革森林经营机构的考核机制。

（6）设立多功能森林经营政策特区，赋予多功能森林发展以部分的国家补贴加部分的经济自养机制。

（7）引入资产和金融机制，探索多功能森林的资产化运营机制，发展林下经济、森林旅游。

1.5　推广森林绿色核算，科学衡量绿色发展

传统经济发展指标无法反映真实的发展，因其忽视了对环境和自然资源因素、社会因素、科技因素的核算。为了应对目前日益严峻的资源与环境挑战，在绿色经济背景下，利用全新的绿色 GDP 核算体系替代传统 GDP 核算体系在全球已经逐步达成共识。

绿色发展理念的实施是森林绿色核算面临的最大机遇。随着"里约 + 20"峰会的召开，绿色发展理念将被广为接受。在绿色发展框架下，自然资本是经济发展和人类福祉的基础，对此，国际社会已经达成共识。绿色经济是实现可持续发展的途径，实现绿色经济不仅会实现财富增长，特别是自然资本的增益，而且还会产生更高的国内生产总值增长率。因此，绿色核算将成为衡量绿色经济进程的重要手段。

衡量绿色发展的指标大致可分为经济指标、环境指标和反映社会进步与经济福利的综合指标，其目的是建立起一套标示自然财富可持续性的信号系统，为决策提供依据。目前，在联合国、欧盟、世界银行、经合组织及多国政府的推动下，逐步形成了若干重要的环境经济核算体系，包括联合国的《综合环境与经济核算体系》（SEEA）、欧盟统计

局的《欧洲环境的经济信息收集体系》（SERIEE）等；世界银行发起的"财富核算和生态系统服务估值"（WAVES）的合作项目，全球超过 50 个国家和 86 家私营企业在里约峰会上对此表示支持。

限于复杂的经济环境关系，以及资料来源和估算方法方面的巨大困难，绿色国民经济核算目前仍然是一个充满探索、实验的研究领域。但面对国内外日益高涨的绿色核算需求，可选择优先领域、特定的生态系统开展绿色国民经济核算的探索，相对于其他环境资源，森林绿色核算在理论方法和实践探索上有了一定的创新和突破。

虽然联合国等部门即将发布的 SEEA－2012 将提供一个国际标准的中央核算框架，但这个框架应用于各国的实际情况还有很长的路要走。此外，绿色核算的技术还不成熟。绿色 GDP 核算的技术非常复杂，很多关键技术还在研究之中。

我国实施森林绿色核算需设计国家层面的总体核算框架和一个包括各种自然资源和环境的子框架体系；建立一套绿色核算数据调查制度、加强多学科、多部门之间的交流与合作、继续深化森林绿色核算理论与方法的研究、尽快建立和完善绿色核算的相关制度，如森林产权制度、环境法规、统计法规、领导干部绩效考核制度等，摒弃衡量发展惟 GDP 论的观念。

1.6　发展林业生物质能源，维护能源安全

随着世界范围内化石能源的日益枯竭，自 20 世纪末，发达国家就开始大力发展生物质能源以替代化石能源。目前，利用现代科技发展生物质能源，已成为解决未来能源问题的重要出路，被许多国家作为重要能源战略。森林作为一种十分重要的生物质能源，就其能源当量而言，是仅次于煤、石油、天然气的第四大能源，而且具有清洁安全、可再生、不与农争地、不与人争粮等优点，林业生物能源也被称为"未来最有希望的新能源"。因此，近年来林业生物质能源依托丰富的物种资源优势，成为能源替代的新兴力量，在生物质能源产业发展中扮演着日益重要的角色。

当前，国际林业生物质能源发展的新动向主要有以下几点。在政策方面，世界大多数国家都在寻求林业生物质能源发展之道，出台了各种扶持政策，并制定了林业生物质能源利用规划。在技术方面，一是世界上许多国家都在开展能源植物及其栽培技术的研究，通过引种栽培建立新的能源基地，如"石油植物园"、"能源农场"等，并且提出"能源林业"的新概念。二是在生物燃料技术方面，除了传统的燃料乙醇、生物发电、颗粒燃料之外，近年来致力于木质纤维素生物化学转化、生物炼制转化、热化学转化、化学转化等先进技术的研发，为林业生物质能源拓展了更广阔的发展空间。

与此同时，林业生物质能源发展也面临着一些严峻的挑战，集中体现在以下几个方面。一是原料供应问题。尽管林业生物质资源潜力巨大，但面面临着资源过于分散和原料采集、收集、运输成本过高的难题。二是资源的可利用性问题。林业生物质资源的可利用性一方面受林种、分布、林龄、生长情况等自然因素的限制，另一方面也受到国家

林业政策、法律法规对森林资源利用的约束。三是资源的竞争性利用问题。由于木质生物质资源同时也可以作为其它产业的原料，例如造纸、人造板（包括纤维板、刨花板）制造业也可以利用间伐材，次、小、薪材，以及采伐和加工剩余物作为加工原料。因此，林业生物质能源产业规模发展到一定程度时，势必会打破森林资源的用途结构，将与木材和纤维行业形成原料资源互相竞争的格局。四是产业的经济可行性问题。目前林业生物质能源产业普遍依赖政府补贴来维持运营，世界各国并未清晰地量化林业生物质能源产业化的各种效益和成本，以便确保其能以最低的成本获得最高的效益。五是潜在的环境负面影响问题。有学者认为，从整个生命周期的能源效率和温室气体排放来看，鉴于林业生物质能源的原料培育过程不仅需要消耗水分、肥料等资源，而且原料生产加工和运输等过程还需要使用机械和能源，这可能会导致某些生物质能源生命周期的能源净产出是负的，而且还会增加温室气体的排放。另外，林业生物质发展还可能导致土地利用的变化，例如将森林、草地甚至是农田转化用于培育短周期能源林（或灌木林），而不同土地利用方式下温室气体排放和对生态环境的影响存在很大差异。因此，需要更深入地研究林业生物质能源的生产潜力、成本和环境影响，以便为林业生物质能源的转化技术研发和商业化争取更大的支持。

在世界各国纷纷抢占生物质能源制高点的背景下，我国林业生物质能源发展也取得了令人瞩目的成绩，林业生物质能源不仅成为加速中国生物产业跨越发展的重要基石，同时也是中国循环经济发展的核心要素。今后，我国林业生物质能源的发展将主要集中在如下几个方面：首先，继续坚持国家主导、资源共享、创新先行、集成技术等指导思想，进一步加快林业生物质能源的开发利用。其次，制定和完善鼓励政策，逐步建立从原料培育、加工生产到销售利用的"林油一体化"、"林电一体化"的发展模式，积极推动林业生物质能源业的发展。再次，以市场需求为导向，以能源林培育、生物酒精、生物柴油、气热电联产、固体成型燃料、石油基产品替代、生物质快速热解制备生物质油等七方面为重点研究开发领域，为生物质能源的发展提供强有力的科技支撑。最后，针对品种选育、科研投入、企业培育、基地建设、技术开发、市场培育等几个重要环节，进行全面的规划布局，推动林业生物质能源的产业化。

1.7　应对非法采伐和相关贸易法规，保障我国林产品国际贸易

近年来，非法采伐和相关木材贸易问题引起了国际社会的广泛关注。为了打击非法采伐和相关贸易，国际社会制定了一系列政策，采取了一系列措施，这些政策措施包括完善木材生产国的政策、林产品消费国和地区针对木材贸易的公共采购政策、制定政府间打击非法采伐和相关贸易的行动和协议，以及私营部门的木材采购政策等。

作为主要的林产品消费市场，欧盟于2003年颁布了《森林执法、施政与贸易（FLEGT）行动计划》，旨在提高发展中国家和新兴市场国家遏制非法采伐的能力，减少非法采伐的林产品进入欧盟市场，并于2010年10月颁布了《欧盟木材法案》，要求贸易

商开展木材来源合法性的尽职调查，使非法木材投放市场的风险降到最低，并对非法木材采伐和木材贸易实行全面的统一处罚。美国于 2008 年颁布了《雷斯法案修正案》，禁止非法来源于美国或其它国家的林产品贸易，要求对进口木材和木制品填写海关申报表，并赋予美国政府对从事非法交易的个人与公司处以罚款、没收甚至监禁等处罚措施的权利。澳大利亚也于 2011 年出台了《澳大利亚禁止非法采伐木材法案》。

中国作为全球第二大林产品生产国和消费国，从俄罗斯、东南亚、非洲等地进口木材，其中部分被认为是"非法木材"，为此受到国际社会的批评和指责。欧盟和美国是我国重要的林产品出口市场，占我国林产品出口市场份额的 40% 左右。欧盟、美国及澳大利亚出台的，针对非法采伐的法规将对中国的林产品贸易产生重大影响。

为了在国际谈判中更好地保护发展中国家和我国的利益，应对国际上针对中国利用非法木材的指责，保障林产品国际贸易的顺利发展，实施全球林业战略，提高我国在世界林业发展中的地位和作用，我国应积极应对非法采伐及相关贸易法规所带来的挑战。

目前我国企业在满足国际市场合法性要求方面还面临很多的困难与挑战，主要包括供应链复杂、难以实现木材追溯性、成本较高、不了解国际政策要求、合法性证据收集困难、不知如何应对或选择应对工具等问题，应从政策、技术、管理和能力建设等多方面提供支持。

在企业应对非法采伐和相关合法性法规方面，目前市场上提供了多种可选择的工具和方法，包括采购和生产带有 FLEGT 标签的木材、开展森林认证、第三方合法性验证、建立自己的风险评估和风险规避程序等，但各种方法均具有一定的优缺点，适用条件不一，有效性仍需经过市场的检验与评估。从现实的选择来说，每个供应商可根据运营商的要求和现实的条件选择适合的一种或多种途径，其中建立企业内部的木材追溯和供应链管理体系是基础，而开展森林认证或合法性验证是现实条件下较为可行的选择。

中国政府打击非法采伐的态度明确、立场坚定、措施有力，建立了比较完善的法规及制度，出台了一些针对性强的政策，采取了相应的行动策略，取得了明显成效，并受到国际社会的普遍称赞和认可。针对非法采伐与相关贸易法案，我国需要在林业执法、行业协助、企业规范、科研支持、国际合作以及资源培育等各方面共同努力，特别是要尽快建立中国木材合法性认定体系，以促进森林可持续经营和维护林产品国际市场正常秩序，帮助我国林产品出口企业满足国际市场的需求。

1.8　创新森林保险政策与机制，为林业生产保驾护航

林业是一项重要的公益事业和基础产业，又是一项风险较高的产业。森林在漫长的生产周期和广阔复杂的空间范围内，随时可能遭受自然灾害的侵袭和人为的破坏，严重影响了林业生产的稳定性和连续性。由于林业的公益性和弱质性，为了林业的稳步发展，很多发达国家采取有效措施支持森林保险事业的发展。到目前为止，世界上约有40 多个国家开办森林保险，并逐渐形成了适合本国国情、各具特色的保险模式。

在发达国家，政府在建立和发展森林保险市场的过程中发挥了引导和扶持的作用；森林保险市场具有多种组织形式，并逐步拓展保险业务范围、实行差级保险费率、利用法律手段支持和规范森林保险发展。

目前，我国森林保险体系建设仍处于不成熟的阶段，森林保险立法出台进展缓慢，符合市场需求的森林保险产品匮乏，大多数林农自主参保意识不高等，亟需借鉴国外发达国家发展森林保险的相关经验，探索适合我国国情的森林保险发展模式，促进森林保险健康发展。建议我国健全森林保险相关法律法规、加大对森林保险的政策扶持力度、进一步完善森林保险机制、提高林农的组织化程度、完善森林保险配套措施和利用森林保险降低抵押物风险。

1.9 构建森林文化，重建人与森林的和谐关系

森林是人类文明的摇篮，但是自工业革命以来，人类社会发展产生了一系列生态环境问题，如森林锐减、地力下降、生物多样性减少、气候变暖、环境污染等。面对日益恶化的生存环境，人们不得不重新审视人类与森林的关系。当前，关注森林、呵护地球——这个人类赖以生存的美好家园已成为国际社会的共同呼声。因此，在向往自然、回归自然，崇尚"天人合一"境界的国际大环境下，如何实现人与自然、人与森林的和谐共处是人类面临的共同问题，也是经济社会可持续发展的主要基础。在这一大背景下，森林文化成为重建人与森林和谐关系的新载体。

当前，林业发达国家非常重视森林文化建设，组织多学科的研究团队从历史变迁、宗教信仰、传统风俗习惯、人民群众身心健康等方面对森林文化开展了理论和实践研究。其中，特别开展了森林文化与生态伦理、森林文化与社会风俗、森林文化与文学艺术，以及森林文化与城市化等方面的系统研究；在实践方面注重将森林文化融入城市建设规划要求中，根据不同城市自身的历史、地域、民族、政治、经济、文化等诸多因素，确立不同的森林文化定位，形成独具风格的城市特色。同时，还特别注重对民众实行森林文化教育，提高人们对自然美、森林美的欣赏能力，培养对森林的情感，陶冶情操，净化灵魂。我国具有悠久的历史文化传承，丰富的自然人文景观和浓郁的民族、民俗、乡土文化积淀，这些都为森林文化建设提供了坚实的基础。在新的历史时期和国际新形势下，我国在森林文化建设方面也取得了突出的成效，主要包括：加快构建森林文化物质载体，例如森林文化示范教育基地建设、生态旅游区建设等；大力扶持森林文化产业建设，例如山水文化、树文化、竹文化、茶文化、花文化、药文化等森林休闲和森林文化产业；加快生态文化传播与创新建设，例如开展森林文化研究和推广，在全社会牢固树立人类与森林和谐相处的观念；制定森林文化建设扶持政策，提高森林文化体系建设的保障能力，主要从体系建设、经费保障、科学规划、队伍建设等方面开展了扎实的实践活动。

1.10　涉林国际公约谈判成为国际热点，孕育着国际化的新林业

近年来，森林问题已引起人类前所未有的关注，国际社会已认识到必须通过各国的共同努力，才能真正促进全球森林的保护与可持续经营。因此，自 20 世纪 20 年代起，国际社会就开始了国际环境保护法的制定。特别是 1972 年斯德哥尔摩联合国人类环境会议和 1992 年联合国环境与发展大会以后，国际社会签署了一系列的多边涉林国际公约，包括《湿地公约》、《濒危野生动植物物种国际贸易公约》、《生物多样性公约》、《联合国气候变化框架公约》、《京都议定书》和《联合国防治荒漠化公约》等。承担环境与发展的国家责任，已成为涉林国际公约的核心。近年来，全球范围内生态危机的日益严重引起了国际社会的广泛关注。鉴于林业在应对生态危机中的特殊作用，生态危机的国际化也加速了林业的国际化进程，而涉林国际公约作为世界各国开展合作、共同采取行动的统一准则，其谈判已成为国际社会关注的焦点，履约也已成为国际社会新的道德制高点和经济发展战略制高点。

因此，在新的形势下，各国都需要从全球的角度重新审视森林——这一人类共有的家园，重新思考世界林业的发展之路，国际化的新林业正孕育而出。今后，任何一个国家的林业发展都离不开世界，需要共同分享发展机遇，共同应对各种挑战。

立足于我国，国际化的新林业既为我国林业发展提供了前所未有的机遇，也带来了巨大挑战。一方面，林业的国际化使我国林业能够分享发达国家长期的产业和技术积累，通过引进国外先进技术和管理经验，加快我国林业发展步伐。同时，林业的国际化有利于实施林业"走出去"战略，优化配置全球森林资源，以建立稳定、安全、经济、多元的森林资源保障体系，实现国家资源安全、生态安全。此外，林业的国际化也为我国积极参与国际规则制定、增加国际话语权、维护国家利益、展示大国风范提供了广阔的平台，我国已成为世界林业发展进程中的积极参与者和不可或缺的重要力量。但另一方面，林业的国际化也使我国林业产业面临日益严峻的国际竞争，国内市场国际化和国际竞争国内化日益明显，林业产业的发展面临着新的挑战。同时，国际化的新林业也对我国林业管理提出了新要求，需要深入了解国际规则，遵循世界林业发展的新理念，不断调整和优化林业政策，以不断提高我国林业对区域和全球林业发展的贡献。

为此，顺应国际化新林业的发展趋势，我国应重点从以下几个方面来积极应对。

首先，积极参与国际规则制定，维护国家利益。为了顺应国际潮流，应对国际挑战，首先就要加强林业相关国际规则的研究，了解国际条约和相关的法律，积极参与国际规则的制定，增加国际话语权，以便在国际化的新林业中占据主动，树立良好国际形象并维护国家利益。其次，通过国际科技合作促进国内科技创新。科技在推动林业发展中具有十分重要的作用，通过组织或参与重大国际林业科技合作，建设一批高水平的林业科技国际合作研发基地，引进国外林业先进技术，全面提升我国林业科技创新能力，促进我国林业科技进步，为我国林业发展提供强有力的科技支撑。再次，通过加强国际

合作提升人才素质。人才是发展之本，通过积极借鉴国外经验加强林业人力资源开发，探索加强林业人才国际合作机制，加大林业骨干国外进修培训力度，同时通过外聘专家培养国内人才，全面提高我国林业人才综合素质，为林业大发展提供有力的人才资源保障。最后，充分利用国际环境以提高林业产业的国际竞争力。推进林业产业发展，需要加强国际合作，充分利用国内外两种资源、两个市场，实施"请进来、走出去"战略，进行全球领域的资源配置和分工，一方面利用国际资源弥补国内木材短缺，另一方面借鉴国际经验，积极调整林业产业结构，大力发展外向型企业，开拓国际市场，全面提高我国林业产业的国际竞争力。

第2章
绿色发展背景下的森林问题

这两年，绿色发展、绿色增长、绿色经济等术语以越来越高的频率进入了人们的视线，成为当今社会经济发展中的一个重要新理念。在绿色发展的大背景下，国际森林问题以及森林的地位与作用应进行探讨和研究。

2.1　绿色发展的含义

联合国在相关文件中一般使用"绿色经济"这个术语，但当其描述超出经济范畴时，就使用绿色发展或绿色增长一词，这时的语境包括了社会的发展，如福祉、幸福问题。我国目前的权威文件，采用了"绿色发展"的最终表述。

联合国环境署对"绿色经济"的定义是，"可促成提高人类福利和社会公平，同时显著降低环境风险与生态稀缺的经济。简单地说，绿色经济可视为是一种低碳的、资源高效型和社会包容型的经济"。

但是，联合国"里约+20"峰会并未就"绿色发展"或"绿色经济"，给出一个明确的定义，这并非因为没有此类概念，而是发达国家和发展中国家之间没有达成一致。本文中我们的论述符合主流观点。

绿色发展的核心思想是投资自然资本，把发展的资源与环境基础建筑在发展自然资本上来，因为自然资本在绿色发展中是重要的经济资产及公共福利来源。

国土整治是一个很好的自然资本建设机制。20世纪80年代，笔者曾见到过法国智库呈交给总统的一个专题报告，主题是"让成千万亿吨的淡水白白流入大海是国民经济的最大浪费"，主张把陆地淡水资源充分利用后再排入海洋。

20 世纪 60~80 年代，西方国家都推行了国土整治计划。国土整治包含很多领域，如优质森林培育、永久性水利建设、山地安全治理、盐碱地治理、高产牧场建设、基本农田建设、海洋环境和海洋产业建设以及自然保护等。这些国家的各种国土整治于 20 世纪已基本完成。

其实，结合国土整治发展各种生态系统就是绿色发展的核心。以森林为例，一个国家，绿色发展就是要把占国土面积百分之几十的森林当做资本、财富，并获得生态经济产出。几个北欧国家的实践证明，森林经济不是边缘性的。2011 年胡锦涛参观过奥地利的一个牧场，那个牧场已经经营了 200 年，但是牧场不但没有沙化，反而越来越肥，而我国的草场，放牧几年就沙化了。我们的近海、湖泊和江河，几乎已经无鱼可捕。但是，我国也有基于自然资本的绿色发展的事例，如吉林省的查干湖，60 年来每年冬季捕鱼，一网总能捞出十几万公斤鱼，那里的渔业资源并未枯竭。

通过以绿色发展为内涵的国土建设创造财富，还具有公平性，因为它由千军万马参与。华尔街金融资产的高智商运作、上市公司的"钱生钱"，这类经济行为并不能增加社会财富。

2000 多年前，孟子在《寡人之于国也》中说："不违农时，谷不可胜食也；数罟不入洿池，鱼鳖不可胜食也；斧斤以时入山林，材木不可胜用也。谷与鱼鳖不可胜食，材木不可胜用，是使民养生丧死无憾也。养生丧死无憾，王道之始也。"孟子的治国理念是，要强国富民，必须培育农、林、牧、渔等自然资产。

不培育自然资本就没有绿色发展。

2.2　绿色发展源于对里约峰会 20 年的反思

1992 里约世界环境与发展大会确立了人类可持续发展的目标，使得可持续发展理念深入人心，现在，这个用语已经无所不在。但是 20 年来，可持续发展的问题并未解决。

20 年来，人类并未偏离延续了 200 多年的追求财富的发展路径。20 年以来，在发达国家，人们继续过着浪费和奢侈的生活，并为了控制稀缺资源而不断发动战争，而发展中国家，仍在追寻发达国家的工业化发展老路。

2012 年 6 月，联合国环境规划署在里约发布了一个名为《全球环境展望》的报告，这个报告代表了第一次里约峰会 20 年后联合国对地球环境状况的官方估计。报告显示，全球 90 项环境保护重要目标中，只有 4 项取得了显著进步，40 项取得了些许进步，而有 24 项停滞不前（如鱼类种群破坏与退化等）；还有 8 项进一步恶化了。

现在地球的自然资本已经从盈余变成了亏损。人类可持续发展的形势更加严峻。

这期间，欧盟又构思出了气候变化的科学噱头，并要求各国一起减排二氧化碳。这个噱头有深远意义，但造就了一个无解的难题：把全人类一起装进了同一条"船"，为了延缓这条船的沉没，船老大（西方）逼迫大家丢掉低价值的压船物（发展中国家的发展），这样做，即便是熬到了对岸，那里就一定存在一个可持续发展吗？后来，又出现了一个"循环经济"理念，但是，循环利用某些资源，虽然有积极意义，本质上仍然只能延缓发展终结期的到来，并非具备了可持续性。至于其他的梦想，如星际移民或开发外星资源等等，即便将来可以办到，也绝不可能构成全人类的出路。

面对传统发展必定会走到尽头的这条死胡同，目前的很多思路，其效果都只能是以在死胡同里陷得更深为代价，获得延缓发展终结期的一时好处。

罕见有哪个政府下决心终结这种不可持续发展，绝大多数国家都在继续着基于石油、煤炭、有害化学品或者继续榨取森林和海洋等自然资本的经济模式。

这两年出现了"投资自然资本、发展绿色经济"的思想，这是一个具有丰富内涵的亮点。按照这一思想，人类要承认自然资本的价值，投资自然资本，追求自然财富和幸福经济，但条件是要修正很多传统观念，特别是财富观。

其实，中国的先哲早在 2 千多年前就提出了这类主张，如前面讲的孟子的"王道"思想，墨子的"辞过治本"思想。墨子认为生活奢侈并不是幸福，人们即使拥有了大量的物质财富，也应节约资源。

现在国际社会已经认识到，必须引导迄今为止的经济基础转向可更新自然资源；引导迄今为止的生产、贸易和消费走上绿色模式；重新定义 200 多年来一直支撑褐色经济模式的经济学概念，包括重新定义发展、价值、财富、福利、安全、GDP 驱动等概念。

一些国家已经抓住金融危机提供的机会，努力把国家经济调整到绿色轨道。例如韩国一揽子财政刺激计划中，81% 的金额都被定为绿色投资。不丹王国早就在探索用"国民幸福总值"（Gross National Happiness，GNH）取代 GDP。中国的一些地区也在以横空出世的姿态重建森林资源，其意义远超了绿化造林，体现了重塑发展基础的发展理念。

2.3　绿色发展因"里约 +20"出了名

"里约 +20"是一次被称为"地球给人类的最后机会"的峰会。对这次会议，有各种评价。一些人认为人类没有抓住机遇；一些人认为基本是成功的。我们认为，这些看法的背后，都有一个共同的绿色发展愿景，绿色发展的理念因"里约 +20"出了名。下面分述各种观点。

2.3.1　"里约 +20"是成功的

联合国秘书长潘基文说："这是一次成功的会议。"一些主要国家也都没有否定"里约 +20"。美国表示，会议最终能达成一个文件，这就向前迈出了坚实的一步。俄罗斯也肯定了这次会议，并认为有必要在绿色发展的框架内，建立各国定期交流实践经验和技术的机制。

中国代表团官方说，本次大会有 5 方面的成果：①重申了"共同但有区别的责任"原则，维护了国际合作的基础原则；②决定发起可持续发展目标进程，为制定 2015 年以后的发展议程提供指导；③肯定了绿色经济是实现可持续发展的重要手段之一，明确各国可根据不同国情和发展阶段实施绿色经济政策；④决定建立高级别的政治论坛，取代联合国可持续发展委员会，加强联合国环境署的职能，提升可持续发展机制的地位和重要性；⑤敦促发达国家履行官方承诺，向发展中国家提供资金和转让环境技术。

"里约 + 20"成功的标志不一定就是再制定一个新路线图或新议程。但"里约 + 20"提出的"绿色经济"的命题，给出了一个"新的思维方式"和"可以引导行动的模式"，就算是成功了。"里约 + 20"还谋求变革有严重缺陷的 GDP 体系，提出纳入 GNH 和自然资本核算，建立 GNH 导向的"绿色经济"。这是一个远比碳减排框架更为有效的思路。

公民社会的参与和贡献，也是"里约 + 20"的一个成功标志。

这次会议上，众多企业的行动以及人民的参与，盖过了那些闭门官方会议。金融界发表的《自然资本宣言》就像一声春雷。5 万人的自由集会，则表达了公民社会的诉求。

这次会议反映出的公民觉醒和企业界力量是"里约 + 20"的成就之一。

森林问题则是"里约 + 20"的一个官民共识。

基于在绿色发展上中国在多个领域有过人之处，如中国公民社会已成长为最活跃的绿色力量，在保护环境上，公民社会比很多地方官方更有责任心。内蒙古亿利集团成为一个绿色发展案例，这个案例激励了全球的治沙事业。内蒙古库布奇亿利集团董事长王文彪获得了联合国 20 年来颁发的首个企业家奖项。

2.3.2 大会只决定了还要召开更多的大会

一些人认为，这次力求达成突破的大会以失败告终，他们谴责这场为时 3 天的峰会毫无希望可言。最终，这次大会仅仅决定了还要召开更多的大会。

他们的主要意见是：

大会偏重"重申"：《我们憧憬的未来》的文件中，"重申"一词出现了 59 次。文件重申了实现可持续发展的必要，但没有说明如何实现；重申了减少贫困，但发达国家不愿意帮助。

关键任务搁置：在全世界都高度期待的背景下，峰会把转轨到绿色经济的时间表等亮点浇灭了，认为"之前所有有价值的内容都一项项被去掉了……"

两大集团分歧依旧：对绿色经济，不同发展阶段国家有不同的看法。77 国集团发言人说"你试图建立一座摇摇欲坠的桥，我们可不敢走上去。"绿色和平组织的政策总监丹尼尔·米特勒（Daniel Mittler）认为，这是一次"政治上成功、可持续发展上失败"的峰会。一位出席了大会的日本教授表示："这是为了什么而召开的会议呢？这次会议只不过再次证实了发达国家与发展中国家之间的对立。"

2.3.3 森林共识是"里约 + 20"的亮点

关于森林问题：各国一致认可森林对可持续发展和减贫的作用；明确通过在资金、

贸易、林政管理等领域的国际合作，支持森林可持续经营；一致支持制止毁林和森林退化，促进合法林产品贸易；一致强调将森林可持续经营纳入经济政策和决策过程，并督促把所有森林的可持续经营纳入发展战略中。

成果文件还具体阐述了荒漠化、土地退化和干旱问题、生物多样性问题和山区发展问题。

20 年前的那次地球峰会通过的《森林原则声明》，使得森林成为世界核心课题。这次会议，虽然各国在森林问题上很快达成共识，但是关于森林的国际框架，还是遵循了既定的路线图。2013 年和 2015 年，联合国森林论坛将举行最后两轮谈判，最终决定是否要走向建立一个《国际森林公约》。2015 年，联合国将召开规模更大的千年发展目标审议大会，包括森林问题。今后 3 年将是世界林业发展转轨的关键时期。

"里约 + 20"成果文件《我们憧憬的未来》，高度强调可持续发展是构建在对包括森林在内的自然生态系统的保护与发展之上的思想。联合国环境署这次会前也曾经发表过一个《联合国环境署绿色经济报告森林篇——投资自然资本》的报告，提出森林是绿色发展的基础。联合国粮农组织（FAO）在《2012 年世界森林状况》报告中也做了相同的强调。

森林正在从一个部门产业向奠定人类可持续发展基础的定位转变。可能有许多人还没有意识到世界林业的这一历史性转变。

在未来的绿色发展中，不是所谓的经济增长只能在"资源边界"内这类谬论，而是要投资自然资本，开发资源技术，让可更新的自然资源担当起可持续地规避发展的资源与环境约束，和创造财富和福利的使命。

在这次会议上，个别人也提到要重新考虑农、林业作为新的财富创造源泉的潜力问题，但这个想法还没有明朗化。

2.3.4　基本的事实是绿色发展因"里约 + 20"出了名

如前所述，不管对峰会有什么看法，其背后都有一个共同的绿色发展愿景。

峰会上通过的《我们憧憬的未来》文件中，辟有"可持续发展和根除贫困语境下的绿色经济"专章，强调绿色经济对传统以效率为导向的经济模式增加了两个重要维度：第一，绿色经济试图将空气、水、土壤、矿产和其他自然资源的利用计入国家财富预算；第二，绿色经济试图将"公平"或包容性变成与传统经济学中的"效率"同等重要的基本理念。

联合国环境署 2011 年提出了《迈向绿色经济——实现可持续发展和消除贫困的各种途径，面向政策制定者的综合报告》，同年 11 月在北京发布了《绿色经济报告》。这些报告，描绘了未来世界创造财富的方式，提出了更明智地对地球自然资本进行管理的路线图，也就是提出了绿色发展的概念。

绿色发展，把传统发展的失误，定义为资本误置，就是它过多地投资于那些把不可更新的自然资源转变为人造资产的领域，而忽视了把可更新的自然资源作为资产进行培育的投资。绿色发展认为只有投资发展自然资本，才能使得发展可以持续，仅靠节约和循环利用资源是远远不够的。绿色发展还是一个真正的脱贫机会，可创造更多的就业机会，有助于社会公平。绿色经济本质上是低碳经济。

转轨到绿色发展模式的条件：①动员国家力量，形成国家意志。单纯依靠市场机制力度不够；②制定"绿色发展规划"，引导社会投资，用政策推动转轨；③科研的重点转向开发绿色技术；④发挥本国优势，确立发展重点；⑤要有巨额资金的投入，为此必须创新融资机制。

"绿色发展"的理念不是要替代可持续发展，而是走向可持续发展的过河的桥，二者一个是目标，一个是手段。

2.4 绿色发展需要重新定义的词汇

转轨到绿色发展，还包括对一系列传统理念的"转轨"，就是联合国文件里提到的"语言"的变革，对财富、福利和安全等词汇进行了新的定义。

2.4.1 财富

特别是工业革命以来，人类总是把天赋的森林改造为耕地、牧场或工业化地采伐商品材……传统的发展，始终就是这样天经地义地牺牲各种天赋资源，以追求金钱。

传统的概念，认为金钱是财富，人造资产是财富，却始终不把自然资源和环境纳入财富的视野。所有自然资源耗损与环境破坏，均源自这一片面的财富观。

绿色发展下的财富概念，把自然资源视为财富。由亚当·斯密的《国民财富的性质和原因的研究》(国富论)开创的西方经济学，由最初的研究通过工业和贸易获取财富，发展到研究商品生产和贸易行为本身，最终完全屏蔽了对财富性质本身的研究，引导社会走入了掏空发展基础的死胡同。现在，很多专家正在拨乱反正，回归到经济学对于财富性质和原因的研究，基本认识是只有自然资源才是财富的本源，自然资源也是财富。

不难理解，如果人们都像追求传统财富那样培育自然资本，那这个社会还会缺乏资源吗？可惜，迄今，投资培育自然财富的观念尚未被社会广泛接受；整个社会的思想观念、组织结构、政策体系、人才培养和科学研究等，仍然是以消耗自然资源、建设人造资产为导向的。较之于发达的工业和贸易，人类培育自然财富的能力，处于边缘状态，更别说成为主流和核心。

2.4.2 福利

传统福利的定义是指收入、财富给人们带来的效益，以及社会保障公民健康和幸福的各种举措。传统的经济增长遗漏了福利的非"财富"因素，正如"在滋生癌症的环境里点钞票"的说法。

为了纠正这种走入歧途的发展，不丹国王发明了"幸福指数"，联合国开发署发明了"人类发展指数"。类似指标，都完善了福利的内涵。联合国千年生态系统评估（MA）的定义是"生态系统是人类福利的基础"，同时指出，人类的生存与发展，最终要依靠生态系统提供的服务。

传统的健康福利概念，是追求一个完善的医疗卫生体系。按照这个概念，社会一方面把国民置于一个越来越损害健康的环境里，另一方面又建设越来越多的医院医治他们。健康福利的新概念是从医学模式到生态系统途径都要注重国民的健康，这个观点颠覆了传统的健康福利的概念。

森林环境是人类进化的源环境。即使在现代社会，森林产生的氧气、负离子、萜烯类物质、清洁的水、清新的空气以及宜居的环境温度等，仍然都不是现代技术所能替代的。

因而重新定义福利，就是主张森林回归，人类要重建森林环境。环境的森林化和财富的绿色化是一体的。

2.4.3　安全

国家安全，不仅是国防，也包括生态安全、能源安全、粮食安全、木材安全、山区安全、社会安定等非传统领域，也包括其他战略资源。

大量事实表明，人与自然的关系不和谐，往往会影响人与人的关系、人与社会的关系。如果生态环境受到严重破坏，人们的生产生活环境恶化，如果资源能源供应高度紧张，经济发展与资源能源矛盾尖锐，人与人的和谐、人与社会的和谐是难以实现的。

现代战争，都是在争夺资源。稀缺资源可能成为战争的起因。资源储备，早就是西方国家构筑安全的重要思维。气候变化则是一个人类全局性安全问题。

大多数非传统安全问题，都与自然生态系统有关。如果我们在国土上重建了优质森林生态大系统，我们就可以规避很多生态灾难，规避能源危机，规避木材危机，构筑起山区生产生活的安定环境，同时有益于社会和谐。

有了稳定的内部安全，国防安全就会具有更加强大的实力，这个辩证关系，溯源于自然生态系统。

绿色财富、绿色福利和绿色安全，都是一体的。

2.4.4　绿色发展框架下森林的地位和作用

我们要站在历史的高处，重新审视森林，寻找绿色社会中森林的位置。我们的基本结论是，在绿色发展的机制下，森林是整个社会的基本财富、基本福利和基本安全。

迄今，我国的 43 亿亩林业用地，利用率和资源效率都很低，未能形成财富实力，造成了国土资源的最大浪费。中国是一方面林地低效，一方面木材短缺。虽然成就巨大，但放眼绿色发展，我们的林业还有待进一步发展，远未发挥森林的财富功能、福利功能和安全功能，还没有树立培育森林、创造财富的价值观。

如果我们较好地发展了森林财富，我们同时也就拥有了较高的福利和可靠的安全保障。只要拥有了丰富的、可持续的立木储备，国家就可以兴起一个以森林生物质为原材料的发达的工业体系，包括电态、气态和液态的能源以及新材料、纺织等工业，由此可以化解能源危机、木材短缺，并改善山区安全和社会安定，庞大的森林生态系统还可以全额吸收经济发展的碳排放。北欧诸国目前以森林经济为支柱，虽然还不敢说那就是绿色经济，但是起码可以使我们看到森林经济至少不仅仅是边缘性质的。

用森林铸就绿色社会的运行基础，是有根据的。

60 年来，我们一向认为森林有经济、生态和社会三大效益。这个定位有一定的历史作用。但是三大效益的概念并不明确，也不再适应绿色发展的理念。建议我国确立这样的森林价值观：

森林是基础的国民财富；

森林是基础的国民福利；

森林是基础的国民安全；

森林是绿色经济的主体。

2.5 "里约+20"后的绿色发展

不管"里约+20"成败如何，这次峰会启动的人类发展的转轨，总是会逐步实现的。这里，估计"里约+20"后的世界变化，主要有以下 6 个特点。

2.5.1 绿色发展的理念将会被全世界接受

人类耗尽了地球，打乱了其生态秩序，人类的出路只能立足于对地球的经营。

但地球留给人类的机会不多了。地球被荒废的可能性，太接近现实了。"里约+20"确定的方向就是转轨到绿色发展。"里约+20"找到了过河的桥。虽然很多人不放心，但是迟早都要过河的。

2.5.2 两大阵营之间的利益博弈将会长期化

绿色经济，必须要在可持续发展和消除贫困背景下进行——这是这次大会的一个共识。这就意味着，发达国家理应出钱帮助发展中国家。

可是，发达国家也有利益格局被重新分配的担忧。2010 年奥巴马在澳大利亚对媒体的公开讲话中说："如果超过 10 亿的中国居民过上澳大利亚、美国人现在的生活方式，那么，我们所有人都将处于非常悲惨的境遇，很简单，这个地球根本无法承受。"

现在是发达国家仅以 15% 的总人口消耗着全球资源总产出量的半数以上。发展中国家如果发展起来了，这种资源分配格局就会发生变化。发展绿色经济，不可避免地会引发利益重组，这是一个长期的利益博弈过程。

发展转轨，必定是一个起步不齐的过程，又是一个犹疑不决的过程，也是一个利益博弈的过程。

对于发展中国家，不管你转轨到绿色发展还是走老路，都是一样的遭遇资源与环境的瓶颈，也都是一样地会遭遇发达国家的围堵。

我们需要在博弈中成长。

2.5.3　企业和民间的力量将会崛起

20 年前的那次地球峰会上，企业对官方强调环保有很大的抵触。20 年后出现了完全相反的情况。

在本次峰会上，涉及英国、南非等 50 个以上的国家 35 家银行（包括中国招商银行）、投资机构与保险公司等企业共 86 位企业领导人，共同倡议发表了一个《自然资本宣言》。还有将近 7000 家大型公司签署了《联合国全球盟约》，盟约指出，一个资源和能源受限的未来世界，将危害企业的声誉和正常运营，而在未来…只有那些适应力最强的企业才能生存。代表超过 4500 家企业的证券交易所，在 2012 年结盟，宣示共同推动长期的可持续发展投资。

参与这场盛会的国家、公司和其他组织一共做出了将近 700 条承诺。美国政府同意与包括沃尔玛、可口可乐和联合利华等 400 多家企业一道，在 2020 年之前将毁坏森林的行为从各自的原材料供应链中删除。在"里约 +20"上，一些企业还对政治人物开展了直接游说，如：联合利华（Unilever）执行长 Paul Polman，从 G20 到 G77，个人游说各国政要支持"综合可持续发展目标（Integrated Sustainable Development Goals）"；保险集团 Aviva 带领金融业联盟游说联合国成员，争取强制大型企业推行包括对"负外部性"内部化的可持续发展报告；基于 Asda、Philips、Sky、百事可乐等公司批评英国政府对强制性碳披露态度不积极，于是英国政府在"里约 +20"上宣布，所有在伦敦证券交易所上市的公司，自 2013 年 4 月起强制披露碳排放数据。

中国的民间与企业力量，也第一次出现在了这样的峰会上。内蒙古亿利集团成为绿色发展的第一个国际样板，这个案例激励了全球的治沙事业。

相信，企业和民间的力量，将成为今后绿色发展的中坚力量。中国已不乏这样的例子：当地方政府追求政绩而不顾环境的时候，正是民间的力量出面阻止的，这说明民间环保的力量的确已经成长起来了。

2.5.4　迟早都要改革国民核算体系

"里约 +20"的一个理念是推进包括幸福经济和自然资产核算在内的新经济模式，

以代替 GDP 体系。

联合国推进这一幸福经济模式的日程表为：在"里约 + 20"峰会上达成走出 GDP 和建立 GNH 的共识；到 2014 年布雷顿森林会议 70 周年之际，宣布采用 GNH 和自然资本核算代替现行的 GDP 体系。因此，我们处在一个建立绿色经济制度、重塑国际规则的巨变时代。

1934 年在布雷顿森林会议上确定了评价国家宏观经济的 GDP 体系之后，各国政府就开始了围绕 GDP 制定刺激政策，而这种衡量增长的方法，没有把对于自然资源与环境的损耗考虑在内。

2011 年 4 月 2 日联合国组织了一个"幸福和福利：界定一个新的经济模式"的高级研讨会，会议推荐用 GNH 体系取代 GDP。2009 年前后，德国、法国、英国、美国、日本、韩国等国在联合国环境规划署和经合组织的倡导下相继推出了绿色经济发展战略，英国、欧盟及中国一些地区，也探索了把自然资本纳入新经济核算体系。

在这次"里约 + 20"上，联合国环境署和 UNU – IHDP 又在一个联合边会上发布了一项名为"包容性财富指数"（Inclusive Wealth Index）的报告（作者 Pablo Munoz）。所谓"包容性财富指数"，不只包括人造资本，也纳入了自然资本、人力资本等。这也是一个试图取代传统 GDP 衡量绿色经济的设想。但新体系尚存在一个悖论，就是追求绿色 GDP 的基础还是提高 GDP，不知如何突破。

探索建立绿色经济体系将是今后若干年内的国际主流。

2.5.5　近年内会大力研究自然资源和幸福经济核算

如前所述，实行绿色发展，必然要建立一个相应的核算制度以代替旧的 GDP。

关于自然资本核算。自然资本核算的所有目前探索，只不过是提出了粗线条的思路，方法远未成熟，目前还不存在绿色核算的框架。相对而言，目前的森林核算研究比较深入。在中国，中国林业科学研究院有研究团队在近 20 年研究的基础上提出了一个森林核算框架，并得到了国际上的关注。但这个框架还缺少如下配套标准：①概念与定义的标准化；②资产、产业、产品等分类的标准化；③计量与计价方法的标准化；④账户结构、记账规则的标准化。而制定这些标准，并非民间的、甚至一国的能力所及。

绿色国民核算，还以自中央到基层的绿色会计网络为基础。没有传统会计体系的改革和拓展，就只能限于研究人员的局部的、临时性的数据采集，这是解决不了广泛的绿色核算实务需求的。

关于评价幸福。主观幸福感（即 happiness 或 subjective well-being）如何评估，关系到"幸福总值"体系能否建立。现有的不丹王国体系，包括了国民幸福指标，由 33 项因子构成，虽是一套在 40 年实践中不断完善的体系，但因其完全依赖于不丹国情，他国很难简单复制。英国统计局的幸福评价项目，只是通过问卷提出 4 个问题，要求用 0 ~ 10 之间的一个数作答。这 4 个问题无法做到准确地表达幸福感受。OECD 只是提出了一个关于调查主观境况的设想，没有建立指标体系，更没有开始实际的幸福调查。

对于进一步工作，英国统计局打算引入"坎特里尔自我定位奋斗量尺"法（Cantril Self-Anchoring Striving Scale，又名"坎特里尔梯子"），但是作为小范围舆论调查方法的"坎特里尔梯子"，推广成全球范围的大范围主观境况调查方法，并不适宜。当前确实还不存在广泛适用的主观评价方法，想要用 GNH 取代 GDP 的目标，还有太多的探索。推行幸福经济核算实务，目前全世界都远不现实。

2.5.6　发展中国家的发展成本将大幅提高

绿色发展包括工业绿色化。对发达国家是一个既有的工业设施和技术的绿色化改造问题；对发展中国家，是要同时完成两化（工业化和绿色化）。发展中国家，在缺乏资金的背景下，第一要用更多的可再生资源来替代更多的不可再生资源；第二要投资自然资本建设；第三还要"绿化"工业、城市、建筑、交通等，在现实中实施起来很困难。

工业绿色化，就是生产实体要自己把负外部性内部化，并且通过改造不再产生或减少产生负外部性。在中国，这被定义为淘汰落后产能，实现节约原材料，节水、节能、减排。

从"生产—消费"过程来看，发达国家占用了地球资源产出的大部分最终成果，而这些工业品多是在发展中国家生产的，造成了表面上的发展中国家"消耗"了地球大部分自然资源并且"制造"了更多碳排放的假象，由此也产生了比发达国家更多的"不幸福"问题。

西方大型跨国公司的生产模式已经实现了"温特制（wintelism）"，就是生产车间放在了生产国，自己只是把持标准、制定规则、掌控技术和市场，然后就是大把收钱。由于 GDP 核算也包括了自己国土上的外国企业的产值和这些出口产品的"负外部性"的扣除，这样，资源消耗和环境污染就会被算给这些生产国，而一些外资企业不能消化的外部成本，自然也由生产国承受。这也是新的社会成本。

对于发展中国家来说，碳减排已经意味着工业化成本的大幅提高，而"里约 + 20"的"幸福经济"设想，无疑会带来覆盖面更广的成本。虽然建立绿色家园是人类共同的愿景，但在发展中国家依然没有解决温饱的现实下，却鱼与熊掌很难兼得。

2.6　绿色发展靠自己

2.6.1　行动比协议更重要

曾在 20 年前里约"地球峰会"上用演讲让世界沉默了 5 分钟的加拿大女孩铃木瑟玟再次来到里约。如今，这位已经是两岁孩子的妈妈站在台上说，"20 年过去了，一切都没有改变。"

20 年过去了，各种环境与发展多边会议上作出的承诺一再落空。

"一项实际行动抵得上一打公约"这是已故加蓬总统邦戈的一句名言。如今的现实正是：人们达成了越来越多的公约，但大多数都成了一堆废纸。

不过，悲观情绪和空洞的宣言都无助于问题的解决，唯有行动才能拯救我们的未来。相信在今后的绿色发展的努力中，相对于对协议的期待，大多数人转而选择了行动。

2.6.2　广大公民比少数精英更重要

这次大会期间，民间组织打出了一条标语，"我们抵制贪婪的经济（We Reject The Greed Economy）"。人民峰会有一个声音说：人民不再指望当选官员拯救公众，政界没有几个人可以称得上是英雄，因此根本不可能等待政治家做出决策。

推动全球环境的改善，注定不能只是某一小群人的责任，而是所有公共机构、私营机构、社会团体，乃至每一个普通人应当致力的。

这次在里约，从 6 月 13~22 日，来自世界各个角落的个人、民间组织和企业界，都可以申请举办活动。相比闭门谈判的官方代表团，人民更像是大会的主角。中国的民间组织和机构，则是第一次大规模地出现在了大型国际会议上。

里约最重要的成果不是新条约或者政治承诺，而是人民对于发展模式的觉醒。一代人已经明白世界需要改变道路。"里约 + 20"已经促成一代年轻人迈出了行动的脚步。

2.6.3　大家一条船，不如一家一条船

发展中国家如果自己走自己的绿色发展之路，也许问题没有那么复杂。这其实是一个大家共乘一条船，还是一家一条船的选择。

一些国家并没有更多地参与上述博弈，但却在转轨。如瑞典等北欧国家，其实他们已经走上绿色发展之路了。瑞典首都斯德哥尔摩，从 2012 年开始，已经终止了公交车辆和公务用车使用石油，并决定到 2020 年全国终止使用石油。芬兰的生物质电能和热力已经送到普通民众家中。各国都是一同起步的，为什么许多国家绿色发展至今仍停留在口头上？

前面讲过，缓解气候变化，好比是各国同乘一条船，为防止沉船，必须扔掉一些东西，可是生死关头谁也不想扔，因为谁也不相信谁，那么后果就是大家一起沉下去。

然而，绿色发展不是气候变化。绿色发展是为了想办法规避资源与环境对发展的约束，如果谁能够想出解扣的出路，谁就能够顺利地驶向光明，谁也就解决了发展的可持续问题。又有谁能阻挡你的这样一条船呢？

所以，从这个意义上来讲，绿色发展，更多的是自己的选择。

我们有研究说明，如果具备森林财富的思想，那么仅中国的森林，每年就可以创造60 万亿元的财富。前面讲的库布其沙产业，就是一个很现实的案例。地处广西凭祥的中国林业科学研究院热带林业中心营造的 30 年生红锥人工林，立木价值每公顷 66 万

元，一般的人工林都可以达到 40 万元以上。还有，中国吉林省的查干湖渔业，60 多年来，年年每网都能捕出十几万公斤的五年生的鱼。也正是有了这样的思想萌芽，中国已有多个省份，才下大力气重建森林资本，无疑这就是绿色发展理念。

我们曾呼吁，中国人要立足于结合国土整治，发展森林、草原、淡水、海洋和有机农业等可更新的自然资本。单就我们熟悉的森林来讲，我们有办法把它变成可持续的、永久也不会采尽的资本。我们估计过，仅森林一项，就可以应对发展的资源与环境瓶颈，只是全国都还远未树立森林财富的理念。

"里约＋20"的成果文件里有这么一个意思：绿色经济没有共同的标准，鼓励各国结合国情发展。《我们憧憬的未来》第 56 款：我们申明，每个国家都可以根据本国国情和优先事项，以不同的办法、愿景、模式和工具，从三个层面实现作为我们的总目标的可持续发展。

这就是"一家一条船"的意思。

2.6.4　中国应该创造自己的森林发展理论

中国还没有完成工业化，但是已经不可能享有发达国家崛起时的资源环境优惠了。近期看，中国还可以短期维系现行经济模式，从长期看，中国具有创造新发展模式的机遇，因为中国经济的体量太大了，以至于中国模仿什么，什么就会因为很快达到极致而终结，中国创新什么，同样也会带动世界。

中国在绿色经济方面已经有所探索，在涉林领域尤其突出。

在森林问题上，中国具有一个潜在的世界影响。中国的造林和治沙已经影响了世界。全世界从来也没有出现一个绿色发展背景下的林学。中国可以通过创造，使得森林质量由世界末位翻到前列。

中国还有丰富的历史哲学，例如前述孟子的发展农林牧渔是"王道"的思想，老子的"道法自然"思想，墨子的"辞过治本"思想等。

中国有结合绿色发展的大背景，背靠这些深厚哲学资源，创新世界森林发展理念的条件。

2.7　绿色发展有两个版本

尽管"里约＋20"还没有开，很多人就已经把挂在口头上的"可持续发展"换上了新口号"绿色发展"；在林业上，也有的说发展林下经济就是绿色发展，有的说生态文明就是绿色发展……

虽然是刚开始接受绿色发展的口号，但是对绿色发展的理解就已经存在着两种版本。一种是将绿色发展简单地等同于资源节约、环境友好、生态保护等活动，而不触及发展模式本身；另一种认为关键是通过模式变革，把发展引向以可更新自然资源为基础。

未来发展，需要从传统发展模式转向绿色发展模式，这有两个理由，即"生态门槛"和"福利门槛"。

生态门槛的理由在于：当前经济增长的限制性因素已经从人造资本转移到了自然资本，因此必须投资和发展自然资本。这里的自然资本，不仅包括传统的自然资源供给能力，还包括大自然对于污染的净化能力，以及它们提供的各种生态系统服务。

传统发展模式严重地依赖于人造资本（机器、厂房、设施等运用自然资本制造的人造物品）的增长，并总是以牺牲自然资本为代价。

自然资本成为制约经济增长的决定因素，已有充分的科学依据。1996 年加拿大生态经济学家威克纳格和他的同事提出了"生态基区"的概念（也叫生态足迹），来表明经济增长出现了生态门槛。生态基区是为经济增长提供资源（粮食、饲料、树木、鱼类和城市建设用地等）和消化污染（二氧化碳、生活垃圾等）所需要的土地面积。他们测定了从 1960 年以来地球每年提供给人类生产和消费的资源及吸收排放物所需要的生态基区，发现人类经济增长的生态基区与地球的生态供给相比，从 1980 年前后超出了地球的能力，到现在已经超过了 25% 左右。也就是说地球自然资本从盈余变成了亏损，今天人类必须要用 1.25 个地球才支持经济增长。

在自然资本约束下，经济增长也不可能导致社会福利的提高，这叫"福利门槛"。

几乎所有西方经济学家都认为，以 GDP 为代表的经济增长是社会福利增加的前提条件。但是从 20 世纪 70 年开始，人们对经济增长是否导致福利增加提出了质疑。1972 年，耶鲁大学经济学家研究认为，1925～1965 年间的世界数据表明经济福利与经济增长是正相关的：GNP 每增加 6 个单位，经济福利就增加 4 个单位。但 20 年后有生态经济学家研究发现，由于经济增长的环境代价，人类的真实福利并没有随着经济增长而提高。在此基础上，有生态经济学家提出了"门槛假说"（Threshold hypothesis）。他认为"经济增长只是在一定的范围内导致生活质量的改进，超过了这个范围后，即便有更多的经济增长，生活质量也会退化"。有许多后来的研究都证实了这个假说。

经济增长的福利门槛假说，挑战了那些坚信经济增长必然带来福利增长的信念，提出了经济持续增长是否具有合理性的问题。这是绿色发展概念得以建立的一个基石。

发展阶段不同，绿色模式不同。鉴于两种国情，有两种绿色发展的起点。一种是发达国家的绿色发展，他们的任务是实现对已有的现代化成果的"绿化"；另一种是发展中国家的绿色发展，任务是本着在绿色发展的原则，实现现代化。

如果我们以当前世界人均生态基区不超过 1.8 公顷为自然消耗的允许门槛，以人类发展水平超过 0.8 为实现发展的基本尺度，那么当前世界上的状况大致可以分为以下三类：

（1）高人类发展与高生态基区的国家。大多数工业化国家属于这种类型。例如美国 1975～2003 年间在增加人类发展指数（超过 0.9）的同时也增加了人均生态基区（从人均 7 公顷增加到了 10 公顷左右）。

（2）低人类发展与低生态基区的国家。大多数发展中国家属于这种类型。当前中国的人类发展指数还不到 0.8，人均生态基区是 1.6 公顷左右。

（3）低人类发展与高生态基区的国家。这些国家虽然有高的生态基区但没有换来高的人类发展。例如巴西从 1975～2003 年生态基区已经超过了地球生态容量（1.8 公顷），但是人类发展仍然属于中低之列。

而倡导绿色发展，是要让所有国家都走上低生态基区和高人类发展的道路，目前还没有一个国家达到这样的水平。

与传统发展模式受到生态门槛和福利门槛两个约束相对照，绿色发展，可以用公式 EP = WB/EF = WB/EG × EG/EF 来衡量。

其中，EP（Eco-performance）表示绿色发展绩效，WB（Wellbeing）表示人类获得的福利，EF（Eco-footprint）表示生产和消耗这些人造资本的生态基区。EG（Economic growth）表示由人造资本存量或 GDP 表现的经济增长。

实际上，相对于后工业化社会的绿色发展，符合国情的中国绿色发展，应把继续推进工业发展与今后的绿色发展结合起来，或者是用绿色发展的原则来优化传统的工业发展，这实质是一个工业的生态文明问题。或者讲，中国的绿色发展，既不应是沿袭传统的工业经济模式，也不应是超越了工业化的绿色发展，而是兼具生态、工业文明的绿色发展。

一个重点发展领域，是转向可更新自然资产培育和加工的产业，特别是森林产业、草原产业、海洋产业、淡水产业、沙产业和有机现代农业等，逐步减少对那些以不可更新资源为原材料的传统产业的依赖。在这里，举个例子，我国一向倡导的"以钢代木""以塑代木"的政策，就明显谬误了，而林区推行的"以煤代木"就更加叫人啼笑皆非。

在促进中国绿色发展的操作方面，需要确立下面几点前提性的认识：

第一，要投资自然资本建设。中国需要结合国土整治，把中国的各种自然生态系统，建设成为雄厚的、可持续的自然资本，并以各自为基础，延伸加工产业链，让其逐步成为国家经济的一根根顶梁柱。其实，上述每一种自然生态系统，都会形成一个可持续的大产业、大财富、大福利，都可以产生巨额 GDP。

第二，要关注自然生产率问题。我们必须用更多的可再生资源来替代更多的不可再生资源。由此，必须高度重视土地、能源、水、重要原材料等稀缺自然资本的资源生产率。

第三，要"绿化"工业、城市、建筑、交通等方面。正是这些大规模的物质层面的建设，构成中国不可再生自然资源特别是能源消耗的大户。物质层面的绿色建设和改造，为中国绿色发展提供了巨大的机会和空间。

第四，要一个科学和超前的"顶层设计"。如果我国决策的目标仍然停留在是否能够做大 GDP 上，如果我们没有强有力的政治权威，没有进一步做出绿色发展的制度安排，那么中国的绿色发展是难以实现的。与发达国家不同，中国推进绿色发展，特别需要一个强大的国家意志，一个国家重点投资的转向，一个自上而下的强力推进。

第五，要发展一个绿色发展的基本文化。首先必须认识到人类的福利既需要来自人造资本，又需要来自自然资本。其次，必须认识到物质规模增长是有限度的。因此，当进行经济决策时就会考虑自然资本供给容量问题。

第六，要考虑非帕雷托效应的分配。在物质规模受到限制的情况下，要达到社会福利最大化，就必须考虑非帕雷托效应的分配，即需要降低过富人群的非基本的过度的物质消耗，为贫困人群提供生存空间。

必须指出，在中国，也有学者此前多年就宣传绿色经济，但其内涵仅是指污染治理、节能减排、重视绿化等，因此那只是"浅绿色"的发展。

相对于以往不涉及经济模式变革的"浅绿色"改进，新倡导的绿色发展是一种深绿色的变革。

有学者提出了"资源边界"论，说绿色发展就是在现有资源总量许可的范围内的发展。这种理论没有看到投资可更新自然资源的潜力。

持"资源边界"论或其他浅绿色发展观点的人，多为没有某种资源专业的人，他们没有用科学技术培育自然资源的无边视野。

钱学森先生早在 20 个世纪 80 年代就提出了以"知识密集型五大农业产业"为核心的"第六次产业革命"。内蒙古库布其亿利集团是实现钱老提出的沙产业的一个样板，吉林查干湖渔业则是钱老提出的渔业样板。

2.8　构建绿色发展框架下的森林发展新体制

中国森林财富的潜在效率和规模：

哈尔滨市有 3 个国有林场，已经按照近自然模式经营了 12 年，平均每公顷蓄积量已由开始的 70 ~ 80 立方米达到了 130 立方米（超过了 114 立方米的世界平均水平），每公顷每年立木生长量由 2.3 立方米提高到 6.2 立方米。

据此推测：

（1）我国东北林区约 3700 万公顷的退化次生林，如果开展相同水平的经营，则每年可新增立木蓄积 1.5 亿立方米，新增价值至少 1500 亿 ~ 3000 亿元；

（2）全国 0.8 亿公顷的天然次生林，如果加以科学经营，则一年可新增蓄积 3.12 亿立方米，价值至少为 3000 亿 ~ 6000 亿元；

（3）我国有热带次生林和退化地 1000 万公顷，加以科学经营，用 25 ~ 30 年就会形成一个 40 亿 ~ 60 亿立方米的立木蓄积，价值 4 万亿 ~ 8 万亿元；

（4）若提升全国的森林质量，用 30 ~ 40 年的时间，可建起总价值约为 160 万亿元的立木财富。这还不能富国吗？而目前，全国立木资产总价值仅约 6 万亿元，平均每公顷也就是 3000 元，而欧盟是我们的 185 倍。

绿色发展下的森林发展，不再是一个部门问题，而是国家整体发展问题。从现在开始，我国的森林发展，就应开始更新理念、确立地位、构筑机构、筹集投资和设计政策等基本环境条件的工作。

参考文献

［1］联合国环境署. 全球环境展望 5 评估报告 . 2012 年 6 月 6 日发布 http：//www. unep. org/chinese/
geo/ www. unep. org/greeneconomy.

［2］联合国环境署. 迈向绿色经济：实现可持续发展和消除贫困的各种途径：面向政策制定者的综合
报告［R］. 联合国环境署，2011.

［3］地球生态系统正在逼近 9 大极限(人类面临生存危机)，2010-04-04 http：//www. qianlong. com/

［4］Mllennum Ecosystem Assessmenet. Ecosystem and human well‒being：synthesis［M］. Washington D C：
Island Press，2005.

［5］地球生命力报告 2012. 2012 年 5 月 26 日 .

［6］联合国，里约＋20 联合国可持续发展大会. 我们憧憬的未来，2012 年 6 月 . https：//rio20. un. org/
sites/rio20. un. org/files/a‒conf. 216‒l‒1_ chinese. pdf. pdf.

［7］中方称联合国可持续发展大会取得五点积极成果. 中国新闻网，2012-06-25.

［8］UNEP Finance Initiative，Global Canopy Programme，FGV. 2012，Natural Capital Declaration，http：//
www. naturalcapitaldeclaration. org/the‒declaration/.

［9］UNEP，2011. 联合国环境署绿色经济报告 森林篇—投资自然资本(Towards a green economy：Forests‒
Investing in natural capital). www. unep. org/greeneconomy/Portals/88/. . ./5. 0_ Forests. pdf.

说明：本文参考了 100 多篇国内外重要文献，篇幅所限，仅列数篇如上。

第3章
绿色经济模式下的林业发展

实现绿色增长是近年来国际的热点议题之一，2011年9月，中国国家主席胡锦涛在首届亚太经合组织林业部长级会议上明确提出，林业要成为绿色增长的重要力量。2011年2月，联合国森林论坛第九届大会在讨论森林为民、森林减轻贫困等议题时提出，林业在发展绿色经济中具有重要作用，应该将林业置于重要的优先领域。2011年2月，联合国环境规划署(UNEP)在全球发布了第一本关于绿色经济的研究报告《迈向绿色经济——通向可持续发展和消除贫困之路》，将林业作为全球绿色经济发展10个至关重要的部门之一。2012年6月召开的联合国可持续发展大会，即"里约+20"大会，又把绿色经济确定为大会主题。

3.1 全球绿色经济发展背景分析

3.1.1 绿色经济发展的背景

绿色经济的理念发源于最先完成工业化和城市化的发达国家(沈培钧，2012)。也有人认为绿色经济的早期思想萌芽来自于20世纪60~70年代针对全球粮食安全的绿色革命(张升，2012)。英国经济学家皮尔斯1989年出版的《绿色经济蓝皮书》首次提出绿色经济，但现在的绿色经济已经有了全新的意义(诸大建，2012)。

1992年里约联合国环境与发展大会确立了人类可持续发展的目标，树立了可持续利用自然资源的理念。但最近20年间，发展中国家为了生存而过度开发和利用资源，发达国家继续对自然资源进行无休止的攫取，以及全球资本的错误配置(资本过度的流向化石燃料、金融衍生品和房地产业），致使2008年，全球陷入了金融危机、环境危机、能源危机、粮食危机、水资源危机等多重危机中。经济复苏和复苏后的可持续发展毫无悬念地成为全世界关注的焦点。绿色经济正是在这样一个大背景下进入我们的视野。2008年，联合国环境规划署倡议在全球开展绿色经济，联合国秘书长潘基文也在2008年12月的联合国气候变化大会上提出了绿色新政（Green New Deal）的新概念。2009年，在G20伦敦峰会上，各国领导人达成了"包容、绿色以及可持续发展的经济复苏"共识（曹东，2012）。2011年，联合国环境署提出了《迈向绿色经济——实现可持续发展和消除贫困的各种途径》的报告，明确提出今后要强力投资发展自然资本（UNEP，2011）。2012年6月在巴西召开的"里约＋20"联合国可持续发展大会，把可持续发展和消除贫困背景下的绿色经济确定为主题之一，明确了绿色经济是为可持续发展服务的，是实现可持续发展目标的一条途径（邓楠，2011），再次强调发展绿色经济的重要意义和路线图。

当前，以绿色经济为核心的经济革命正席卷全球，美、欧、日、韩等主要发达国家纷纷制定和推进一系列带有明显"绿色新政"印记的经济刺激计划，不少发展中国家也雄心勃勃。2009年金融危机期间，G20国家共投入4.5兆亿美元的经济刺激的财政计划，至少15%用在了与绿色投资相关的领域（曹东，2012）。

美国以绿色新政为基本理念推动本国绿色经济发展。奥巴马上任以来实施绿色新政计划（绿色经济复兴计划）。美国绿色新政可细分为节能增效、开发新能源、应对气候变化等多个方面。其中，新能源的开发是绿色新政的核心。美国新政府在其8270亿美元的经济刺激计划中提出，在未来两年将用1000亿美元，约合美国GDP的0.7%用于绿色经济恢复计划。其中包含200亿美元用于清洁能源免税，320亿美元用于升级电网促进清洁能源利用，160亿美元用于降低公共建筑能耗。美国发展新能源的计划包括发展高效电池、智能电网、碳储存和碳捕获、可再生能源等。在其提出的"绿色振兴计划"中，美国政府将建立1500亿美元的清洁能源研发基金，在未来10年进行可再生能源技术开发（卢伟，2012）。

欧盟以绿色经济振兴地区经济。2007年底，欧盟发布了战略能源技术计划（European Strategic Energy Technology Plan，Set－Plan）的技术路线图及低碳技术开发的投资，对风能、太阳能、电网、生物能、碳捕获与封存（CCS）可持续核能等优先领域的技术开发、研究、投资、成果等进行了详细的规划。2008年年底，欧盟27国领导人通过了《欧盟2020年碳排放协议》，要求欧洲各国温室气体排放量到2020年比1990年减少20%，并通过27国各自不同的排放指标以及欧洲范围内的碳交易系统来实现协议目标。2009年3月9日，欧盟正式启动了整体的绿色经济发展计划。根据计划，2013年以前，欧盟将投资1050亿欧元用于绿色经济的培育、支持与建设，这一计划既包括新能源、新材料和新产品等技术的研发、应用和推广，也包括现有产业经济的技术革新和改造，还包括以"减排"为目标的能源替代和工艺创新（卢伟，2012）。

日本计划成为全球第一个绿色低碳国家。为实现这一目标，日本制定了四大战略：一是加强节能法的执行力度，即限制战略；二是在政府和日本经团联间达成协议，企业自我限制，即协定战略；三是建设几乎不排放温室气体的核电站，即原子战略；四是呼吁人们控制使用石油等，即呼吁战略。在四大战略指导下，2009 年 4 月，日本环境省公布《绿色革命与社会变革》的政策草案，该草案提出：一是在学校等公共设施内设置太阳能发电设备；二是整顿并建设利用自行车的环境基础设施；三是保护和培育森林；四是利用"生态点数"积分普及节能家电；五是通过隔热翻修工程普及节能住宅；六是通过促进太阳能发电及电动汽车等长期的技术开发，并提出至 2015 年将环境产业打造成日本重要的支柱产业和经济增长核心驱动力量，环境产业的总规模达到 100 万亿日元，就业人口达 220 万人（卢伟，2012）。

韩国是绿色增长的主要倡导者。2009 年，韩国提出了《绿色增长国家战略》的经济振兴战略。《绿色增长国家战略》确定了韩国 2009～2050 年绿色增长总体目标和具体政策，计划每年用 2% 的 GDP，投资绿色增长规划和项目（OECD，2011），大力发展绿色技术产业，强化应对气候变化能力，提高能源自给率和能源福利，全面提升绿色竞争力，到 2020 年跻身全球"绿色七强"，2050 年进入"绿色五强"。随后，2010 年 1 月韩国制定了《低碳绿色增长基本法》，2010 年 4 月 14 日，公布了低碳绿色增长基本法施行令，开始正式推行这一法案。基本法主要内容是在 2020 年以前把温室气体排放量减少到温室气体排放预计量的 30%，主要包括制定绿色增长国家战略、绿色经济产业、气候变化、能源等项目，以及各机构和各单位具体的实行计划，还包括实行气候变化和能源目标管理制、设定温室气体中长期的减排目标、构筑温室气体综合信息管理体制以及建立低碳交通体系等有关内容（卢伟，2012）。

中国，在解决温饱问题并不断富裕起来后，对绿色经济的需求逐渐显现。特别是中国共产党第十八次全国代表大会提出了包括生态文明建设在内的"五位"一体的发展战略。目前，在中国 5860 亿美元的经济刺激计划中，有 2000 亿美元可视为绿色投资（曹东，2012）。

3.1.2　绿色经济的概念和内涵

绿色经济是一个有助于改善人类福祉和促进社会公平，同时显著降低环境风险和生态稀缺性的经济发展模式（UNEP，2011），它将自然资源和生态服务资本化、内部化（UNEP，2008），通过规则的约束和财政政策的刺激，在市场机制下的作用下（Michael，1991），达到减缓生态系统退化，消除碳依赖；恢复经济、促进就业；保护弱势群体，最终消除贫困的良性循环状态（全球绿色新政，2009）。

当前，绿色经济与低碳经济、循环经济、绿色增长、绿色行政和可持续发展等术语既有侧重区别，又存在内在联系。"低碳经济"产生于我们对气候变化问题的关注，强调最大限度地减少 CO_2 和其他温室气体的排放；"循环经济"强调在生产、流通和消费的整个过程中减少资源的消耗，提高资源的循环利用效率。我国在促进"循环经济"发展的过程中还出台了专门的法律，《中华人民共和国循环经济促进法》于 2008 年 8 月 29 日第十一届全国人民代表大会常务委员会第四次会议通过并于 2009 年 1 月 1 日起施行；

"持续的消费和生产"（Sustainable Construction and Production，SCP）强调代际间在资源利用上权利的公平，鼓励在生产和消费的过程中循环、重复使用资源，减少消耗；绿色增长注重利用自然资源自身功能，来达到环境的可持续性，强调低碳和社会包容性（联合国亚洲及太平洋经济社会委员会，2010），绿色增长，暗含着经济运行的整个过程（联合国亚洲及太平洋经济社会委员会，2010）；联合国千年发展目标（Millennium Development Goals，MDGs）是各国政府以及各国际组织达成的，在 2015 年实现全球性发展目标，主要关注消除人类贫困；可持续发展是既满足当代人的需求，又不对后代人满足其需求的能力构成危害的发展，要求经济、社会、环境均衡发展，关注各方利益的平衡。简单的概括：低碳经济、循环经济和可持续的消费和生产都是绿色经济框架内联系紧密的分支；绿色增长同于绿色经济；全球绿色新政给予了绿色经济政策上的支持；而绿色经济则是可持续发展的途径。

3.1.3　发展绿色经济的意义

　　绿色经济是对以往经济发展模式的替代，具有里程碑的意义。它将自然资本纳入统计核算体系，可规避褐色经济必然带来的资源环境问题，是一个真正可持续的经济模式。

3.2　林业推动绿色经济发展的机遇与挑战

3.2.1　林业在绿色经济发展中的功能

　　20 世纪 80 年代，森林在稳定全球环境中发挥的作用得到了公认；到了 20 世纪 90 年代，森林被普遍认为在可持续发展中发挥至关重要的作用（FAO，2012）。2011 年 2 月，联合国环境规划署（UNEP）发布的《迈向绿色经济——实现可持续发展和消除贫困的各种途径》强调了推动"绿色经济"发展的 10 个关键经济部门，森林位列其中：指出在绿色经济政策的引导下，如果各国国内和国际层面每年将约 1.3 万亿美元（大约相当于全球生产总值的 2%）作为绿色投资投向这 10 个关键经济部门，至 2050 年便可推动全球向绿色经济转型。2011 年 10 月，在德国波恩召开的联合国森林论坛"森林对绿色经济的贡献"国家倡议会议提出，林业在实现绿色转型中发挥着关键作用。2011 年 9 月，胡锦涛在首届亚太经合组织林业部长级会议上强调，中国要把林业发展纳入经济社会发展总体布局，完善林业政策，增加资金投入，加大资源培育力度，提升森林资源数量和质量。林业依靠自身特点和优势，在改善生态环境、提供绿色生产资料、推动经济发展、促进就业、减少贫困等方面起到无可替代的作用。

3.2.1.1 森林是绿色经济发展的生态基础设施

森林是陆地生态系统的主体，是最重要的生态系统，能够在应对气候变化、涵养水源、保持水土、生物多样性保护、净化空气等方面发挥独特作用，是林业绿色经济发展的生态基础设施。

表3-1是对全球不同国家森林生态服务价值进行的评估，总价值的保守估计高达数万亿美元。

林业生产过程实现了资源—产品—再生资源的过程，达到了低消耗、高利用、低排放的物质和能量循环利用过程，对生态和环境的影响最小，是国际社会公认的对支撑绿色经济发展具有战略作用的基础产业（张升，2012），是实现绿色经济发展的主要构成部门。

表3-1　森林生态系统服务价值评估

服　　　　务	价值估计（美元/公顷）	资料来源
遗传物质	<0.2 ~ 20.6	Simpson et al. 1996 估计值下限：加州 估计值上限：厄瓜多尔西部
	0 ~ 9175	Rausser and Small 2000
	1.23	Costello and Ward 2006 为生物多样性最高地区的平均估值
流域生态服务 （如调节径流， 防洪、水净化）	200 – >1000（在热带地区几种服务的综合） 0 – 50（单一服务）	Mullan and Kontolwon 2008
	650 ~ 3500	IIED 2003
	360 ~ 2200（热带森林）	Pearce 2001
	10 ~ >400（温带森林）	Mullan and Kontoleon 2008
休闲/旅游	<1 ~ >2000	Mullan and Kontoleon 2008
文化价值	0.03 ~ 259（热带森林）	Mullan and Kontoleon 2008
	12 ~ 116182（温带森林）	Mullan and Kontoleon 2008

注：不同国家由于地理位置、采样方法以及对生物物理特征（比如森林覆盖率和流域服务之间）的假设条件的不同，得出的评估结果差异很大。

资料来源：UNEP, 2011

3.2.1.2 林业是绿色经济发展的绿色资源库

森林为国民经济发展提生产资料，是绿色经济发展的绿色资源库。森林资源丰富，能够提供原木、薪材等各种林产品。目前，木质能源仍是最重要的可再生能源，占全球初级能源总供给量的9%以上。每年的木质能源估计为11亿多吨石油当量。全世界有

20 多亿人口依赖于木质能源，尤其是发展中国家（FAO，2012）。木材还具有许多优良特性，是主要生产资料，广泛应用于国民经济其他部门和人民生活消费中。进入 20 世纪下半个世纪，木材加工技术有很多创新。森林除提供木质林产品外，还可产出很多种类的非木质林产品。

3.2.1.3　林业的发展有助于绿色经济既定目标的实现

绿色经济以达到减缓和恢复生态系统、消除碳依赖、恢复经济、促进就业、保护弱势群体、最终消除贫困等为目标（全球绿色新政，2009）。

据统计，2006 年全球林业的贡献约为 4680 亿美元，占全球 GDP 增值的 1%（FAO，2009）。一些发达国家，例如芬兰达到 5.7%，加拿大达到 2.7%（FAO，2008）。一些发展中国家，林业在国民经济中更为重要，比如森林在喀麦隆、中非共和国、扎伊尔、刚果（布）、赤道几内亚和加蓬等，林业部门对 GDP 贡献平均达 5%~13%。加蓬工业原木出口量占其总产量将近 97%，该国高达 60% 的收入来自木材出口。喀麦隆的主要外汇收入来自出口药用植物，每年累计大约 290 万美元。需要强调的是，这些 GDP 方面的数据没有考虑森林生态系统服务（流域保护、防止土壤侵蚀等）的贡献和对持续维持生计（薪材、非木质林产品这些非正式生产活动等）的作用。用广义 GDP 的概念来看，森林部门对经济的贡献要达到更高的水平（TEEB 2009）。在中国，林业产业在金融危机的背景下不冷反热，不断壮大，对经济的恢复起到强劲的带动作用。"十一五"期间，全国林业产业总产值平均增速达到 21.91%。2006~2010 年，中国林业产业实现了从 1 万亿元到 2 万亿元的跨越；2010 年，全国林业产业总产值达到 2.28 万亿元，较 2009 年增长幅度超过 30%；2011 年，林业产业总产值首次突破 3 万亿元大关，达到了 3.06 万亿元，比 2010 年增长 34.32%。

据统计，全球大概有 1000 万人从事森林的营造、管理和利用等（FAO，2010）。再考虑初级加工、纸浆和造纸及家具产业，这个数字将达到约 1800 万人（Nair，2009）。参与林业的就业者约占全球劳动力的 0.4%（FAO，2009）。在中国，林业及其相关产业每年可以创造 120 万个就业岗位（祝列克，2011）。如表 3-2 所示，全球依赖森林生活的人数估计有 1.19 亿~14.2 亿人。即使保守估计，在非正规林业企业中就业人数、以森林为生的土著居民人数、从事农林复合业人数也远远高于正规林业部门的就业人数（UNEP，2011）。

林业支持着众多贫困人口的生计。世界最贫困人口大约有 3.5 亿人，其中包括 6000 万土著人口，他们完全靠利用森林来生活和生存。这些人口包括最贫困脆弱而且往往政治上最弱势的社会群体，森林资源是他们重要的资产，是他们发展生产的重要资本，同时也是他们应对意外事故和降低不可预见事件风险的主要手段。

林业在改善社会福利、保护弱势群体和消除贫困方面起到了巨大作用，有助于推动实现绿色经济的既定目标。

表 3-2　全球依赖森林的就业和生计

类　　别	估计值（人）	资料来源
林业、木材加工、纸浆业的正式就业	1 400 万	FAO2009
家具业正式就业	400 万	Nair and Rutt 2009
非正规小型林业企业	3 000 万～1.4 亿	UNEP/ILO/IOE/ITUC2008，引用 Poschen2003 和 Kozak2007 分别作较低和价高估计
以森林为生的原住居民人口	6000 万	World Bank 2004
其中从事农林业人口	5 亿～12 亿	UNEP/ILO/IOE/ITUC2008
	7100 万～5.58 亿	Zomer et al. 2009. 指具有 10%～50% 树林覆盖的农业用地
总数	1.19 亿～14.2 亿	估值下限假设原住居民中依赖森林与从事农林业有重叠

资料来源：UNEP, 2011

3.2.2　林业推动绿色经济发展面临的机遇

在走向绿色经济发展的过程中，林业得到了前所未有的重视。1992 年，联合国环境与发展大会通过了《关于森林问题的原则声明》、《联合国防治荒漠化公约》、《生物多样性公约》等重要文件，国际社会开始重新认识林业的地位和作用。2011 年 2 月，联合国环境规划署发布的《迈向绿色经济——实现可持续发展和消除贫困的各种途径》中，将林业确定为绿化全球经济至关重要的 10 个部门之一。林业在推动绿色经济发展过程中的重要地位得到了世界各国的高度重视和认可，有利于推动林业可持续发展。

3.2.2.1　森林可持续经营得到不断发展

森林可持续经营的理念在全球范围内不断得到深化和实施，为提高森林资源的数量和质量奠定了基础，从而为绿色经济发展奠定了基础。1992 年联合国环境与发展大会后，全球范围内开展了森林可持续经营标准和指标体系研究与协调行动。森林可持续经营的国际行动包括以联合国森林论坛（UNFF）、国际热带木材组织（ITTO）为代表的政府间行动，以及以世界自然基金会（WWF）、绿色和平组织（Greenpeace）和地球之友（Friends of Earth）等非政府组织发起的非政府间行动。根据联合国经济及社会理事会决议，基于政府间森林问题小组（IPF）/政府间森林问题论坛（IFF）的工作，为继续推动全球森林保护与可持续经营，在联合国经济及社会理事会下专门成立了一个常设机构联合国森林论坛（United Nations Form on Forest，UNFF）。森林论坛通过制定和完成工作方案，以促进各类森林的可持续发展，并为此加强长期政治承诺。ITTO 是近 20 余年来在全世界致力于森林可持续经营成绩比较突出的政府间国际机构。它主要关注热带森林资源，其目标是实现全球热带森林的可持续经营。森林认证是 20 世纪 90 年代初发展起来的一种森林可持续经营的促进机制和有力工具。近年来，认证的森林面积快速增长，截至2008年6月，全球已有约80多个国家的3.2亿多公顷森林通过了各种森林认证体系的认证，约占全球森林面积39.52亿公顷的8.1%。从国家分布来看，目前认证的森林90%以上分布在欧美发达国家，发展中国家所占比例不超过10%。认证森林面积较大的国家有加拿大、美国、芬兰、瑞典、挪威、德国、波兰和奥地利等。另外，经合组织的一些成员也在森林可持续经营方面做出了努力。例如欧盟80%的森林都有森林经营方案，90%的森林得到了有效管理。

近几年中国森林经营工作得到了高度重视。2010年底，中共中央总书记、国家主席胡锦涛对林业改革发展所作的重要批示和2011年9月8日胡锦涛在出席首届亚太经合组织林业部长级会议开幕式时的致辞中，都强调加大资源培育力度，创新管理模式，提升森林资源数量和质量，发挥森林多种功能。国务院第35次常务会议提出"探索建立森林经营稳定的投资渠道和长期补贴制度"。我国2009年开始实施森林抚育财政补贴试点，投入经费5亿元，2010年增加到20亿元，2011年达到50亿元。国家林业局提出，争取用10年左右时间，将7.5亿亩急需抚育的中幼林全面抚育一遍（刘于鹤，2012）。

3.2.2.2 全球保护区发展迅速

保护区是保护生物多样性和主要生态系统的重要手段，全球保护区出现面积增加的趋势，为推动绿色经济发展提供了基础。国家森林公园、森林保护区约占世界森林面积的13%，占大多数国家和森林总面积的10%以上。亚洲的森林保护区面积最大（1.26亿公顷），其次是南美洲和非洲。

3.2.2.3 生态系统服务补偿制度不断完善

在过去的10~15年间，最受瞩目的是发展了森林生态系统服务补偿制度。生态系统服务补偿主要针对发展中国家，但在工业国家中也有一些广为人知的先例。例如，纽约市水公用事业为该流域的农民和林地所有者保护森林并实行环境友好的农业管理措施提供补偿。结果证明此举的成本远远低于建造人工水处理中心（Landell-Mills，2002）。

2007年，联合国气候变化框架公约（UNFCCC）在巴厘岛会议上引入了减少森林砍伐和退化造成的碳排放（REDD）机制（表3-3），以帮助发展中国家减少森林砍伐、减缓森林退化。2008年9月，以减少砍伐和退化造成的排放以及保护森林、促进森林可持续经营和增加碳汇为宗旨的REDD+机制得以建立。REDD+被比作是多维度的生态系统服务补偿机制，包括工业化国家和发展中国家之间的资金转移，以及从国家层面向林地所有者和社区的资金转移（Angelsen and Wertz-Kanounikoff，2008）。

表 3-3　REDD + 发展过程

时间	会议	提议和决定	范围
2005	COP11	提议：减少发展中国家毁林排放 决定：承认减少发展中国家减少毁林和森林退化所导致排放量的重要性，以及通过保护森林和推进可持续经营增加森林碳储存的作用	毁林/RED
2007	COP13	"减少发展中国家毁林排放等行动的政策手段和激励措施"作为减缓措施纳入"巴厘行动计划"	毁林、森林退化/REDD
2009	COP15	哥本哈根协议：建立包括 REDD + 在内的机制，为这类措施提供正面激励，促进发达国家提供援助资金的流动	毁林、森林退化、森林保护、可持续经营、造林再造林/REDD +

资料来源：《REDD + 机制的研究进展及对我国的影响》，2011

3.2.3　通过林业推动绿色经济发展面临的挑战

3.2.3.1　森林覆盖和采伐的趋势不乐观

目前，在全球范围内仍有明显的迹象表明，森林并没有被可持续地经营管理。虽然森林减少的速率比数十年前有所减缓，世界森林面积（只考虑毁林）和净值（考虑增加的人工林和自然林）在不断下降。

森林覆盖率在北美和中美洲比较稳定，在欧洲和亚洲有所扩大，后者主要归功于中国大面积的造林，抵消了东南亚地区持续的毁林。非洲和南美在 2000 ~ 2010 年这段时间里遭受了最大的森林减少，大洋洲也同样出现了森林减少（FAO，2010）。在最新的森林资源清查中，联合国粮农组织（FAO，2010）上调了 20 世纪 90 年代毁林面积的评估。2005 年的森林资源清查报告（FAO，2005）表明，20 世纪 90 年代的毁林面积约为每年 1300 万公顷。

各种森林类型的变化趋势都很重要。其中最受关注的是原始森林的减少。据统计，自 2000 年以来，有大约 4 千万公顷的原始森林被改变或者消失。相比之下，人工林面积在以更快的速度扩张，其增长速率是前十来年的 1.5 倍，如今已经占全球总森林面积的 7%。

3.2.3.2　土地利用矛盾加剧

在近 20 多年来，农业扩张，木材需求增加和扩建基础设施，被认为是导致热带地区森林减少的最直接原因（Chomitz，2006）。预计到 2050 年（Bruinsma，2009），随着人口和收入的增加，人们对食物的需求将增加 70%（以价值计算）。为了满足这样的需求，如果农业产量得不到较大的提高，就需要砍伐更多的森林。同时，生物能源需求量的增加意味着它们将和粮食作物争夺土地，这部分压力也会被转嫁到森林上。气候变化对农业产出造成的不利影响也可能迫使森林用地向农业用地转变。

3.3　促进林业绿色发展的投资分析

　　可持续森林经营认证、增加保护区面积、不断增长的生态系统服务补偿制度和REDD＋计划等，都有很好的发展前景。但是如果缺少对森林生态系统服务的充分认识（尤其是在气候谈判中），农业部门得不到改进，森林保护不被有效地实施，农业对天然林的压力将会持续增加，原始森林很可能无法摆脱逐渐消失的前景，最终生态系统服务将会消失。因此我们需要通过额外的资源和政策，使土地所有者看到森林生态服务的价值得到充分体现，同时树立保护森林并摒弃采伐森林的价值观（Viana，2009）。

　　如表3-4所示，一些私人和政府的绿色投资可以按照几种主要的森林类型（包括农林复合体）进行区分。这些投资只有确保被保护、建立和修复的森林符合可持续经营的原则，并且能够平衡不同利益者的需求才可称为绿色投资。

表3-4　不同森林类型的绿色投资方案

森林类型	投资	
	私人	公共
原始森林	发展生态旅游	增加新的保护区
	私人自然保护区	提高保护区的执法
	支付土地拥有者用于保护流域	支付林地所有者用于保护森林
		买断采伐特许权
自然改良森林	采伐影响的降低以及其他森林经营的改善	对改善的森林管理进行奖励
	可持续的森林经营标准认证	支持认证系统的建立
		控制非法采伐
人工林	为生产进行造林和再造林	对造林和再造林的奖励
	提高人工林的管理	对改善管理的激励
		以保护生态功能为目的造林
农林复合经营	扩展拥有农林复合系统的区域	对土地所有者的奖励
	改善农林复合系统的管理	对改善管理的奖励和技术支持

资料来源：UNEP，2011

3.3.1　对保护区的投资

　　增加自然保护区面积，已经成为政府通过确保生态系统服务的主要方式。在一些情况下，非政府组织（NGO）也对保护区进行投资。一个非常有名的例子便是保护组织通过租借林地的采伐权来获得森林的保护特许权。这种特许协议大部分由保护国际基金会带头签订，也包括其他主要的非政府组织和捐赠人的参与，现在已经在很多国家建立起来，包括圭亚那、柬埔寨、厄瓜多尔和马达加斯加（Rice，2002）。私人企业在一些情况下也会对保护区进行投资，通常是因为这些地区有旅游资源或者政府部门有相应的奖励。例如，巴西政府对于留出保护区的土地拥有者，减少其土地税（May，2002）。对保护区土地的拥有者和使用者而言，意味着他们没有了木材的采伐权，同时也放弃了农业的利润。据估计，全球在保护区方面每年有 65 亿美元的支出，其中美国占了一半（Balmford，2002）。而 2007 年的调查显示这种支出为每年 65～100 亿美元（Gutman，2007）。由于缺乏足够的资金，很多保护区不能得到有效的管理。我们需要增加投资以合理兼顾社区利益，以及改善管理。对保护区的投资可为国家带来长远利益。一些国家已经建立了以自然为基础的利润丰厚的旅游产业，带来了外汇并产生了就业岗位。例如在哥斯达黎加，保护区在 2001～2006 年期间每年迎来超过 100 万的游客，在 2005 年产生了 500 万美元的门票收入，直接解决了 500 人的就业问题。拉丁美洲的保护区也有较高的游客量，并创造了很多相关的工作机会。例如，墨西哥的保护区每年可以迎来 1400 万游客，创造了 25000 个工作机会（Robalino et al.，2010）。

3.3.2　对生态系统服务补偿的投资

全球投入到生态系统服务补偿项目中的金额绝大部分直接来自政府或者国际捐赠者。这些资金通过两种方式支出：一部分支付土地拥有者和森林许可证持有者由于放弃土地利用的机会成本以及用于保护土地或雇佣保护人员的费用。另一部分用于设计、建立和运行支付方案的交易成本，包括合同管理、资金管理以及资金的周转和监控。

关于生态系统服务补偿为一些拉美国家带来福利的研究，结果不尽相同。总的来说，这些项目是受欢迎的。将机会成本以及家庭收入相比，现金补贴往往是微不足道的（Porras，2008）。一些研究者由此得出如下结论：补贴更像是一种支持，承认现有的良好实践，而不是真正对土地利用变化的激励（Kosoy，2007）。人们往往认为非经济收益更为显著，如能力建设、土地和资源保有期的加强。例如，生态系统服务补偿项目可以强化资源的经营管理并加强所包含社区机构的社会协调能力（Tacconi，2009）。能力建设通常被认为可从生态系统服务补偿项目获益，比如厄瓜多尔 Pimampiro 不断增长的农业生产力（Echavarría，2004）；玻利维亚的养蜂业培训每个参与者可以得到 35 美元（Asquith，2007）。推广生态系统服务补偿制度最大的限制是资金匮乏，所以往往停留在试点项目上。即使是国家项目也会因缺少资源而受到限制，比如哥斯达黎加项目，可利用的资金远远不够支持申请加入此机制的项目（Porras，2008）。如果 REDD + 机制获得通过，可利用资金的数量将会有所改善。然而，如果补偿计划在更大的范围或者在政府管理不力的情况下实施，必须防范部分有实力的群体瓜分利益，要加强当地社区对土地的所有权（Bond，2009）。对于在 REDD + 机制下推广生态系统服务补偿制度进行投资，必须考虑这些防范措施。

3.3.3 对人工造林的投资

人工造林的投资有很多形式，包括自然恢复、人工营造等。从历史上看，政府是人工造林的主要出资者，通常提供总支出的 75%（Canby，2005）。1994~1998 年间，全世界对人工林的补贴共为 350 亿美元，其中 300 亿美元用于非经合组织国家（Canby，2005）。

在中低收入国家中，政府会动用大量资金增加木材供应，以减缓天然林的压力（Canby，2005）。例如巴西，以生产纸浆和木炭为目的的工业原料林种植就因得到国家财政的帮助有了巨大发展（Viana，2002）。

中国实施的"六大林业重点工程"是以推进生态恢复为目的的人工造林工程。中国林业重点工程实施的投资，成为中央林业投资的重点对象（图 3-1）。2010 年，中央林业资金投入 5 项工程的资金总量达 444.87 亿元，比 2001 年增加了 293%。从林业重点工程投资占全部中央林业投资的比重来看，2001~2010 年期间的平均投资比重为 66%。可见，林业重点工程已经成为中国林业工作的重点和核心，工程的实施有效地改善了生态环境，实现了绿色经济的重要战略。

以林业重点工程为基本框架的林业发展战略布局，是中国以超常规的发展方式，走一条"集中国家财力和人力，以大工程带动大发展"道路的生动实践。在林业重点工程的带动下，中国林业资金投入大幅度增加，"十五"期间，共到位中央建设资金 2120 亿元，是前 50 年投资总和的 1.5 倍。"十一五"时期，国家林业投入达 2979 亿元。中央林业建设资金投入的大幅度增加，有效解决了长期以来困扰中国的林业发展资金不足的问题，为林业的快速发展提供了强有力的资金保障。

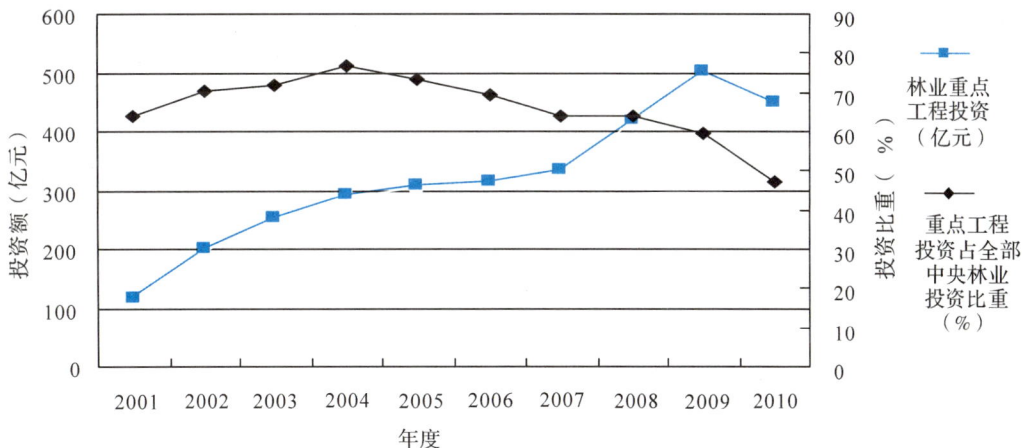

图 3-1 2001~2010 年林业重点工程投资及其占全部中央林业投资的比重

3.3.4 对林业新兴产业的投资

林业部门的投资部分流向林业新兴产业。花卉、竹藤、生物制药、生物质能源产业等新兴产业蓬勃发展，相关产业的衍生产品不断创新。林业生物柴油、生物制氢、生物酒精和生物发电等生物质能源利用已逐步进入产业化阶段，木材复合材、竹纤维等生物质材料已实现规模化生产，森林旅游、野生动植物繁育利用、森林食品、森林药材等已成为部分地区带动农民致富、拉动区域增长的支柱产业。为了促进林业新兴产业的发展，全球主要发达国家都鼓励投资。例如芬兰、瑞典、美国等国家在林木生物质能源方面投入了大量资金，从而最大限度地替代部分化石能源，减少碳排放。

3.3.5 对森林认证的投资

森林认证是促进森林可持续经营和林业可持续发展的一个市场化政策工具。国际上对森林可持续经营和产销监管链进行认证的，主要有 FSC 和 PEFC 两个体系。但是有些认证具有挑战性，比如制造一个家具的原料可能来自不同的森林资源，有时候很难判定哪些是经过认证的原料，哪些是没有经过认证的原料。公司进行森林认证时要承担必要的费用，对规模较小的林地而言，这种成本就显而易见了。据估计，FSC 认证的直接成本大约为 0.06~36 美元/公顷不等，主要取决于森林面积的大小，面积越大，成本相应越少（Potts，2010）。一般而言，经过认证的产品能够容易进入市场并获得较好的回报，这是刺激林主投资森林认证的主要动因。当然，对于规模较小，主要产品在国内销售的公司而言，他们可能缺乏这一动力。森林认证除了能够获得较好的经济效益外，还能够在保护生物多样性、涵养水源等方面获得良好的生态效益。一些发达国家和大公司热衷于森林认证，但在一些热带和亚热带区域显得有挑战性。为了进一步推动森林认证，促进绿色经济发展，今后有必要大力加强热带和亚热带区域的宣传和引导工作，推动这些区域加强森林认证。当然，促进森林认证投资还需要和其他目标结合起来，例如保护高保护价值的森林、木材合法性验证和相关部门的绿色经济发展目标等，这样才能更加成功地激励森林认证投资。我国在森林认证方面也开展了大量工作，政府和公司也投入了大量资金开展森林认证，并取得了较好进展。

3.4 关于林业推动绿色经济发展的建议

3.4.1 树立林业绿色经济的新理念

绿色发展下的森林发展，不再只是一个部门问题，而是一个经济体的基础问题。在绿色发展背景下，森林是经济和社会发展的基础，是整个社会的基本财富，能够为人们提供基本福利和基本安全（侯元兆，2012）。森林资源不仅能够提供木材及其林产品，满足社会经济发展的需要，给社会带来财富，而且还能够提供生态系统服务，降低遭受干旱、洪涝、疾病等风险。因此，应当在全社会进行大力宣传，变革传统理念，将森林资源作为资本进行经营，把林业发展纳入经济社会发展总体布局进行通盘考虑和整体规划。

3.4.2　建立协调自然资本的主管机构

在认识到森林资源是自然资本的前提下，为了避免走"褐色经济"发展的老路，造成森林资源的破坏，需要考虑如何在绿色经济框架下建立协调自然资本的主管机构，以便提高投资自然资本的效率。目前，自然资本包括的领域主要有有机农业、林业、渔业、海洋、环境、草原等。从森林资本经营角度出发，提出两种可选择方案。一是建立能够协调各种自然资本的主管机构；二是在绿色经济发展框架下成立一个职能高于国家林业局的全国森林委员会之类的机构，使得它有能力举全国之力致力于森林发展，或者把"全国绿化委员会"实体化，变为"国家自然资源发展委员会"（侯元兆，2012）。

3.4.3　加强森林管理和林业政策改革

现行的林业观念、林业体制、管理机制和政策体系，都很不适应绿色经济发展框架下的森林发展的需求（侯元兆，2012）。一套好的林业政策和相关治理方案必定与一个国家的自然、经济和社会条件相适应，同时也能满足相应的需求，能够解决森林生态系统服务的可持续性，保证不同所有者的相关利益，具有明确的鼓励和惩罚措施。例如，目前中国实施的森林分类经营政策曾经起到了非常好的作用，但是存在许多不合理的地方。比如一些地方为了获得更多的国家生态补偿，故意把公益林的面积划大；另一方面，人工林发展过程中对经济效益过分追求，造成了大面积速生纯林，导致景观单一、地力衰退、病虫害增多等环境问题。为了促进绿色经济发展，需要加强森林管理和林业政策改革。完善林业立法，形成林业法律、行政法规、部门规章以及地方性法规相辅相成的法律体系，为林业绿色经济发展提供统筹规划、政策制定、科学指导和全面服务。在集体林权制度主体改革基本完成后，加强各种配套政策改革。从操作层面来看，需要进一步加强森林可持续经营标准、指标体系研究，并开展相应的示范。同时，要使利益相关者，尤其是中小林农积极参与到森林经营中去，使他们意识到森林资源是一种资本。在补贴、财政、税收、保险等方面制定明确的政策。加强能力建设、通过渐进式方法提高利益相关者从事森林经营的水平。

3.4.4　大力促进林业绿色生产和消费

实施林业绿色生产和消费是实现绿色经济发展的重要战略途径。在可持续发展和消除贫困的大环境中，绿色经济需要保护并扩大自然资源基础，提高资源使用效率，推广可持续生产和消费模式。国际上，为促进林业绿色生产和消费开展了大量探索并取得了一定成效。例如通过森林认证、绿色采购等控制非法木材的进口和消费，鼓励政府和企业采购经过认证或合法木材及其制品。美国通过《雷斯法案》（LA）的实施变成世界上第一个抵制进口非法木材的国家，欧洲也通过《自愿伙伴关系协议》（VPA）建立了一套体系，并在森林执法、施政与贸易（FLEGT）基础上与出口商进行协商谈判。可以预见，FLEGT 和 LA 今后在国际上的影响力也会越来越大，而中国目前已成为林产品生产（包括进口加工）和消费大国，对国际社会承担的责任也越来越多。因此，为了促进林业绿色生产和消费，树立起负责任大国的形象，有必要进一步加强利益相关者的参与性，使他们进一步了解相关法律法规，从而有助于推动森林认证、绿色采购和木材合法性验证等工作，为绿色经济发展提供基础。

3.4.5 研究并逐步实施 REDD + 机制

REDD + 的实施可有效地帮助发展中国家减少砍伐和扭转森林退化，提高森林保护、森林可持续经营的能力，增加森林碳汇，减少因土地用途改变和毁林造成的 CO_2 排放，并降低减排成本。REDD + 在技术上和经济上都将是全球减缓气候变化最重要的措施之一。REDD + 机制将在 2012 年后成为气候框架的重要组成部分。截至 2011 年 6 月底，UN – REDD 已经有 35 个成员国，其中柬埔寨、印度尼西亚、越南等 l4 个国家已获资助，森林碳伙伴基金也已有 37 个成员国或组织。中国作为世界上人工造林面积最多的国家，至今尚未加入任何 REDD + 机制的国际组织，也没有 REDD + 项目在中国境内实施。中国应尽早实施 REDD + 机制，充分抓住 REDD + 机制带来的机遇，从而获取更多的收益。

3.4.6 探索林业绿色经济发展的投融资机制

我国林业经济绿色发展领域资金渠道较为单一，主要依靠政府财政资金，而且政府的投资又多以林业重点生态工程的方式出现，那么应该如何建立充足的、可持续的生态环境保护资金来源？经过多年的探索和实践，逐渐打破了由政府为单一投资主体的传统格局，地方财政、银行贷款、私营投资、国外资本等纷纷向林业流动和聚集。但是，由于林业周期长，受国家政策和外部社会、自然环境的影响很大，同时也意味着有较大的风险，阻碍了私营资本投资林业的步伐。因此，今后需要探索如何充分发挥政府资金在绿色经济发展中的重要作用，比较分析各种财政手段的效率，分析生态环境财政中的政府责任和资金使用管理机制，如何为投资于森林资本建立有效的激励机制等，最终建立由政府、企业、民间组织、个人，以及国际机构等多元主体参与的林业绿色经济投融资机制。

3.4.7　建立健全生态补偿机制与政策

森林、水、大气等自然资源和生态环境均是有价值的自然资本。为了使森林生态保护者或提供者得到相应的补偿，生态破坏者或受益者应当承担相应的责任和成本。2001年，财政部决定将重点防护林和特种用途林的管护补助资金纳入国家公共财政预算。这一政策的实施，在一定程度上解决了长期以来困扰我国公益林管护的资金来源问题，标志着我国无偿使用森林生态价值的历史已经结束。2004年10月，财政部、国家林业局联合下发了《中央森林生态效益补偿基金管理办法》，中央森林生态效益补偿基金制度正式确立并在全国范围内实施。2007年《中央财政森林生态效益补偿基金管理办法》修订出台，重新明确了中央和地方的事权。2009年国家出台了新修订的《中央财政森林生态效益补偿基金管理办法》。自2010年1月1日起，中央财政补偿基金依据国家级公益林权属实行不同的补偿标准。此外，全国大部地区还实施了地方森林生态效益补偿基金制度。但是，在大多数情况下，市场在正确地反应森林资本的价值以及有效配置资源方面，往往是失灵的，所以需要建立合理的生态补偿机制，建立一套完整、可操作的生态补偿政策和制度。

3.4.8　发展多功能森林

目前我国林业仍处在依靠工程投资带动森林增长的阶段，相应地在森林经营方面投资力度较小。我国现行的森林分类经营方案，把森林划分为商品林和生态公益林两类，公益林被限制经营和生产，导致大面积森林资源的非财富化、低价值化，甚至排斥经营。生态公益林由于缺失了经营，有些已经逆向演替(侯元兆，2012)。我国的森林分类经营中，缺乏多功能森林的概念和地位，也缺乏相应的管理体系和研究。在我国进入科学发展阶段以后，林业也迫切需要落实科学发展观，努力拓展林业发展的内涵，走多功能利用道路，这是"绿色经济"发展模式下，实现森林可持续经营最优选择。

参考文献

[1] Anna G. Financial Crisis Containment [J/BL]. 2009. http：//ssrn. com/abstract = 1401062.

[2] FAO. 2012 世界森林状况[BE/OL]. 2012. http：//www. fao. org/docrep/016/i3010c/i3010c. pdf.

[3] FAO. Global forest resources assessment 2000[BE/OL]. 2001. http：//www. fao. org/forestry/32188/en/.

[4] FAO. Forest resources assessment 2005[BE/OL]. 2005. http：//www. fao. org/forestry/fra/fra2005/en/.

[5] FAO. State of the world's forests 2009[BE/OL]. 2010. http：//www. fao. org.

[6] FAO. Global Forest Resources Assessment 2010[BE/OL]. 2008. http：//www. ips - dc. org/getfile. php? id = 314.

[7] International Energy Agency. IEA warns oil will hit ＄200 a barrel by 2030 [BE/OL]. 2008. http：// www. businessgreen. com/business - green/news/2230069/soaring - oil - price - encourage.

［8］International Labor Organization. Global Employment Trends January 2009［BE/OL］. 2009. http：//www. ilo. org/wcmsp5/groups/public/－－－dgreports/－－－dcomm/documents/publication/wcms＿101461. pdf.

［9］Michael J. The Green Economy：environment，sustainable development，and the polices of the future［BE/OL］. 1991. http：//books. google. com. hk/books/about/The＿ green＿ economy. html? id＝NsW5AAAAIAAJ.

［10］OECD. Towerds Green Growth［BE/OL］. 2011. http：//www. oecd. org/greengrowth/48012345. pdf.

［11］Potts，J.，van der Meer，J.，and Daitchman，J. The state of sustainability initiatives review 2010：Sustainability and transparency. International Institute for Sustainable Development（IISD），Winnipeg，2011. Canada and the International Institute for Environment and Development，（IIED），London.

［12］UNEP. Globalization and the Environment—Global Crises：National Chaos?［BE/OL］. 2008. http：//anped. org/media/UNEP－GC－2009－europeancivilsociety. pdf.

［13］UNEP. Towards Green Economy：Pathways to Sustainable Development and Poverty Reduction［BE/OL］. 2011. http：//www. unep. org/greeneconomy/Portals/88/documents/ger/GER＿ synthesis＿ en. pdf.

［14］曹东，赵学涛，杨伟杉. 中国绿色经济发展和机制政策创新研究［J］. 中国人口·资源化境. 2012，22(5)：48－55.

［15］邓楠. 我国的可持续发展和绿色经济［J］. 中国人口·资源化境. 2011，22(1)：1－3.

［16］郭晓蕾，魏亚韬，武曙红. REDD＋机制的研究进展及对我国的影响［J］. 当代生态农业. 2011(1)：104－108.

［17］侯元兆. 森林在绿色发展中的新定位［J］. 世界林业研究. 2012(2)：1－6.

［18］李克强."绿色经济与应对气候变化国际合作会议"开幕式讲话［BE/OL］. 2010http：//gb. cri. cn/other/chinanews/chn100601. pdf.

［19］卢伟. 绿色经济发展的国际经验及启示［J］. 中国经贸导刊. 2012(6)：39－41.

［20］刘珉. 林业投资研究［J］. 林业经济. 2011(4)：43－49.

［21］刘于鹤，林进. 提升森林经营水平是现代林业建设的核心［BE/OL］. 2012. http：//www. greentimes. com/green/news/pinglun/lssbdjp/content/2012－01/17/content＿ 163680. htm

［22］沈培钧. 绿色经济发展的全球化趋势［J］. 综合运输，2012(6)：26－27.

［23］生态补偿课题组. 生态补偿课题组报告［BE/OL］. 2006. http：//www. china. com. cn/tech/zhuanti/wyh/2008－02/26/content＿ 10728024. htm.

［24］张升，戴广翠. 绿色经济与林业［J］. 林业经济. 2012(5)：20－25.

［25］张永乐. 全国森林抚育经营现场会上的讲话［BE/OL］. 2012. http：//www. cqpanda. com/portal/main/s/2672/content－575419. html.

［26］诸大建. 绿色经济新理念及中国开展绿色经济研究的思考［J］. 中国人口·资源与环境. 2012，22(5)：40－47.

第4章
▷ 森林多功能经营

1992 年联合国环发大会以后，森林可持续经营成为林业发展的重要方向。为了应对气候变化，以永久性森林为主的多功能森林，正在成为森林资源的主体架构。

4.1　多功能森林的概念和地位

4.1.1　现行森林"分类经营"方案是百病之源

我国实行至今的森林分类经营，是把森林资源区分为"商品林"和"生态公益林"两大类，非此即彼。这是我国林业中很多问题的根源。例如，如果把商品林划大，因商品林的经营强度可以很高，就会有害于生态；如果把公益林划大，因公益林限制经营，则既会有害于经济，也会有害于生态。

20 世纪 90 年代由林业部原部长雍文涛主持，经过十几年的理论探索和实践验证提出的森林分类经营理论，不是后来林业部推行的那个方案。这项研究提出全国总体分三类森林：商品林，实行市场运行机制；公益林，实行国家供养机制；中间是多功能森林，实行经济自养和国家辅助相结合的机制，因为它既生产商品材，也兼顾公共效益。前两类的面积较小，其实就是业已存在的商业造林和自然保护区和国家森林公园核心区等；中间部分占主体地位，其实就是传统森林的经营。由于这个分类结构恰似一架飞机，所以后来也称其为森林分类经营的"飞机模型"（图 4-1、图 4-2）。

这个森林分类经营理论并没有主张通过行政力量把全国的森林做一个三划分，更没有主张每省、每地、每一个林业局都将其森林做一个三划分，而是认为森林分类经营是

科学的分类是把多功能森林作为主体

目标功能	相应的森林资源	森林的效益	经营模式	经营方法	总体效益
纯经济目标	工业原料林；短轮伐矮林；部分速生丰产林	纯经济效益（主要是木材）	商品林	专业化	
生态－经济目标	各种传统森林资源	各类生态经济效益	多功能林	多功能协同	与现代需求相适应
纯生态目标	自然保护区；国家公园；市郊森林；景观林；其它	纯生态效益（自然生态、经济生态、人类生存环境保护）	公益林	专业化	

（森林）

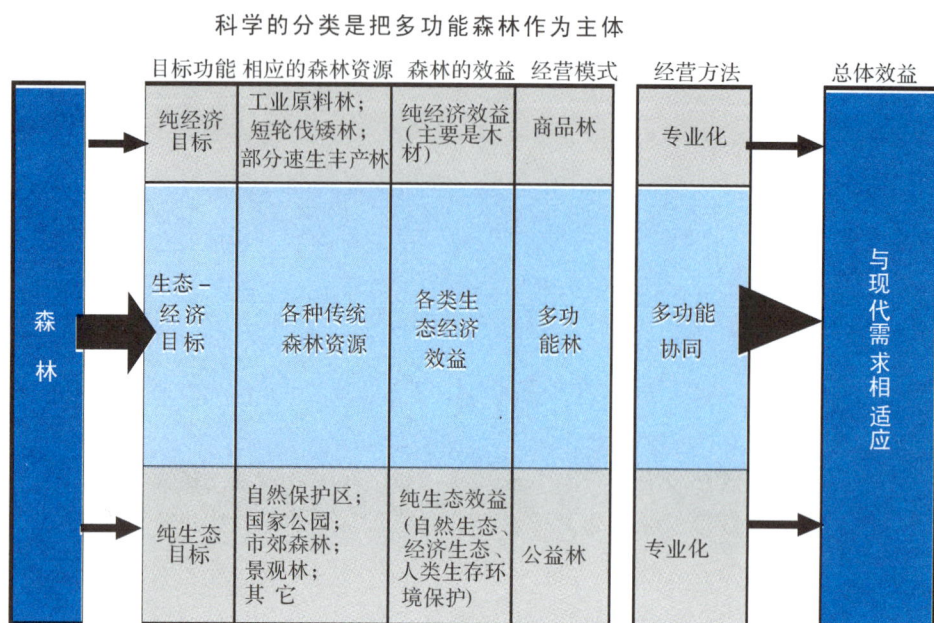

图4-1 森林的分类及多功能森林的主体地位

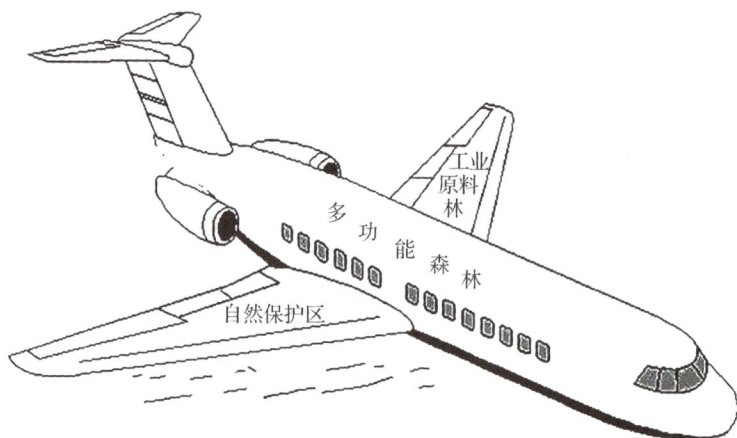

图4-2 森林资源分类经营的"飞机模型"

一个随着市场经济的发展而逐渐内生的过程，基本上用不着人为划分，靠政策引导和规范就可以了。

这是由于商业造林为追求利润，一定会选择质量好、位置好、适宜商业生产的林地，而那些生态区位敏感或生物多样性高的地方，国家也一定会实行保护。剩下的就是大部分的森林资源，不完全适宜发展商品林，但也可以培育木材。

这就是"局部上分而治之，整体上合而为一"的森林资源功能整合策略。雍文涛非常认可这个思想，他说这样就可以建成一个"动态稳定的全国森林生态大系统"，满足在总量上不断扩张、在结构上不断分化的现代需求，也就是不至于需求压垮资源了。

而把森林划分为两类，造成生态公益林面积过大，除了带来上述那些问题外，国家也不可能有足够投资，经营机构自身也没有能力承担。由于没有经营，森林的质量一定差，被有害生物逐渐侵吞的现象日趋严重，使得本来为着生态的森林资源，最终既没有了生态效益也没有了经济效益。这样的分类政策，实际上必定会使国家付出沉重的行政成本，所以它是"百病"之源。

但是，时至今日，我们又不能取消分类经营。必须在强化工业原料林和核心公益林的专业化的同时，明确我国其余大部分森林资源为兼顾经济和生态目标的多功能森林资源。现在需要解决的只是处于工业原料林和保护区之外的那些森林资源的经营模式。

4.1.2　什么是多功能森林

多功能森林是这样一种森林，它的经营目标为经济与生态双重目标，而其产出是一系列的产品组合。

多功能森林的本质特点，就是追求近自然化的、但又非纯自然的森林生态系统，因此，必须"模仿自然法则、加速发育进程"，就是人工按照自然规律，促进森林生态系统的发育，生产出所需要的木材及其他多种产出。模仿自然，主要是指利用自然力、关注乡土树种、异龄、混交、复层等。这种"人工天然林"或"天然人工林"，也要保留腐朽木，保持食物链，但它一般不实行主伐，而是实行弱干扰式的择伐（单株择伐、群状择伐等）。有些情况下也实行渐伐、带状皆伐。实行渐伐的林分也是异龄林，但它是由不同林龄的林带或小班组成，每一个林带（或小班）的林龄是一致的，因此这是一种带状渐伐，被带状伐没的地带，靠天然更新。

现代的多功能森林模式，在向永久性森林演变。所谓永久性森林，就是一种异龄、混交、复层、近自然的多功能森林。森林生态系统里的成熟立木和其他非木林产品不断产出，林下幼树不断生长，而森林生态系统永存。也有专家称其为"恒被林"，也即植被不间断的意思。永久性森林是多功能森林的最高形态。

永久性森林好比是一个社会机构，机构里的人到时退休，不断补充年轻人，机构不会关门并永葆活力。一个普通的森林生态系统，当建群树种成过熟之时，也就是其生态功能转向衰退、立木开始贬值之时。而多功能森林不会出现这种情况，成熟立木会被及时择伐，下木会长起，生态系统永久性地保持着最佳活力，经济产出和生态产出永远处于最佳状态。如果这种多功能森林里有一定比例的高价值树种并且它们也得到了重点培育，那么这种森林的经济效益也具有竞争力。

多功能森林发育最典型的是欧洲森林。多功能森林也存在不同的经营强度，依次是：天然的多功能森林→粗放经营的多功能森林→集约经营的多功能森林。多功能森林的起源可以是天然林，也可以是人工林。

需要说明的是，用"多功能林业"一词表述上述概念，不贴切。"林业"一词，通常是在行业、产业等意义上使用，把"多功能森林"说成"多功能林业"，必定会带来一系列的新困惑。

4.1.3　多功能森林的地位

图 4-1 说明了多功能森林的地位，显示对木材需求的响应是商品用材林和多功能森林；对生态需求的响应，是公益林和多功能森林。多功能森林同时响应了两类需求，也就是在规划上被赋予了"多功能"。如果我们单纯用商品林响应木材需求，那么对高价值、大径级用材的需求就很难满足；如果单纯用自然保护区响应生态需求，那么大面积国土上的生态环境就很难改善。无论如何，多功能森林仍然是供应木材和生态保护的主角。

图 4-2 的结构，恰似一架飞机，其中多功能森林是机身，商品林和自然保护区是两翼。本文作者与法国林学教授 Bernard MARTIN 讨论过，认为"飞机模型"这一形容形象、易懂。

多功能森林思想由来已久，它植根于 19 世纪的恒续林思想，发达于 20 世纪 60 年代前后出现的西方社会的生态觉醒（表 4-1）。当时的基本社会背景就是经济社会出现了生态诉求，要求森林在满足经济需求的同时也要响应生态需求。所以，森林经营的经济目标演变为生态经济目标。

表 4-1　森林经营原则及其方法的演化

理　论	方　法
永续利用原则　法正林	平分法、龄级法
财政收益原则（始于 19 世纪中叶）	林分经济法、检查法、林分法、小班经营法
恒续林（生态林）原则	异龄混交林、检查法、连续清查法……
满足需求原则（日本，20 世纪）	目标林（日本）
综合利用原则，20 世纪 60 年代以来： 多种利用（美提）、主导利用（法提） 复合利用（七届世界林业大会，1972） 最适利用（多效益施业体系，日本）	"模仿自然规律，加速发育进程"，人工林天然化，生态平衡加机械化，国土规划，森林效益地图，生态评价法，生态型管理恒续林
分类经营（木材培育、自然保护区，多功能森林） 森林生态系统经营	两个专业化（木材培育专业化 + 自然保护专业化）为两翼，多功能森林为主体
森林可持续经营理论	追求森林的可持续性
近自然林业	恒被林，永久性森林
绿色发展	森林是经济社会发展的基础

4.1.4　多功能森林的利弊

事物都有两面性。从某些意义上讲，多功能森林有其优势，但从另外的角度讲，劣势也不小。这要看社会需求的取舍。

多功能森林有以下主要特点：①生产周期长，一般为 30 年以上；②活立木贮备大，年移出量与立木蓄积量之比一般应为1：17～1：50；③经营地域广，这是多功能森林的生产方式所决定的；④营林作业间断性，作业时间短暂性，作业时间通常不到森林生长周期的1%；⑤经营风险多，如火灾、雪折及各种病虫害，随着生产周期的加长，遭受诸多风险的概率就高；⑥市场不确定，难以预测数十年后会发生什么事情；⑦产品及采伐时间偏移特性，即可更换生产目标，改变采伐时间，这决定了大径原木供应的无序特点；⑧树种遗传品质混杂，栽培局限性很强；⑨生态成分的复杂性及产出的多样性；⑩立木具有双重属性，既是生产过程，又是产品；⑪生产、销售单向弹性，即生长缓慢，砍伐很快；⑫地理局限性。较之农田和商品林，多功能森林的立地条件很复杂；⑬林木的聚合特性。在森林生态系统中，树种及其生境是相互作用的，这决定了林分应具有一定的规模；⑭外部性，基于经济功能与生态功能的对立统一，直接效益与间接效益的对立统一，为了扩大某种效益势必以牺牲另一种效益为代价。

多功能森林生态稳定，但周期较长；有多种功能，但又相互制约；主要借助自然力生长，但也经受自然力的破坏；抵御风险的能力较强，但遇到的风险也多；有利于生物多样性的保护，但也可能干扰生物多样性；等等。我们在经营上需要的是利用其长处，规避其短处，主要办法就是分类经营，采用专业化的木材培育和多种经营弥补它的长周期，采用专门化的自然保护弥补它对生物多样性的干扰。所以，在当代林业的发展上，分类经营是必然的。

多功能森林的最大缺陷就是无论它的经济功能还是生态功能，都受到来自于内部的制约，都无法最大化发挥。原理如下：

（1）多功能森林的生态、经济功能冲突和生产能力限制不可避免

一株树木或一片森林，总是同时具备生态与经济两类功能。这两类功能同处一体又相互对立。如果对森林的一类功能的利用及其引起的对另一类功能的影响积聚到某一个临界点，共处体就不复存在。多功能森林的一切培育和利用活动，只允许在这个"临界点"以内进行。自20世纪60年代生态觉醒以来，森林经营中出现的一系列新的术语都反映了在森林经营中寻求统筹兼顾两类功能的意图，例如人工林天然化（écosystème artificiel naturalisé），遵重自然法则（respect des lois naturelles），调和（compromis），协调（conciliation），组合（gombinaisonn），近自然育林（sylviculture proche de la nature），等等。

在社会生产中存在不同的生产形式。比如一个企业，可以用其设备进行单一产品的生产，也可以用不同的设备进行多种产品的生产。此类生产，其手段之间不存在组合关系，两种产品的坐标线互不干扰。再是利用同一个生产过程，实现两种或两种以上产品的生产，称之为"组合生产"，像农业上的稻谷和秸秆、林业上的立木培育与生态产出等。在林业上，正是这后一种生产组合构成了生态、经济功能的冲突。因为在这种情况下，用一定的资本（资金或林地），人们无法同时使两种产出最大化；如果想得到更多的Y产品，就必须牺牲一部分X产品的生产（图4-3、图4-4）。

在多功能森林的经营中，这种组合式的生产是普遍现象。林业经济专家们几乎都发现这种现象。例如GREGORY G R（1972）就指出："在现代经济环境中，有许许多多的

林产品都是按照组合生产方式生产出来的"。岸根卓郎（1985）也说过："在林业生产中，有许多组合生产的情况"。在这里，他们所说的产品包括生态效益。KUNKLE S（1975）说得更明确："在自然资源的管理中，为了在某些点上多得到些，就要在另外一些点上多牺牲一些"。

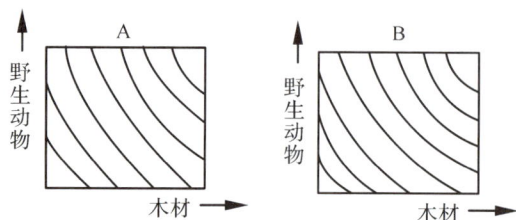

图 4-3　两个需求者（A 和 B）对两种产品的需求偏好

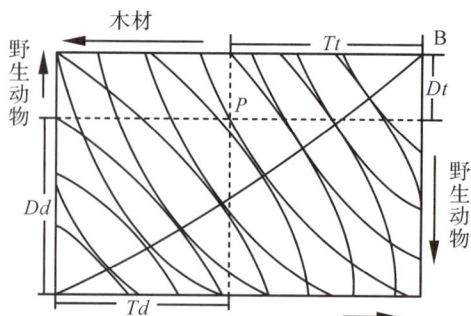

图 4-4　一个组合生产系统（木材和动物）

为具体说明这种冲突的机制，我们需要分析一个例子，即木材与野生动物二者组合生产的情况。图 4-3 中的 A 图代表利用者 A 对木材或动物的偏好，B 图代表利用者 B 对其中另一种产品的偏好。已知在多功能森林中，人们在同一块林地上追求多种效益，进行组合生产，因此，应该把这两种需求偏好组合起来。

图 4-4 是把图 4-3 的 B 图旋转 180 度后与 A 图重合起来构成的，代表一个组合生产系统（木材和野生动物），由它来响应两种不同的需求偏好。在图 4-4 的方框内，任何一点都代表着这两种有限产品在 A 和 B 两者之间的分配方案。比如在 P 点上，A 方占有的是 Td 分木材和 Dd 分野生动物，而 B 方占有的则是 Tt 分木材和 Dt 分野生动物。图中，$Td + Tt$ 等于这块林地的临界点范围内的全部木材生产能力，而 $Dd + Dt$ 则等于全部野生动物保护能力。显然，不论是 A 或 B，他们都绝无可能百分之百地得到其中的一种产品。这就是多功能森林中的功能冲突。

图 4-5 表明了多功能森林面对整个社会对森林的经济需求和生态需求的能力问题。

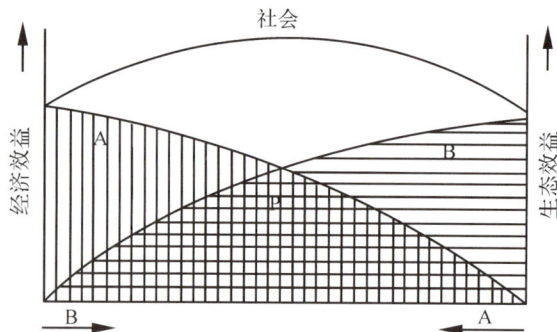

图 4-5　一种社会效用函数

在图 4-5 中，横竖线重合部分代表效用冲突区，P 点是折中点，如果 B 方的需求偏好向右移（横线），A 方的利益就会减少；反之如 A 方的需求偏好向左移（竖线），B 方的利益就会减少。于是便出现了一个重合区（横竖线重合区），而社会通常是做出双方都能接受的决策，这一决策就是协同点 P。而这种相互冲突的不同类效益之间的“协同”，正是经营多功能森林的精髓。实现这种“协同”并不容易。日本学者称这个协同点为“最适结合点”。当然，图 4-5 的 P 点是可以左右偏移的，如何偏移，取决于社会价值观念的变化、需求的变化、价格的变化，以及社会决策等因素。

然而，这一协同点绝不意味着它就是森林的最大生产能力。很清楚，图 4-5 中不论是经济功能还是生态功能，都有一部分被闲置（纯横线区和纯竖线区），即这一协同点是用另一部分功能的牺牲换来的（这也是一种机会成本）。因此，作为协同点，P 点招致了最大开发经济功能的限制和最大开发生态功能的限制。P 点就是多功能森林的生态经济功能的临界点，也是政府管理部门的政策出发点。可以肯定地讲，在营林生产中，只要是在同一块林地上采取组合生产或效益协同原则，生态和经济功能的冲突以及对生产能力的限制就必然存在。

（2）经济与生态冲突的表现及生产能力限制的后果

这种冲突的表现共分三类：生产目标上的冲突、生产技术与生态保护之间的冲突和林地不同用途之间的冲突。多功能森林的这些冲突，必然导致限制对某些生产手段的利用。例如，营林工作者就不能任意采用新技术，有时机械化和化学药品会受到禁止，有时还可能不得不拒绝诱人的开发投资。但尽管如此，在某些条件下，组合生产的方式或生态、经济功能协同的原则（也就是多功能森林的经营）可以成为一种合理的选择。这些条件是指社会需求不超出多功能森林的内在功能限制所规定的能力临界点，或者已经超出了但有可能通过进口木材加以缓解，或者通过发展专业化的木材培育产业加以补足。所以世界上国情不同的国家，对于森林分类经营和多功能森林的认识和态度是不同的。台湾地区就不搞森林分类经营，他们在岛内只搞多功能森林，但他们到境外投资发展专业化的工业原料林。欧洲一些国家在二战之后的二三十年间，也大力发展丰产林，后来他们的多功能森林长起来了，大径立木很多，所以就不再关心分类经营。

但像中国这样的国家，需求超出了这个临界点，所以，一个历史时期内我们重视发展速生丰产林是必然的；一个历史时期内我们高度关注生态林也是必然的。问题只是，我们在做这些事情的时候，不应当忽略多功能森林。建立在森林功能二元要素基础上的功能分合策略，实际上向我们同时提供了三个相辅相成的机会：纯经济的规划目标、纯生态的规划目标和二者兼容的生态经济规划目标（图 4-1）。

从这些原理和方法出发，便非常合乎逻辑地得出三种森林资源管理模式：商品林（主要是工业原料林）、公益林（主要是自然保护区）和多功能森林。

从理论和实践两个方面的考察都表明，正是这种森林资源发展格局代表了当今世界森林资源的发展方向。问题是我国先前的森林分类经营，疏忽了多功能森林这个主体。

4.2 多功能森林经营的技术体系

4.2.1 有关多功能森林的几个基本概念

4.2.1.1 近自然育林(近自然经营)

就是按照"模仿自然规律,加速发育进程"(中国的"道法自然")的原理培育的森林,在追求森林生态系统的健康和稳定机制的前提下,适度地施加人为影响,促进林木生长发育和最佳森林环境形成。近自然育林的基本要求是:要使经营后主要的乡土树种得到扶持。近自然育林,从总体上是模仿自然,促进林木生长。

4.2.1.2 增值资源 贬值资源

森林里的萌生木、灌木、匍匐植物、攀援植物、大小乔木等等,并非都是有益的,按照人类的经济需要和生态需要,可以将其区分为增值资源和贬值资源,而且二者可以相互转化。增值资源是指:随着立木不断生长,材质优化,生态功能没有衰退。贬值资源是指:随着立木生长放缓,材质变差,生态功能下降的林木。在一个森林生态系统里,也还会有诸如灌木、萌蘖木、没有发展前途的或经济价值很低的乔木,如果它们的存在影响到目标树或作为培育目标的各种林木的生长,也属于贬值资源,也应当酌量伐除,但如果并不影响目标树生长,它们的存在就是无害的。

树木从生到死,必然经历价值(扩大来讲就是其积极作用)不断增加到不断下降的过程。树木达到成熟阶段,就是其价值由增值转向贬值的拐点。这个拐点,既是树木的经济价值的拐点,也是生态价值的拐点。因为,树木从这个时候开始,各项生理机能由峰值开始下降。一个林龄一致的森林生态系统,到了价值拐点,就应皆伐或者转变为异龄混交林;一个异龄混交的森林生态系统,价值拐点渐次出现,这时择伐的只是成熟立木(除了有意少量保留作为微生物食物链的腐朽木)。

森林经营的最终目标是培育增值资源,及时采伐贬值资源,实现森林的自然更新,培育优质、高价、高效的永久性森林。这样的林分将永久性地把经济功能和生态功能保持在最佳状态。

4.2.1.3 目标树作业体系

一处林分,在其目的树种足够的情况下,就要选择其中的部分个体(目标树),采取各种措施促进其生长，以便培育优质、优价立木。主要措施是：①在目的树种主干材形成阶段，利用树木之间的竞争作用形成通直主干和自然修枝作用，这时林分要保持可产生竞争作用的密度；②在通直挺拔的主干形成后，分若干次进行适度疏伐，逐步释放空间，促进目的树种的正常树冠形成；③在理想的主干和树冠形成后，进一步在其中选优，确定为目标树，进一步伐除这些目标树周边的任何竞争树木。目标树的选择依树种不同有一系列的标准，目标树的间距也依树种、地区、地位级的不同而不同，一般为"目标树培育的目标胸径×25"，大约为 6～8 米。这时目标树之间的那些目的树种、非目的树种、灌木或其他下层林木，只要不影响目标树的生长，可以保留，等到胸径稍大时再行伐除，这就是一些人主张的次级目标树，为的是多生产一些木材。目标树作业体系是以目标树为核心而开展的森林培育作业，其目标是培育优质、高价的中、大径用材。

应当说明，并非所有的多功能森林都适合目标树经营体系。如果林地质量很差（如瘠薄的石质山地等），不适合从全体林木中选择目标树"吃小灶"，这时任其自然也许是最好的选择。还有，即便是林地肥沃，但林地上以较单一的优质树种为建群树种，此时也不一定从中选出一部分林木"吃小灶"，而是要整体经营，如东北的红松林和非洲的奥库梅。目标树不一定只选一个树种。

4.2.1.4　价值经营

我国的森林培育，一向缺失对森林价值的追求。价值的理念主要有以下内涵：第一，森林是一种资产并且需要增值；第二，通过经营追求最大化增值，不能消极等待自然增值；第三，立木是森林经济价值的载体，同时也是生态价值的载体，要追求培育优质、高价的立木；第四，主要是乡土树种才会可靠地形成优质高价立木；第五，变采伐利用"增值资源"为采伐利用"贬值资源"；第六，只有永久性森林才能最优化地实现生态、经济价值；第七，对森林的经营要核算投入产出是否有利，一项经营措施如果产出效益低于成本，那就不必要投入，如对某些低价值树种的修枝、除草等。总之，培育森林资源，特别是多功能森林，要树立价值观念。对于具有高生态或特色保护价值的森林，其价值体现在某些特殊性、唯一性或生物多样性方面，这时的价值经营围绕此类价值组织。

4.2.1.5　低碳经营

在多功能森林经营中，充分利用自然力达到经营目的，尽可能减少各种能源、劳动、资金等投入，以及通过经营措施增加碳汇、减少碳源，或者培育可以长期固碳的森林和林产品，这就是森林的低碳经营。低碳化的森林经营很复杂，尚处于初始研究阶段。

多功能森林的培育，人工辅助、天然更新，投入低、产出高，规避了经营回归期，林分不间断存在。其特点正好适应了今天的低碳林业理念，因为它的碳汇能力始终最高而碳泄漏机会最少。由于林分疏密有致，涵养水源和疏导雨洪等功能同时最优。由于林分里的单株树木成熟了就采，所以全林的生理状态始终旺盛，其生态功能也永远最高。

4.2.1.6 矮林

就是萌生林、萌芽林，它是原有林木被反复砍伐之后又自然萌生起来的林分，因而是次生林。矮林不一定"矮"，只是起源是萌生的。相对而言，萌生林寿命较短，立木质量较差，从生态经济的角度，矮林不是理想的森林。在降水较丰富地区，矮林通常很密，任其自然很难生长优质立木。

在我国，很少有人使用"矮林"这个术语，因此有人就把矮林称为"假灌木林"。注意，矮林不是灌木林。灌木林是由灌木组成的，它与萌芽林有着本质的不同。

也有各种采取矮林作业的人工林，如杨树能源矮林，生产柳编的柳条林，生产银杏叶子的银杏矮林，生产小桐子的麻风树矮林等等。这属于专业化的矮林。

4.2.1.7 中林

中林就是间有实生树木的矮林，也是一种次生林。但这些实生的树木，可能是森林经营的目的树种，也可能不是（没有经济价值的树种），这需要通过森林经营来调整，以增加高价值的目的树种。

4.2.1.8 乔木林

乔木林就是由实生起源的林木组成的林分。但天然乔木林里的这些实生树种，也不一定都是森林经营所追求的。乔木林往往也是不符合人类的需求，需要经营。除了顶极群落的乔木林，大部分乔木林都需要人工加以经营。

4.2.1.9 转变

"转变"（Conversation），又译为"转化"，是森林近自然培育的一个重要概念，在我国基本没有使用。"转变"是指以原有生态系统为基础，通过各种育林措施，把矮林、中林或低质、低价的乔木林等各种次生林，逐步转变成以优质、高价的以乡土树种为建群树种的乔木林的一种育林作业。在我国，人们习惯使用"改造"一词，直到今天，主管机构还在推行"低效林改造"。但是，"改造"这个词可以理解为推倒重造，也可以理解为在保持原生态系统的基础上的近自然培育，所以极易引起误解。在森林经营中，应区别"改造"和"转变"两个概念。

也存在人工林近自然"转变"的情况。我国大量存在着低产人工林，也应当推行近自然经营，这恰恰是德国的经验。德国基于对近一两个世纪营造的人工针叶纯林的近自然化转变，积累了很多科学的知识。低产人工林，可能是低产矮林、低产中林或低产乔木林，都是需要"转变"的。对此，德国决不会铲除重造，而是以近自然的方式，逐步转化为具有天然更新机制的、多树种混交的、异龄的近自然林分。

4.2.1.10　森林抚育

森林抚育的内容较多，大致包括疏伐、清理伐、卫生伐、修枝、下层林木管理（如割灌、折灌、林下幼苗透光等），以及采空区或稀疏区的培育作业等。对残败林，通过抚育，去劣、添优，调整林分组成，形成优质林分；对于矮林或中林，就是把原有的生态系统逐步转变成优质乔木林。

4.2.2　多功能森林经营的原理

我国古代有"天人合一"、"道法自然"的智慧，欧洲林学中也有"模仿自然、加速发育"的口诀。几十年前，我国林业界自己也创造了"人天混"的理念。

一般说来，科学经营森林，或者是扶持目的树种更好地生长；或者是抑制干扰树的生长；或者是专门培育某一重要树种。应当以每一个原有生境为起点，围着向优质、优价乔木林转变的目标，开展经营。

这里面有一些关键的术语，下面简述。

4.2.2.1　开展林分抚育

多功能森林的抚育，大致包括疏伐、清理伐、卫生伐、修枝、下层林木管理、林中空地的树木培育等。

对残破林，通过抚育，去劣扶优，调整林分组成，形成优质林分。对于天然矮林或中林，就是把原有的生态系统逐步转变成优质乔木林。

实践上，抚育作业是与更新、调整等作业结合进行的。

自然界的情况千差万别，育林者应理解多功能森林抚育的精要，针对每一种情况采取相应的措施。

4.2.2.2　推行近自然育林

国内外的近自然育林，归纳来讲，都是以各种低质次生林（矮林、中林、乔木林）、低产人工林或退化林地的原有生态系统为基础，分别采取相应措施，把它们逐步转变成具有天然更新机制的、以乡土用材树种建群的近自然多功能林分。这些林分的基本特征是异龄、混交、复层和永久覆盖，实行的是择伐（有时是渐伐）。我国还高度重视建立林下经济资源。

我们把这种模式称为多功能森林的"近自然培育"。这正是当今世界上最先进的育林理念。

具体来说，多功能森林的近自然育林，就是在各类植被现状的基础上，以追求目的树种的回归和目标树作业体系为目标的一系列森林培育措施。

多功能森林的近自然培育有三个基本原则。一是目的树种和目标树应该是乡土树种，也可以选择适应当地条件的外来树种；二是林分结构应该是稳定、健康的，能够利用自然力实现正向演替。这不仅是指林分结构的稳定，同时也包括林分抵抗风险及各种灾害的稳定性；三是尽可能利用自然力。

通过人为干预促进森林近自然演替和完全依靠自然力实现演替的不同点在于：一是人工选择的一定是那些质量最好、生命力最旺、价值最高的林木作为目的树种和目标树经营；而如果仅靠自然力进行演替，选择的很可能是生命力最旺但质量却不是最好的树木。二是促进目的树种和目标树生长，在提高生长量的同时也考虑生态价值，仅靠自然选择不一定产生优异的生态价值。

这三个原则，同时适用于多功能人工林和多功能天然林。第一，比如乡土树种的选择，乡土树种在天然林中已经是一种自然选择的结果；第二，林分结构的稳定。在天然林中建立稳定的林分结构是需要人工干预的，而且干预的原则是必须遵循自然规律，这一点对天然林非常重要；第三，就是利用自然力促进森林的正向演替，这个问题更重要。有时人们投入了很多成本，结果却适得其反，造成自然力和人力的对立。比如把森林皆伐后，再栽植人工林，虽然投入了很高成本，但林分的稳定性和生态功能却都是很差的，而且对土壤以及后期的演替也都造成了极大破坏。

天然更新的幼苗都非常好，这就需要人工定株。为了促进生长，提高林木质量，就要对周边进行几次疏伐，为它的更好生长创造条件。如果仅靠其自然演替，显然达不到所追求的目标。

实行近自然培育，需要理解多功能森林的演替过程和人工干预的本质，更基础的是要研究把握某些树种的一生的发育规律。自然演替和人力干预可能会有冲突，应尽可能使人工干预和自然演替方向一致。

4.2.2.3　建立天然更新机制

森林如果缺失了目的树种的更新层，大树砍后就会成为裸地。针对不同低质植被促成更新层的手段不同，最基本的手段是开林窗和割灌，使得阳光能够投射到地面，以促成土壤内种子的发芽。

如果是将萌生林转变为乔木林，在一定程度上，可以用萌生树下种，逐步转化为实生林，但这时必须疏伐，释放空间，时间会长一些。这时也可以靠人工栽植作为补充。人工补植最好选用乡土树种。这样既采取了人工方式，又借助了自然力，既可降低成本，又可加快更新。

对于矮林，只要有光照，下面可以出现一些幼苗。可以结合选择保留部分干型较好的萌生树木继续培养。

对于中林，那就是疏开下灌层以便种子发芽和幼树生长；对于绝对失去了更新能力的地段，采取人工植苗更新。对优质实生树占有一定比例并有天然更新能力的林分（中林），加大抚育力度，促其正向演替；对萌生林木比例很大、天然更新能力极差的林分，进行较大强度的下种伐；如果天然更新的树种比较单一，可补充其他优质树种与其混交；对必须皆伐改造的林分，严格控制皆伐面积，实行混交造林；对以往形成的大面积人工纯林，进行近自然转变。

天然更新必须人工干预，否则林分演替会"出轨"。植物之间的竞争无非是对空间、光照、水分、养分的竞争。透光率取决于树冠结构。调整林分密度的目的是调整林冠透光率。

在法国和比利时，对落叶松林分采用不同强度的疏伐后，发现 2~3 年后林下更新树种的多样性与透光强度呈倒 U 字形关系。即在透光率小于 2% 时，更新出来的树种多样性很小；透光率在 10%~20% 时，树种的多样性最大；透光率超过 20% 时，树种多样性又会下降，被少数几种喜光植物侵占。树种多样性最大时的透光强度，因林分类型、立地条件及最初植被组成的不同有所不同。随着透光强度的增大，植被的总生物量也在增大，但植被生物量最大时，树种仅为少数几个喜光树种。透光强度超过 20%~30% 时，就不适合目的树种的更新了。

林分受到干扰时，往往会使一些草本植物、杂灌、下冠层等快速生长，这就会影响到目的树种的生长。这时就应根据目的树种生长特性以及周围植物的竞争，设计相应的经营措施，帮助目的树种生长。

在更新层形成的早期阶段，应尽量保持树种的多样性，遏制少数树种占据太多的空间（特别是霸王树），在将来形成混交林分。因为在无人为干预的情况下，自然更新的树种多样性较低，一些先锋树种很快就占据了地盘。

通过开林窗、修枝、疏灌、折灌等措施，促进天然更新层的出现或促进更新层生长；割灌和砍除成熟立木以开天窗，可以促进天然更新，修枝可以促进干材生长，提升碳汇以及促进土壤种子发芽，幼苗生长。

4.2.2.4　建立目标树作业体系

在较高地位级的林地上，如果有充足的目的树种在生长，就选择那些具有培育前景的个体，在树木发育的各个阶段，为其创造有利于生长的环境，如伐除干扰树。干扰树，可能是非目的树种，也可能是目的树种但它将会影响目标树生长。目标树周边的下木，包括灌木等，也要清理。目标树的间距，一般根据"目标胸径×25"的原则选择。

原则来讲，即便是有多株很优异的目的树种生长在一起，也只能选择其中的一株作为目标树。但有时也会出现 2~3 株目标树在一起的情况，允许这种情况的前提是这几株目标树的树冠能够各自向外围扩展，从而不影响主干生长。

也允许次级目标树存在，就是当目标树都还较小，目标树之间的空间开阔，这时可以适当保留一些其他的目的树种或非目的树种，让其继续生长，到它们影响目标树的生长时再砍除，这样可以多产出一些木材。对于这些次级目标树的选择和保留，必须符合"增值"的原则。

目标树之外的那些树木，在目标树的不同发育阶段，发挥的作用是不一样的，在一个时期，它们可能起到协助目标树生长的作用，在另一个时期，它们有可能成为干扰树。

以栎类(橡树)为例，栎类的培育有三个阶段：第一阶段是形成通直主干的阶段，这时林分应当较密，以便通过竞争，拔高、拔直主干；第二阶段是树冠形成阶段，这时要及时、适当地疏开林分，但又不能突然开放空间，疏开太大，会使得栎类的主干上长满毛枝(类似鸡毛腿)，树冠反而不能生长；第三阶段是径生长阶段。这时要进一步加大疏伐力度，以两株目标树的树冠互不影响为度。在这些作业的基础上，对其他的林木，可做灵活处理。

图4-6　天然栎类林分发育的第一阶段
(通过竞争生长形成通直主干)

建立目标树作业体系有4大优点：一是只要建立起目标树作业体系，就是建立起了森林经营可持续性的框架。目标树的选择，一定是森林生态系统演替的顶级树种和具备优良遗传基因的树木，这就意味着森林生态系统具备了质量持续提高的基础；二是由于目标树只有达到期望径级才能采伐利用，所以森林生态系统就具备了长期动态稳定的基础；三是目标树作业体系借用的是自然力，人工投入低、自然增值大；四是目标树的培育既可满足对优质大径材的需要，又可通过疏伐非目标树得到中间收益。

但我国不能简单照搬欧洲模式。我国的目标树作业体系，应该是以目标树经营为骨架，把次级目标树和非目标树都纳入经营体系。这样，一方面可以提高森林质量，提高蓄积量；另一方面可兼顾短、中期收益。

欧洲劳动力价格高，原木市场按质论价，因此欧洲只关注目标树。我国的市场价格对原木质量的差异并不足够敏感。在我国，靠市场拉动形成目标树作业体系，短期内难以实现，但理性的市场迟早会出现。现在开始培育优质大径材，应该是一种明智的选择。

目标树作业体系并不适合所有的林分。如果一些林地地位级很差，无论采取什么措施促进目标树的生长都是徒劳的，这种情况下，采取全林经营。

如果林地上有大量珍贵树种，也应当全林经营，只要控制密度即可，我国东北的红松林，非洲的奥库梅培育就是这样的。

4.2.2.5　推行价值经营和低碳经营新理念

如前所述，我国的森林培育，一向都不考虑价值，这是计划经济时代的痕迹。

今后，经营森林就是要追求价值，一是要看整体林分的资产价值，二是要看树种的价值、立木的价值、林分的生态价值。所有这些价值，在未来的绿色发展统计中，都是要反映出来的。

多功能森林的培育，人工辅助、天然更新，投入低、产出高，规避了经营回归期，林分不间断存在。它的特点正好适应了今天的碳汇需求，因为它的碳汇能力始终最高而碳泄漏机会最少。

通过改善森林经营，能够增加森林碳汇。法国的一处实验，揭示了林木通过光合作用吸收碳的分布情况，树干里贮存的碳占30%，树叶里占11%，根部占5%，枯死木中占2.2%，其余50%以上通过自养呼吸消耗了。如果促进树木生长，就能够促进森林的碳汇能力。

必须特别说明，多功能森林的经营，要以每一个生境为起点，向着优质、高价乔木林的目标引导林分的转变，设计经营措施。这本质上也是低碳经营，近自然育林是一种低投入、高产出的低碳经营模式。

上述做法的本质，就是遵循"模仿自然、加速发育"原理，"砍伐贬值资源，培育增值资源"，经营择伐林（图4-7～图4-16）。

图4-7、图4-8　森林抚育

（砍除病残、过熟立木。这些树木在林分里的存在，构成碳源，影响林下更新及其他生态功能。）

图 4-9、图 4-10　在森林经营中选择目标树并伐除周边干扰木

图 4-11、图 4-12　为纯林引进混交树种，建立亚林层，转化为异龄混交林

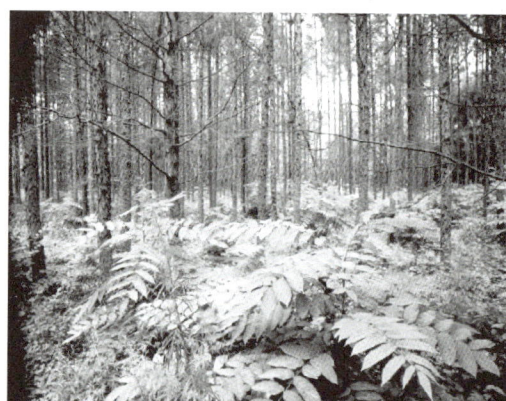

图 4-13、图 4-14　在纯林里建立亚林层，促进乡土树种 (红松、核桃楸等) 出现

图4-15、图4-16　经培育基本形成的以高价值乡土树种为主的异龄混交复层的多功能森林

4.3　多功能森林经营的政策需求

4.3.1　选准资源管理目标

多功能森林资源的管理目标，不应当是"生态保护"，而应当是"生态经济"，既不能偏废经济，也不能偏废生态。

一个国家也罢，一个地区也罢，如果基本被森林覆盖，土壤和降水等自然条件都比较理想，那么把这些森林列为生态保护目标，禁止或限制经营活动，这样的政策是不可思议的。这样做，也不能等来决策人所期待的生态效果。

为着生态经济的管理目标，就要把多功能森林生态系统的生态功能和经济功能作为一个对立统一的矛盾体来管理，应当在一个可以承受的限度内，既产出经济产品，又产出生态服务，围绕这个目标而组织森林经营活动。

这样，它们会永远具备最具活力的机制，永久性地给予人类以最大的经济产出和生态产出，不会走向终结。

4.3.2　调整分类经营方案

20世纪80～90年代，雍文涛部长主持提出的森林分类经营思想，原本是考虑到随着经济社会发展，国家对木材的总量需求和结构需求，已经超出了传统森林资源的供给能力，同时社会的生态需求也发生了总量和结构上的变化。这样，国家必须把林业用地中的小部分优质土地，用于发展专业化的高效商品林，把那些生态敏感和生物多样性最为丰富的地区划为自然保护区，而把其余的大部分的森林资源仍作为既发挥生态功能也发挥经济功能的多功能森林资源，政策上实行国家扶持加经济自养相结合的机制。

这是针对全国来讲的，并非是要求每一个地方都要"三划分"。

面对现代需求，很多国家都采纳了这样的策略，但不是每一个国家、每一个地区，都将其森林划分为三类，而是视其国情而定的。我国原林业部当初是决定将森林划分为生态公益林和商品林两大类，事实上当时大部分森林都被划为了生态公益林而禁止干预，后来进行了一些改进，把生态公益林又进一步划分为重点生态公益林和一般生态公益林等等。但是，这样的分类仍然不科学。因为这个国家的森林资源没有了主体——多功能森林。事实上，是人为地把事情搞乱了。

像自然条件和生物多样性没有本质差别的小兴安岭林区，有什么必要切分为生态公益林和商品林，并实行这里可以砍、那里不可以砍的政策呢？这样的划分、保护或采伐政策，又有几个人认为是科学的呢？

我们在现场考察看到，一片林子中间修了一条林道，这边就被划为公益林，那边就被划为商品林，于是两边林分的政策目标就截然相反了。考察时还发现这样的咄咄怪事：天然林被划为可以采伐的商品林、人工纯林却被划为公益林而不得采伐。河北省的塞罕坝和木兰围场国有林场管理局，都有这种情况。最近还发现在云南某地，有数万亩高保护价值的原始林被划为商品用材林的事。

4.3.3 用经营方案替代采伐限额

现在全国一律采用采伐限额政策来管护森林资源。我们很理解这是一个不得已而为之的政策。但却不是科学的政策。因为任何人都不可能做到科学地分配限额，限额的分配和使用也很复杂。这种情况恰似过去的计划经济，计划经济的理论听起来很诱人、很合理，但是有谁能够为这么一个大国制定出一套合乎各行、各业、各地的实际的、促进经济发展的计划呢？不能，于是计划经济反而阻碍了经济的发展，不得不通过市场机制调动每一个经济细胞的活力。

那些森林资源发展较快、较好的国家，没有以限额政策管理森林的，都是通过科学的森林经营方案。森林经营方案是整个森林资源发展的科学依据。森林经营方案是在林业专家指导下制定的（一般为期30年），一旦制定，经过地方林政管理部门的批准，就成为具有法律效力的文件，林主和政府都无权随意改变，也无权进行法律程序之外的修改。森林管理者的责任就是按照经营方案一步步推进，疏伐的强度和出材量，都在经营方案里面有预先的测算和安排。林政部门就是经常核查这些营林作业是否合乎经营方案，以及据此落实国家的优惠政策。

现在，林业管理部门用于检查森林限额采伐的投入和精力很大。同时森林经营部门还经常费尽心机保留一些证据，以在上级核查时证明他们没有借机多采或砍好留次，如此导致了一种严重扭曲了的、变味了的"森林经营"，使得博弈的双方都将经营一个优质森林资源的目标异化了。这样的事情，行业外的人是很难理解的。

但是，突然取消采伐限额，也一定会把好事办坏，必定会导致森林资源的破坏。因为新的森林科学理念和管理机制还没有建立起来，林区职工的生计还没有更好的基础，各级干部的政绩观念和考核机制还没有调整过来。唯一的办法是开展用森林经营方案管理和培育森林资源的试验、示范，以试验取得的经验教训为基础，逐步转变管理模式。

4.3.4　森林经营权与采伐权分立

森林的培育与采伐获益集于一身，是国有森林资源管理的一个大忌。在国外，森林管理和经营部门并不负责采伐，甚至以法律的形式规定不许介入采伐领域，采伐必须外包给采伐企业。俄罗斯近些年来也做了这样的改革。

建议作为改革实验的一部分，我国探索把森林培育与森林采伐分开，设立专业的采伐公司，或在社会上招标，承担采伐，包括疏伐等育林作业。这些公司经过投标，从森林资源管理部门获得采伐权，按照规范和标准开展采伐或疏伐业务，林政部门则从数量到质量，予以核查。而资源管理部门的标额，来自于事先制定的森林经营计划。这样的机制一定有利于森林培育，可以开展示范。

4.3.5　把资产培育做为政绩考核目标

目前的干部任期考核或周期性的述职报告，也包括各行政单位的 GDP 统计上报，都是以经济产出或上缴利润为主要指标。一个林业局，下层官员只要上缴得多，政绩就好，而资源的退化，不在上级视线之内。上层官员的政绩理念也是一样。这个导向，必然使得任何一位干部，都会产生"有水快流"的冲动，除非他有极高的社会责任心。

如果把政绩观改为考察森林资产的培育，譬如上任时森林资产价值100亿元，五年任职期末森林资产价值是120亿元，而不仅是看木材采伐产值，就会有很多的干部追求森林经营。

建议在剥离森林采伐权的同时，也改革森林经营机构的考核机制，考核在一个期限内，他所管理的森林资源的面积和立木蓄积的增减，以及森林生态系统的健康指标等，有条件之后，进一步考核其资产价值。法国就是这样的。法国国民议会直接任命国有森林管理局的领导班子，并且每两年考核一次他所管理的森林资产变化。

4.3.6　多功能森林经营需要政策特区

社会需要多功能森林。但是，经营多功能森林需要政策上的优惠。这一优惠的经济学原理如下。

第一，鉴于多功能森林的基本特质，决定了它无法立足于现代市场经济环境，也鉴于多功能森林的生态系统服务是公益性的，社会有理由对其扶持。据我们的多个案例研究，多功能森林的生态、经济效益，50%林主可以受益，30%地区受益，20%全人类受益，林主可以受益也并不意味着是独享，大部分还是公共产品属性的。

第二，在多功能森林经营中，"组合生产"形成了森林生态、经济产出的对立统一关系。如果对一类功能的利用及其引起的对另一类功能的影响"积聚"到一定的程度，达到一个"临界点"，森林这个"对立统一体"就会崩溃。多功能森林的一切培育和利用活动只允许在"临界点"以内进行(图4-5)。

对于牺牲经济利益的主体,社会必须要给予经济补偿和扶持。

一般是由国家代表全体国民对多功能森林经营部门给予补偿,这实际上是一种对公共服务的购买。社会必须把多功能森林经营看作这样一个需要补偿的政策特区,给予扶持。其实,国家近年实行的生态效益补偿,给予国有森林经营的补贴,还有天然林保护资金,等等,都属于这类补贴。

在雍文涛主持的森林分类经营研究报告里,主张赋予商品林发展以完全的市场化机制;赋予自然保护区发展以完全的国家供养机制;赋予多功能森林发展以部分的国家补贴加部分的经济自养机制。这样做都是合理的。

4.3.7 引入资产和金融机制

鉴于多功能森林经营周期很长,而且要兼顾生态环境,它的经营,迄今没有找到有力的办法。在这里,我们设想,可以探索多功能森林的资产化运营机制。比方,是否吸引社会投资发展在科学经营方案下的立木培育,利润分成;是否探索立木的类似期货的预售机制,期货购买人还可以转让期票获利;还有就是金融保险问题如何解决?

这方面,国际上并没有突出的经验。通常的做法是,国家扶上马走一程,等到能够完全自养时再说。

我国大力倡导发展林下经济、森林旅游等,是一个很好的政策,但是不能忘记了主业,也不能破坏资源,还要对林下经济发展本身予以研究引导,或推广经验。林下经济发展如果放任自流也会适得其反。

4.4 对多功能森林的误解

4.4.1 纯人工的森林和纯天然的森林,都不是最好的森林

在人与自然的关系上,我们一直在绝对迷信人力和绝对迷信自然力之间大幅度摇摆。在全世界都高度关注自然生境保护的情况下,我们反而提出了原本只是用于竹笋等特种林栽培的"把山当田耕、把树当菜种"的口号,并且扩展到全国的森林管理。2010年又有人主张只要木材价格高就可以砍树销售,还主张东北地区要用杨树替代天然林。

近20~30年来,我国的育林理念日趋走向扭曲,突出的表现是追求人工林的绝对人工化、天然林的绝对天然化。我们有很多人盲目地相信自然力可以自然生成他们心目中的森林。

森林长期过伐以后,无疑需要休养生息,但更需要积极培育。"休养生息"这个概念,对于被反复砍伐后的残次林,本质上依然是一种退化,一种被自然力驱动的退化。自然力对于森林培育,是必须利用的力量,但不会自动顺应人类的需要。自然力也有反

面效应，对这种效应，只有经营才能规避。否则，那就是让人力和自然力合起来"系统地破坏森林资源"。

以生态保护的名义，对森林长期拒绝经营，一定不会有好的结果。以东北地区经反复采伐后形成的次生林为例，如果原有残次林已经失去了自我更新的能力，那么等来的只能是杂灌丛或稀树荒原；如果原有残次林还有更新能力，那等来的只能是目的树种稀少并被杂灌抑制的低质林；如果原有残次林主要是由稀疏过熟木组成，那么林分也将退化为稀树荒原。总之，上述各种情况下，森林都将走向退化。

我们应冷静地思考，什么样的天然林保护才是科学的保护？天然林应当怎样管理才是科学的管理？

育林科学告诉我们，对于大面积的一般森林资源，决不可以消极封存，也决不可以都转化成人工林，而应是按照"模仿自然，加速培育"的近自然育林方针，在保持原有天然生态系统的前提下，开展经营。

多年以来，我国的森林是得到了"管理"，但是没有得到"经营"。也就是，过去被长期反复砍伐的林分，后来又被扔给了大自然，尤其是在近十来年的天然林保护氛围下，这些残次林基本处于自生自灭之中。

什么是生态、经济功能和谐发挥的森林模式呢？以近自然育林的方式，培育多功能森林，是迄今为止，将生态功能和经济功能最佳结合和最大发挥的最理想林型。只有经过培育的森林，才有较高的生长率，较大的生长量，较高的价值量，较强的天然更新能力，和较完备的生态功能。

4.4.2　辩证地看待森林砍伐

一把斧头，可以砍掉一个漂亮的大森林，也可以砍出一个漂亮的大森林。除了被划为保留区的原始林和其他自然保护区的核心区，其他的所有森林，不管是天然的还是人工的，均应进行经营，在这里，砍伐是调整森林结构的基本手段。

在这方面，俄罗斯有着深刻的教训。1943 年，苏联政府把全国森林资源分为 3 类，Ⅰ类相当于我国的生态公益林，不可以利用；Ⅱ类为多功能林，可采伐利用；Ⅲ类为生产林，相当于我国的商品林。事隔 40 年，到 1990 年时，俄罗斯Ⅰ类森林，林木过熟，腐朽风倒，卫生恶化，病虫频仍，生态系统退化。俄罗斯大城市周围的森林均被划为Ⅰ类林(如莫斯科州一半的森林都被禁伐)。2010 年俄罗斯发生的超级森林大火，原因之一就是缺失了森林经营。

4.4.3　把重点林区仅用于生态保护的思路视野短浅

有重点国有林区，近年变成了类似于自然保护区的"生态"保护区。

把大森林资源撇在一边之后，试图通过发展森林生态旅游业、森林食品产业、木材精深加工产业、绿色能源业(风电、水电、太阳能光伏发电等)，以及开发矿产等等来发展经济，同时寄希望于国家支持。

很显然，这样的认识没有把优势资源放在重点位置上，更没有将其恢复为国家木材生产基地的打算，而是转而依靠那些与全国同质化的产业上。

不在优势资源上下工夫的发展，不可能是可持续的。森林管理目标，从经济一极跳跃到了生态一极，没有把森林作为一个生态经济矛盾的对立统一体。

大型国有林区，还是要通过走森林科学经营的道路，逐步建立强大的森林资产和发展林业经济。

4.4.4　值得商榷的一些认识

（1）把发展多功能森林与森林的分类经营对立起来。有些人不了解森林分类经营的理论，为了强调多功能森林，就否定了分类经营。其实，分类经营有更深的经济学理论依据。亚当·斯密在其《国富论》头三章就专门论述了这个问题。2008年诺贝尔经济学奖得主克鲁格曼的获奖原因就是其规模经济和专业化分工理论，以及新经济地理学。他证明了在不存在比较优势的情况下，规模经济、专业化和规模化可以导致更低的价格和更大程度的产品多样化。

（2）把森林分类经营视为单一功能林业，不了解"分类经营"采取的是"局部上分而治之，总体上合而为一"的森林功能整合策略。

（3）把多功能森林说成灵丹妙药，不了解多功能森林像专业化的木材培育业或生态公益林一样，本身也存在利弊，在提倡的时候需要准备好趋利避害的政策。

（4）把多功能森林（或多功能林业）说成是一个新理论。其实，它不是新的，20世纪60年代，中国林科院的老一辈专家在甘肃小陇山等地所做的天然次生林改造试验就是遵循多功能森林的经营思想。

4.5　以国家的力度发展多功能森林

本报告通过上面的各部分，已经充分地分析了现行的林业政策，是一套限制林业生产力的政策，尤其是在绿色发展的新时代，它的落后性更加明显。

建议选择一个地方，作为林业上的绿色发展示范区。在这里：

——开展培育优质、优价的多功能森林的实验；

——开展一系列多功能森林培育技术的研究、实验和国际合作；

——组织林业行政干部和技术干部的森林经营理论和技术的进修；

——开展一系列的政策改革研究和实验。如优化森林资源管理目标的实验，优化森林分类经营方案的实验，用森林经营方案替代采伐限额的实验，森林经营权与采伐权分立的实验，把政绩考核目标改为森林资产增值的实验，在林区发展特别是森林经营中引入资产与金融机制的实验，以及国家森林政策特区（国家如何扶持，天然林资源保护资金如何使用）等的实验。

——开展国家绿色发展及自然资本发展研究与实验。

第 5 章
▶ 林业生物质能源

　　能源是人类赖以生存和发展的物质基础，是社会经济可持续发展的保障。生物质能源是人类用火以来，最早直接应用的能源，被世界公认为是可再生能源中最直接、最可行的、可以替代石油的绿色能源。而林业生物质能源，具有一次种植、多年受益，资源潜力巨大，可兼顾生态建设和环境保护等特点，其在能源供给中的作用日益突出。特别是对于能源供需缺口日益加大的中国而言，发展林业生物质能源，对维护能源安全具有重要的现实意义和战略意义。

5.1　林业生物质能源发展的背景分析

5.1.1　能源资源问题日益突出，各国积极发展可替代能源

　　据美国能源部和世界能源理事会预测（IEA，2005），全球石化类能源的可开采年限分别为石油 39 年，天然气 60 年，煤 211 年。由于对化石能源大量使用可能导致的资源枯竭的担忧，世界各国开始积极发展可替代能源。

　　近年来，我国在不断地取得经济、社会快速发展的同时，能源短缺和化石能源过度使用等问题也日益突出。从石油来看，自 1993 年我国变为净进口国以来，进口量逐年上升，2010 年进口原油量为 2.39 亿吨，原油进口依存度逼近 55%。并且，随着经济规模进一步扩大，能源需求还会持续快速增加，石油、天然气对外依存度也必将进一步提高。因此，能源资源问题已成为我国经济社会发展面临的基本制约。

　　生物质能源作为一种可再生能源，其能源当量仅次于煤炭、石油、天然气，列第四

位。其中，鉴于林业生物质能源的可再生性和巨大的利用空间，各国都将发展林业生物质能源作为应对能源短缺、调整和优化能源结构的重要措施之一。

5.1.2　能源环境问题日趋严峻，推动社会发展进入"清洁能源"时代

有资料表明，化石燃料的使用是大气污染的主要原因。酸雨、温室效应等都已给地球带来了灾难性的后果。面对全球变化和环境污染的压力，《京都议定书》确定，到2020年，16%的能源要来自可再生能源，可再生能源发电要占到全部电力消费的23%。为了实现《京都议定书》的既定目标，减少对化石燃料的依赖和减轻化石燃料对环境的影响，世界各国、特别是欧盟国家积极而广泛地开展了包括生物质能源在内的清洁能源的技术研究和开发应用，以期利用清洁能源替代部分化石燃料，从而降低对环境的负面影响。可见，能源与环境问题越来越由一个边缘性问题逐步成为全球政治、经济议程的中心问题，推动着全球社会进入"清洁能源"时代。

作为清洁能源重要组成部分的林业生物质能源，是大自然的馈赠，其生产过程几乎不产生污染，使用过程中几乎不产生 SO_2，至少对 CO_2 的释放与释放能够平衡，被称之为中性燃料。林业生物质能源可再生而不会枯竭，同时起着保护和改善生态环境的重要作用。因此，林业生物质能源开发利用逐渐成为重要的新兴产业，在保障能源安全、减少环境污染、增加就业等方面日益发挥着重要的作用。

5.1.3　对技术研发的投入，促进了林业生物质能源产业化

自20世纪70年代开始，生物质能源的开发利用就成为世界性的热门课题。许多国家都制定了相应的开发研究计划，纷纷投入大量的人力和资金，例如日本的阳光计划、印度的绿色能源工程、美国的能源农场和巴西的酒精能源计划等。

对技术研发的持续投入，促进了生物质能源，尤其是林业生物质能源的产业化发展。早在20世纪70年代，林业生物质颗粒成型燃料技术就在美国、加拿大、日本等国得到推广应用，并研究开发了专门使用颗粒成型燃料的炉灶，用于家庭或暖房取暖。奥地利成功地推行建立燃烧木质能源的区域供电计划，目前已建有多个区域供热站。生物质气化技术研究方面，加拿大1998年就成功研发出了生物质循环流化床快速热解技术和设备。瑞典和丹麦还进行了利用林业生物质进行热电联产的技术研发，使生物质能在提供高品质电能的同时，满足供热的要求。

此外，欧美等发达国家的科研人员在催化气化方面也做出了大量的研究开发工作。在林业生物质转化过程中，应用催化剂，旨在增加煤气产量，提高热值，降低气化反应温度，提高反应速率和调整气体组成，以便进一步加工制取乙醇和合成氨。研究范围涉及催化剂的选择、气化条件的优化和气化反应装置的适应性等方面，并已在工业生产中得到应用。目前，美国、加拿大等国投入了大量人力、物力致力于木质纤维素生物化学转化技术、生物炼制转化技术的研发。根据国际能源署（IEA）2013年的报告，2010年

以来木质纤维素原料生产生物燃料的生产能力已经增加 3 倍，达到 14 万吨/年。

正是在林业生物质固体成型燃料和气化、发电、生物柴油、乙醇等方面的科技创新与突破，为林业生物质能源的开发利用提供了巨大的机遇，有力地推动了林业生物质能源的产业化发展。

5.2　林业生物质能源的概念及意义

5.2.1　可再生能源

可再生能源（renewable energy）是指在自然界中可以不断再生、永续利用、取之不尽、用之不竭的资源，它对环境无害或危害极小，而且资源分布广泛，适宜就地开发利用。可再生能源主要包括太阳能、风能、水能、生物质能、地热能和海洋能等。

5.2.2　生物质能源

储藏有生物质能（bio-energy）的资源。生物质能是指直接或间接地通过绿色植物的光合作用，把太阳能转化为化学能后固定和贮藏在生物体内的能量。生物质能源包括自然界的各种植物、人畜排泄物、城乡有机废物等，诸如薪柴、林业剩余物、作物秸秆、城市有机垃圾、有机废水和其他野生植物等。

5.2.3　林业生物质能源

林业生物质（forestry biomass）是指以木本、草本植物为主的生物质，主要包括林木（含薪炭林、灌木林、经济林或能源林、抚育间伐材等）、林业"三剩物"（森林采伐剩余物、伐区造材剩余物和木材加工剩余物）、林副产品及废弃物（油料树种果实、果壳、果核等）、木制品废弃物、草本植物等。

林业生物质能（forestry bio-energy）是指林业生物质本身所固定和贮藏的化学能，这种化学能由太阳能转化而形成。林业生物质能通常采用直接燃烧、热化学转换、生物转换、液化等技术加以利用，并重点发展气化发电、供热、燃料乙醇、生物柴油等。

5.2.4　我国发展林业生物质能源的意义

近年来，林业生物质能源开发利用作为重要的新兴产业，在保障能源安全、减少环境污染、增加就业等方面日益发挥着重要的作用。总体来说，开发和利用林业生物质能源的意义如下：

5.2.4.1　能替代部分化石能源，缓解能源供需矛盾

我国是石油能源相对贫乏的国家，石油需求的对外依存度不断提高。能源安全问题已成为我国政治、经济、外交中的一个重要问题。因此，大力发展包括林业生物质能在内的可再生能源是今后能源发展的主要方向，对解决能源问题和保障能源安全具有重要的现实意义。

5.2.4.2　降低碳排放，改善生态环境

以煤和石油为主的化石燃料在燃烧过程中排放出大量的有害气体和 CO_2，对生态环境造成重大危害并导致气候变化，而生物质能源能减少"温室效应"，是一种可再生能源中理想的清洁燃料。因此发展林业生物质能源，对于减少环境污染，促进生态环境的改善也具有重要意义。

5.2.4.3　促进造林绿化，提高森林质量

我国有5700多万公顷的宜林荒山荒地和近1亿公顷的边际性土地，这些土地，可用于培育具有较好外部经济性的能源林，有利于促进造林绿化。同时，通过利用林业"三剩"物和森林抚育间伐物发展林业生物质能源，有利于拉动中幼林抚育，从而提高森林质量。

5.2.4.4　增加林农收入，促进农村经济发展

大力发展林业生物质能源，促进林业生物质能源的栽培、运输、储存和加工利用，既能调整农村产业结构，又能增加林农的收入，对解决"三农"问题和促进农村经济的发展也具有重要意义。

5.3　林业生物质能源发展现状与趋势

5.3.1　林业生物质能源研究开发的主要技术

生物质能源的利用，主要有物理转换、化学转换、生物转换3大类。涉及气化、液化、热解、固化和直接燃烧等技术。

（1）气化：生物质能源气化是指固体物质在高温条件下，与气化剂（空气、氧气和水蒸气）反应得到小分子可燃气体的过程。所用气化剂不同，得到的气体燃料种类也不

同，如甲烷、一氧化碳、氢气等。目前使用最广泛的是空气作为气化剂。产生的气体主要作为燃料，用于锅炉、民用炉灶、发电等场合，也可作为合成甲醇的化工原料。

（2）液化：液化是指通过化学方式将生物质转换成液体产品的过程。液化技术主要有间接液化和直接液化两类。间接液化就是把生物质转化成气体后，再进一步合成为液体产品；或者采用水解法，把生物质中的纤维素、半纤维素转化为多糖，然后再用生物技术发酵成为酒精。直接液化是把生物质放在高压设备中，添加适宜的催化剂，在一定的工艺条件下反应，制成液化油，作为汽车用燃料，或进一步分离加工成化工产品。这类技术是生物质能的研究热点。

（3）热解：生物质在隔绝或少量供给氧气的条件下，加热分解的过程通常称之为热解，这种热解过程所得产品主要有气体、液体、固体 3 类产品。其比例根据不同的工艺条件而发生变化。最近国外还研究开发了快速热解技术，即瞬时裂解，制取液体燃料油。

（4）固化：将生物质粉碎至一定的粒度，不添加黏接剂，在高压条件下，挤压成一定形状。其黏接力主要是靠挤压过程产生的热量，使得生物质中木质素产生塑化粘接。成型物再进一步炭化制成木炭。现已开发成功的成型技术按成型物形状划分主要有 3 大类：棒状成型、颗粒状成型和圆柱块状成型技术。解决了生物质能源形状各异、堆积松散、运输和贮存使用不方便的问题。

（5）直接燃烧：直接燃烧是生物质最早被使用的传统方式。研究开发工作主要是着重于提高直接燃烧的热效率，如研究开发直接用生物质的锅炉等用能设备。

5.3.2　林业生物质能源研发技术进展和产业化现状

产业化是未来林业生物质能源发展的方向。配套的资源政策、技术政策、投资政策、市场政策，可以加速林业生物质能源产业化的步伐。从国际来看，目前林业生物质颗粒成型和热电联产技术已经比较成熟。例如，瑞典在林业生物质能源开发利用及产业化的过程中，已经形成了成套而先进的技术体系，包括剩余物收集与利用、速生能源林培育技术、成型颗粒加工技术，特别是热电联产技术和林煤混烧利用技术等已得到了普遍应用。目前，瑞典已实现生物质热电联产企业化生产，建有多家生物质能热电联产电厂、生物质能小区供热系统、户用生物质能供热系统等。此外，生物柴油是德国开发利用林业生物质能源比较成功的另一技术途径，主要采用加压气化合成柴油技术，目前德国已经成为欧盟最大的生物柴油生产国。

我国林业生物质能源技术进展和产业化现状如下：在木质燃料发电方面，直接燃烧发电和气化发电是目前生物质能转化为电力的两种主要方式。目前木质燃料发电技术处于推广阶段，发展迅速。我国生物柴油技术达到世界先进水平，制备技术基本成熟，但是目前生物柴油产业的产业链太短，生产的副产品没有合适的处理方式。在木质纤维素乙醇方面，目前中国纤维素乙醇转化技术发展很快，已经达到了世界先进水平。十一五（2006～2010 年）期间，中国在林业生物质资源培育与能源转化利用等方面设置项目 53

项，安排经费近7000万元，先后攻克了农林废弃物生物降解制备低聚木糖、生物质多途径热解气化等技术难关。开发出发电能力1兆瓦的生物质气化发电系统，将生物质原料气化发电系统的转化效率提高到18%以上。目前，全国建设能源林5000万亩以上，其中基地建设面积300万亩。吉林、河北、云南、湖南、安徽等省份涌现出一大批林业生物质能源龙头企业。其中，内蒙古毛乌素生物质热电厂自2008年11月投产以来，利用沙柳进行生物质发电6000万余度，并带动当地建成了33万亩沙柳能源林基地。

因此，总体来看，中国林业生物质能源产业已具备了产业化发展的基本条件，但相对于我国林业生物质能源的资源优势，开发程度还比较低，产业化进程还比较缓慢。

5.3.3　林业生物质能源发展的扶持政策

由于林业生物质能源的研究开发生产成本比较高，必须要有强有力的政策支持和保障，并给予资金帮助才能有效培育市场、吸引投资和促进产业发展。现将国际上扶持林业生物质能源发展的主要政策措施概述如下。

5.3.3.1　制定明确的林业生物质能源发展计划与目标

为了扶持林业生物质能源的发展，世界许多国家都制定了专门的林业生物质能源发展计划和目标。例如，2003年巴西政府启动了"林业生物柴油计划"，计划在2020年生物柴油的使用至少要占市场份额的20%。2004年又提出了"国家生物柴油生产和使用计划"，在国家整体能源框架中以可持续方式引入生物柴油，促进油料树种的种植和各种提炼技术的应用。2003年，印度制定了生物柴油发展战略，由印度国家农村发展部负责实施。此外，印度农村发展部还启动了《国家生物柴油项目》，最终目标是种植1119万公顷小桐子，以实现生物柴油的调和比例达到20%。为降低对进口能源的依赖程度，降低温室气体的排放量，2001年澳大利亚政府通过了MRET计划，加强在再生能源方面的研发投资以及减少温室气体排放。

此外，马来西亚、泰国、菲律宾、日本等国也制定了林业生物质能源的发展规划。例如马来西亚在2006年制定了国家生物燃料政策；泰国政府在2001年发布发展生物柴油计划，2004年制定了可再生能源计划，2008年制定了B2(2%添加)生物柴油替代化石柴油计划，计划到2012年，生物柴油采用B10添加标准；菲律宾也颁布了生物燃料计划，主要包括生物燃料原料研发、生产、部署、行业发展、政策制定、投资促进和质量标准等几方面内容。

5.3.3.2　制定有效的经济激励政策，推动规模化发展

首先，投资补贴是世界各国促进林业生物质能源开发利用的重要措施。如瑞典从1975年开始，每年从政府预算中支出3600万欧元，支持林业生物质能源直接燃烧和转

化技术，主要是技术研发和商业化前期技术的示范项目补贴。1997～2002 年，对生物质能热电联产项目提供 25% 的投资补贴，5 年总计补贴了 4867 万欧元。另外，2004～2006 年，瑞典政府对户用林业生物质能采暖系统（使用生物质颗粒燃料），每户提供 1350 欧元的补贴；丹麦从 1981 年起，制定了每年给予生物质能生产企业 4 万欧元的投资补贴计划，这一计划使目前丹麦林业生物质能发电的上网电价相当于每千瓦时 8 欧分；1991～2001 年，德国联邦政府在生物质能领域的投资补贴总计为 295 亿欧元。从 1990 年开始，德国的银行也为私营企业从事生物质能开发提供低息贷款，比市场利率低 50%。

其次，高价收购是欧盟国家促进生物质能源发展的共同做法，也是最有效的措施，称之为"购电法"。就是根据生物质能源的资源状况、技术特点，制定合理的上网电价，通过立法的方式要求电网企业按国家核准的电价全额收购。瑞典在 1997 年开始实行固定电价制度，对生物质发电采取市场价格加每千瓦时 9 欧分的补贴。另外，还在全国建立起绿色电力交易市场之前，政府再给予每千瓦时 3 欧分的补贴。德国实行固定电价机制，生物质发电的上网电价根据电站装机规模不同而设置不同的电价，小于 50 千瓦的为每千瓦时 101 欧分，50 千瓦至 500 千瓦为每千瓦时 89 欧分，500 千瓦以上的每千瓦时 84 欧分。

再次，减免税费也是欧盟国家促进生物质能源发展的重要措施。欧盟国家对能源消费征收较高的税费，税的种类也比较多，有能源税、二氧化碳税和二氧化硫税，特别是对石油燃料消费的征税额非常高，接近占到汽油和柴油价格的 2/3。欧盟各国都对可再生能源的利用免征各类能源税。如瑞典是能源税赋比较重的国家，税种包括燃料税、能源税、二氧化碳税、二氧化硫税等，但为了促进生物质能的发展，瑞典对生物质能开发项目及产品免征所有能源税，这有力地促进了生物能的开发利用。2003 年，欧盟发布了《欧盟交通部门替代汽车燃料使用指导政策》，要求各成员国对生产和销售生物柴油免征增值税。

5.3.3.3　通过法律和必要的行政干预，强制推行有关政策

实行配额制度是一项国际上新的促进林业生物质能源发展的政策。例如，通过行政干预，强制性规定电厂或供电公司在其电力生产中或电力供应中必须有一定比例的电量来自生物质发电。

另外，美国作为世界上能源消耗最多的国家，很早就通过法律的手段来促进生物质能源的研发。1990 年的空气清洁法案引起美国政府对生物质能源的关注，随后相继推出了一系列法规以推动生物质能源的发展。1992 年通过了能源政策法案，法案中规定绝大多数的联邦、州和公共部门的汽车都必须有一定比例的车辆使用替代型燃油。1999 年美国总统专门签署开发生物质能的法令，其中林业生物质能源被列为重点开发的清洁燃料之一而采取免税政策。2005 年巴西也颁布了第 11097 号法令和第 11116 号法令，在巴西能源框架中对引入生物柴油做出了强制性规定，规定巴西燃料油须强制性添加一定

比例的生物柴油,并规定了对以各种油料植物为原料的生物柴油的免税和减税比例,以促进生物柴油的生产。

5.3.3.4 高度重视林业生物质能源的技术研发和市场化

林业生物质能源技术研发是促进其发展的根本保障。欧盟不仅成立了针对林业生物质能源的联合研究中心,而且每个国家都设有国家级的技术研发机构,对林业生物质原料培育、生产、各种转化技术、产品、市场需求等进行系统化研究和产业化示范。同时,欧盟也非常注重对林业生物质能源产品的标准化研究,不仅从固体颗粒燃料到生物柴油和燃料乙醇都有严格的质量标准,同时还对使用林业生物质能源产品的燃烧炉、气化炉、运输工具等进行研究、改造和示范,建立起了较为完善的林业生物质能源产品市场服务体系,有力地促进了林业生物质能源技术的发展和相关产品的市场化。

5.3.4 林业生物质能源发展趋势分析

虽然林业生物质能源本身具有不可替代的优点,但鉴于其开发利用的投资大、产品初期成本高、周期长、风险大,以及在原料供应方面还存在一些难题,因此仍需要在科研投入、技术应用和市场化等各个环节给予大力支持。可以说,未来林业生物质能源的发展面临着巨大发展机遇的同时,也面临着严峻的挑战。

5.3.4.1 严峻挑战

1. 林业生物质资源的集中供应能力

尽管林业生物质资源潜力巨大,但面临着资源过于分散和原料采集、收集、运输成本过高的难题,这使得现有的资源还不能满足工业规模利用的需求,亟须提高现有林业生物质资源的开发利用率。目前,一些发达国家已经利用定向培育能源林来解决林业生物质能源产业发展的原料制约瓶颈,但对于广大发展中国家来说,边际土地的有限性和分散性,原料收集、采集和运送的复杂性使得林业生物质能源原料的集中和持续性供应成为制约其产业发展的关键因素。

2. 林业生物质资源的可利用性

林业生物质资源的可利用性一方面受林种、分布、林龄、生长情况等自然因素的限制,另一方面也受到各国林业政策、法律法规对森林资源利用的约束。特别是对于我国来说,灌木林作为一种重要的林业生物质能源资源,大多生长在森林分布线以上地区,以及自然条件恶劣、生态脆弱的地区,例如西部沙漠地区和青藏高原部分地区,这些地区的灌木林资源承担着主要的生态保护功能,其利用受到严格的限制,而且交通不便,利用难度很大。此外，对于地处偏远、海拔较高、交通不便的森林而言，即使进行了采伐作业，采伐剩余物由于成本太高也难以作为林业生物质能源原料来利用。

3. 林业生物质资源的竞争性利用

由于木质生物质资源同时也可以作为其它产业的原料，例如造纸、纤维板、刨花板制造业也利用间伐材，次、小、薪材，采伐剩余物，以及回收的木质材料作为加工原料。特别是对于我国而言，由于国内木材资源短缺，林木抚育间伐、修枝和平茬材大部分用于林产品制造业和造纸业，用来生产刨花板、纤维板、木浆等；林业加工剩余物中的板条、板皮、边角废料、刨花等也基本上用于再加工，例如生产刨花板、纤维板、木浆等，大部分锯末和回收的木质材料也大多进行再加工利用，而不是作为生物质能源的原料。因此，林业生物质能源产业规模发展到一定程度时，势必会打破森林资源的用途结构，将与木材和纤维行业形成原料资源互相竞争的格局。

4. 发展林业生物质能源产业的经济可行性

林业生物质能源产业大多具有规模小、资源分布分散的特点，存在成本高的"不经济"问题。从成本来看，一方面林业生物质能源转化技术和生产工艺还不成熟，仍需要投入大量资金用于技术研发和建设大规模的、半工业化的装置；在加工工艺方面分离、抽提和转化步骤复杂，工艺费用高。另一方面，林木生物质从资源培育、资源收集、成型产品加工到燃料利用等各环节基本上属于劳动密集型产业，尽管林木资源潜力巨大，但是由于可规模化利用的资源量少，分布分散，收集和运输困难，需要投入大量的人力成本。从市场效益来看，由于成本高昂，林业生物质能源（主要是木质纤维素燃料乙醇和生物柴油）的价格与石油燃料相比还非常高，如果没有政策的大力扶持，要想进行市场推广和获得效益几乎是不可能的。因此，林业生物质能源作为具有环境效益的弱势产业，目前高成本低收益的特点仍需要有效的激励机制和政策体系来扶持其发展。

5. 发展林业生物质能源潜在的环境负面影响

目前，生物质能源发展的环境影响，已经成为目前学术界研究的热点，也是争议最多的问题之一。国际上也出现了呼吁更为理性地评判生物质能源的倡议，建议各国全面审核生物燃料等生物质能源的利弊，重新定位对生物质能源的期待值。

概括来说，目前的争议主要集中在两个方面：一是生物质能源整个生命周期（从原料培育、原料生产加工，直至产品应用的全过程）的能源效率和温室气体排放。鉴于林业生物质能源原料培育过程不仅需要消耗水分、肥料等资源，而且原料生产加工和运输等过程还需要使用机械和能源，一些学者研究认为某些生物质能源生命周期的能源净产出是负的，而且还会增加温室气体的排放，例如在生物质原料培育和生产过程中要素投入（水分、肥料、农药等），以及企业建设过程中的能源投入所带来的间接排放。Pimental 等人对以木质纤维素为原料生产生物液体燃料的能源效率进行了分析，研究表明其净能源产出为负值。二是生物质能源发展所导致的土地利用变化，例如将森林或草地转化用于培育短周期能源林或能源作物，而不同土地利用方式下温室气体的排放和对生态环境的影响存在很大差异。2006 年 6 月，世界观察机构与德国的技术合作机构和可再生资源组织联合发布了全球生物燃料的社会及环境影响首份报告，报告中告诫各国应避免大规模发展生物燃料导致的使农业及生态遭受重大影响的风险。另外，德国马克思·普朗克生物地球化学研究所、俄勒冈州立大学，以及瑞士、奥地利和法国的多家大学共同完成的一份报告也指出：林业生物质能源的迅速扩张可导致树木更替更快、树龄缩短，土壤营养流失，森林生物多样性和功能退化，导致生物能成本高于预期等。因此，报告认为此前有关林木生物质能源产业是碳"中和"行业、可帮助减少温室气体排放的说法是"基于错误的假设"。

因此，随着林业生物能源产业规模的扩大，加强对林业生物质能源发展可能产生的环境和生态影响等方面的研究，确保其发展模式不偏离正轨，将其潜在的生态和环境负面影响降至最低也是今后面临的挑战之一。

5.3.4.2 发展机遇

林业生物质能源的发展虽然存在着上述挑战，但同时也面临着巨大的发展机遇：

1. 林业生物质资源开发潜力巨大

森林既是古老的传统能源，又是现代无污染的清洁能源。世界能源委员会（WEC）预测，到 21 世纪中期将需要有 7 亿~13.5 亿公顷土地来生产生物质能源，占全球森林面积 34.54 亿公顷的 20%~39%，才能确保全球能源供需的平衡。根据国际能源署的报告（IEA，2005），在未来 50 年，在满足全球粮食需求后，有足够多的土地可以用来生产生物质能源。另外，根据国际能源署和联合国政府间气候变化专门委员会统计，全球生物质能源中的 87% 是林业生物质能源。林业生物质能源的开发利用已成为世界各国的共同发展趋势。

对于我国而言，我国现有森林面积 1.95 亿公顷，生物质总量超过 180 亿吨，林业生物质能源发展潜力巨大。据资料报道，我国有约 4404 万公顷土地可用于培育能源林，有约近 1 亿公顷土地可用于发展能源林。在已查明的油料植物中，种子含油率在 40% 以上的植物有 150 多种，能够规模化培育利用的乔灌木树种有 10 多种。目前，作为生物柴油开发利用较为成熟的有麻疯树、黄连木、光皮树、文冠果、油桐等树种。

2. 林业生物质能源市场前景广阔

随着化石能源的日益枯竭，能源危机成为世界各国面临的共同性问题，发展可更新能源，特别是发展林业生物质能源已成为各国破解能源困局的必经之路。世界上许多国家，特别是北美、南美和欧洲各国在拓展林业生物质能源市场方面已经获得了可喜的进展。对于我国而言，作为人口大国，同时也是能源消耗大国，能源需求与能源供给的矛盾将日益突出、长期存在，但目前林业生物质能源利用所占能源总量的比例却是微乎其微。为此，《全国林业生物质能源发展规划（2011～2020 年）》明确提出，"十二五"期间中国林业生物质能源发展将强化良种繁育，发展乡土树种，积极引进适宜的能源植物，通过定向培育、定向利用，着力发展以固体成型燃料、生物柴油、生物质发电和燃料乙醇为代表的林业生物质能源产业。因此，随着中国林业生物质能源近 10 年发展目标和主要原则的确定，中国林业生物质能源产业的市场也必将呈现出前所未有的广阔前景。

3. 科技创新与技术突破日益涌现

林业生物质能源开发是一项技术密集型的高技术产业，近年来，相关科技研发与创新技术不断涌现。目前，针对特定树种开发生物柴油和木质燃料发电技术已经较为成熟，大多数能源树种从良种选育、高产稳产定向培育到加工利用等关键技术也取得了突破性的进展。特别是在北欧国家，原料规模化培育、综合利用以及加工利用过程的节能降耗、绿色生产等降低开发成本的技术也取得了初步的成果，并且技术成果的示范推广已经取得了良好的效果。另外，许多国家正致力于研发先进的林业生物质能源转化技术，主要包括木质纤维素生物化学转化技术、生物炼制转化技术，以及热化学转化技术，目前已经取得了显著进展，欧洲和北美的几个大型装置即将投入运行（IEA，2013）。这些都为林业生物质能源的扩大利用奠定了坚实的基础。

4. 国际认可度日益增加和政府支持力度日益加大

目前，绿色经济正推动着全球经济转变，发达国家普遍转向了绿色经济。在这一背景下，作为绿色经济的一项重要举措，可更新能源，特别是林业生物质能源的发展越来越受到世界各国政府的青睐，成为新时期经济发展的热点之一。为了支持林业生物质能源的发展，一些国家积极出台法律法规和扶持政策，加大财政投资、信贷、税收优惠和政策性补贴等方面的扶持力度。因此，随着政府扶持力度的加强，融资环境的改善，以及公众环境意识的提高，开发利用林业生物质能源将迎来新的发展机遇。

5.3.4.3　趋势分析

综合分析上述林业生物质能源发展面临的挑战和机遇，将林业生物质能源的发展趋势概述如下：

（1）原料供应方面：鉴于林业生物质能源的大规模工业化生产必须要有足够的资源作后盾，各国都把培育和开发林业生物质资源作为重中之重。因此，今后建立生长速度快、生长量大，规模化、区域化，低成本的能源林基地，以确保充足的原料供应，将成为发展林业生物质能源的优先选择。

（2）产品研发方面：目前，加拿大、美国和欧盟各国都在开展利用木质纤维素发酵生产乙醇的技术研发，美国和欧盟各国的中长期生物质能源发展路线图中均将木质纤维素生产燃料乙醇作为 2010 年后生物质燃料产业化的主要目标。此外，林业生物柴油燃料的生产技术研发、开展规模化生产也将是今后发展的主要方向之一。因此，木质纤维素乙醇和生物柴油将成为今后重点研发的林业生物质能源产品。

（3）转化利用技术方面：从石化能源的开发利用到林业生物质能源的开发利用是能源领域中的一大技术转折，有许多新的技术需要研究、创制和突破。林业生物质能源转化利用作为一个新兴产业领域，今后亟须突破的技术瓶颈就是如何提高资源转化效率和产品使用效益。目前，许多国家都站在创新与发展的高度来对待这一技术瓶颈问题，已投入大量人力物力开展相关的研究。其中，木质纤维素生物化学转化技术和生物炼制技术将是研发重点。木质纤维素生物化学转化技术主要是把纤维素转变成乙醇和其他燃料（如合成油、天然气或者氢气）；生物炼制技术不仅生产生物质能源，还生产生物基化学品和材料，因此其生产过程从技术、经济及环境的角度来看将更有效率（IEA，2013）。

（4）产业化方面：尽快实现林业生物质能源产业化和规模化，提高技术降低成本，逐步实现自我赢利将成为今后发展的主要方向。目前，在美国西北海岸正在进行一项最大的有关林业生物质能源的研究项目，该项目的主要内容是研究如何以低成本的方式利用林业生物质能源来规模化生产航空燃油，同时探讨在此过程中如何建立完备的产业链，创造更多的就业机会。

（5）环境策略方面：为了更深入地认识发展林业生物质能源的环境影响，国际社会已着手评估林业生物质燃料替代石油对于减少温室气体排放的净效应，以及发展林业生物质能源对土地利用变化的影响。不难预测，今后各国在发展林业生物质能源的同时将越来越重视环境影响的评估，通过严谨规划、合理实施和严格监管来降低林业生物质能源发展可能产生的环境负面影响，将成为各国发展林业生物质能源的一致选择。

5.4 目前我国林业生物质能源发展存在的主要问题

尽管近年来我国林业生物质能源发展取得了令人瞩目的成绩，在相关技术领域虽已基本成熟。但总体来看，不论是在资源培育、市场的开拓与完善、还是在市场投融资机制的健全，以及前瞻性的环境影响和发展潜力研究方面，我国林业生物质能源发展仍存在一些问题，目前还难以进行大规模生产和利用，还未真正实现产业化。具体来说，我国林业生物质能源在开发利用环节上面临的主要问题有：

（1）原料供应方面：原料开发规模小，资源贮备不足。受建设资金制约和其它工业原料需求竞争的影响，现有林业生物质能源树种资源还未达到实现稳定的工业规模化、持续化利用的要求。当前，林业重点工程建设的主要目标是以生态效益为主的工程建设，能源林建设周期长、成本高、市场不确定因素多，社会资金难以主动进入，政府投入相对不足，导致能源林建设滞后。同时，林业生物质能源树种资源储备不足，目前的能源树种单一，难以支持产业化开发的需要。

（2）扶持政策方面：缺乏政策推动，还未真正形成林业生物质能源产业。一是已有的政策未能很好落实。我国虽已陆续出台了一些利于生物质能源发展的政策，但执行效果不佳。例如财政部等部门虽然出台了生物质能源原料基地建设资金扶持办法，但相应的补助资金及税收优惠政策缺乏实施细则，补助资金难以落实到位。二是国家尚未制定针对林业生物质能源的生产、销售、使用等方面的鼓励政策，使企业经营极度困难。三是需要纠正以往不科学的林业政策，例如国家提出的"以煤代木"工程，各大林区都将其作为保护森林资源、恢复生态的一项重大举措，制约了当地林业生物质能源的产业化发展。实际上，森林作为一种可更新资源，只有促进木材利用才能从根本上推动森林的培育和保护，木材利用和森林资源培育、保护实质是一种"相互依存、相互促进"的关系。瑞典、美国、芬兰等林业发达国家已经实现了森林越采越多、越采越好、生态保护和木材利用之间的良性循环。

（3）技术支撑方面：研发能力薄弱，技术推广缓慢，自主设备水平不高。一方面，林业生物质资源培育、原料收集贮藏运输和产品生产三个方面的研发能力薄弱。特别是目前能源树种单一，缺乏针对能源树种良种选育、丰产栽培配套技术和推广应用技术的系统研究。另一方面，林业生物质能源转化技术研发不足，生产设备简单重复、水平不高，难以提供林业生物能源发展足够的科技支撑。

（4）标准化方面：产品质量标准体系亟待建立和完善。目前，我国在林业生物质能源树种良种选育、种苗质量，以及生物质燃料销售、产品质量和应用体系方面尚未形成规范的技术标准体系，也没有明确的林业生物质燃料市场准入条件，制约了林业生物质能源的市场化进程。

（5）行业支持手段有限，林业优势难以发挥。从现实发展情况来看，由于没有开展林业资源能源化利用的专项调查，缺乏基础性资源数据。同时，因受生态保护、森林经营、林业改革等因素制约，行业部门对林业生物质能源产业体系建设方面的支持不足，导致使林业生物质能源的优势和作用得不到明显体现。

5.5　对我国林业生物质能源发展的政策建议

我国目前的经济发展速度远远高于世界许多国家，在发展经济的同时以巨大的资源消耗为代价。据估计，中国由矿物燃料产生的碳排量相当于 62 亿吨，是全球 GHG 总排量的 18% 左右。因此，中国未来的发展将面临能源与环境问题的严峻挑战，亟须加快开发利用环境友好的替代性能源，确保国民经济可持续发展和能源安全。为了全面推动林业生物质能源的发展，提升林业在确保国家能源安全中的战略地位，特提出如下政策建议：

（1）发展定位方面：林业生物质能源是人类社会能源发展的新方向，需要站在应对气候变化，实现社会、生态、经济效益的高度认识林业生物质能源发展的战略地位，将林业生物质能源开发利用作为我国能源发展战略的重要组成部分和林业产业发展的新型增长点，制定一个长期的、针对林业生产经营特点的扶持政策体系，从能源林培育、生产加工到销售使用等各个环节对林业生物质能源的发展给予规范和扶持，为其创造良好的发展环境。

（2）法律法规方面：依据《可再生能源法》，尽快制定专门的针对林业生物质能源的配套法律法规，充分发挥林业生物质能源在我国能源发展、林业和土地开发利用以及农业结构调整和林农增收方面的整合增效作用，将林业生物质能源产业化发展纳入法制化轨道。另外，考虑到发展林业生物质能源潜在的环境风险，它可能会牺牲森林的整体性和可持续性，但却无法保证减缓气候变化的效果。因此，为了尽可能地降低环境风险，应逐步完善相关的环境法规，将环境影响评估和环境监测纳入林业生物质能源发展的决策过程。

（3）资金扶持方面：政府的资金扶持是促进林业生物质能源开发利用得以最终市场化的共同经验。目前，中国对可再生能源的资金支持贴息补贴政策适用于任何可再生能源发展项目，并没有考虑到林业经营周期长的问题而进行特殊对待，造成的后果是其作用得不到最大发挥。在今后的产业发展中，可以参照国外发展经验，对开发利用林业生物质能源的企业实行长周期贷款财政贴息和税收减免政策，促进林业生物质能源开发利用企业经营成分多元化，鼓励企业和民营资本进入生物质能源领域。具体来说，在发展初期，针对林业生物质能源培育与开发风险，国家应当给予启动资金的扶持，支持大型骨干龙头企业的参与，形成对社会资本投资林业生物质能源产业的"挤入效应"。另外，为了促进社会投资，政府可采取措施，设立林业生物质能源投资基金，给予投资者一定比例投资成本的补贴，同时为投资者提供技术帮助。此外，还可对林业生物质能源产品实行保护价收购，或者通过贴息贷款、税收减免等方式对林业生物质能源企业予以支持。

（4）市场推广方面：建立具有强制性的应用推广机制，包括实行强制性市场配额制度等。例如，政府应利用行政手段，在政府部门推广使用林业生物质能源，扩大其市场需求。同时，鼓励消费者使用林业生物质能源，给予一定的消费补贴，确保林业生物质能源市场份额的持续扩大。此外，还可以建立专门的林业生物质能源交易场所，进一步完善市场服务体系，从而促进林业生物质能源产品的推广使用。

（5）标准化建设方面：进一步完善林业生物质能源标准化建设。尽快建立林业生物质能源生产、流通、加工利用的国家标准体系。避免由于标准建设滞后而带来的鉴定标准不一，缺乏科学性，产品质量不过关等现象，进而阻碍林业生物质能源产业化的健康发展。

（6）技术研发方面：一方面，进一步加大对林业生物质能源发展的科研投入，重点加强对优质速生高产能源植物的选育、栽培、林业生物质能源的高效转化和综合利用等技术的研究，形成可产业化推广的技术、工艺和产品储备。与此同时，制定相关政策保护我国林业生物质能源开发利用方面的技术专利。另一方面，利用先进国家的技术优势，鼓励引进国外先进的技术和管理经验，对引进的技术给予一定比例的成本补贴。

参考文献

[1]王国胜，吕文，刘金亮等. 中国林业生物质能源资源培育与发展潜力调查. 中国林业产业，2006，

(2)12-21.

[2]蒋剑春. 生物质能源应用研究现状与发展前景. 林产化学与工业，2002，22(2)，75-80.

[3]赵江红. 中国林业生物质能源开发利用的调查思考. 林业经济，2009，(2)13-16.

[4]马占云. 气候变化对中国农林生物质能的区域影响研究. 首都师范大学博士论文，2009，5.

[5]邢熙，郑凤田，崔海兴. 中国林业生物质能源：现状、障碍及前景. 林业经济，2009，(3)：6-12.

[6]孙凤莲，王雅鹏，王薇薇. 我国林业生物质能源产业发展的区域定位和替代潜力及开发利用对策. 农业现代化研究，2010，(3)：325-329.

[7]吴伟光，黄季焜. 林业生物柴油原料麻风树种植的经济可行性分析. 中国农村经济，2010，(7)10-12.

[8]王雅鹏，王宇波，丁文斌. 生物质能源的开发利用及其支撑体系建设的思考. 农业现代化研究，2007(11)：753-756.

[9]刘国华，舒洪岚. 我国林木生物质燃料的发展现状与对策. 世界林业研究，2006，19(3)：53-56.

[10]贾利欣，贾利忠，融晓萍. 生物柴油产业的发展. 内蒙古农业科技，2007，(1)：63-65.

[11]白卫国，张玲，翟明普. 论我国林木生物质能源林培育与发展. 林业资源管理，2007，(2)：7-10.

[12]姜书，宋维明，李怒云. 关于林木生物质能源产业化问题的思考. 林业经济，2007，(1)：16-18.

[13]国际能源署. 国际能源署第 39 号生物质能源任务报告. 2013.

[14]Pimentel D，Patzek T W. Ethanol production using corn，switch grass and wood［J］Natural Resources Research，2005，14(1)：65-76.

[15]Lew Fulton，Tom Howes. Biofuels for Transport：An International Perspective，IEA，2005.

[16]中国林业生物质能源网站 http：//www.fbioenergy.gov.cn/.

[17]生物柴油网 http：//www.biodiesel.net.cn/.

[18]中国生物能源网 http：//www.bioenegy.cn/.

第6章

森林绿色核算

　　绿色国民经济核算(简称"绿色核算")不是一个新词,国际上从20世纪70年代就开始了构建以"绿色GDP"为核心的绿色国民经济核算体系的探索,时至今日,国际社会经过40多年的不懈努力,虽然取得了不少突破,但仍未尽如人意。近几年,伴随着"绿色发展"理念的提出,作为衡量绿色发展的重要手段,绿色国民经济核算再次引起全球广泛关注,而且其内涵更加丰富。我国对绿色核算的关注与研究也有20多年的历史,最近10年间,绿色核算在我国经历了一个从冷到热、又从热到冷的过程,最高峰在2004～2006年,近几年似乎不再是关注的焦点。但可以预见,随着国际上发展理念的转变,以及我国经济发展与资源环境之间矛盾的日益突出,国内会更加理性、更加现实地重视绿色核算。森林生态系统作为可持续发展的基础,无疑成为绿色核算所关注的优先领域。

6.1　森林绿色核算的背景分析

6.1.1　传统发展不可持续,自然资本得到重视

　　发展是人类社会永恒的主题,人们对发展的认识在实践中不断地丰富和深化。从17世纪后半期一直到20世纪前半期相当长的工业化历史时期里,单纯的经济增长被视为发展的核心目标。发展即是经济的增长和物质财富的积累,对于物质财富的追求成为人们的主要价值目标,从而形成了传统的发展观。在传统发展观的导向下,工业化国家在物质财富方面取得了辉煌的成绩,社会生产力空前提高。但同时,人们也发现,人类

的生存环境遭到极大的破坏。不可再生资源的浪费和过度开发利用，造成了严重的生态危机和经济危机。惨痛的教训让国际社会痛定思痛。人们逐渐意识到，支撑人类生存的自然资源并非"取之不尽、用之不竭"，随着人口的增加、经济的快速发展，自然资源会越来越稀缺。要想使人类社会发展持续下去，必须重视自然资本的价值。在这种背景下，提出了可持续发展的理念，强调了人类代际之间的公平与发展。随后，联合国通过的《里约热内卢环境与发展宣言》和《21世纪议程》两个重要国际性文件，正式将可持续发展理论付诸行动。由此，自然资本的价值被纳入人类发展的视野。

可持续发展包括经济可持续性、社会可持续性和自然环境的可持续性。自然资源的持续利用和自然生态系统的健康与完整是可持续发展的首要条件。因此，人类应做到合理开发和利用自然资源，投资自然资本，保持适度的人口规模，处理好发展经济和保护环境的关系。

6.1.2　绿色经济背景下，自然资本被视为可持续发展的基础

绿色经济模式的提出源于对生态危机和经济危机的反思。绿色经济的概念最早出现于英国环境经济学家戴维·皮尔斯等人（1989）的著作——《绿色经济蓝图》中，作者突出了经济与环境之间的相互依存性，以此作为进一步理解和实现可持续发展的手段，并首次主张将有害环境和耗竭资源的活动代价列入国家经济平衡表中。虽然20多年前就提出了"绿色经济"的概念，但直至近几年，在经历了空前的全球金融危机后，绿色经济才获得国际关注，并被确认为实现可持续发展的途径。

2008年，联合国环境规划署发起了在全球开展绿色经济和绿色新政的倡议，为绿色经济的再度提出发挥了重要作用。作为绿色经济倡议的一部分，2011年环境署发布了《迈向绿色经济》的系列报告。报告指出，只有当可持续发展的环境与社会支柱及经济支柱并驾齐驱之时，可持续的未来才有可能实现；报告描述了通往里约，乃至2012年以后的路线图，在该路线图中，强调对地球的自然资本和人力资本进行更睿智的管理，将最终塑造出这个世界的财富创造方式与方向（UNEP，2011）。

《迈向绿色经济》报告特别强调自然资本在实现可持续发展中的作用。报告认为，经济危机和生态危机背后的根源之一是资本的误置，过去20年中，大量的资本倾注于房地产、化石燃料和金融资产，而只有相对很少的资本投资于可再生能源、能源效率、公共交通、可持续农业、生态系统和生物多样性保护等方面。报告认为，如果按照传统的经济增长模式，那么任何发展成果的实现都必然建立在重大环境成本和自然资本成本的基础上，而且很可能只有短期效益。同时，进一步的环境退化以及对自然资源不可持续的利用，还将使各国政府和国际社会更加难以应对发展挑战。而在绿色经济模式下，通过在减缓贫穷的同时恢复和建立自然资本，能够促进经济增长并创造环境福利。绿色经济强调自然资本的价值并对自然资本进行投资。环境署认为，生态系统服务的经济价值是可以估算的。向绿色经济过渡不仅认可和彰显自然资本的价值，而且绿色经济还投资并积累这一自然资本，促进可持续的经济发展。从长期来看，绿色经济增长快于褐色

经济，并可保持和恢复自然资本。

2011 年，经济合作与发展组织（OECD）发布《迈向绿色增长》的报告，强调自然资本是人类福利的源泉，是持续发展的基础。OECD 认为，绿色增长是在确保自然资本能够继续为人类幸福提供各种资源和环境服务的同时，促进经济增长和发展（OECD，2011）。

自然资本在可持续发展中的基础作用，在"里约 + 20 峰会"上进一步得到了各国政府和国际社会的认可（UN，2012）。世界银行发起的"财富核算和生态系统服务估值"（WAVES）的合作项目，全球超过 50 个国家和 86 家私营企业在里约峰会上对此表示支持；荷兰政府和法国政府承诺为该项目提供费用支持。世界银行主管可持续发展的副行长凯特在峰会上表示，实施自然资本核算的所有要素都已到位，包括联合国认可的方法、最高层的政治承诺和私营部门的大力支持；里约为各国和私营部门提供了一个契机，加大对自然资本核算的承诺，向全球大众展示其潜在效益；现在世界各国都对实施自然资本核算表现出压倒性的支持。英国首相也表示，各国政府必须超越对财富的狭隘理解；判断一个国家状况的好坏，不能只看它赚多少钱，而无视其森林或海岸地区的资产状况，这些都是十分重要的自然资本；我们支持世界银行号召企业界和政府承诺采纳自然资本核算的活动；只有通过这种共同努力，我们才能取得需要的进展。私有部门也积极响应世界银行的倡议，全球有影响的私营企业和金融机构，如沃尔玛、伍尔沃斯控股、联合利华、渣打银行等公司重申承诺在全球范围开展合作，将自然资本的考虑纳入决策过程，并签署了《自然资本宣言》，宣言强调了自然资本的重要性，金融机构的领导作用，体现了私有部门和金融机构对"里约 + 20 峰会"和未来可持续发展的承诺。

6.1.3 森林在可持续发展中的地位不断提升

森林生态系统是陆地生态系统中面积最大、最重要的自然生态系统，是人类发展的关键自然资本。伴随着"可持续发展"理念的提出与普及，国际社会和各国政府对森林的功能与作用的认识不断深化，森林在全球可持续发展进程中的地位不断提升。

1992 年，联合国环境与发展大会通过了《关于森林问题的原则声明》，认为森林的管理、保护和可持续经营对经济、社会发展和环境保护以及全球生命支持系统具有至关重要的作用；提出了国际社会关于森林问题的 15 条原则，强调了森林的多重功能和效益，鼓励科学决策、合理利用。但由于森林问题的复杂性、各国森林管理体制的差异、缺乏国际森林资金等多种原因，大会期间各国未能就缔结《国际森林公约》达成共识。

2007 年 12 月，第 62 届联合国大会审议通过《适用于所有类型森林不具法律约束力的文书》，成为国际森林问题谈判的阶段性成果。文书明确森林可产生多种经济、社会及环境效益，并强调森林可持续经营对可持续发展和消除贫困的重要作用，提出 25 条国家林业政策措施。

2009 年，《联合国森林论坛第九次会议报告》进一步强调各类森林在促进全球经济和社会发展、消除贫穷、保护环境、保障粮食安全、能源安全、水安全、减轻和适应气候变化、防治荒漠化和土地退化、保护生物多样性、减少灾害风险等方面的重大贡献和潜力。

2012年10月，联合国森林论坛"森林对绿色经济的贡献"国家倡议会议在德国波恩召开。会议一致认为，林业在实现绿色转型中发挥着关键作用，将对实现可持续发展和千年发展目标做出重要贡献。林业的贡献表现在：一是森林在改善社会福利和减轻贫困中发挥着重要作用；二是林业对全球经济增长作出了重要贡献；三是对林业的绿色投资可以带来长期、安全的投资回报，有助于应对当前金融风险；同时，林业在应对气候变化、保护生物多样性和保持水土等方面发挥了重要的生态和社会效益。

《迈向绿色经济》中针对森林的专题报告"迈向绿色经济：森林篇——投资自然资本"，阐述了投资自然资本的重要性，指出森林维持许多相关行业的发展，支持人们的生计，是绿色经济的基础。绿色经济背景下应将林业作为一种资产来管理和投资，给社会带来各种利益。在绿色经济背景，森林广义的经济作用包括：作为生产"工厂"，生产从木材到食品的商品；作为生态基础设施，提供从气候调节功能到水资源保护的公共产品；作为创新和保险服务的提供者，森林生物多样性是两者的关键（UNEP，2011）。

里约+20峰会的成果文件中，重申了国际社会关于林业问题的承诺和广泛共识，强调森林给人类带来的社会、经济和环境福利以及森林可持续经营对全球可持续发展的贡献，许多相关国际机构和国家强调了林业在发展绿色经济、促进可持续发展领域的作用和潜力（UN，2012）。

2012年10月，联合国粮食及农业组织发布了《2012年世界森林状况》，重点关注了在向可持续的全球经济过渡过程中，森林、林业和林产品发挥的重要作用。报告指出，世界的森林能够在向绿色经济过渡的进程中发挥重要作用，若要推动这种转变，各国政府必须制订方案和政策，在发掘森林潜力的同时，确保对它们的可持续管理（FAO，2012）。

由此可见，森林和林业在全球可持续发展中的地位和作用得到了更加明确的认可。在绿色经济发展中，森林将被作为资产进行管理和投资，以实现多种效益。林业在绿色经济中扮演着重要角色。

6.1.4　传统经济发展指标无法反映真实的发展

国内生产总值（GDP）是国际上通用的衡量经济增长的主要总量指标。然而，在现行的GDP核算体系导向下，自然资源毁损、环境破坏、生物多样性下降，导致人类有效生存空间的减少，而这些本来是经济价值的巨大亏空，却以经济增长形式体现在GDP中，扭曲了发展的真实性。传统的GDP核算存在的缺陷包括（戴亦一，2004）：忽视了对环境和自然资源因素的核算，由此导致了资源与环境等问题的日趋恶化；忽视了对社会因素的核算，对经济产出成果的计量"不分好坏"，对人力资本与社会资本在经济发展中的作用重视不够，在反映社会福利方面不够全面；忽视对科技因素的核算。

因此，传统的GDP核算体系只反映了经济活动的表面，没有考虑环境污染和生态破坏导致的损失，因而无法真实表达经济增长趋势及社会财富积累状况。更为严重的是，传统的核算体系还助长了一些地区为追求 GDP 增长而破坏环境、过度使用自然资源的行为，从根本上损毁了可持续发展的基础。为克服传统 GDP 核算体系的缺陷，应对目前日益严峻的资源与环境挑战，在绿色经济背景下，利用全新的绿色 GDP 核算体系替代传统 GDP 核算体系在全球已经逐步达成共识。

6.1.5　向绿色经济转型应将森林价值纳入国民经济核算

随着对森林在可持续发展中地位和作用认识的不断加深，国际社会已经认识到向绿色经济转型必须将森林的综合价值纳入国民经济核算范围，真正反映出森林自然资本的价值。

联合国可持续发展 21 世纪议程中提倡，将树木、森林和林地所具有的社会、经济和生态价值纳入国民经济核算体系。

世界自然基金会（WWF）认为，向绿色经济转型需要将森林生物多样性以适当的方式纳入 GDP 核算范围，纳入企业的资产负债表，真正准确地反映出自然资本的价值；必须超越传统的 GDP 概念，考虑到长期的森林可持续经营（WWF，2011）。

联合国环境署认为，应将森林看做一种资产，使其收益最大化，并在国民核算体系中体现出来（UNEP，2011）。

联合国森林论坛"森林对绿色经济的贡献"国家倡议中认为，应创新政策和市场手段，以实现森林所提供的多种产品和服务的价值，发挥森林的多种功能；应推动森林价值核算，全面反映森林产品和服务价值，将其多种贡献纳入国民经济核算体系。

"里约＋20"峰会上，各国政府就改变传统的 GDP 核算体系，在国民财富中纳入自然资本核算，建立"绿色经济"达成了广泛的共识。

6.2　森林绿色核算涉及的概念

6.2.1　自然资本

自然资本是绿色核算中的一个重要概念，绿色核算的实质是将与自然环境相关的产品和服务纳入其中。自然资本是指自然生态系统的存量，这些存量能够产生生态系统产品和服务；生态系统提供产品和服务的前提条件是生态系统是一个完整的体系，生态系统的结构和多样性是自然资本的重要组成部分。

《迈向绿色经济》报告中指出，自然资本是指地球的生态系统和生物多样性，是人类福利的贡献者贫困家庭生计的提供者，是绿色经济的基础。

可持续发展是指总资本存量不随时间而下降的发展，总资本包括生产性资本、自然资本、人力资本和社会资本。根据自然资本是否能被其它资本类型所替代，将可持续发展分为弱可持续发展和强可持续发展。弱可持续发展是指总资本存量不随时间而下降的发展，认为不同类型资本之间可以相互替代；强可持续性是指自然资本存量不随时间而下降的发展，全部自然资本或者至少是"关键"自然资本不能被其他形式的资本所替代（Simon Dietz，2007）。

1997 年，欧洲委员会提出了识别关键自然资本与强可持续性标准的框架（CRIT-INC）。根据这一框架，关键自然资本是实现重要环境效益的自然资本，它不能被人造资本所替代；强可持续性标准要求保护关键自然资本的存量（朱洪革，2005）。

6.2.2　生态系统服务

对于生态系统服务的概念，生态学家、经济学家、环保主义者已经讨论了几十年，但直到 2005 年，联合国的"千年生态系统评估"（MA）才给出了正式的定义。MA 认为，生态系统服务是指人类从生态系统获得的各种收益，包括 4 种服务：供给服务（如食物和水）、调节服务（例如，调控洪涝、干旱、土地退化和疾病）、支持服务（如土壤形成和养分循环）和文化服务（如消遣、精神、宗教以及其他方面的非物质收益）（张永民译，2006）。

为了避免重复计算，TEEB 从经济价值评估的角度，对 MA 定义进行了修正。TEEB 认为，生态系统服务是生态系直接和间接地对人类福利的贡献，分为供给服务、调节服务、生境服务、文化和舒适服务（TEEB，2010）。TEEB 定义与 MA 定义的主要区别在于，TEEB 以生境服务替代了支持服务，认为支持服务如生态系统的营养循环、动态的食物链，是一组生态系统的过程，不是人类享受的服务，而生境服务则是生态系统为迁徙物种（作为繁育地）和基因库提供生境的服务，这类服务的获取直接依赖于生境的状况。也就是说，TEEB 认为，生态系统服务是生态系统对于人类福利的最终产品，只有这些最终产品才有经济评价的意义。

纳入绿色核算的生态系统服务亦是指生态系统的最终产品。

6.2.3　绿色国民经济核算

传统国民经济核算体系是一个国家或地区对社会经济发展的测量系统，包括人力、物力、财力、资源与利用，也包括生产、分配、交换和消费，以及经济运行的总量、速度、比例和效益。目前世界上绝大多数国家和地区所采用的核算体系是国民账户体系（SNA）。SNA 主要提供国民生产总值（GNP）、国内生产总值（GDP）、国民生产净值（NNP）、国内生产净值（NDP）、国民收入、个人收入、总投资、个人消费等宏观经济指标。纳入 SNA 的只是市场化的经济活动，将各种不同属性的经济活动转化为统一的货币价值。GDP 是国民经济核算的流量指标。

在可持续发展框架下，传统国民经济核算存在着一系列缺陷：一是对自然资源及环境的利用不计价、不折旧，致使自然资源及环境的利用成本在国民生产总值及国民收入等宏观经济指标中得不到反映；二是对自然资源与环境的存量与用量不予统计，把经济活动导向了消耗越多、收入越高的歧途，甚至把资源消耗与环境破坏视为增加收入；三是把社会经济发展建立在对自然资源和环境的无偿占用和无度消耗观念之上（侯元兆，2005）。因此，传统国民经济核算无法揭示真实的发展。

绿色国民经济核算是在可持续发展理念指导下，将没有进入市场的自然资源与环境的价值纳入传统的国民经济核算账户中，对其进行成本核算，对国民经济核算的总量指标进行调整，建立一套标示真是发展状况的信号系统，以利于决策。正如GDP是传统国民经济核算账户中一个基本总量指标一样，绿色GDP是绿色国民经济核算最终形成的一个总量指标，是经过资源与环境成本调整后的GDP。衡量可持续发展，绿色GDP是一个重要的指标，但不是唯一的指标。

6.2.4 森林绿色国民经济核算

森林的绿色国民经济核算，即是将森林作为一个资产集合体的各种资产的存量价值，和森林的各种实物产出及生态服务产出的价值等，分别纳入国民经济核算账户中的资产账户和生产账户体系，并进行总量分析，理论上也应当包括林业加工产业的产值（通常这一部分已经包括在传统核算中了）。

严谨的森林核算不是一件容易做到的事情。目前还没有一个国家可以做到，大家都在探索之中，尤其是缺乏标准化。其他的自然资本核算，较之于森林核算的技术研究，更为后进。

6.3 绿色国民经济核算研究进展

6.3.1 绿色国民经济核算的指标

国民经济核算可以提供一系列总量指标，GDP只是其中之一，除此之外还有国民收入、国民可支配收入、最终消费支出、总储蓄、总投资等。绿色国民经济核算是将资源环境纳入国民经济核算，对国民经济核算的总量指标进行调整修正，因此调整的对象不仅仅限于GDP，也包括对其它指标的调整。通过调整国民经济核算指标，反映出发展的现实状况，为决策提供依据。衡量可持续发展，绿色GDP是一个重要的指标，但不是唯一的指标。

概括而言，衡量绿色发展的指标大致可分为以下3类（UNEP，2011）：

（1）经济指标。例如，绿色GDP；世界银行提出的真实储蓄率、调整的净国民收入；联合国经济和社会事务部提出"可持续发展的国内生产总值"；联合国统计署的"生态国内产出"；英国萨里大学教授杰克提出的"国内发展指数"等。

（2）环境指标。例如，单位GDP的耗能量、单位GDP的用水量、单位GDP的二氧化碳排放、污染物排放量，世界自然基金会发布的"生态足迹"指标、"生命地球指数"。

（3）反映社会进步与经济福利的综合指标。例如，世界银行提出的涵盖人民生活质量、环境、经济、国家和市场运行以及全球关联性的世界发展指标；不丹王国提出的"国民幸福指数"，由政府善治、经济增长、文化发展和环境保护4个方面33项因子构成；开发署于1990年提出的"人类发展指数"以及在里约＋20峰会倡导"可持续发展指数"等涵盖了公平、尊严、幸福感、可持续性等人类发展因素；联合国环境规划署联合其他机构在"里约＋20峰会"上提出的"包容性财富指数"等。

提出绿色发展指标的目的是建立起一套标示自然财富可持续性的信号系统，为决策提供依据。

6.3.2 绿色国民经济核算理论探索与框架形成

从20世纪70年代开始，联合国、各国政府、著名国际研究机构和学者就致力于绿色国民经济核算的基础研究与探索。比较有代表性的研究成果有西蒙等人（Simon，2000）的《绿色国民核算》综合反映了绿色核算的最新成果，提出了绿色国民核算的方法、模型、构造与应用等；哈特维克（Hartwick，2000）的《国民经济核算与资本》，从宏观经济角度系统分析了环境资本纳入国民经济核算体系在账户方面所发生的变化和经济方法的改进；巴特尔穆茨等人（Bartelmus，1998）的《环境核算的理论与实践》，综合分析了国际收入与财富在资源环境方面的应用，提出了关于资源环境核算的框架、理论与方法；马肯亚等人（Markandya，1999）在《欧洲绿色国民核算——四国案例研究》中，根据荷兰、英国、德国、意大利四国绿色核算实践，对自然资源和污染物排放量的核算进行了研究。

在上述基础理论研究的指导下，在联合国、欧盟、世界银行、经合组织及多国政府的推动下，逐步形成了若干重要的环境经济核算体系，包括联合国等的《综合环境与经济核算体系》（SEEA）、美国亨利·佩斯金（Henry Peskin）教授菲律宾应用的《环境与自然核算项目》（ENRAP）、欧盟统计局的《欧洲环境的经济信息收集体系》（SERIEE）、荷兰统计局的《包括环境账户的国民核算矩阵体系》（NAMEA）。其中，以SEEA最具权威性，该体系的编制方法已被许多国家或地区采用。

6.3.3 "综合环境经济核算体系"的完善

SEEA经多次修改和完善，先后出版了SEEA - 1993、SEEA - 2000和SEEA - 2003等版本，在理论上不断提升。鉴于各国在实施SEEA - 2003中获取的经验与出现的问题，以及在环境核算领域持续的技术进步，为了进一步推进环境经济核算工作，联合国统计委员会在其第三十八届会议上（2007年）决定再次修订SEEA，旨在将SEEA中央框架提升为国际统计标准。为此，联合国统计委员会专门成立了"环境经济核算专家委员会"，负责协调开展与环境经济核算制度修订项目的战略规划、方案编制和监测、报告编写和资源调集有关的活动和任务。目前，SEEA – 2003 的修订工作已经完成，最新版的《综合环境与经济核算体系(2012)》的第一卷将于 2013 年出版，将作为国际标准在各个国家和地区推广应用。

SEEA – 2012 将分 3 卷发布环境经济核算制度。第 1 卷为环境经济核算制度的中央框架，重点提出了核算结构、实物流量账户、类似环保支出账户这样的职能性账户、自然资源资产账户及实物和货币综合账户，该框架将成为国际统计标准；第 2 卷的内容是达不成共识但具高度政策相关性的一些主题，该部分包括环境经济核算制度中的试验性生态系统账户；第 3 卷是环境经济核算制度的扩展和应用。

与 SEEA – 2003 相比，SEEA 中央框架在覆盖面和风格上有 4 个显著的变化(European Commission，et al.，2012)。首先，在 SEEA – 2003 的不同地方，特别是在第 9、第 10 和第 11 章，对环境退化以及相关的衡量问题进行了广泛的讨论；其次，SEEA – 2003 包含许多国家基于不同核算领域的例子，但 SEEA 中央框架中没有列入国家核算的例子，而是通过说明问题的数值来支持要描述的账户的；第三，在 SEEA – 2003 中，包含了对具体问题进行会计处理的多种方法，但 SEEA 中央框架中没有给出任何有关会计处理方法；第四，SEEA – 2003 是基于"1993 年国民账户体系"的，而 SEEA 中央框架则是基于"2008 年国民账户体系"。

值得注意的是，SEEA – 2012 还包含试验性生态系统账户和 SEEA 的扩展和应用 2 个部分。其中，生态系统账户将衡量生态系统为人类活动提供的效益流以及生态系统提供这些效益的能力。为了设计好生态系统账户，环境经济核算专家委员会请联合国统计司、欧洲环境署和世界银行领导该项工作。2011 年期间，召开了关于生态系统账户的 3 次关键性会议。第一次会议由世界银行主办，启动了"财富核算和生态系统服务价值评估"(WAVES)合作伙伴关系，该伙伴关系以环境经济核算制度作为其活动的衡量框架，并推动各国执行环境经济核算制度。第二次会议由欧洲环境署主办，会议就生态系统账户的概念框架和在环境经济核算制度修订进程的范围内拟订生态系统账户的战略达成了共识。第三次会议由大不列颠及北爱尔兰联合王国国家统计局和环境、粮食和农村事务部主办，会议就继续拟订试验性生态系统账户以及下一步的路线图达成了一致意见。

SEEA – 2012 试验性生态系统账户将为核算生态系统提供概念框架。但该账户不会成为国际标准，因为该文件没有提出国际商定的概念、定义和分类，而只是在与 SEEA 中央框架有关的广泛框架内就对生态系统账户采用的系统方法提出一套最先进的具有一致性和连贯性的描述。该账户将为各国在使用共同术语和相关概念以便于比较统计数据和经验的情况下推动执行生态系统账户提供基础。生态系统账户已于 2012 年秋季提交草稿供全球协商。

虽然 SEEA – 2012 试验性生态系统账户并不能成为国际标准，但联合国环境经济核算专家委员会认为试验性生态系统账户是对生态系统统计最新式的表述，可作为国际社会在该领域继续开展工作的坚实基础。

6.3.4　世界银行的绿色财富核算

世界银行于 2010 年在名古屋召开的生物多样性大会上启动了一项"财富核算和生态系统服务价值评估"（WAVES）全球合作项目，目的是通过以自然资本价值为重点的全面的财富核算和将"绿色核算"纳入国民核算的方法，推动可持续的发展。目前已在全球许多国家启动。该项目在伙伴国家推广应用联合国的综合环境经济账户（SEEA），包括实物量账户和价值量账户，并将该账户拓展到了生态系统和生态系统服务账户，旨在通过试验提供生态系统核算的方法，以修订 SEEA，并在试点国家以外推广应用自然资本核算。WAVES 中自然资本核算的主要内容包括：每年产生的生态系统服务的实物量与货币价值及退化的成本；生态系统服务的效益分布，退化成本在不同利益相关者之间的分担；资产价值，综合财富核算等。为了应对生态系统核算中带来的挑战，世界银行成立了"政策与技术专家委员会"，主要解决生态系统服务及其价值的尺度、开展生态系统服务评估的能力建设、评估数据的获取以及收集整理与环境/生态系统账户相关的政策的证据等问题（世界银行，2011）。

澳大利亚、加拿大、法国、日本、韩国、挪威、英国及一些非政府组织为 WAVES 项目提供了资金和技术支持。该项目在博茨瓦纳、哥伦比亚、哥斯达黎加、马达加斯加、墨西哥、印度、乌干达和菲律宾等国进行了试点研究，测试自然资本核算的可行性。目前，各国均在制定详细的实施路线图。今后几年，WAVES 机制将帮助有关国家将其计划付诸实施。该机制的成员既包括发达国家，也包括发展中国家。

2011 年 1 月，世界银行在华盛顿发布了《国家财富日渐增加》的研究报告（世界银行，2010），这是世界银行继 2006 年发布"国民财富在哪里"报告之后推出的又一绿色财富核算报告。该研究对 150 多个国家 1995～2005 年间的财富情况进行了全面核算，首次提出了一套 150 多个国家 1995、2000 和 2005 年的财富账户，在国家、地区及全球建立了长期的财富评估。

研究界定的"财富"远远超出了以一国国内生产总值（GDP）衡量的传统定义范畴，财富不仅包括自然资本和生产资本或制造业资本，也包括有效的制度、人际能力、教育、创新和新技术等"无形财富"资产。

研究发现，财富和经济福祉不断增加与对森林、保护区、矿产、能源和农业用地等自然资本进行精心管理之间有着明确联系；在低收入国家，国家财富大约 1/3 来自自然资本，包括森林、保护区、农业土地、能源和矿产；在自然资本平均占财富总额 30%～50% 的国家，要取得发展，需动用自然资本。如果一国制度有效，重视实行法治，确保对政府问责，并有助于遏制腐败，则投资就会流入且呈现增长态势。该研究为将可持续发展因素和国家经济核算相结合提供了一个完整的框架。

2012 年 5 月，世界银行出版了"2012 绿色数据手册"，手册提供了 200 多个国家的有关自然资本的综合数据，包括农用土地、森林、保护区、水资源，并首次提供了海洋方面的数据。手册显示，自然资本是许多低收入国家的关键资产，约构成其国家总财富的 36%（世界银行，2012）。手册认为自然资产的价值以及随着时间的推移开发他们的成本和收益应该被核算并计入国家财富和增长前景的评估中。

6.3.5 联合国环境署的"绿色入主流"项目

2007 年，受 G8 +5 委托，德国和欧盟委员会启动了"生态系统与生物多样性经济学"（TEEB）研究项目，项目由联合国环境规划署主办，并得到欧盟委员会、德国联邦环境部、英国政府环境、食品和农村事务部、挪威外交部、荷兰部际生物多样性项目以及瑞典国际发展合作机构的支持。该项目以对千年生态系统评估的分析为基础展开进一步分析，根据生物多样性丧失和生态系统退化对人类福祉的负面影响，显示生物多样性和生态系统的经济重要性，呼吁企业和政府决策者广泛地认识到大自然对人的生计、健康、安全和文化的贡献。TEEB 项目为将自然资本的价值纳入各级决策提供了一套有效的框架和具体方法。TEEB 建议：应加快调整当前国家核算制度，纳入自然资本存量和生态系统服务流量变化的价值；制订统一的森林资源和生态系统服务核算账户；企业和其他组织的年报和核算账目应公开所有主要的外部因素，包括对社会造成影响的环境破坏，以及法规会计中尚未公开的自然资产的变化情况；一般商业行为应当采取"无净损失（No Net Loss）"或"积极净影响（Net Positive Impact）"原则，采取强健的生物多样性绩效基准和保证流程，避免并减少损失，结合有利于生物多样性的投资形式，补偿无法避免的负面影响等。

项目启动以来，提交了一系列针对主要用户不同需求的报告：TEEB 中期报告，TEEB 气候问题更新，TEEB 生态和经济基金会，针对国家和国际政策制定者的 TEEB，针对地区和本地政策制定者的 TEEB，针对企业的 TEEB，以及 TEEB 综合报告"让自然经济学成为主流：TEEB 方法、结论和建议综合"（TEEB，2010）。TEEB 报告将世界自然资产提上了全球政治日程。

在 TEEB 项目的倡导下，一些国家已经率先使用 TEEB 方法，将自然资本纳入经济核算。印度已经启动一项针对印度的 TEEB 研究，承诺开发一项"绿色国民核算框架"，并于 2015 年前开始实施。欧盟是该项目的发起者和支持者，欧盟委员会表示将继续致力于 TEEB 的研究，并研究如何将 TEEB 的分析结果运用至欧盟政策中；同时支持发展中国家采纳 TEEB 方法。德国、挪威和英国非常支持 TEEB 的研究结果，为项目研究提供了资助。英国已经完成了国家自然资本价值的评估。日本已经启动"日本生物多样性的经济评估与政策响应研究"，同时积极推动全国、地区以及全球性实施 TEEB 的研究成果。巴西、卢旺达、格鲁吉亚以及越来越多的国家已经开始宣布自然资产经济评价实施纲要，并将自然服务价值纳入决策制定中。2012 年 5 月，非洲 10 国表示为将自然资本的价值彻底地从发展规划的边缘转移到核心位置制定了一整套具体的原则以及发展目标，承诺将核算自然资本作为可持续发展的新路径（世界银行，2012）。2012 年 7 月，中国已经表示支持 TEEB 的研究，并将其纳入国家环境管理策略。

6.3.6　私有部门的绿色核算实践

伴随自然资源及生物多样性的减少，一些依赖于自然资源的企业和金融机构开始意识到企业经营风险及金融投资风险在日益增加，必须着手生态风险管理。2010 年，联合国环境规划署发布的研究报告"将生物多样性和生态系统服务与金融业结合"（UNEP，2010）表明，生物多样性的损失将可能对工商业带来 100 亿～200 亿美元的严重影响；生物多样性损失的风险已超出国际恐怖主义活动，几乎与极端气候事件的风险持平。在生态资源丰富且敏感地区运营的产业或是自然资源依赖型产业，很容易受生物多样性下降和生态系统退化的影响。对自然资源的过度开发也会给企业带来名誉风险，使其股价下滑。一些银行也担心"自然资本"的损失可能会提高企业的信贷风险，影响资信评级。卡尔弗特集团公司是一家专门从事可持续、负责任型投资管理的企业，在代理投票准则中已经纳入了关于生物多样性的条款。

2006 年，斯坦福大学组织启动了"自然资本项目"，该项目旨在呼吁政府和企业在决策时考虑自然资本的价值。借助该项目开发的 InVEST 的软件工具，可以在地图上标示出陆上或海上自然资本的价值。日产汽车（Nissan）、陶氏化学（Dow Chemical）、罗门哈斯公司（Rohm & Haas）和埃克森石油公司（Exxon）等企业已经或正在考虑将该工具用于企业决策。因为，对一些企业来说，他们的未来依赖于是否可以持续获得水等各种自然资源。

在食品和农商业全球领先的荷兰合作银行（Rabobank）已将生物多样性纳入其几个主要业务领域的核心业务和供应链政策中。这些领域包括渔业、棕榈油、水产业、石油与天然气，以及咖啡。拥有超过 70 亿澳元资产的澳大利亚养老基金 VicSuper 公司，在考虑投资若干上市企业和私营企业的股份时，会明确考查生物多样性及生态系统风险和机遇。巴西汇丰保险公司推出了一种汽车和房屋保险，该险种通过投资原生森林保护来对客户的排放进行抵消。过去 3 年来，该计划已帮助保护了 2700 万平方米的森林，包括一片受到严重威胁的濒危南洋杉林。

在"里约＋20"峰会上，86 家银行、投资机构和保险公司的 CEO 共同倡议发表了《自然资本宣言》和《自然资本领导契约》，再次重申承诺在全球范围开展合作，将自然资本考虑纳入决策过程；承诺建立一个拥有健全的自然资本报告系统并最终实现对自然资本的使用、维护和恢复负有责任的金融体系（UNEP，2012）。有将近 7000 家大型公司签署了《联合国全球盟约》。金融机构已经承诺考虑与现有的项目合作，例如自然价值倡议、森林足迹披露项目、全球汇报倡议等，以提高机构内部人员的能力，更好地平衡各种风险。美国政府同意与包括沃尔玛、可口可乐和联合利华等 400 多家企业一道，在 2020 年之前将毁坏森林的行为从各自的原材料供应链中删除。英国政府承诺，所有在伦敦证交所上市的公司，自 2013 年 4 月起强制披露碳排放数据。

6.4　森林绿色国民经济核算研究进展

国民经济核算具有明确的经济理论基础，核算体系相对完整，核算方法相对成熟。然而，将资源环境因素纳入后，其理论基础、核算体系、核算方法均发生很大改变。限于复杂的经济环境关系，以及资料来源和估算方法方面的巨大困难，绿色国民经济核算目前仍然是一个充满探索、实验的研究领域（高敏雪，2004）。目前尚无法进行完整意义上的环境经济核算。

面对国内外日益高涨的绿色核算需求，专家一致同意选择优先领域，选择特定的生态系统开展绿色国民经济核算的探索。森林资源作为一种重要的环境资源，与经济活动的关系相对明确，数据积累较为完善，评估研究较为深入，因此首先成为国内外开展绿色核算的优先领域。相对于其他环境资源，森林绿色核算在理论方法和实践探索上有了一定的创新和突破。

6.4.1　森林绿色核算的内容

森林绿色核算包括与经济产出核算有关的流量核算和与经济资产核算有关的存量核算；在核算对象上区分资源和环境（狭义）两个部分：以资源为中心的核算，注重经济过程对资源的消耗利用及其对资源存量的影响；以环境为中心的核算，注重经济过程对环境服务的利用及其对自然环境质量的影响；在核算形式上，既有货币价值核算，也有实物量形式的核算（侯元兆，2005）。

对于森林绿色核算的对象，存在争议较多的是森林生态服务核算部分，即众多的森林生态服务哪些应纳入绿色核算范畴。国际权威文献一致认可（K.‐G.M，2008；James，W.B. 2006；SEEA‐2012），只有生态系统服务的最终产品才能纳入绿色核算中，生态系统的自育性服务只能作为中间产品，不计入核算账户。

6.4.2　森林绿色核算框架

联合国等部门最新版的"SEEA‐2012"在核算内容、核算范围、定义、分类以及估价方法等方面进行了规范，提供了全球一致的标准，但这只是一个原则性的、概念性的框架，并没有细化到每一种自然资源的核算。其中有涉及森林及木材资源的内容，但只考虑了有市场价格或可观察到市场价格的森林产品的核算，而对于大多数的无市场价格的森林生态服务，并没有纳入中央框架核算的范围，而专门为生态服务编制了"试验性生态系统账户"。在SEEA‐2012框架下开展森林资源核算还需要开展具体研究。

目前，国际上针对森林绿色核算比较有代表性的核算框架有欧盟统计局的《欧洲森林环境与经济综合核算框架2002》和联合国粮农组织的《林业环境与经济账户手册：跨部门政策分析工具》(2004)。这2份权威文献各有侧重，也都具有较大的局限性。许多国家基于自己的国情建立了适合本国森林资源核算账户，如挪威、瑞典、芬兰、美国、南非、日本、菲律宾、印度等。

我国的森林绿色核算研究走在了世界的前列。代表性的研究成果是侯元兆研究团队完成的《森林资产核算》研究(侯元兆，2005)，系统地提出了森林核算的理论与方法，并以海南省为案例开展了绿色国民经济核算的试算。该研究成果于2005年提交给国际热带木材理事会(ITTC)，获得了ITTC的好评，被认为是一项成功的、有价值的研究。该团队根据众多案例归纳出来一个森林核算框架图(图6-1)，该框架应用于北京市森林核算的案例，曾被FAO发表(《育林》)，发表前组织的专家评估予以肯定。

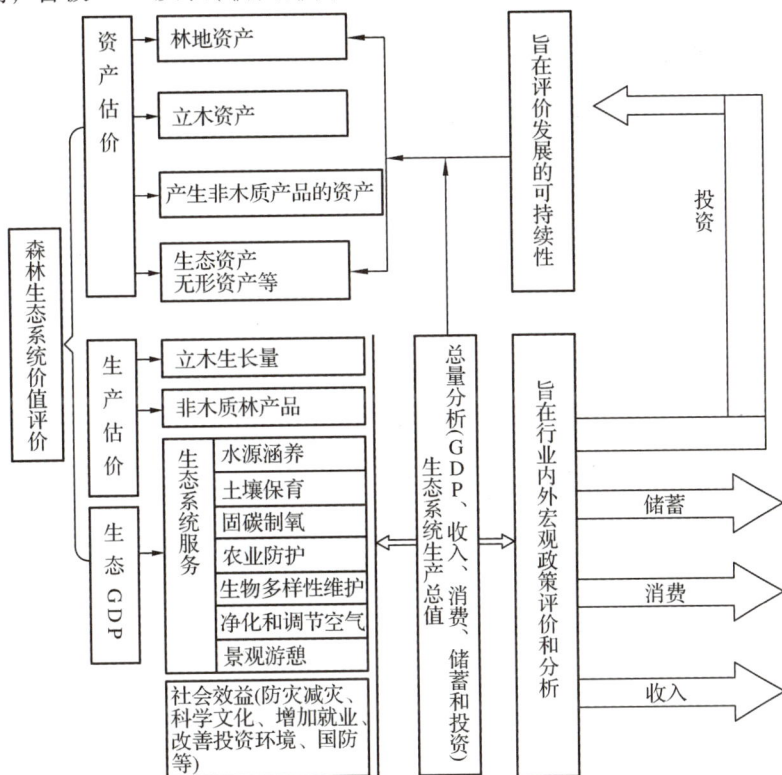

图6-1　森林绿色核算框架

6.4.3　森林资源价值评估

森林资源估价，特别是森林生态服务的估价是开展森林绿色核算的关键和难点。随着对生态系统服务研究的深入以及科学技术的进步，在森林生态服务的识别、实物量的获取和价值量评价方面取得了很大突破。

6.4.3.1 生态系统基础理论研究

识别森林生态系统的复杂结构、功能和过程以及生态过程与经济过程之间的复杂关系是森林绿色核算最为突出的难点。目前，生态系统长期网络观测、实验和研究已成为生态系统研究的重要手段；同时，长期动态观测与遥感、地理信息系统和数学模型相结合，可以在景观、区域和全球尺度上分析生态系统格局与过程的变化，这些基础研究为识别经济活动与生态服务之间的复杂关系、获取生态系统服务的实物量提供科学依据。

6.4.3.2 新技术手段的应用

在技术方面，遥感和地理信息系统作为技术手段已应用于森林生态系统的研究，为识别和量化生态系统服务提供了新的技术途径。基于生态系统的复杂性，通过小尺度上的站点观测数据推演大尺度上的数据存在较大误差，无法满足对大尺度研究的精度需求，利用遥感技术与生态系统长期定位研究结合可以解决大尺度与高精度观测与研究的问题。卫星遥感可以提供不同时空尺度和不同空间分辨率的数据。以遥感技术为辅助手段，使过程模型和气候模型相结合，可以实现陆地生态系统由点到面的扩展。利用遥感技术可以估算森林植被的净初级生产率（NPP）、归一化植被指数（NDVI）等，从而可以反映植被潜在生产力、生长状态及植被覆盖程度及其随时间的变化。高光谱遥感可以反演冠层的 C/N 从而间接反演大尺度的土壤的 C/N。遥感也可以反演地面温度及大气气溶胶的分布情况，从大尺度上反映森林对大气温度的调节作用及净化空气的作用，这些技术已经在我国森林生态系统服务价值评估中得到应用（冯海霞，2010；闫秀婧，2010）。

地理信息系统（GIS）集地图、数据库与空间分析与一体，具有空间数据处理能力和空间信息分析能力，属性数据和图形数据并存的特点，可以以地图、图形或数据的形式显示处理结果，因此在生态系统服务评估中的应用越来越多。此外，自动监测与无线传输技术在生态系统服务评估中的应用也越来越广泛。我国许多生态监测站点及风景旅游区已经实现了大气负氧离子、大气氧含量等的全天候快速监测与自动采集，可以实时发布空气环境质量状况。

6.4.3.3 评估模型的研发

为使决策者更便捷地了解生态系统服务的供给以及不同决策下生态系统服务的变化，研究人员已经开发出许多评估生态系统服务价值的模型。这里汇总几个评估生态系统服务及其价值的有代表性的模型。

（1）InVEST 模型。全称为"生态系统服务和交换综合评价模型"（Integrated Valuation of Ecosystem Services and Tradeoffs）。由美国斯坦福大学生物系 Daily G C 研究小组开发，

主要是基于 Python 语言和 ArcGIS 平台开发的生态系统服务评价模型，最新版本包括生物多样性、碳汇、水力、水净化、水库沉积、木材生产管理、作物传粉等生态系统服务模型，以及水产养殖、波能、海岸灾害等海洋生态系统服务模型，能够计算生态系统服务的生物物理量和价值量。我国利用此模型已经开展了一些案例研究。

（2）SoIVES 模型。全称为"生态系统服务的社会价值模型"（Social Values for Ecosystem Services）。由美国地质调查局落基山地理科学中心 Ben Sherrouse 和科罗拉多州立大学研制。模型基于 ArcGIS，通过公众的态度和偏好等社会调查手段，对生态系统服务的价值进行地理制图，可计算娱乐、生物多样性等难以用价值估值的服务。

（3）MIMES 模型。全称为"多尺度生态系统服务综合模型"（Multi - scale Integrated Models of Ecosystem Services）。由弗蒙特大学冈德生态经济研究所 Robert Costanza 研究小组研制。软件把地球分为人类圈、生物圈、大气圈、水圈和化石圈五个部分进行建模，据此对生态系统服务的价值进行评估。

（4）基于生态系统服务状态和转换模型（Ecosystem Service - based State and Transition Models）。由加州大学戴维斯分校 Kenneth W. Tate 研究小组研制，可以计算碳汇、生物完整性、水量、植物生长、营养物质循环等生态系统服务。

（5）ESM 模型。全称为"生态系统服务模型"（Ecosystem Services Modelling）。由英国地质调查局和生态学和水文学研究中心开发，主要用于英国国家生态系统评估。

国内也已开发出基于 GIS 的森林生态系统服务价值评估软件 FSCaptialMO，该软件在我国南方集体林区的林地、林木流转中应用潜力较大。

6.4.3.4　生态服务价值量化

传统国民经济核算是针对市场经济体制而设计的，其估价方法是以市场价格为基础。对于大部分资源环境要素没有市场价格，而开展绿色核算又必须对其定价。因此，对资源环境要素的估价成为绿色核算绕不开的障碍和难点。

综观国内外文献，侯元兆研究团队提出的森林资源价值的估价体系和估价方法值得借鉴。该体系根据森林产品和服务的市场化程度，将其分为 3 类：已市场化的、准市场化的和未市场化。对于市场化程度不同的产品和服务，采用不同的估价方法。估价原则是：已市场化的产品和服务可直接按其市场价格进行估价；准市场化的产品和服务可用近似的市场价格信号进行估价；未市场化的产品和服务用虚拟市场的方法（侯元兆，2005）。

6.5　森林绿色核算面临的机遇与挑战

6.5.1　机遇

绿色发展理念的实施是森林绿色核算面临的最大机遇。随着"里约 + 20"峰会的召开，绿色发展理念将被广为接受。在绿色发展框架下，自然资本是经济发展和人类福祉的基础，对此，国际社会已经达成共识。绿色经济是实现可持续发展的途径，实现绿色经济不仅会实现财富增长，特别是自然资本的增益，而且还会产生更高的国内生产总值增长率。因此，绿色核算将成为衡量绿色经济进程的重要手段。

森林地位的进一步提升为森林绿色核算带来了良机。投资和培育自然资本是迈向绿色经济的关键，森林作为一种重要的自然资本，在全球可持续发展中的地位得到进一步的提升，这一点在"里约 + 20"的峰会上得到了最充分的体现。

公民和企业界重视自然资本的价值为绿色核算真正普及提供了机遇。近年来，随着自然环境的退化，越来越多的企业和金融机构开始意识到生物多样性和生态系统破坏对企业运营和金融投资带来的风险，尤其是自然资源依赖型产业，更容易受到影响。因此，企业和金融界积极参与向绿色经济转型，主动考虑将自然资本的价值纳入企业决策。

就我国而言，开展森林绿色核算也面临着很好的机遇。首先，科学发展观的提出是中国政府对世界可持续发展的一个重大贡献。建立绿色 GDP 核算体系是科学发展观的一个重要实践。党的十八大报告明确提出"建设生态文明，是关系人民福祉、关乎民族未来的长远大计"，要"加大自然生态系统和环境保护力度"，"要把资源消耗、环境损害、生态效益纳入经济社会发展评价体系，建立体现生态文明要求的目标体系、考核办法、奖惩机制"。十八大报告首次将生态文明建设提高到与经济建设、政治建设、文化建设、社会建设同等的高度，这是我国开展森林绿色核算研究的重要机遇。其次，我国开展森林绿色核算具备良好的科研积累。相对于我国的矿产、海洋、土地、草地、湿地等资源核算研究，森林绿色核算研究最为系统，其理论方法、核算框架最具有国际影响力。

6.5.2 挑战

全球经济向绿色经济转型为绿色核算带来了千载难逢的机遇，但真正实施绿色核算还将面临许多挑战。虽然联合国等部门即将发布的 SEEA – 2012 将提供一个国际标准的中央核算框架，但这个框架应用于各国的实际情况还有很长的路要走。此外，绿色核算的技术还不成熟。绿色 GDP 核算的技术非常复杂，很多关键技术还在研究之中。

针对森林绿色核算，在我国经过近 20 多年的研究，在核算的理论与方法方面已经取得很大突破，现在面临的关键挑战是基于现有的研究构建一个统一的森林核算框架，并辅以制定相关的标准(侯元兆，2006)。

(1)构建统一的森林绿色核算平台。自然资源经济核算是一个以平衡为原则的完整的统计描述体系，它必须通过对环境与自然资源的资产概念和生产概念的建立、分类，对它们的账户结构、记账规则、记录时间和计量方法等估价原则的统一定义，建立起一个统一的体系，以使其具备逻辑上和数量上的一致性及联系性，并能通过这种逻辑关系生成一系列绿色总量指标。缺乏这样一个统一完整的体系，就无法开展有实际意义的绿色核算。

(2)概念和定义的标准化。绿色核算把传统的经济资产及生产进行了拓展，包括进了各种自然资产及其产品，因此需要开发一系列相应的新概念并使之标准化。特别是对于森林生态服务而言，概念和定义的标准化尤为重要。

(3)资产、产业、产品等分类的标准化。绿色核算拓展了传统的资产、产业、产品范围，需要制定新的分类标准。

(4)计量与计价方法、账户结构、记账规则等的标准化。相对传统的林业统计标准，绿色核算框架下，这些标准要复杂得多，也精准得多。

(5)森林估价体系的标准化。森林的价值体现于森林的不同种类、森林生态系统的不同组分，或者不同的生态功能上。确认这些价值的载体以及划分它们的边界，是科学地对这些价值进行估价的基础。因此，需要建立标准化的尽可能完整的估价体系。

除此以外，开展森林绿色核算还面临着观念上和制度上的挑战。实行绿色 GDP 核算，需要对政府绩效评价体制、企业社会责任和个人行为等各方面进行变革，其改革成本将是巨大的。在制度方面，我国的森林产权制度、环境法规、统计法规、各方的协调机制都还亟待健全和完善。

6.6　我国实施森林绿色核算的建议

在绿色发展背景下，各国已将开展绿色国民经济核算提上重要日程。我国在经济快速发展的同时，如何实现经济与森林资源及生态环境的同步发展，是迫切需要解决的问题。为此，对于我国实施森林绿色核算提出如下建议。

(1)制定森林绿色核算的框架和标准。设计国家层面的总体核算框架和一个包括各种自然资源和环境的子框架体系；在充分吸收国际成果的前提下，制定我国的概念与定义的标准化，资产、产业、产品等分类的标准化，资产估价体系的标准化，计量与计价方法、账户结构、记账规则的标准化。

(2)建立一套绿色核算数据调查制度。绿色会计只能记录却不可能自己采集数据，必然要有一个全国环境资产评估体系(连同其调查手段)负责采集这些数据，并建立一套科学、完整的资源环境统计指标体系。在此基础上，统一统计调查方法，完善统计报表制度，对核算口径、核算方法、数据质量提出明确、具体的要求和标准，相关部门建立必要的数据信息交换机制。

(3)加强多学科、多部门之间的交流与合作。森林绿色核算是多学科理论与方法的结合，各学科的专家应打破原来的思维惯性，着眼于资源环境与经济的关系，探索不同理论方法体系之间的契合点。同时，核算数据的收集和统计工作涉及不同的部门，建立各部门之间的协调机制也是至关重要的。

(4)继续深化森林绿色核算理论与方法的研究。在森林绿色核算技术方法，还有许多难点尚未攻破，特别是对于许多森林生态服务，目前还不知道如何计量和计价，而对于那些国内外通行的估价方法，特别是对那些虚拟方法，尚存在巨大争议，估价结果还不被社会接受。

（5）改变观念，完善法规。绿色核算只能提供一种信号，指示出发展的现实状况，为决策提供依据，却并不能替代发展中的各种管理决策。要实现资源与环境相协调的可持续发展，还必须转变各级领导干部的观念，摒弃惟 GDP 论英雄的观念。同时，应尽快建立和完善绿色核算的相关制度，如森林产权制度、环境法规、统计法规、领导干部绩效考核制度等。

参考文献

［1］UNEP，2011，Towards a Green Economy：Pathways to Sustainable Development and Poverty Eradication – A Synthesis for Policy Makers，http：//www. unep. org/greeneconomy/Portals/88/documents/ger/5. 0_ Forests. pdf.

［2］OECD，2011. 迈向绿色增长：给决策者的简介 . www. oecd. org/greengrowth/48728959. pdf.

［3］UN. 里约峰会：世界银行"自然资本核算行动"获广泛支持 . 2012 年 6 月 21 日 . http：//www. un. org/chinese/News/story. asp？newsID = 17976.

［4］UNEP. 2011. 联合国环境署绿色经济报告：森林篇—投资自然资本 . www. unep. org/greeneconomy/Portals/88/.../5. 0_ Forests. pdf.

［5］UN，里约 + 20 联合国可持续发展大会 . 2012 年 6 月，我们希望的未来 . https：//rio20. un. org/sites/rio20. un. org/files/a – conf. 216 – l – 1_ chinese. pdf. pdf.

［6］FAO. 2012. 2012 年世界森林状况 .

［7］戴亦一 . 从 SNA 核算范式的缺陷看其未来发展方向 . 统计与决策，2004(8)：7 – 8.

［8］WWF. 森林生命力报告 . 2011. www. wwf. org.

［9］Dietz，Simon and Neumayer，Eric. Weak and strong sustainability in the SEEA：concepts and measure-ment. Ecological economics，61（4）. pp. 617 – 626. ISSN 0921 – 8009. 2007.

［10］朱洪革 . 关键自然资本与强可持续性标准应用框架——以德国林业为例 . 江西林业科技 . 2005(5)：47 – 49.

［11］张永民译，赵士洞校 . 生态系统与人类福祉：评估框架 . 北京：中国环境科学出版社，2006.

［12］TEEB. The Ecological and Economic Foundation. 2010.

［13］侯元兆 . 我国森林绿色 GDP 核算研究的攻关方向与核算实务前景 . 世界林业研究 .

［14］冯俊，孙东川 . 绿色国民经济核算研究述评 . 会计之友，2009(11)：110 – 112.

［15］UN/EC/IMF/OECD/WB：Integrated Environmental and Economic Accounting 2003. 2004.

［16］European Commission/Food and Agriculture Organization/International Monetary Fund/Organisation for E-conomic Co – operation and Development/United Nations/World Bank. System of Environmental – Econom-ic Accounting Central Framework. 2012.

［17］世界银行 . 自然资本核算 . http：//go. worldbank. org/PHZ95WVYT0.

［18］World Bank. The changing wealth of nations ：measuring sustainable development in the new millennium. 2010.

［19］World Bank. The Little Green Data Book 2012.

［20］世界银行 . 2012 绿色数据手册 . http：//go. worldbank. org/VZCR6I5Q00. 2012 年 5 月 17 日 .

［21］TEEB. 让自然经济学成为主流：TEEB 方法、结论和建议综合．2010.

［22］世界银行．世界银行欢迎非洲率先实行自然资本核算．http：//go. worldbank. org/XPBMR6M8M1. 2012 年 5 月 25 日．

［23］UNEP.《揭开"重要性"的面纱：将生物多样性和生态系统服务与金融业结合》. www. unepfi. org．2010.

［24］UNEP Finance Initiative, Global Canopy Programme, FGV. 2012, Natural Capital Declaration, ht-tp：//www. naturalcapitaldeclaration. org/the－declaration/．

［25］高教雪．绿色 GDP 的认识误区及其辨析［J］. 中国人民大学学报，2004（3）：56－62.

［26］侯元兆．我国的绿色 GDP 核算研究：未来的方向和策略．世界林业研究，2006，（19）：1－5.

［27］K.－G. M.，S. A.，and Å. J. Accounting for ecosystem services as a way to understand the requirements for sustainable development。PNAS. 2008，105（28）：9501－9506.

［28］James W. Boyd. The Non Market Benefits of Nature：What Should Be Counted in Green GDP？RFF Discussion Paper 06－24. 2006.

［29］侯元兆．森林资源核算（上、下卷）. 北京：中国科学技术出版社，2005.

［30］冯海霞，侯元兆，冯仲科．山东省森林调节温度的生态服务功能．林业科学，2010，46（5）：20－26.

［31］闫秀婧．青岛市森林与湿地负离子的空间分布特征．林业科学，2010，46（5）：65－70.

第7章
林业碳贸易

应对气候变化是国际社会当前和未来的历史使命，也是发展低碳经济、促进经济发展的必由之路。世界银行、联合国环境署、粮农组织等国际组织，以及发达国家和发展中国家，都推出了一系列林业应对气候变化的政策和举措。按照《京都议定书》和相关规则的要求或出于自愿行为，碳交易的双方在市场上相互买卖经核证的碳信用指标或投资进行减排增汇活动，这就形成了碳市场。

7.1　林业碳贸易概述

7.1.1　背景

所谓碳汇林业是以应对气候变化为主的林业活动。也就是要遵循各国应对气候变化国家战略和可持续发展原则，以增加森林碳汇功能、减缓全球气候变暖为目标，综合运用市场、法律和行政手段，促进森林培育、森林保护和可持续经营的林业活动，提高森林生态系统整体固碳能力。

《联合国气候变化框架公约》将"碳汇"定义为从大气中清除 CO_2 的过程、活动或机制；相反，向大气中排放 CO_2 的过程、活动或机制就称之为"碳源"。森林作为陆地生态系统的主体，以其巨大的生物量贮存着大量的碳。据 IPCC(国际气候变化委员会)估计，占全球土地面积27.16%的森林植被碳贮量约占全球植被碳贮量的77%，森林土壤的碳贮量约占全球土壤碳贮量的39%。森林生态系统是陆地生态系统中最大的碳库，其增加或减少都将对大气 CO_2 浓度变化产生重要影响。

发展碳汇林业需要实现森林生态效益的价值补偿。其生态价值补偿的方式可以是市场购买，也可以政府买单，或企业、居民自愿捐赠。目前林业碳汇项目大致分为"京都规则"的碳汇项目和潜在的"非京都规则"碳汇项目 2 类。"京都规则"的碳汇项目是指按照《京都议定书》框架下的清洁发展机制（简称 CDM）要求实施的林业碳汇项目，而对其他不受《京都议定书》规则限制的造林、再造林、森林保护、森林管理项目和 REDD + 项目，则称之为潜在的"非京都规则"的碳汇项目。按照这种分类，林业 6 大工程和其他的造林绿化活动都可以视为潜在的"非京都规则"的碳汇项目。由于碳市场中交易 CO_2 可以是减排的，也可以是林业碳汇，因此把进行林业碳汇交易的市场称为林业碳汇市场，它是整个碳市场的一个重要组成部分。

按照《京都议定书》和相关规则的要求，买卖双方（有时有中介）在市场上相互买卖经核证的碳信用指标或投资进行减排增汇活动，这就形成了碳市场。由于碳信用的交易行为超出了国家界限和区域界限扩展到世界范围，进而形成了国际碳市场。其中，碳汇市场是碳市场的一个重要组成部分。

国际碳市场按减排交易体系的不同划分为京都市场和非京都市场。按减排强制程度，可分为强制性减排交易和自愿性减排交易。强制性减排交易是一种以行政命令为主导、市场机制为手段的贸易行为，多表现为具有强制力的减排目标下的市场交易，而自愿性减排交易则是一种基于法律约束的，具有自愿承诺性质的贸易行为，多表现为自愿参与并达成一定减排目标下的市场交易。由于发达国家国内减排二氧化碳成本很高，为了成功有效地实现减排目标，《京都议定书》建立了三种基于市场机制的、旨在成功有效地实现减排目标的国际合作机制，即排放权交易机制（ET，Emission Trade）、联合履行机制（JI，Jointly Implemented）和清洁发展机制 CDM（Clean Development Mechanism）。该机制是《京都议定书》规定的发达国家缔约方和发展中国家缔约方之间的一种合作机制，其目的是促进发展中国家缔约方实现可持续发展，并协助发达国家缔约方完成《京都议定书》为其规定的限制和减少温室气体排放的目标。允许附件 1 国家（即发达国家）的投资者从其在发展中国家实施的，并有利于发展中国家可持续发展的减排项目中获取"经核证的减排量"（CERs）。

随着对气候变化问题认识的逐步深化，中国政府将应对气候变化问题作为国家发展的重要战略内容，形成了一系列纲领性文件，保持了在气候变化政策上的连续性。中国政府在国际气候变化合作上的态度也越来越坚定，在 2007 年的巴厘岛会议上有条件地接受了发展中国家 MRV（三可：可测量、可报告和可核证）的减排原则，这使中国在履行国际减排义务上迈出了自信的一大步。根据公约，发达缔约方应当提供额外资金，弥补发展中国家履约的全部增加成本，这就是气候变化公约的资金机制。"巴厘路线图"规定加强资金供应，以支持发展中国家的履约行动。可是，围绕资金机制的运作实体、活动资格和优先顺序、资金分配标准、资金供应总量等问题，仍将延续京都时代的冲突和矛盾。由于应对气候变化的资金需求量越来越大，各国间的博弈也非常激烈。关于 REDD + 的融资手段的谈判一直是林业谈判中的重点议题，其选择不外乎 3 种方式：即公共资金（或非市场机制）、市场机制以及公共资金和市场机制的混合。大多数的发展中国家更倾向于通过碳市场获得补偿资金。

《气候变化框架公约》谈判时，各国在公共资金的问题上有两个选择：一是委托全球环境基金(简称 GEF)或绿色气候基金(简称 GCF)等已成立的基金作为资金机制的运作实体；二是建立一个专门的组织或基金运作资金机制。由于公约规定，在提供资金和技术时，应充分考虑最不发达国家的具体需要和特殊情况，相对于发展中国家的巨额需要，现有的资金制度仍然不能满足需求。因此，发展中国家要求开辟更多的供资渠道和资金数额。同时，争取发展中国家参与应对气候变化是发达国家的基本政策，而发展中国家的优先事项是经济、社会发展，作为一种交易，发达国家也只能在资金方面部分满足发展中国家的要求。因此，京都时代对资金机制运作实体的妥协方案只是暂时的，各国对此的博弈仍将继续。

7.1.2 政策分析

7.1.2.1 国际应对气候变化的政策

1.《联合国气候变化框架公约》

《联合国气候变化框架公约》(以下简称《公约》)是第一个全面控制温室气体排放，应对全球气候变暖的国际公约，是全球开展应对气候变化国际合作的基本框架，它号召各缔约方采取各种可能的措施自愿减排温室气体，其中附件一的发达国家缔约方应更加主动地采取相应措施，改变温室气体的排放现状。《公约》明确定义了"汇"的概念，并将森林碳汇提到重要的碳汇措施位置，成为林业碳汇国际法规则谈判的国际法基础。

2.《京都议定书》

《京都议定书》(以下简称《议定书》)在《公约》的基础上，将其框架性内容进行细化，为各缔约方规定了具有法律约束力的温室气体减排或限排目标，迈出了实质性的一步。其中第 2.1(a)(ii)条款规定，附件 1 缔约方应在考虑其在相关国际环境协定中的承诺的基础上，实施并详细阐明其保护和增强温室气体吸收汇和储存库、促进可持续森林管理和造林再造林项目的政策和措施。

3. 巴厘行动计划

《公约》第 13 次缔约方大会的《巴厘行动计划》和第 2/CP.13 号决定《减少发展中国家毁林所致排放量：激励行动的方针》两项决定，将 REDD + 议题作为减缓措施纳入了"巴厘行动计划"，成为当前公约长期合作行动特设工作组的重要组成部分，意味着该议题正式成为缔约方谈判的内容。决定的主要内容包括：确认了减少发展中国家毁林及森林退化所致排放量可促进共同受益，迫切需要采取切实的行动措施；要求采取行动必须基于保护生物多样性和当地土著的需要；鼓励所有有能力的缔约方积极通过资金支持和技术转让帮助发展中国家相应的能力建设；鼓励所有缔约方探索备选办法或示范活动，结合国情建立有效的 REDD 活动模式；要求《公约》附件一缔约方调动资源，支持REDD 活动；要求附属科技咨询机构尽快根据各国提交的相关报告意见，开展有关方法学的工作，旨在减少发展中国家毁林及森林退化所致的排放量；建议秘书处在补充资金充足的前提下建立网上交流平台，公布各缔约方、有关组织和利害关系方所提交的信息，促进 REDD 的谈判进程。

4. 哥本哈根协议

第 15 次哥本哈根缔约方大会的《哥本哈根协议》和《关于发展中国家减少毁林和森林退化所致排放量相关活动、森林保护和可持续管理的作用，以及提高森林碳储量的方法学指导意见》两项决定，确认了减少毁林和森林退化所致排放量的关键作用，强调需要立即设立一个包含 REDD ＋的机制，提供激励措施，以期能够调动来自发达国家的资金。决定的主要内容包括：再次肯定了 REDD 对减缓气候变化的重要作用；为发展中国家缔约方制定了相关活动的指导方针，要求根据方针找出导致排放的毁林和森林退化的驱动因素及解决办法，确定国内有哪些活动可导致排放量减少、汇清除量增加以及森林碳储存的稳定；采用 IPCC 的相关指导和指南，根据国情和能力，建立稳健透明的国家林业监测系统；鼓励土著人民和地方社区有效参与监测和报告的指导方针；要求 IPCC、秘书处做进一步促进工作，要求相关的国际组织、非政府组织和利害关系方等进行有效地合作等。

5. 坎昆协议

墨西哥坎昆气候大会通过了"关于减少发展中国家毁林和森林退化所导致碳排放以及森林保护、可持续经营和增加森林碳储量有关问题的政策方法和激励措施的决定"、"关于土地利用、土地利用变化和林业的决定"两个林业议题决定，林业作为减缓和适应气候变化的有效途径和重要手段，在应对气候变化中的特殊地位进一步得到了国际社会的充分肯定和各国政府的高度重视。REDD ＋决议要求发达国家要通过多边和双边渠道，为发展中国家开展实施减少森林排放及保护和增加森林碳储量行动提供资金、技术支持；在获得资金和技术后，发展中国家要根据国情和能力，制定国家战略或行动计划；在国家或次国家层面上，针对核算减少森林排放及保护和增加森林碳储量行动的效果，确定参考水平，建立森林监测体系。LULUCF 决议要求发达国家提交核算森林管理活动碳汇和碳排放的"参考水平"数值。

7.1.2.2　我国应对气候变化的政策

1. 宏观政策

2007 年 6 月国务院发布了《中国应对气候变化国家方案》，正式确定了林业应对全球气候变化的国家战略。2009 年 8 月，全国人大常委会做出《关于积极应对气候变化的决议》，要求重点实施重点生态建设工程，推进植树造林，积极发展碳汇林业，增强森林碳汇功能。2009 年 11 月 6 日国家林业局发布《应对气候变化林业行动计划》，将林业主要发展目标、措施与应对气候变化进行了全面的结合。哥本哈根气候大会后，在中共中央关于制定国民经济和社会发展第十二个五年规划的建议中，更是把温室气体排放权交易作为减缓温室气体排放的不可或缺的市场化方法明确提出，目前我国林业"双增"目标已纳入中国政府承诺的到 2020 年自主控制温室气体排放行动目标。2010 年 10 月，《国务院关于加快培育和发展战略性新兴产业的决定》中提出，要建立和完善主要污染物和温室气体排放交易制度，之后，国家发展改革委发布了对《国务院关于加快培育和发展战略性新兴产业的决定》的解读，再次明确要建立污染物和温室气体排放交易体系。2011 年 3 月，全国人民代表大会通过的《国民经济和社会发展第十二个五年(2011～2015 年)规划纲要》，进一步提出了"十二五"时期单位国内生产总值能耗、二氧化碳排放、化学需氧量(COD)、二氧化硫排放、氨氮化物排放、氮氧化物排放、森林覆盖率、非化石能源消费在一次能源消费总量中比重等约束性发展目标，同时提出了"建立完善温室气体排放统计核算制度，逐步建立碳排放交易市场"、"增加森林碳汇"的举措。这是中国政府首次在国家正式文件中提出建立中国国内碳市场，表明碳交易市场建设已经进入政府工作程序。为此，国家林业局发布了《林业应对气候变化"十二五"行动要点》，提出 5 项林业减缓气候变化主要行动、4 项林业适应气候变化主要行动和 6 项加强能力建设主要行动。

2011 年 10 月国家发展改革委印发了《关于开展碳排放权交易试点工作的通知》(发改办气候[2011]2601 号)，提出"十二五"期间将在国内率先实施碳排放权交易制度，并正式批准北京、天津、上海等 7 地为国家首批碳排放权交易试点。作为利用碳汇项目进行排放额度抵减的尝试，林业碳汇项目纳入排放权交易体系势在必行。

2. 项目管理政策

为促进 CDM 项目活动的有效开展，2005 年 10 月 12 日，国家发展改革委颁布了 CDM 的相关制度和基本原则。为实现我国 2020 年单位国内生产总值二氧化碳排放下降目标，《十二五规划纲要》明确提出逐步建立碳排放交易试点。2012 年 7 月，国家发展改革委员会气候司发布了《温室气体自愿减排交易管理暂行办法》，明确了管理范围、主管部门、涉及温室气体种类、交易原则、参与机构范畴，以及信息公布等基本规定；规定了自愿减排方法学以及自愿减排项目申请备案的要求和程序，以及审定与核证工作的基本要求和内容。2012 年 12 月多哈气候大会上，中国提出了《竹林造林再造林技术指南》，这在世界上是首例，不但彰显了我国负责任的林业大国地位，同时也为造林再造林的技术指南填补了一项空白。

目前国家林业局参与制定的有关碳汇造林、竹林碳汇和森林经营碳汇项目的方法学已经通过审核并公布备案，成功地进入到国家发展改革委的方法学技术体系之中，按照方法学要求，林业碳汇将进入国家碳交易体系。相关省市的碳汇交易试点项目已经进入公示期。

7.2　现状及趋势

7.2.1　林业碳汇的市场发展现状

7.2.1.1　国际林业碳汇服务市场化发展现状

京都机制下的国际碳市场发展迅速。为推动减排和碳汇活动的有效开展，近年来许多国家、地区和多边国际金融机构（世界银行）相继成立了碳基金。这些基金来自于那些在《京都议定书》规定的附件 I 国家中有温室气体排放的企业或者一些具有社会责任感的企业，由碳基金组织实施减排或增汇项目。在国际碳基金的资助下，通过发达国家内部、发达国家之间或者发达国家和发展中国家之间合作开展了减排和增汇项目。通过互相买卖碳信用指标，形成了碳交易市场。

世界银行最新报告称，2011 年碳市场总值增长 11%，达 1760 亿美元，交易量创下 103 亿吨二氧化碳当量的新高。根据"2012 年碳市场现状与趋势"报告，这一增长出现在经济动荡、欧盟温室气体排放交易体系（EU ETS）趋向长期供过于求和碳交易价格下跌的情况下。

目前除了按照《京都议定书》规定实施的项目以外，非京都规则的碳交易市场也十分活跃。这个市场被称为自愿市场。自愿市场是指不为实现《京都议定书》规定目标而购买碳信用额度的市场主体（公司、政府、非政府组织、个人）之间进行的碳交易。这类项目并非寻求清洁发展机制的注册，项目所产生的碳信用额成为确认减排量（VERs）购买者可以自愿购买清洁发展机制或非清洁发展机制项目的信用额。此外，国际碳汇市场还有被称为零售市场的交易活动。所谓零售市场，就是那些投资于碳信用项目的公司或组织，以较高的价格小批量出售减排量。当然零售商经营的也有清洁发展机制的项目，即经核证的减排量（CERs）或减排单位（ERUs）。

截至 2012 年 12 月 6 日已有 5200 个 CDM 项目活动得到登记，分布于 80 多个国家，另外 50 多个活动方案在 27 个国家得到登记，发放的 CERs 已超过 10 亿个，投资额超过 2150 亿美元。另有约 3000 多个项目正在审定中，将会在第二承诺期内提交执行理事会进行登记。虽然 CDM 林业碳汇项目已经由 2006 年的 1 个增加到 42 个，但与减排类项目相比市场份额并不大，而我国争取到的份额极小。如图 7-1、图 7-2 所示，在强制碳市场中无论在项目数量上还是可获得的碳信用上美洲国家都占据极大优势，CDM 林业碳汇项目存在地理分布不均匀的现象。

7.2.1.2　中国林业碳汇市场发展现状

中国作为发展中国家目前尚不承担强制性减限排指标，但是应对气候变化是全人类

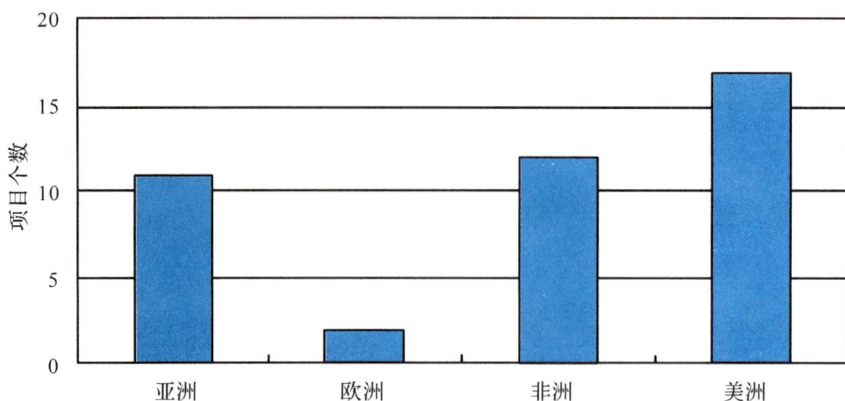

图 7-1　第一承诺期 CDM A/R 项目的全球分布情况

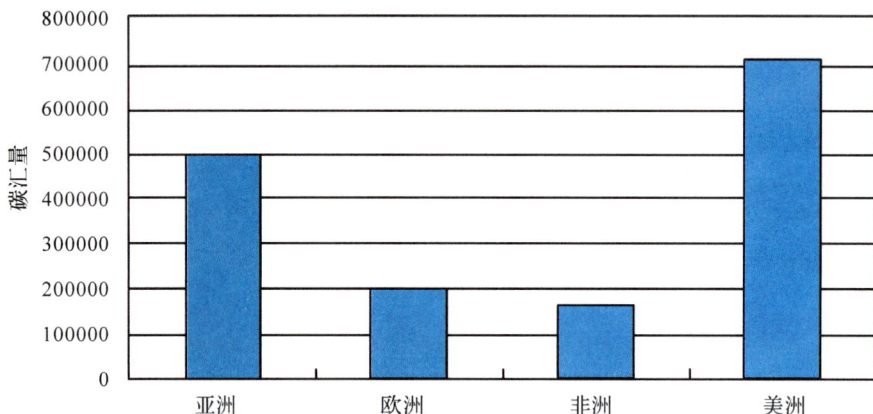

图 7-2　第一承诺期 CDM A/R 项目预计将产生的碳汇量

的共同责任。中国是一个负责任的大国，中国政府历来高度重视气候变化问题，积极应对气候变化已成为中国经济社会发展的重大战略和坚定不移的政策取向；同时，积极承担"共同但有区别"的责任，在温室气体自愿减排等领域作出了积极的尝试和探索。

在国家政策的引导下以及国际大环境的推动下，2009 年 12 月，北京环境交易所联合 BlueNext 交易所推出了中国首个自愿碳减排的标准即"熊猫标准"。熊猫标准的建立推动了中国自愿交易市场的发展。

2008 年 8 月 5 日北京环境交易所、上海环境交易所同时成立，2008 年 9 月 25 日天津车排放权交易所成立，中国迈出了构建国内碳交易市场体系的第一步。此后全国各地都掀起了成立环境交易所的热潮。2009 年以来，武汉、杭州、昆明、大连等市和安徽、贵州、河北、山西等省相继建立环境交易所。

北京、上海和天津的环境交易所均开展了自愿减排的碳交易机制探索：上海环境交易所打造了绿色世博自愿减排平台，天津排放权交易所发起了企业自愿减排联合行动，北京环境交易所推出了中国低碳指数。2010 年 4 月 27 日国内首个自愿碳减排交易易平台——上海环境能源交易所网上交易平台正式开通，第一个月共成交 526 例，这一自愿碳减排交易系统主要包括了远程交易、即时报价、网上交割以及核证标准等技术系统，同时还建立了登记结算系统。随着交易系统和交易机制的进一步完善，这一平台将具备碳交易技术能力。

作为强制市场，中国的 CDM 林业碳汇项目主要是吸收和利用外资，以及市场融资为主。并且京都机制下开展的碳汇项目仅有 3 个，即中国广西珠江流域再造林项目、广西壮族自治区西北部地区退化土地多重效益再造林项目和四川省西北部退化土地的造林再造林项目。我国和世界银行在广西壮族自治区合作开发的"中国广西珠江流域治理再造林项目"是全球第一个林业碳汇项目。该项目的方法学也是全球第一个获得联合国清洁发展机制执行理事会批准的林业碳汇项目方法学。该项目属于强制市场的范畴，截至 2012 年 12 月 31 日共有 3 个 CDM A/R 项目分别在我国的广西和四川开展，总计将产生约 297.6 万吨 CO_2，超过 3030 万美元的收益，并创造了超过 100 万个临时工作岗位。

作为自愿市场，国内的林业碳汇服务交易主要是一些组织、企业和个人。中国 2010 年 8 月 30 日成立了中国绿色碳汇基金会，是中国第一家以"增汇减排、应对气候变化"为主要目标的全国性公募基金。其宗旨是大力推进以应对气候变化为目的的植树造林、森林经营、减少毁林和其他相关的增汇减排活动，普及有关知识，提高公众应对气候变化的意识和能力，支持和完善中国生态效益补偿机制。该基金采用一种全新的运行模式，即企业和个人捐资到该基金，开展碳汇造林、森经营等活动，林木所吸收的二氧化碳将计入企业和个人碳汇账户，在网上予以公示；农民通过参与造林与森林经营等活动获得就业机会并增加收入，提高生活质量，由此起到"工业反哺农业、城市反哺农村"的作用。

为促进林业碳汇抵减碳排放的国家战略，中国绿色碳汇基金会与华东林业产权交易所合作，在制定了相应交易标准和规则的基础上，建立了碳信用托管平台。2011 年 11 月 1 日，经国家林业局批准，在浙江省启动了中国林业碳汇交易试点。依托华东林业产权交易所的交易平台，中国绿色碳汇基金会提供了首批 14.8 万吨的林业碳汇的碳信用。

2002 年 9 月广东森林碳汇交易正式启动。广东省林业厅与广州碳排放权交易所签署合作推动林业碳汇交易协议，标志着将森林碳汇纳入碳排放权交易体系。而广州碳排放权交易所的首批基于自愿减排(VER)标准的林业碳汇试点交易项目——江西乐安森林碳汇项目也已经进入到实质交易阶段，基于国家发展改革委林业碳汇方法学的广东长隆林业碳汇项目也已经计入公示期。同时，中国绿色碳汇基金会还为企业和公众搭建了一个通过林业措施"储存碳信用、履行企业社会责任、提高农民收入、改善生态环境"四位一体的公益平台。中国绿色碳汇基金会将碳汇造林落地落实，大力宣扬"有一吨碳汇，一定有一片林子"的发展理念，而发展林业碳汇体现了森林在扶贫减困、促进农民增收、保护生物多样性、改善生态环境等方面的多重效益；碳汇量在网上公示，公开透明；简单易行，人人可以参与，具有良好的社会效益。自成立以来，中国绿色碳汇基金会已募资 9680 万元人民币；成立了北京、山西、浙江、大兴和温州五大专项基金；与国家林业局合作，资助 9 个省(直辖市)开展碳汇造林试点，造林面积达到 8000 公顷。同时，基金会在陕西延安、江西井冈山、内蒙古多伦、云南腾冲等 15 个全国首批个人捐资碳汇造林基地为公众参与碳补偿、消除碳足迹，实践低碳生活创造了条件。

7.2.2　林业碳汇市场化的路径选择

碳贸易的标的物为碳排放权。碳排放权可分为两类，即排放配额和基于项目的排放信用。因此，京都市场和非京都市场下按贸易标的物种类又可分为配额市场和项目市场。前者是指专门买卖由管理者确立、分配或拍卖的排放配额的市场，如京都市场中京都议定书下的"指定量"（AAUs）和欧盟排放贸易体系下的"排放配额"（EUAs）、非京都市场中澳大利亚新南威尔士州市场的"环境信用"（NGACs）等。而后者是指专门交易从一个经核实减排的项目中产生的排放信用的市场，如京都市场中京都议定书的清洁发展机制CDM和联合履行机制（JI）通过减排项目分别产生的经核证的减排量（CERs）和减排单位（EURs）等。

项目市场和配额市场按减排辖区又可划分为多级市场。就当前已经开展的碳排放贸易而言，项目市场和配额市场下按减排辖区划分，又可分为多国区域合作级市场、国家级市场和地市级市场。多国区域合作级市场，是指两个或两个以上的国家达成区域合作协议并设立专职管理机构，由该管理机构主导，在多国区域范围内建立一个相对完整的碳市场结构体系，使各成员国的碳排放权、资金、减排技术等能够实现区域内自由流动。例如：国家间减排协作计划（Inter-country Joint Mitigation Plan，缩写为ICP），作为国际间合作减排的"第三渠道"，就是以促进发达国家按其应负责任进行必要的资金和技术转移，促进发达国家与发展中国家合作实现更多的减排。

在《联合国气候变化框架公约》（简称《公约》）第八次缔约方会议（COP8）举行期间，加拿大、澳大利亚、日本、新西兰四国宣布退出《议定书》第二承诺期，加入第二承诺期的附件1国家二氧化碳排放总量仅占全球总排放量的15%。考虑第二承诺期对附件1国家减排的实际约束力降低，以及CDM林业碳汇项目准备和审批周期长，一般需要1~2年，注册成本极高，将会有更多的强制碳市场林业碳汇项目流入自愿森林碳汇服务市场。

2010年底芝加哥气候交易中心（CCX）被市场淘汰后，目前国际碳市场仅剩自愿场外交易市场（OTC）和强制碳市场。相对于强制碳市场来说，自愿场外交易市场更具有创新性和灵活性。自2010年开始，自愿森林碳汇服务市场就开始成为碳市场的核心组成部分。根据林业碳汇项目开发商提交的数据，2011年全球林业碳汇市场交易量相较于2010年降低了22%，仅为26百万吨CO_2-e，但市场价值提高了33%，达到23.7亿美元，其中约12%的市场份额来自新兴的碳市场，如BC碳中和管理计划和澳大利亚碳价格机制。

购买者动机，供应者的市场角色和林业碳汇项目类型一直是左右碳价与市场需求的主要因素。作为碳市场的两个组成部分，近两年自愿碳市场与强制碳市场的市场份额一直呈现此消彼长的状态，强制碳市场价值不断扩大，主要原因是英国哥伦比亚计划和其他较大CDM交易的碳价增长为25美元/吨CO_2-e，而2011年全球林业碳汇项目碳价的平均价格为仅为9.2美元/吨CO_2-e。从OTC市场林业碳汇项目发展类型来看，造林再造林项目(A/R)和避免毁林项目(REDD)仍是主要的项目类型,占据了自愿碳市场20%的份额,森林可持续经营作为新兴项目也占据了4%的份额,整个林业碳汇项目份额相较于2010年增长了近48%。

7.2.3　林业碳贸易发展趋势展望

根据《联合国气候变化框架公约》和《京都议定书》的基本精神,世界各国都致力于减少温室气体排放、缓解全球气候变暖的各项实际的行动。这些行动既涉及节能降耗、发展新能源和可再生能源,也包括大力推进植树造林、保护森林和改善生态环境的一系列行动。随着林业在应对气候变化行动的作用得到充分的肯定,林业碳贸易逐步展开,现对其发展趋势做简单分析:

7.2.3.1　CDM 项目由于数量少、规模小将趋于萎缩

开展林业 CDM 的国家很多,无论是亚洲、非洲、北美洲还是拉丁美洲,均有许多国家参加,但是数量不多。其中印度开展的林业 CDM 项目主要是在退化的林地上再造林和森林管理碳汇项目,主要有两个。分别是国际林业研究中心(CIFOR)、美国的森林趋势组织(总部位于美国)与印度中央邦林业部门共同开展的退化林地上再造林和森林管理碳汇项目,以及在安德拉邦实施的碳汇试点项目,资助方是加拿大国际事务和对外贸易部。此外,俄罗斯在沃洛格达地区再造林的 CDM 项目,面积达到 2000 公顷,项目预计年限为 60 年,预计碳吸收量为 22.8 万吨,资助方为美国。马来西亚的 NFAPRO 造林和森林恢复项目,面积为 1.6 万公顷,项目预计年限为 25 年,预计碳吸收量为 430 万吨,资助方为荷兰。阿根廷的里约伯慕州再造林项目,面积达到 7 万公顷,项目预计年限为 30 年,预计碳吸收量为 434.55 万吨,资助方为美国。巴西的雨林种植项目,面积达到 1214 公顷,项目预计年限为 40 年,预计碳吸收量为 727525 吨。智利的碳吸收工程项目,面积达到 7000 公顷,项目预计年限为 51 年,预计碳吸收量为 385280 吨,资助方为美国。墨西哥的 ScllelTe 农用林造林工程项目,项目预计年限为 30 年,预计碳吸收量为 1.6 万 ~35.4 万吨,资助方为英国和法国。乌干达的国家公园森林恢复工程项目,面积达 2. 万 7 公顷,预计碳吸收量为 717.2 万吨,资助方为荷兰。这些国家林业 CDM 总碳汇量为 17174305 ~ 17512305 吨 C,总造林面积/再造林/森林修复面积为 123814 公顷。而全球的造林面积离《京都议定书》允许的第一承诺期 CDM 造林面积还有很大的差距。

7.2.3.2　非 CDM 项目发展规模将大幅增加

为了落实《京都议定书》规定的 CO_2 减排指标,法国政府于 2004 年 7 月颁布实施"气候计划"。"气候计划"所确定的通过农业和林业碳汇达到的 CO_2 减排目标是 560 万

吨。美国太平洋森林信托实施"森林永续基金计划",通过改善森林经营以增加固碳效果,计划增加北加利福尼亚州红木林的固碳量,2000 年的固碳量 1.9 万吨,预计到 2095 年时将固碳量达到 6.54 万吨。俄罗斯的联邦林务署与环境保护基金与美国环保署于 1993 年合作实施造林计划,在莫斯科南方 4 个立地共 900 公顷土地上种植阔叶树和松类树种,固碳量近 8 万吨,固碳成本约为 3.75 美元/吨。澳大利亚、日本、哥斯达黎加、巴西、巴拉圭、洪都拉斯等国也纷纷开展自愿碳市场林业碳汇项目。世界银行投资 2.5 亿美元资助巴西、印度尼西亚、刚果共和国和其他热带林国家的森林保护以减少的 CO_2 排放,这是世界银行开展的"避免毁林"的示范性项目的部分成果。APEC 会议也达成了森林行动的意向性目标:到 2020 年亚太地区各种森林面积至少增加 2000 万公顷。挪威每年出资 5 亿美元帮助发展中国家保护森林。综合上述国家及组织机构的措施与计划,所产生的非京都规则下的碳汇总量达到 93833.49 万吨,远远超出《京都议定书》的国家允许的 CDM 碳汇量。

7.3 问题

7.3.1 林业碳贸易面临的主要问题

7.3.1.1 存在总量控制与粗放型经济增长方式的矛盾

中国正处于高速经济发展的时期,粗放型经济增长是导致环境迅速恶化的关键因素。目前我国能源需求加速增长,以煤为主的能源结构难以改变。而我国又处于工业化和城市化快速发展时期,城市和农村基础设施建设以及居民消费结构升级,都对重化工产品形成巨大的需求,进而转化为对能源需求的增加。近年,我国能源消费呈现持续快速增长的态势,2000~2007 年,我国能源消费量年均增加 1.8 亿吨标准煤,2007 年达到 26.56 亿吨标准煤。据相关预测,能源消费在短期内将延续加速增长的趋势,到 2020 年我国能源需求量将达到 50 亿吨标准煤以上。

从能源消费结构看,煤炭消费所占比重过高。2007 年在全球一次性能源消费构成中煤炭仅占 27.8%,发达国家煤炭消费比例大多不到 20%,而在我国能源消费中,煤炭所占比重高达 69.59%,2009 年全球一次性能源消费 11.643 亿吨油当量,我国能源消费仍属增长态势,增长量为 1.696 亿吨油当量,在全球一次能源消费市场中所占比重为 19.5%。煤炭消费比重大,CO_2 排放强度较高,致使经济发展过程中"高碳"特征非常明显,因此,在未来一段时期,我国在解决环境污染和应对气候变化方面的形势非常严峻,任务也十分艰巨。

由于目前我国对地方政府的主要考核指标仍然是 GDP,这就导致地方上片面追求经济发展的粗放型经济增长方式仍未从根本上得到改变,造成了经济增长与总量控制的尖锐矛盾。由于缺乏排污权交易与排污总量控制的平衡机制，一些地区总量控制的底线不断被突破，使得整个排污权交易体系非常脆弱。我国乡镇企业和"三小"企业数量多、分布广的特点也会加大污染物排放总量控制的难度。

如果各地的粗放型经济增长方式不从根本上改变，则经济规模的扩张会形成极为强大的压力，不但与环境保护、国土整治和农业争夺资金，而且还会突破对污染物排放总量的限制。

7.3.1.2　碳排放权初始分配的公平性

排放权交易是在污染物排放总量控制指标既定的条件下，利用市场机制，通过在排污者之间交易排放权，以实现低成本污染治理的一种方式和途径。在进行排放权交易时，必须由政府确定一定区域的环境质量目标，根据环境质量目标评估该区域的环境容量，根据环境容量算出该区域的最大允许污染物排放量，即污染物排放总量，然后根据污染物排放总量分配并确定各排污源的排污量即单位排放权，这就是排放权的初始分配。

排污总量的确定需要以一系列环境的、经济的科学研究作为基础，以先进的技术措施作保证。而且在此过程中要涉及一系列复杂的技术问题，我国对于此类问题研究尚处于初始阶段，必将造成碳排放权交易机制构建中的一大困难。

为推行排放权交易，排放权应该符合以下条件，一是排放权必须得到法律的确认，国家环境行政主管部门登记；二是排放权的主体必须明确；三是排放权中的污染物必须明确；四是排放权应该是可以用于计量和拆分的权利。今后环境行政部门颁发的排放许可证应该规定排放污染物的主体、种类、浓度、数量、期限、地点和方式；可以通过国家法律将排放许可证中规定的行政性排放权转化为私权性排放权，即将排放许可证中规定的全部或部分排污量转化为转让或交易的排放权。

无论是无偿分配还是有偿分配排污权，都有其公平合理性和不合理性。在实际应用中，显然要具体问题具体分析，寻求一种切实可行的操作方法。部分企业为了获得更多的排污权，往往通过非正常渠道，对政府部门进行直接"公关"，占有过多的排污指标。所以，无论采取何种分配方式，都需要将排污权的初始分配置于一个透明的环境之下，由公众参与共同完成，而不能由某一管理部门决定。

7.3.1.3　交易成本的控制

中国粗放型经济增长的特征之一就是向乡镇企业的蔓延，乡镇企业规模小、分布零散。因此，由于环境污染方面存在的特点，排污权交易制度在中国的实施不但会使排污交易市场的基础信息收集成本过高，而且管制者监测与执行成本也会过高。这就要求在交易中尽量减少交易成本和时间，以避免交易法规完备、管理有序而交易量少的情况发生。

7.3.1.4　政府监督管理的力度

由于碳排放权交易是二级市场的交易，其交易的基础是一级市场的行政行为；同时，在二级市场的交易过程中，交易标的的审核、交易指标的折算都需要有关行政部门的参与，因此虽然是碳排放权使用权人的自愿的交易，但也要接受国家环境保护部门的管理和监督。政府要制定一套科学的环境监测标准和配置先进的监测设施，同时要建立相应的监管制度，使政府的监管工作制度化、规范化。

7.3.2　市场化急待建立的机制

7.3.2.1　市场供求机制

林业碳汇产品的供给和需求都具有一定的特殊性，但在市场上两种力量是相互作用的，市场建立后，会形成这样的供求关系：当供给大于需求时，价格下降，供给者可能会把木材卖掉，减少碳汇产品的供给，而价格的下降又使需求者增加了对碳汇信用的增持。当供给小于需求时，价格自然上升，可能就导致供给者扩大规模或者有新的市场参与者进入，从而增加碳汇的供给量。需求方会比较林业碳汇项目和改进工艺或者应用减排设施的成本，从而选择具有比较优势的项目，从而达到一种平衡。

7.3.2.2　市场风险机制

风险是由时间的不确定性带来的。一般包括：自然风险、经济风险、政治风险、政策风险和市场风险等。林业碳汇市场的风险如下：

（1）自然风险。林业碳汇具有生长周期长，环境复杂，遭受自然灾害的风险大。主要有火灾、干旱、地震、冰雹、风灾、雪灾、洪涝和病虫害等。这些自然灾害严重影响了碳汇项目的执行，如果采取项目前交易，那么自然风险就要投资方承担；如果采取项目后交易的方式，风险由供给方承担。

（2）经济风险。在林业碳汇市场中，经济风险主要是指项目所在国的生产要素价格和碳汇信用价格的不确定性。在中国，对于生产要素价格来说，资本价格和劳动力价格相对较低且变动幅度不大，所以不可能引起太大的风险。对于土地价格来说，如因国家开发建设以及基础设施建设等可能导致林地价格上升，从而给碳汇项目带来风险。对于碳汇信用的价格风险，在中国由于政府的宏观调控力度较大，所以能够保证碳汇信用价格的相对稳定。

（3）市场风险。对于林业碳汇项目来说，由于存在如额外性和基准线度量、潜在的碳泄露、非持久性以及碳计量方法复杂等问题，使得碳汇产品存在很大的市场风险。如欧盟等国家不承认林业碳汇信用，限制碳汇信用在市场上交易。

（4）政策和政治风险。国际上对于林业碳汇项目的衡量标准和方法等存在争议，有关气候谈判的进程和磋商结果的波动性和不确定性将给林业碳汇市场带来较大的风险。《京都议定书》规定，项目主办国具有确定项目对本国可持续发展是否有利的自由否定权。所以，国家在制定林业碳汇项目时难免偏向于本国的利益。所谓政治风险，在林业碳汇项目中是指国际间的贸易和投资行为，所受到的战争等政治风波所带来的风险。由于碳汇交易具有持久性和地理固定性等特点，所以如果项目主办国出现较大的政治波动，将给投资方带来严重的风险。

7.3.2.3　市场融资机制

当前国际上碳汇项目的主要融资主要方式有：远期购买方式、CERs 购买协议或合同、订金 – CERs 购买协议、国际基金投资和期货等 5 种。我国除了发展以上几种融资方式外，还应该加大融资力度、扩大融资途径和数额，建立健全"绿色碳金融"体系，加快发展绿色发展基金。

7.3.2.4　市场竞争机制

只要资源存在稀缺，就会产生竞争。当前我国林业碳汇市场正处于构建阶段，竞争环境没有完全形成，所以分析竞争对碳汇价格和供求的影响，缺乏实践支持。但是根据当前的情况，可以推断未来林业碳汇市场将是垄断竞争的市场，不太可能是完全竞争、完全垄断和寡头垄断的市场格局。拥有丰富的合格造林土地、稳定的政治经济环境以及较强项目实施能力的中国将处于有利的地位。但是具有这些优势条件的国家不只中国，还有印度、巴西等，这些国家都有各自的优势，所以这样就产生了竞争的空间和可能。对于需求方的发达国家，如日本、加拿大、荷兰、意大利等国具有相似的竞争模式，存在竞争的空间和可能。在基本假设下，我国的市场上还存在不同区域、不同省份、不同企业之间的竞争，这些都构成了未来我国林业碳汇市场的竞争机制。

7.4　对策建议

7.4.1　制定法律法规，完善林业碳贸易的管理机构

政府要完善有关林业碳贸易的法律、法规，将林业碳贸易的进行置于法律的框架下。林业碳贸易作为一种市场导向的环境经济政策，必须在相应的法律保障下，才具有合法性和权威性。要建立规范化的林业碳贸易市场就必须有法律保障，参考国外经验的同时，必须根据中国特有和不断变化的立法和司法要求，创造一系列的法律条件，为林

业碳贸易的推行奠定法律基础。

7.4.2 建立林业碳贸易的市场交易机制

林业碳贸易在全国范围内实施还需进一步的研究和探索。首先，要从理论上对林业碳贸易的市场行为进行系统地分析、研究。为了尽快做好建立中国林业碳贸易市场的可行性研究工作，必须在原有对国外排污权交易研究的基础上，加强国际间的碳排放的研究工作，加快林业碳贸易机制的可行性研究，并建立林业碳贸易的试点工作。

其次，完善的交易市场是市场效率的重要保障。在我国推行林业碳贸易，应该建立完善的林业碳贸易市场，具体包括：培育林业碳贸易市场，提供市场服务信息，调节不合理的价格交易制度，维护市场秩序，促进外部性内部化，在创造市场交易机制和弥补市场失灵方面发挥积极作用，促进外部性内部化；组建专业的排污权中介机构，建立相关的信息网络系统，为交易各方提供中介信息，提高交易的透明度，降低林业碳贸易的费用；政府部门应建立相应的激励机制，对积极减少排放、积极出售碳排放权的企业从资金、税收、技术等方面予以扶持。

7.4.3 建立林业碳贸易的技术标准化体系

建立统一的森林碳汇计量体系和标准，制订全国统一的、与国际接轨的全国森林碳汇计量、监测体系和指南，并支持和鼓励各省（自治区、直辖市）按照统一的林业碳汇的计量与监测的技术标准化体系，对本省的森林碳汇实行动态监测；建立碳汇计量监测队伍；同时开展碳汇林业的科技支撑；多渠道、多方式参与林业碳汇项目，吸引国际投资，拓宽资金来源渠道。

7.4.4 采取有效措施，增加林业碳汇

一是扩大森林面积，提高森林碳汇能力。我国尚有4千万公顷宜林荒山荒地以及相当数量的边际性土地等可用于植树造林。"十二五"期间计划每年完成造林约600万公顷。

二是提高森林质量，增强森林碳汇功能。大力开展森林抚育，调整林分结构，提高森林质量，增强碳汇功能。"十二五"期间每年拟完成森林抚育500多万公顷。

三是加强森林保护，减少森林碳排放。严格控制森林火灾、乱征占用林地以及乱砍滥伐，加强病虫害防治，减少源自森林、湿地等的碳排放。

四是发展生物质能源，积极促进节能减排。加大对森林废弃物的开发利用和培育能源林资源。

五是多使用木材，增加木质林产品碳储量。加强速丰林建设，多使用工业人工林的木材，提倡"以木代塑""以木代钢"，增加木制林产品固碳。

参考文献

[1] Daily, G. C. , ed. Nature's services: societal dependence on natural ecosystems. [M]. Washington DC: Island Press. 1997, 392.

[2] Kroeger, T. , Casey, F. An assessment of market – based approaches to providingecosystem services on agricultural lands. [J] Ecological Economics. 2007. 64(2): 321 – 332.

[3] United Nations Framework Convention on Climate Change [UNFCCC]. Kyoto Protocol status of ratification [R/OL]. 2009. http://unfccc. int/kyoto_ protocol/status_ of_ ratifica – tion/items/2613. php.

[4] Environmental and Energy Study Institute (EESI). Bioenergy, Agriculture, and Forestry Provisions in the American Clean Energy and Security Act of 2009. [R/OL] http://www. eesi. org [6 May 2010].

[5] Gustafson C. New energy economics. NDSU Agricultural News. [R/OL] http://www. ag. ndsu. edu [29 January 2010].

[6] Rogner H – H, Zhou D, Bradley R, et al. Contribution of Working Group Ⅲ to the Fourth Assessment Report of the Intergovernmental Panel on Climate [M]. Cambridge: Cambridge University Press. 2007.

[7] UNFCCC. Monitoring report (Guangxi Pearl River) version 01 [R]. 2012. http://cdm. unfccc. int/Projects/DB/TUEV – SUED1154534875. 41/view.

[8] UNFCCC. CDM – AR – PDD(Guangxi Pearl River) version 02 [R]. 2006. http://cdm. unfccc. int/Projects/DB/TUEV – SUED1154534875. 41/view.

[9] Food and Agricultural Organization [FAO]. Global forest resources assessment 2005 – progress towards sustainable forest management. FAO Forestry Paper 147. [M]. Rome: Food and Agriculture Organization of the United Nations. 2005, 320.

[10] DeFries, R. S. , Houghton, R. A. , Hansen, M. C. , Field, C. B. , Skole, D. , & Townshend, J. Carbon emissions from tropical deforestation and regrowth based on satellite observations for the 1980s and 1990s [J]. Proceedings of the National Academy of Sciences United States America, 2002. 99, 14256 – 14261.

[11] Ecosystem Marketplace. Leveraging the Landscape State of the Forest Carbon Market 2012 [R/OL]. 2012. www. ecosystem marketplace. com.

[12] 李怒云, 吕佳编译. 林业碳汇计量 [M]. 北京: 中国林业出版社, 2009.

[13] 中国森林生态服务功能评估项目组. 中国森林生态系统服务功能评估 [M]. 北京: 中国林业出版社, 2010.

[14] 李玉娥, 张小全, 潘根兴. 中国农业、林业和其他土地利用减排增汇技术与潜力. 中国气候变化国家评估报告(第三卷). 2010.

[15] 侯振宏. 中国林业活动碳源汇及其潜力研究 [D]. 北京: 中国林业科学研究院. 2010.

[16] 白岩峰. 中国木质林产品碳储量 [D]. 北京: 中国林业科学研究院. 2010.

[17] 中国政府网. 国家林业局发布《应对气候变化林业行动计划》. [R/OL]. 2009. http://www. gov. cn/gzdt/2009 – 11/09/content_ 1459811. htm.

第8章

▶ 应对非法采伐与相关贸易法规

近年来，非法采伐和相关木材贸易问题引起了国际社会的广泛关注。为抑制世界范围内的非法采伐活动，2008 年美国出台《雷斯法案修正案》，2010 年欧盟议会通过《欧盟木材法案》，2012 年澳大利亚发布《澳大利亚禁止非法木材法案》，禁止非法采伐生产的木材和木制品的生产和贸易。欧美是我国林产品出口的主要市场，木材合法性贸易要求必然会对我国木材行业带来深远而重要的影响。我国应采取积极措施，迎接国际市场合法性贸易要求对我国林产品市场产生的挑战。

8.1 非法采伐与相关贸易概况

近年来，木材非法采伐及相关贸易问题引起致力于促进世界可持续发展的国家的极大重视，它破坏合法来源木材及其林产品的贸易、降低森林的经济价值、剥夺政府和社区的必要收入、威胁生物多样性、削弱促进可持续森林管理的努力，并使地区冲突加剧。

8.1.1 非法采伐和相关贸易的背景

伴随着世界环保理念的日益深入人心，1998 年 5 月，八国集团会议首次把非法采伐作为重要的国际问题提出，并正式讨论通过了打击非法采伐的《森林行动计划》。进入 21 世纪，打击木材非法采伐及相关贸易行动已被各国政府列为重点议程，成为国际社会、各国政府、环保组织、林业工作者及社会公众共同关注的热点问题。

　　非法采伐及相关贸易的出现，主要是由于国际经济秩序的不平衡、森林资源管理和利用水平的参差不齐、社区居民摆脱贫困的愿望和企业利益驱动等原因，造成当今社会在保护森林资源、维护生态平衡，与开发森林资源、促进经济发展之间存在着突出的矛盾，由此产生了包括木材非法采伐、毁林占地、资源浪费等一系列问题。同时也要看到，简单的将森林资源的消长与木材非法采伐联系在一起是不全面的。据世界粮农组织的统计，2010 年，全球森林面积为 40.329 亿公顷，比 2000 年的 40.851 亿公顷减少 1.3%。其中，非洲森林面积减少了 4.8% 以上，其主要原因是森林火灾和森林过伐；亚洲和太平洋地区 2000～2010 年森林面积出现了净增长，增长 1.8%，但增长仅限于东亚地区，其中中国对森林培育的巨额投入抵消了其它地区的高森林采伐率；拉丁美洲及加勒比海地区也是森林快速减少的区域，2000～2010 年减少了 4.5%；2000～2010 年，欧洲的森林面积净增 3.6%（除俄罗斯）（FAO，2011）。以上的数据可以看出，世界森林资源减少的地区是非洲、南美洲和东南亚。世界粮农组织的研究认为，森林减少的主要原因是改变林地的用途和森林火灾。

8.1.2　非法采伐和相关贸易的现状

　　根据有关机构和组织的估计，木材非法采伐几乎在全球所有国家的森林都有不同程度发生。世界自然基金会（WWF）认为，全球 65% 的森林受到非法采伐的威胁。世界银行和 WWF 认为，印度尼西亚、巴西、喀麦隆和俄罗斯等国是非法采伐的主要发生地，非法采伐率高达 80% 以上。世界银行估计，发展中国家每年因非法采伐和贸易导致的经济损失达 150 亿美元，占全球木材贸易总额的 1/10，已严重影响到正常的国际木材贸易（World Bank，2002）。

　　2010 年英国 Chatham House 的研究报告表明，在过去 10 年中，各国政府、民间社会和私营部门采取一系列应对非法采伐和相关贸易的行动已产生了广泛而深远的影响。在此期间，喀麦隆、巴西、印度尼西亚的木材非法采伐下降了 50%～75%（Sam Lawson，Larry MacFaul，2010）。

8.1.2.1　木材生产国

　　（1）印度尼西亚：印度尼西亚是世界上非法采伐现象严重的国家之一，该国的森林面积从 1950 年的 1.62 亿公顷减至 2010 年的 9443 万公顷，其中原始林的毁损面积达 75%。统计显示，印度尼西亚的实际采伐量高出其林业部允许采伐量的 75%，其中大部分未申报的出口木材属非法采伐范畴。木材非法采伐活动是在没有监督或不符合可持续采伐水平或违反森林保护区、河岸保护区和陡坡禁止采伐的情况下进行的。资料表明：印度尼西亚每年有折合原木约 200 多万立方米的林产品未经申报出口，使政府税收大量流失，同时也严重破坏了森林生态环境（Charles E. Palmer，2004）。虽然印度尼西亚禁止原木出口，但是走私出口现象十分严重，木材通过马来西亚流向世界各国。为此，2003 年马来西亚政府逮捕了 120 名印度尼西亚非法木材商人。

2010 年，英国 Chatham House 的数据显示，在过去的 10 年间，印度尼西亚是全亚洲打击非法采伐成效最明显的国家，非法采伐率从 2000 年最高峰时期的 75% 降至目前的 40%。同时，印度尼西亚正在与欧盟进行森林执法、施政与贸易（FLEGT）的自愿伙伴协议（VPA）的谈判，进一步遏制目前非法采伐状况（Sam Lawson，Larry MacFaul，2010）。

（2）马来西亚：在过去的 20 年间，马来西亚一直遭受国际社会对其木材非法采伐及相关贸易的指责。为此，马来西亚政府采取了一系列措施来遏制非法采伐，如禁止边境地区的木材非法贸易，增加木材合法采伐和可持续采伐的透明度，与欧盟进行了 VPA 谈判。按照马来西亚宪法，土地属州内事务，各州政府拥有管辖权，所以各州能够独立颁布林业法律和制定林业政策。为了便于相互协调和步伐一致，国家林业委员会制定了《国家林业政策》，强调了生物多样性保护和森林资源可持续利用，以及社区在林业发展中的作用。

经过各方努力，马来西亚的木材非法采伐事件明显减少。英国 Chatham House 发布的数据显示，2009 年，马来西亚木材非法采伐量约占全国木材产量的 22%（Sam Lawson，Larry MacFaul，2010）。

（3）俄罗斯：俄罗斯近些年一直是木材非法采伐大量存在的国家之一。WWF 的报告指出，俄罗斯出口到日本的木材约 55% 来自俄罗斯的远东地区，据估计，木材非法采伐量约占该地区木材总量的 50%。由于非法采伐猖獗，世界上最濒危的物种西伯利亚虎和阿穆尔虎正在失去栖息地，面临着灭绝的危险。由于高价值森林资源的过量采伐和使天然林转变为次生林，俄罗斯远东地区有生态价值和商业价值的森林面积减少了 35%。

俄罗斯林务局在亚洲太平洋经济合作组织（APEC）打击非法采伐会议上承认，俄罗斯非法采伐问题依然严峻，2011 年全俄涉及非法采伐的案件有 2 万多起，非法采伐木材 115 万立方米，带来的直接损失达 11 亿卢布。目前，俄罗斯正在加大打击非法采伐及相关贸易的力度，如制定国家森林政策，并将其纳入国家行动计划；改进立法、监管和法律基础；加强国有森林的保护；制定木材追踪系统；制定和实施鼓励森林可持续经营的机制；鼓励跨部门的合作；解决林区的社会问题；加强与非政府组织和大众媒体的互动；关注青年的成长和完善生态文化建设。

（4）巴西：100 年前，巴西是全球森林资源最丰富的国家。近 20 年来，巴西热带雨林破坏十分严重，亚马孙原始森林被破坏了 15% 左右，毁林已从林区边缘向核心区发展，给生物多样性带来很大威胁。帕拉州是亚马孙地区毁林最严重的地区之一。政府环境部门称，该州至少 30% 的木材来自非法采伐。过去 2 年，亚马孙地区帕拉州非法采伐木材的贸易额达 2 亿雷亚尔，随着调查的深入，这一数字有可能突破 5 亿雷亚尔。非法采伐导致木材生产部门和政府环保部门的冲突不断增多。调查显示，至少有 50 家登记注册的私营公司隐瞒了非法木材采伐活动。这些公司利用在帕拉州和其他州签发的伪造许可证，在热带雨林大肆进行非法采伐活动。巴西国家环境局于 2010 年宣布全面禁止在亚马孙雨林开展红木的非法采伐和贸易活动，以保护印第安保留地和保护区。

在过去的几年里，巴西政府对相关法律和法规进行了较大的修订，建立了良好的木材追踪体系，制定了木材采伐权的分配与管理规程，增强了政府的执法力度，遏制非法采伐效果显著（Sam Lawson，Larry MacFaul，2010）。英国 Chatham House2010 年的报告显示，自 2000 年起，巴西的亚马孙流域的非法采伐减少了50%～75%，据估计，2008年该地区的非法采伐率为 30%。

（5）喀麦隆：近年来，非洲部分国家的非法采伐及相关贸易较为严重，如果得不到及时、有效的制止，不仅会造成区域性的生态灾难和经济灾难，也会使非洲的经济和社会发展陷入更加窘迫的境地。自 1999 年以来，喀麦隆木材非法采伐的数量下降了 50%左右，主要是大宗非法采伐木材数量的减少，而小规模的非法采伐在国内市场有所增加。Chatham House 的专家认为，喀麦隆的非法采伐量占生产量的 35% 左右，其比例低于巴西、加纳和印度尼西亚。

喀麦隆是主要木材生产国中唯一在国家层面建立了针对木材的独立监管机构的国家。尽管政府已出台了一些相关的改进措施，但是在执法和信息管理方面还有待改进。目前，喀麦隆已经和欧盟签署了 VPA，将继续改进木材追踪体系和林业信息管理体系。

8.1.2.2　木材加工国

1. 越南

近年来，越南作为世界主要木材加工国之一，受到了国际社会关于非法采伐的相关指责。Chatham House 的研究报告指出，2000～2008 年，越南非法来源木材的进口成倍增长，至 2008 年达到顶峰。尽管从印度尼西亚进口非法采伐木材的数量有所下降，但是从老挝、柬埔寨和缅甸的进口量有所上升，而且这些木材加工后大多数再出口到其他国家。据估算，越南非法采伐木材的进口占木材总进口量的 17%（ Sam Lawson，Larry MacFaul，2010）。

近年来，越南也一直致力于打击非法采伐，建立了森林执法、施政与贸易工作组，并分别于 2008 年和 2009 年与老挝和欧盟签署了双边备忘录。但越南应对非法采伐的措施仍落后于其他木材生产国和消费国，立法的缺失是主要原因。2010 年 11 月 29 日，越南开始与欧盟就 VPA 展开谈判，目前已进入正式谈判阶段。

2. 中国

近年来，中国屡屡在木材非法采伐及相关贸易中遭受其他国家或国际组织的指责，其主要原因是：美国、英国和日本等发达国家为保证本国能够继续获得较大的木材资源份额，主导国际林产品贸易，以生态环境保护、打击非法采伐及相关贸易为由，对中国大量获得木材资源施加压力；由于中国是世界主要的木材进口国，而其中一些主要供应国被国际社会认为是木材非法采伐的高风险国家。因此，一些媒体和非政府组织，指责中国是全球最大的非法采伐木材集散地，只注重保护本国生态环境和资源，将生态危机转嫁他国等。这些论点将中国进口木材问题极端化，恶化了中国进口木材的国际环境，给正在成长中的中国经济，特别是木材工业形成的国际竞争力制造障碍。我们应该正视这一问题，积极稳妥地应对，以维护我国林业产业在国际上的形象。

Chatham House 的研究认为，2000～2004 年，中国进口的非法来源木材急剧增长，但在 2008 年，进口非法来源木材的比率比最高峰时下降了 16%，其主要原因是印度尼西亚和缅甸的非法木材供应量的减少。大多数非法采伐的木材进口到中国后经加工又出口到其他国家。由于大量进口原木，所以在供应链追踪中较为容易排除非法采伐的木材。中国政府正在与国际社会一道开展打击非法采伐及相关贸易的合作，但具体的措施仍落后于其他消费国和生产国，特别是缺乏相关立法（Sam Lawson，Larry MacFaul，2010）。

8.1.2.3　木材消费国

（1）英国。WWF 研究报告指出，英国已成为欧洲非法破坏雨林的主要国家，英国的许多家具店、花园中心及建筑工地中都堆放着非法砍伐的木材。报告称，英国市场上 28% 的木材都源于非法砍伐的木材，该国非法木材进口量远高于欧盟其他国家。非法木材以原木、夹板及木制品等多种形式进口到英国，而英国没有相关的法律限制从国外进口非法木材。全球 100 亿～150 亿欧元的原产国木材收入损失中，有 30 亿欧元源于欧盟的非法木材贸易。英国每年 790 万立方米的进口木材中有 220 万立方米源于非法砍伐，相当于每年非法砍伐 60 万公顷森林。英国主要从 5 个对全球林业可持续发展有重要影响的国家或地区进口大量的非法木材，即亚马孙盆地、俄罗斯、波罗的海国家、刚果盆地及东非。

Chatham House 的研究报告认为，英国 57% 的非法来源木材主要是进口的其他国家用非法采伐木材加工的林产品，这使得供应商管理面临极大挑战。在打击非法采伐及相关贸易方面，与其他主要的消费国相比，英国政府无论在法律、法规和政策措施上都被认为是领先者。特别是在欧盟的平台上，与发展中国家签署 VPA 有助于解决部分非法采伐木材来源问题，大约可控制 20% 非法木材的流入。同时，英国还是世界上第一个推行木材政府采购政策的国家。

（2）美国。据估算，2000～2006 年，美国非法来源木材的进口量成倍增长。2006 年非法来源木材所占比重达 9%，主要是进口的木质家具用材中混用了非法来源的木材。2008 年，由于金融危机及美国雷斯法案的实施，使得非法采伐木材进口量的比重下降，约为 6.7%。Chatham House 的研究报告认为，美国 75% 的非法来源木材源于其他国家用非法采伐木材加工的林产品，比 2000 年上升了 32%，使得针对供应商的管理面临极大挑战（Sam Lawson，Larry MacFaul，2010）。

美国是世界上第一个出台有关禁止非法木材进口和销售法律的国家，该国制定的《雷斯法案》已经对木材生产国和加工国出口林产品产生影响。但是，美国也是木材主要消费国中唯一没有政府木材采购政策的国家。

8.2　应对非法采伐的主要法规及其影响

目前国际社会已经采取了积极的措施打击木材非法采伐及相关贸易，一些国家已经出台或将出台相关法律加强合法木材贸易，将非法采伐的木材拒之门外。

8.2.1　美国《雷斯法案》

《雷斯法案》实质上是美国《粮食、保护和能源法案》(俗称"美国农业法案")的一部分，旨在打击野生动物犯罪。2008 年 5 月 22 日正式生效的美国《雷斯法案修正案》将其实施范围延伸至植物及其制品(林产品)贸易。该法案认可、支持其他国家在管理本国自然资源中做出的努力，并对企业交易来自合法渠道的植物及植物制品(林产品)提供强有力的法律保障(吴柏海、张蕾、余涛，2009)。修正后的《雷斯法案》拓展对"植物"的界定，规定植物包括植物界任何野外品种及其根部、种子、任何部分的派生产品，还包括天然林与人工林的林木，同时扩充了针对植物的执法条款，包括规定进口、出口、运输、销售、接收、获取或购买违反其他国家法律获得的植物均为非法行为。《雷斯法案修正案》与木材贸易相关的条款主要包括：①禁止非法来源于美国各州或其他国家的林产品的贸易；②从 2008 年 12 月 15 日起，海关申报表必须包括进口木材每个材种的拉丁名、进口货值、进口数量、木材原产国的信息，如不清楚木材原产国，则要填写可能的原产国；③赋予美国政府对从事非法交易的个人与公司处以罚款甚至监禁的权力，对进口木材在采伐、运输过程中违反木材生产国相关法律的贸易商提起诉讼。处罚包括民事行政处罚(最高 1 万美元)、没收(包括运输工具)、刑事处罚或监禁(最高 50 万美元，最长 5 年监禁，或兼两者)，还可能引起涉及走私或洗钱的指控。

美国对进口植物及产品申报实施分阶段实施计划，并对具体的实施时间表所涉及的产品范围有详细的规定，《雷斯法案》分 4 个步骤提交进口申报(表 8-1)。

8.2.2　《欧盟木材法案》

《欧盟木材法案》于 2010 年 12 月 2 日生效，于 2013 年 3 月 3 日正式实施。从这日开始，欧盟市场将只接受经合法检验的木材和木制品，从此不符合欧盟法案的产品不能进入欧盟市场。此法律对 27 个欧盟成员国均有约束力，并于 2013 年 2 月出台了法案细则。出台《欧盟木材法案》的目的是禁止非法采伐的木材流入市场，向消费者保证他们所购买的产品均属合法，为欧盟市场上的木材贸易商提供一个公平的竞争环境。

《欧盟木材法案》的主要内容包括禁止非法采伐的木材及其产品流入欧盟市场，要求首次将木材产品投入欧盟市场的欧盟贸易商实施"尽责调查"，供应链下层环节的其他贸易商必须保留供应商和客户记录。不遵守法律的后果包括罚款、没收木材和授权立即中止交易。《欧盟木材法案》针对欧盟内进行的木制品贸易，几乎涵盖了所有的木材和木材产品，但不包括回收产品(表8-2)。

表8-1　雷斯法案进口申报时间表

第一阶段： 2008.12.15～ 2009.3.31	第二阶段： 2009.4.1～2009.9.30	第三阶段： 2009.10.1～2010.3.31	第四阶段： 2010.4.1～2010.9.30
只需书面申报且自愿提供	涉及 HS 编码如下： 44： 4401(薪材及木片) 4403(原木) 4404(木劈条) 4406(铁道及电车道枕木) 4407(锯材) 4408(装饰木板、单板) 4409 4417(木工具、工具手柄、扫帚手柄) 4418(建筑及木工用木材)	涉及 HS 编码如下： 44： 4405(木丝刨花) 4410(刨花板) 4411(纤维板) 4412(胶合板、单板饰面板及类似的多面板) 4413(浸渍木) 4414(木框) 4415(木箱、木盒) 4416(木桶) 4419(木质餐具和厨具) 4420(木质镶饰、木匣、木雕) 47： 4701(机械木浆) 4702(化学溶解木浆) 4703(硫酸盐木浆) 4704(亚硫酸盐木浆) 4705(机械化学木浆)	包括前两个阶段的产品。 4421(其他木制品) 48： 4801(新闻纸) 4802(未经涂布的书写纸) 4803(卫生纸、面巾纸) 4804(未经涂布的牛皮纸) 4805(其他未经涂布的纸及纸板) 4806(植物羊皮纸等) 4807(复合纸及纸板) 4809(经涂布的纸和纸板) 4810(经涂布的纸和纸板) 4811(除 4803、4809 及4810 外经涂布的纸等) 94： 940169(带木框架坐具) 940330(办公用木家具) 940340(厨房用木家具) 940350(卧室用木家具) 940360(其他木家具) 940370(木家具部件)

该法案对欧盟木材供应链内的运营商和贸易商相关职责的要求如图8-1所示。法案中把首次将木制品投入欧盟市场的机构称为运营商；将所有参与供应链(即产品售予最终供应对象前)的机构称为贸易商。对运营商的要求：禁止把非法采伐的木材投放于欧盟市场；把木材或木制品首次投放于欧盟市场的所有机构，必须实施"尽责调查"体系，以减少引入非法采伐木材的风险。对贸易商的要求：所有在欧洲内部市场进行过木制品交易的贸易商，须保留相关纪录至少5年，记录必须保留供应这些木材和木制品的运营商以及购买这些木材和木制品的贸易商的详细资料。该法案明确指出，FLEGT 许可证和 CITES 认证均为合法证明(ProForest，2011)。

表 8-2　《欧盟木材法案》涉及的木材及木材产品

HS 编码	名　称
4401	薪材及木片
4403	原木
4406	铁道及电车道枕木
4407	木工具、工具手柄、扫帚手柄
4408	装饰木板、单板
4409	家具半成品
4410	刨花板
4411	纤维板
4412	胶合板、单板饰面板及类似的多层板
4413	浸渍木
4414	木框
4415	木箱、木盒
44160000	木制大桶、琵琶桶
4418	建筑用木制品
47，48	木浆及其他纤维状纤维素浆；回收纸或纸板；纸及纸板；纸浆、纸或纸制品
940330，940340，94035000，940360，94039030	办公室用木家具、厨房用木家具、卧室用木家具、其他家具、家具零件
94060020	活动房屋

来源：EU，2010

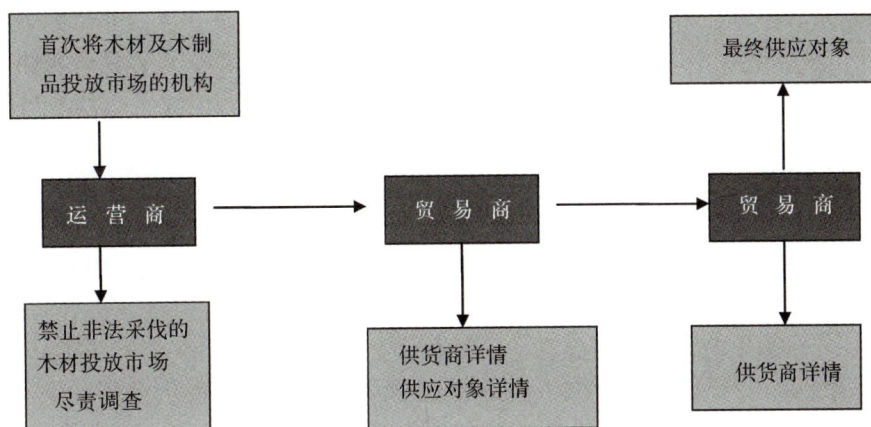

图 8-1　欧盟内部市场的供应链要求

法案要求运营商做到"尽职调查"，要做到以下 3 个方面：提供进入市场的木材的相关信息；利用木材的相关信息开展风险评估，此程序需要运营商根据风险标准对采伐的木材或林产品的非法风险进行分析和评估；一旦发现有非法采伐的风险，要采取措施来减轻非法采伐木材进入市场的风险。法规允许运营商通过提供合适的法律证明或开展有关第三方的合法性认定或森林认证来减少其供应链存在非法采伐的风险。

8.2.3　澳大利亚木材禁令

2011 年，澳大利亚出台了《禁止非法木材法案》。为制定此法令，澳大利亚政府做了以下前期准备：法案影响申明草案、法案影响申明、经济分析、小企业影响报告、社会影响报告、合法性认定体系分析，以及制定木材进口合法性的评估方法。法案分两个阶段实施，法案实施后将立即要求：①禁止进口非法采伐的木材；②禁止对国内非法采伐的原木进行加工。法案在执行 2 年后将要求：①禁止进口含有非法采伐木材的规定木材制品；②进口商进口规定的木材制品时，需要进行"尽责调查"；③原木加工商需要进行"尽责调查"。该法案最终文本于 2013 年 6 月出台。

8.2.4　主要法规比较

8.2.4.1　法律的适用范围各有侧重点

以上三个法案的出台都是为了进一步改善森林经营和规范采伐行为，阻止非法采伐的木材进入美国、欧盟和澳大利亚市场，保护本国企业和国内市场的合法利益，且都是强制性法规。《欧盟木材法案》较《雷斯法案修正案》的适用范围更广，适用于所有 27 个欧盟成员国，且主要针对欧盟木材供应链内的运营商和贸易商，涉及供应链的整个环节，而《雷斯法案修正案》主要是要求美国进口商在每次船运进口木材和木材制品时都要提供一个基本报告，以增加木材来源信息的透明度，以便美国政府核实相关进口信息。

8.2.4.2　申报信息不尽相同

三个法案都要求进口商申报进口木材产品信息，内容基本上都包括进口木材材种的拉丁名、进口货值、进口数量、木材原产国的信息等。不同的是《雷斯法案修正案》要求填报的是"植物及产品申报表"，而《欧盟木材法案》和澳大利亚《禁止非法木材法案》要求运营商实施"尽职调查"体系，提供的内容不仅包含进口产品信息还有供货商、木材采伐国等信息，并要求企业提供木材合法性的证明文件，为下一步的风险评估做基础。

8.2.4.3　对木材非法采伐的认定存在差异

《欧盟木材法案》对合法采伐与非法采伐有明确的定义，合法采伐指依据采伐国适用法规进行的采伐；非法采伐指违反采伐国适用法规进行的采伐，而《雷斯法案修正案》法案中未对非法采伐进行界定，认为应当由各个主权国家通过自己的法律来界定。目前国际社会对非法采伐也没有统一的认识，无法提供一个令各方都满意的木材合法性证明文件，这就造成进口企业可能被美国执法机构重点怀疑，面临被调查的风险。

8.2.4.4　调查体系的差异

《雷斯法案修正案》鼓励实施应有的责任（Due Care），要求针对特定情况参与方应采取常用的合理步骤确保自己没有违反相关法律，但没有更加详细的信息予以指导。相比《雷斯法案》，《欧盟木材法案》和澳大利亚《禁止非法木材法案》都要求运营商实施尽职调查（Due Diligence）体系，包含信息收集、风险评估和风险减缓，并且允许运营商通过运用合适的法律证明和合法认证体系来减少供应链存在非法木材的风险。由于"尽职调查"体系的要求相对具体，保证了法案在实施过程中的可操作性。

8.2.4.5　监督机构的设置

《欧盟木材法案》规定为向运营商提供现有的尽职调查体系，专门设置监督机构。法规要求监督机构必须是欧盟内依法成立的私人机构（如公司、协会），机构工作人员必须具备必要的专业知识和能力，并不存在任何利益冲突。监督机构须由欧洲委员会正式认可。监督机构的职能包括：开发实用的尽职调查体系；向运营商授予使用尽职调查体系的权力；验证运营商正确使用尽职调查体系；在运营商不能正确使用调查体系时，采取适当行动。

与欧盟的做法相比，《雷斯法案修正案》没有设置专门的监督机构，由长期从事调查野生动物进口和走私案件调查的专家，美国内政部鱼类和野生动物管理局，以及美国农业部动植物检疫局共同处理申报和调查非法来源木材的进口。联邦检察员发现或收集到犯罪活动的证据，就会开展进一步调查。如果有充足证据证明木材产品是非法来源的，运输船只可以被扣押。此时，案件将被移交给美国司法部，启动没收、罚款等处罚程序。

8.2.4.6　处罚力度不同

从处罚力度来看，《雷斯法案修正案》制定了更为严厉的民事和刑事处罚条款，《欧盟木材法案》则要求做出的处罚必须有效、适当，并且有劝诫性，且各成员国应制定适用于法规条款的国家处罚准则。

《雷斯法案修正案》赋予美国政府对那些进口木材在采伐、运输过程中违反木材生产国相关法律的贸易商提起诉讼，对从事非法交易的个人或公司处以罚款甚至监禁的权力。处罚分两种情况：故意从事被禁止行为和不知情从事被禁止行为。处罚包括民事行政处罚(最高 1 万美元)、没收(包括运输工具)、刑事处罚或监禁(最高罚款 50 万美元，最长监禁 5 年，或兼两者)，还可能引起涉及走私或洗钱的指控。由于美国各州之间法律诉讼不同、执行掌握尺度不一，操作复杂性及未知因素较大，对中国产品出口造成潜在影响。

《欧盟木材法案》规定，违法行为将处以与环境破坏、相关木材或木制品价值、税收损失和经济损失相符的罚款；没收相关的木材和木制品；立即吊销贸易牌照。

澳大利亚《禁止非法木材法案》规定如发现违法行为，将处以 5 年监禁或对个人处以 5 5000 美元的罚款，对公司处以 27.5 万美元的罚款。

8.2.5 法规的影响

美国、欧盟以及澳大利亚政策，特别是运用法律手段打击非法采伐及相关贸易政策相继出台，各国法案的实施将对包括我国在内的木材行业市场及林产品国际贸易产生重大影响。

8.2.5.1 对林业企业国际市场竞争力的影响

各国法案都要求本国进口商或贸易商通过开展尽责调查或提供木材来源的证据，确保木材及木材制品采购中没有非法采伐的木材。但在贸易实践中，进口商为进行信息收集，风险评估和规避，必然会要求下游出口企业、生产商提供相关申报信息，还可能以合同约定在海关放行通关后支付货款、接受货物，因此相关压力将会转移到出口企业和生产商身上。海外进口商可能会要求中国林产品出口企业提供更多有关木材原料来源的信息。但是，准确提供产品的植物拉丁学名、产地来源国等信息在操作方面存在难度。如美国农业部动植物卫生检疫局和美国海关要求，任何植物及植物产品进出口均需要填报"植物及植物产品申报表"，对于我国企业来说，虽然申报单由进口商填报，但是作为出口商有义务协助提供有关信息，且如果信息错误，最终的责任可能转嫁给我国的制造商。

8.2.5.2 增加企业经营风险

目前国际社会还没有一个统一的、令各方都满意的合法性证明文件，这就造成欲将林产品出口到被美国、欧盟和澳大利亚等国的企业可能被这些国家的执法机构怀疑其合法性，从而面临调查的风险。各法案具体实施范围及操作细节尚不明确，同时各国法律诉讼不同、执行掌握尺度不一，操作复杂性及未知因素较大，也会对中国产品出口造成潜在影响，而各种认证将使经营成本、交易成本提高，必然对中国产品出口构成限制并将逐步构成贸易壁垒，增加企业经营风险。

8.2.5.3　合法性认定将在未来的欧盟市场上扮演越来越重要的角色

欧美市场的运营商将要求出口企业提供有关木材来源合法性的证明，特别是针对来自非法采伐高风险国的热带木材。监察机构或市场本身将要求欧洲企业通过独立第三方合法性认定加强可信度。为了减少处罚的风险，厂家可能会选择能够提供来源证明和采伐认证的供应商，这样大大增强了对合法性产品的市场需求。也就是说，那些具有木材合法性认定的企业将保留其市场份额，比不能提供合法性认定的企业更有市场竞争优势。

8.2.5.4　法规将提高市场门槛

上述欧、美出台的法规要求木材企业对存在非法风险的木制品提供合法证明，并追溯到木材原产国。这将给全球木材市场带来很大转变，在一定程度上提高了市场准入的门槛。作为木材加工国的中国，目前没有统一有效的木材合法性认定体系，对供应链的追踪较困难。中国木制品企业要高度关注这些法规的实施进展情况，加强与国外客商沟通，及时调整采购来源，尽早做好相关应对工作。

8.3　中国企业应对非法采伐相关贸易法规的可选途径

随着《欧盟木材法案》、《美国雷斯法案修正案》和《澳大利亚木材禁令》等国有关针对非法采伐相关法规的实施，我国外向型出口企业要积极采取措施，应对国际市场的新要求和变化。这些法规的具体要求有所差异，但总体上均需要对投放到该国市场的木材及木制品开展"尽职调查"，保证木材来源的合法性。

在企业应对非法采伐和相关贸易法规方面，目前市场上提供了多种可供选择的工具和方法。

8.3.1　可选途径分析

8.3.1.1　按照欧盟森林执法、施政和贸易（FLEGT）进程要求，提供持有FLEGT 标签的木材或木制品

《欧盟木材法案》规定，持有 FLEGT 和《濒危野生动植物物种国际贸易公约》（CITES）许可证被视为满足本法合法性要求的证据，因此持有 FLEGT 和 CITES 许可证的木材或木制品能够证明满足尽职调查要求，可免于《欧盟木材法案》的其它管理要求。

这就要求木材生产国按照 FLEGT 的要求，发展国家木材合法性保证体系以及木材追踪和监管链体系，并与欧盟就自愿伙伴关系（VPA）达成协议。目前，欧盟与 4 个国家签署了 VPA 协议，但国际市场上还没有出现持有 FLEGT 标签的木材或木制品。

同样，中国的供应商如果生产的林产品要获得 FLEGT 标签，就必需按照 FLEGT 进程要求，发展中国木材合法性保障体系（TLAS），并与欧盟谈判加入 VPA。达成协议后，中国企业开展中国 TLAS 认证，张贴 FLEGT 标签，其产品才可持标签进入欧盟市场。

这种途径的优点是：通过国家 TLAS 认证，最权威，政府承担较大责任，企业风险最低；企业操作较为简单，成本较低；政府执法能力提高，合法来源木材供应量提高；受欧盟 FLEGT 和 VPA 进程支持，欧盟认可度最高，不需要提供其它证据或材料。

其不足是：中国木材合法性认定或保障体系尚在发展之中，其满足欧盟 FLEGT 的程度以及加入 VPA 的可行性及风险，目前仍在讨论中，因此存在很大的不确定性；中国木材合法性认定体系的完善与发展以及与欧盟的谈判均需要时间，短期内不能满足欧盟木材市场的需求；中国木材合法性认定体系的发展和运营需要人力与资金的支持，按照 VPA 的要求，所有出口到欧盟市场的产品均需开展 TLAS 认证，总体成本较高。

总体来说，此途径短期内不能满足国内企业产品出口欧洲的需求。

8.3.1.2 开展以国家主导的木材合法性认定体系的验证

中国独立发展政府主导的或行业协会主导的木材合法性认定体系，制定标准，为企业提供合法性认定服务。企业向国家认可的认证机构申请合法性验证，并张贴由国家发布的木材合法性标签。

该途径的优点是：中国自主发展合法性认定体系，易于管理和调控；通过国家体系木材合法性认定，操作较为简单。

该途径的缺点是：中国木材合法性认定体系尚未正式实施，且还未得到欧盟的认可，其有效性需经过运营商和监督机构评估；中国木材合法性认定体系的完善与发展仍需要时间，但可在近期内（1~3 年）运作，提供合法性验证产品；企业需开展中国合法性认定体系验证，需要企业承担一定的成本。

总体来说，此途径满足企业需求还需要一定的时间，其有效性需经过市场的检验。

8.3.1.3 开展森林认证

目前市场上已经有很多的成熟的森林认证体系，包括国际体系森林管理委员会（FSC）和森林认证认可体系（PEFC）以及各国发展的国家体系。中国也已发展了国家森林认证体系（CFCC），目前正在寻求 PEFC 的认可。森林认证是一种可持续性的认证，其标准包括了环境、社会和经济 3 个方面的要求，合法性是森林认证标准的最低要求，各森林认证体系也建立了产销监管链追踪与认证体系，原则上通过该认证的产品满足木材合法性的要求。

目前，《欧盟木材法案》并不直接认可森林认证产品。如果运营商评估 FSC、PEFC 以及其他第三方认证机构可信度高，这些认证体系则可作为风险评估和风险规避的工具，但是不能成为合法性的证据。同时，也不能因此构成豁免运营商根据《欧盟木材法案》及欧盟委员会实施条例的要求收集相关信息，并对所有风险规避要求进行评估的责任。因此，通过森林认证并不意味着该产品一定能满足《欧盟木材法案》的要求，其有效性仍需经过运营商和监督机构的评估。

该途径的优点是：比较成熟，市场上已有经过认证的木材和林产品，可即时实施；加工企业开展森林认证的产销监管链（COC）认证，直接采购认证的原料，生产认证产品，易于操作；总体上森林认证的市场认可度较高，可提升企业环保形象。

该途径的缺点是：其可信度仍需经过运营商和监督机构评估；市场存在不同的森林认证体系，认可度不一；森林认证作为可持续性标准其要求高于合法性，森林经营企业获得森林认证的周期长、难度大；目前市场上所提供的认证木材资源非常有限，不能满足企业对认证原料的需求；COC 认证虽然能够对整个供应链进行追溯，但对于认证企业本身很难提供整个供应链的信息。

总体来说，此途径对于满足企业需求提供了一种即时的工具，但也受到认证木材供应不足、供应链信息不完整和不同认证体系有效性的挑战。

8.3.1.4　开展木材合法性验证

市场上还有很多认证机构独立发展的合法来源验证和合法性验证，如雨林联盟、SGS 公司和 BV 等，其自行制定木材合法性标准，并向企业开展相关服务。这也是一种提供木材来源合法性的一种工具。企业可向认证机构申请开展合法性验证，并持有认证机构的声明或证书。

此途径的优点是：可对供应链的合法性进行追踪，提供完整的供应链信息；企业可即时开展，如企业整个供应链较为清晰简单且易于控制，合法性验证相对森林认证的标准要求较低，准备时间较短；从供应链整体分析，总体费用低于森林认证。

不足是：同森林认证一样，目前《欧盟木材法案》并不直接认可第三方验证的木材或木制品，其有效性仍需经过运营商和监督机构的评估和认可；很多企业的供应链比较复杂，企业和认证机构开展整条供应链的追踪和审核，并需要供应链所有企业的配合，实际操作难度较大；认证审核涉及供应链的所有环节，对于申请企业而言，成本较高。

总体来说，此途径对于满足企业需求提供了一种即时的工具，但受到供应链复杂性、审核成本和认可度的挑战。

8.3.1.5　参加国际非政府组织的倡议

非政府组织已发起一些倡议来制止和打击非法采伐。WWF 创立了全球森林与贸易网络（GFTN）组织，其要求会员开展负责任的采购，仅采购合法的或可持续的原料。

GFTN 每年对其会员的遵从情况进行审核。世界上很多大的企业或零售商均已加入GFTN，成为其会员。英国的森林协会(TFT)也要求其会员开展负责任的采购，并为其提供培训和审核服务。

其优点是：该途径由非政府组织进行监督，其行动得到欧盟委员会的支持。欧盟FLEGT 行动计划中明确提出对私营部门参与的支持，并且欧盟委员会和成员国同意支持全球森林贸易网络和热带木材行动计划；受到非政府组织的技术支持，具有较高的市场认可度，可提升企业环保形象。

其不足是：目前其服务仅针对该组织的会员或特定服务对象，应用范围较窄，特别是中小型企业；仍要求开展第三方评估，费用较高；其有效性也需得到运营商和监督机构的认可。

总体来说，该途径为特定组织的会员提供了一种可供选择的工具，但适用范围较窄。

8.3.1.6　建立企业内部木材合法性供应链的追溯与管理体系

企业可以按照运营商的要求建立一套自己的尽职调查体系或独立建立一套尽职调查体系，对自己的木材来源进行追溯和风险评估，并建立风险规避措施。如国际知名零售商宜家公司就建立了自己的木材追溯体系和 IWAY 林业标准，对木材来源的合法性和可控性进行审核和监督，排除非法采伐的木材进入供应链。

其优点是：企业可根据《欧盟木材法案》的要求和企业的实际生产和供应链情况自行发展和控制，便于管理；能提供完整的供应链信息；即时操作，成本较低。

缺点是：需要企业具有较强的技术能力和供应链追溯和管理能力；公信力低于第三方评估，有效性需要经过运营商和监督机构的确认。此途径由企业自行运行，便于管理，也是其它几种途径的基础，各企业均可操作，适用性广，但需要较强的技术能力和供应链管理能力。

8.3.2　可选途径比较

总之，针对《欧盟木材法案》和其它合法性法规的要求，市场上提供了多种可供选择的途径与方法，每种方法都有自己的优点和缺点。根据以上分析，按低、中、较高和高 4 个层次，对 6 种途径的市场认可度、时效性、成本、操作难度和总体可行性进行比较的结果见表 8-3。

由于《欧盟木材法案》尚未正式实施，对每种途径的实际认可度和可操作度都需要实际的检验，客户或运营商的具体要求也不一致，但这些途径均为满足《欧盟木材法案》等贸易法规提供了一种可供选择的"尽职调查"方法。从现实的选择来说，每个供应商可根据运营商的要求和现实的条件选择适合的一种或多种途径，其中建立企业内部的木材追溯体系和尽职调查体系是基础，而开展森林认证或合法性验证是现实条件下较为

表 8-3　各种途径比较分析

方　法	认可度	时效性	成　本	操作难度	目前总体可行性
申请 FLEGT 标签	高	低	中	低	低
国家体系合法性认定	较高	中	中	中	中
森林认证	较高	高	高	高	较高
合法性验证	较高	高	较高	较高	较高
NGO 倡议	较高	较高	高	中	中
企业内部供应链管理体系	中	高	低	中	较高

可行的选择。

8.4　中国应对非法采伐的态度与行动

中国政府一贯坚持打击国际木材非法采伐和相关贸易，强调要加强各国森林执法和行政管理，从源头上保护森林资源，遏制非法采伐和相关贸易。中国推动林产品可持续贸易和打击非法采伐方面的相关政策和行动包括：在国内，建立健全森林资源管理制度；严格行政执法，加强资源管理；加强进出口管理，严格监管程序；在国际上，积极参加多双边交流合作，帮助发展中国家保护和合理开发森林资源，严格遵守资源国的法律法规；重视与国际组织、NGOs 和企业的合作，国家林业局与大自然保护协会（TNC）、联合国粮农组织（FAO）、国际热带木材组织（ITTO）、世界自然保护联盟（IUCN）、世界自然基金会（WWF）、森林趋势等进行了有效合作，共同打击非法采伐（张艳红，2009）。

8.4.1　中国应对非法采伐的态度与立场

中国保护生态环境、打击非法采伐及贸易的态度坚决、立场强硬、措施严厉。

8.4.1.1　应对非法采伐的态度

森林保护和植树造林已成为中国重点优先考虑的事务。1998 年的特大洪水和滥砍滥伐导致的水土流失促使国家在同年颁布了全国范围内的采伐禁令。无论在本国，还是在国际舞台上，中国都扮演着越来越重要的角色，全面致力于解决非法采伐及非法木材及其衍生品的国际贸易等问题。作为越来越重要的林产品消费国和进口国，中国的态度必将对全世界的森林可持续管理产生影响（IUCN，2008）。国际社会已经逐步认识到中国在全球林产品贸易的地位及其对本国和海外森林的巨大潜在影响力。中国政府、非政府组织和私营企业代表正在通力合作，通过各种有效措施及手段坚决打击木材非法采伐及相关贸易，努力保护全球森林与木材资源和我们赖以生存的自然及生态环境。

8.4.1.2 中国打击非法采伐的立场

中国政府对保护全球生态，打击非法采伐、非法贸易做出了巨大努力。我国参加了多边交流的合作，相继加入了《联合国防治荒漠化公约》、《濒危野生动植物种国际贸易公约》、《湿地公约》和《生物多样性公约》等国际性公约，积极参加相关的国际会议。同时，与周边一些国家，如印度尼西亚签订了打击木材非法采伐和非法贸易谅解备忘录；与俄罗斯、缅甸等国家的相关部门建立了共同可持续发展林业合作机制。

中国作为木材林产品进出口大国，非常重视木材的生产和合作，在开发利用森林资源方面，积极倡导互惠互利、长期可持续发展的原则。中国政府要求中国企业严格遵守所在国的法律法规，城市木材的采伐和加工，同时积极与这些国家开展森林资源保护培育、野生动植物保护、森林防火及科技交流等全方位合作，促进共同发展。中国对木材的进出口制定了严格的监管程序，依照我国的有关法律规定，国家林业局和有关部门共同对进出口林产品实施监管，共同打击不法行为，为保障林产品贸易正常开展做出了巨大贡献。中国也愿意将长期积累的森林资源保护的经验分享给世界各国特别是发展中国家。

中国政府倡导国际社会应对木材非法采伐和相关贸易的七条原则：一是坚持国家主权。森林经营和利用是各个主权的组成部分，各个政府可制定适合本国森林资源保护与利用的规划。二是坚持政府主导的作用。各国政府强化内部审批和管理程序，规范企业采伐行为，加强海关监管，加强国内林业绿化和执法，从源头上严厉打击非法采伐木材和木材非法贸易的合作。三是加强森林可持续经营的原则。各个国家制定森林经营和采伐计划，加强森林采伐木材运输监管。四是坚持保护正常国际贸易。在打击非法采伐和相关贸易的同时，还要积极促进和保护正常的国际贸易。五是坚持全球合作。要加强双边、区域和全球的合作，建立有效的国际机制，交流森林资源管理的经验，加强相关国家森林资源管理监测能力的建设。六是坚持科学定义评估和报告。非法采伐问题应建立一个全球统一的定义，严格确定依据和行为，并建立全球统一的监测评估标准和体系，做到打击非法采伐的同时，保护合理利用。七是坚持社区参与并且合力的原则。必须充分考虑民族、社会、居民的生存和生活，建立利益激励机制，保障社区居民的收益，国际社会又建立有效的机制，切实帮助发展中国木材生产和林区贫富经济的发展，帮助他们摆脱贫困(国家林业局，2007)。

8.4.2 中国应对非法采伐的政策与行动

中国政府一贯积极保护全球的森林资源，不但保护好本国的森林资源，同时积极倡导保护全球的森林资源，促进全球生态环境的改善，坚决打击木材非法采伐和相关的贸易活动。中国木材和林产品的进出口贸易是全球经济一体化发展的结果，也是全球资源优化配置的必然要求。木材贸易是全球经济贸易的一个重要的组成部分，正常的贸易与导致某一个国家、某一些地区乱砍滥伐没有直接的关系。木材砍伐等相关贸易破坏环境的问题大都发生在经济比较落后或者发展不稳定的地区，应对这些问题，要遵循发展的原则，而不是批评的眼光，在发展经济和保护环境之间努力寻找各方面都能够接受的平衡点，引导和加强森林开发利用，加快林区经济的发展，从根本上遏制木材的非法采伐，又帮助这些地区发展经济。中国政府积极推进环境友好型社会建设，完善木材监督管理体系，实施政府绿色采购政策，健全社会信用体系和企业信用制度，推进森林认证工作和加强森林可持续经营，从而在木材资源、供给、需求、产品和消费链上建立起一整套有效的综合措施，来预防和禁止木材非法采伐和贸易；同时还与周边国家建立了联动机制，共同打击木材非法走私行为。

8.4.2.1　木材监管体系日益完善

中国的木材监管体系建设以保护利用森林资源和生态环境为目标，加强对森林管护、林木采伐、木材生产、流通和消费等领域的监督管理，大力推广木材节约和木材替代技术，加快建设资源节约型和环境友好型社会。其中，在木材采伐和流通运输环节上主要采取文件管理方式，严格执行年森林采伐限额、木材生产计划和采伐许可制度，以及采伐作业规程、合理量材造材，通过采伐限额及许可、产地证明、运输许可证与发票核对制度，对无证采伐和乱砍滥伐的依法严肃处理，来加强木材源头和流通监督管理，效果比较明显，但在木材加工、产品包装、物品装卸、成品运输、商品销售和产品消费等环节的监管制度还有待完善。

我国已在木材来源和流通领域建立了较为健全的法规及制度，政府将在规划制订、标准完善、政策引导、技术支持、宣传教育、舆论引导和组织领导等方面采取措施推动木材监管体系建设工作。

8.4.2.2　绿色采购政策正在实施

中国政府制定的绿色采购政策从2007年1月1日起率先在中央和省级（含计划单列市）预算单位实行，2008年1月1日起推广至全国。财政部、国家环保总局联合印发了《关于环境标志产品政府采购实施的意见》，要求各级国家机关、事业单位和团体，使用财政性资金进行采购时，要优先采购环境标志产品，不得采购危害环境及人体健康的产品；公布了中国第一份政府采购"绿色清单"，以及有关公司通过环境标志认证证书的编号和证书有效截止日期。该政策虽然没有涉及其木材是否来自于可持续经营的森林，是否是合法采伐得到的木材等方面，但已表明中国政府准备通过采购政策来处理环境方面的问题。这项政策措施的实施将在一定程度上促进销售商采购合法来源的木材和林产品，同时也相应地影响并促进木材生产商的合法采伐。

最近，政府部门正在考虑研究机构的建议，在适当时候扩大政府绿色采购政策范围，将认证林产品纳入政府采购，以进一步制止木材非法采伐和促进森林可持续经营。

8.4.2.3　行业信用制度初步建立

中国政府提出"整顿和规范市场经济秩序、健全现代市场经济的社会信用体系"，进一步明确了社会信用体系建设的目标和任务，指出"建立健全社会信用体系，形成以道德为支撑，产权为基础，法律为保障的社会信用制度，是建设现代市场体系的必要条件，也是规范市场经济秩序的治本之策"。

中国木材行业企业包括林业生产企业、人造板企业、木材加工企业、木制品企业、木材进口企业、木材及木制品经销企业和木材批发交易市场等。目前中国林产工业发展迅速，原木进口量、人造板生产量和家具出口量已位居世界第一。中国已成为典型的世界木材加工厂。开展行业信用评价工作，将有利于木材流通企业融资和业务拓展、促进木材进口贸易规范发展，有利于促进中国木材工业做大、做强，有利于促进木材行业健康发展、保护消费者利益、推动中国和谐社会的建立，有利于提升中国政府和木材企业对世界森林资源可持续发展负责任的国际形象。

中国木材流通协会积极参与社会信用体系和企业信用制度建设，在本行业内开展"中国木材行业合格供应商评估"和"中国木材行业企业信用评估"工作，将企业木材综合利用率、企业木制品原料来源是否合法、是否来自可持续发展林地、是否通过森林认证和产销监管链认证、企业是否对植树造林等公益事业做出贡献等内容纳入评估指标，给予相应的权重，在培育行业诚信企业和品牌产品过程中发挥了重要作用。该项工作必将进一步增强制止木材非法采伐的力度和效率。

8.4.2.4　森林认证工作成效显著

中国政府关注森林可持续经营，重视森林认证，专门成立了国家林业局森林认证处和中国森林认证工作领导小组。2003 年中共中央国务院《关于加快林业发展的决定》中指出，中国要"积极开展森林认证工作，尽快与国际接轨"。2008 年 6 月，国家林业局与国家认证认可监督管理委员会发布《关于开展森林认证工作的意见》，2009 年 3 月，国家认监委发布《中国森林认证实施规则》（试行），标志中国森林认证体系（CFCS）正式运作。2007 年 9 月 10 日国家林业局正式发布《中国森林认证森林经营》和《中国森林认证产销监管链》林业行业标准。其他标准和相关技术规程也正在制定或发布过程中。森林认证在我国取得快速发展，至 2012 年 11 月，我国已有 8 家森林经营单位约 100 万公顷森林及 2 家林产品加工企业获得了国家体系的认证证书。目前国家体系正在积极寻求国际体系 PEFC 的认可，相关认可文件和认可程序正在进行之中，目前已成为 PEFC 的正式会员。

从实践来看，森林认证对包括中国在内的森林可持续经营产生了积极的影响。森林认证促使森林经营产生了很多实质性的变化，它不仅仅是验证经营良好森林的一种工具，同时也促进了中国林业法律法规的实施。为满足森林认证的要求，森林经营者需做出很大的改变，这种影响体现在森林可持续经营的环境、社会和经济各个方面（徐斌等，2012）。

8.4.2.5　国际交流合作明显加强

中国在加强本国 FLEG、大力发展林业的同时，积极开展双边、多边国际交流与合作，相继加入《联合国防治荒漠化公约》、《濒危野生动植物种国际贸易公约》、《湿地公约》和《生物多样性公约》等，认真履行了《国际热带木材协定》，协助木材生产国控制非法采伐。中国已与世界上 1/3 的国家和数十个国际组织建立了合作关系，与 31 个国家签订了 37 个部门间林业合作协议，与 8 个国家签署了 10 个政府间协定；同时，作为木材消费大国，中国非常关注木材生产国，特别是向中国出口木材国家的森林资源经营管理，并采取积极措施帮助一些国家保护和合理开发森林资源。中国鼓励本国企业在缅甸、老挝和柬埔寨等周边国家开展造林和毒品替代种植，解决当地居民生计问题，减缓和避免破坏天然林，帮助恢复森林资源；对东盟及非洲、大洋洲一些木材生产国提供人员培训，提高其森林资源管理水平；在开发利用森林资源方面倡导互惠互利、长期可持续发展的原则，要求中国企业严格按照资源国的法律法规从事森林采伐、更新和加工，积极参与当地森林资源保护培育、野生动植物保护、森林防火及科技交流等全方位合作，促进共同发展；中国与美国和印度尼西亚签署了打击非法采伐备忘录，参加了亚洲、欧洲和北亚 FLEG 进程；和英国、日本、俄罗斯等国，以及联合国粮农组织（FAO）、国际热带木材组织（ITTO）和世界自然基金会（WWF）等国际组织或非政府组织（NGO）开展合作，为促进林产品可持续贸易与全球森林资源保护发挥积极作用。

2000 年 11 月，中俄两总理签署了合作开发和可持续经营俄罗斯远东地区森林资源的政府间协定；中国国家林业局同印度尼西亚林业部于 2002 年签署一份合作谅解备忘录，承诺控制非法采伐的木材贸易；中国政府参与了亚洲加强森林执法管理非正式部长级会议，共同发表了"采取紧急措施——制止林业违法和林业犯罪，特别是非法采伐，以及与之相关的非法贸易、腐败和对法律规定的消极影响"的声明；中国与欧盟领导人于 2005 年 9 月在北京举行的第八次中欧峰会中达成《中欧峰会联合宣言》，双方在宣言中同意"共同合作打击亚洲地区的非法采伐问题"；中国与俄罗斯领导人在 2005 年 11 月于北京举行的中俄总理第 10 次定期会晤中一致同意"进一步加强森林资源开发利用，加大对非法采伐木材和贸易的打击力度"。所有这些政府间合作行动，充分展现了中国政府坚决打击木材非法采伐和贸易、维护国际木材贸易秩序的国际形象。

中国政府和非政府组织 2 次参与"森林执法与施政"会议，其中包括 2001 年在巴厘岛召开的"森林执法与施政"亚洲部长级会议和 2005 年的"森林执法与施政"欧洲和北亚会议。2002 年 12 月中国、印度尼西亚两国政府签署谅解备忘录，在遏制林产品非法贸易上进行合作。在 2007 年第 15 次"亚太经合组织"会议上，胡锦涛主席提出建立"亚太森林恢复与可持续管理网络"。2007 年 9 月，国家林业局作为会议的主办方之一举办"中欧森林执法与施政"会议。会议讨论了"森林执法与施政"的重要性和促进政策合作的具体步骤。会议成果丰硕，出台了一系列建议，包括：加强机构间合作；加大利益相关方的参与度；在供应链上采取协同一致的行动，以及支持国内森林的可持续生产(IUCN，2008)。中国参与"应对非法采伐和贸易以及森林管理不善"的相关进程，以及中国在林产品全球贸易中日益扩大的影响力并做出的相关国际承诺，都使国际社会更加重视中国对世界其他地方的森林的影响力及其本国林产品的生产力。中国政府及私营部门制定的各种卓有远见的政策有希望促进中国和木材生产国的良好森林施政环境的建立，同时为中国在区域和全球范围内发挥领导作用提供了机遇。

2011年9月在首届APEC林业部长级会议上，通过了《北京林业宣言》，强调森林在经济、社会和环境可持续发展、生态保护、消除贫困、绿色增长，特别是应对气候变化等方面具有重要的作用和功能，加强森林保护、恢复和管理，防止毁林和森林退化，打击非法采伐，促进合法采伐的林产品贸易，成为国际社会普遍关注的重大课题。

我国政府坚持互利共赢、可持续发展的全球森林资源合作战略，坚持从源头上加强森林资源监管，坚决打击木材非法采伐及相关贸易，与国际社会共同努力，为促进全球森林可持续经营、加强森林保护，提高应对气候变化能力做出贡献。国家林业局制定一系列标准和指南，创建了中国森林认证体系，制定了木材合法性认定办法，先后出台了《中国企业境外可持续森林培育指南》和《中国企业境外森林可持续经营利用指南》，进一步鼓励中国企业到境外培育森林并帮助海外企业规范经营行为。与此同时，我国同美国、欧盟、澳大利亚、印度尼西亚和日本签署《打击非法采伐及相关贸易合作备忘录》；与美国建立了打击非法采伐及相关贸易双边论坛，在双边论坛机制下，开展了木材合法性认定策略研究、海关数据交换、应对《雷斯法案》等多项打击非法采伐和相关贸易工作；与英国开发署联合开展"中国木材合法性认定体系研究"，并在加蓬、印度尼西亚、巴布亚新几内亚等国家开展试点工作；与欧盟开展中小企业可持续林产品贸易能力、《欧盟木材法案》培训等方面的合作。同时，建立了政府管理部门、行业协会和企业一体化的打击非法采伐及相关贸易联合应对机制(付建全 等，2011)。

8.5 应对非法采伐相关贸易法规对策建议

在国际打击非法采伐和相关贸易的大背景下，中国作为一个负责任的发展中大国，采取了系列行之有效的措施。中国未来在推动林产品可持续贸易和打击非法采伐方面的构想是：正确处理经济发展与生态保护之间的关系是保护森林资源，遏制木材非法采伐和相关贸易活动的根本。应对非法采伐的原则是遵循发展的原则，在发展经济和保护生态环境之间寻找平衡点，综合分析研究非法采伐的成因和后果(张艳红，2012)。

国际上有关合法林产品的国际市场需求对我国企业产生了重大影响与压力。随着《欧盟木材法案》及其它相关贸易法规逐步实施，越来越多的木材及木制品进口商，要求进口木材出具合法来源证明，对我国的林产品的国际贸易形成巨大压力和挑战。面对这一趋势，中国政府相关部门、行业协会和林产品出口企业应该未雨绸缪，及时调整木材贸易战略，多管齐下，积极应对相关挑战，特别是帮助我国林产品出口企业满足国际市场的需求，从政策、制度、技术等各方面提供支持。由此，提出如下政策建议。

8.5.1　强化国家政策的宏观调控与管理

8.5.1.1　完善合法木材采伐、运输和管理制度，实现国产材合法来源的可追溯性和可实证性

我国国产材采伐、运输和加工均具有严格的管理与监督制度，并取得了较为良好的执行效果，为实现我国国产材的合法性和可追溯性打下了良好的基础。但从实践看，我国国产材在满足国际市场合法性要求方面仍存在一定的困难，如企业很难收集到合法性证明，很难实现原产地追溯等，建议进一步完善我国的木材采伐、运输和管理制度。①木材的合法采伐。我国大部分木材都纳入到"木材采伐证"的管理范围，但非规划造林地或非林业用地的木材采伐、活立木枝丫材的采伐也是我国木材的重要来源，目前各省的要求不一致，需要对不需办理采伐证的"合法木材"进行统一规范。②木材的运输管理。目前我国各省木材运输证的应用范围(如原木、人造板、竹材、半成品、枝丫材、组件乃至木制成品)，以及木材及木制品运输的县内、省内和跨省运输的规定不完全一致，木材运输证的原产地和产地填写不规范，难以实现木材的可追溯性。应在此基础上建立全国统一管理的、简单易行的木材运输管理制度，要求木材及其制成品显示产品材料的来源、树种及合法性，为提供木材的合法性和可追溯性打下基础。③优化我国森林资源管理和木材运输管理信息服务平台，提高木材合法性管理水平。建议应在现有系统的基础上，开发电子办证系统和平台，提供在线申请与办理功能，杜绝暗箱操作和行政寻租，并节约办理时间，降低差旅成本，提高工作效率；实现森林资源管理系统和木材采伐运输管理系统的统一，建立省、市、县三级森林资源管理部门不同权限的验证、查询、监控、统计分析和信息反馈；运用电子政务信息网络平台，对外开放采伐证和运输证的实时查询和追溯功能，核实采伐证和运输证的真实性。

8.5.1.2　加强木材采伐、运输和加工的管理，确保国产材合法性

我国建立了完善的木材执法监督机构，但也存在一些问题，如超限额采伐、林木采伐许可证发放不规范；运输证管理不规范，木材监管不力；对企业监管不到位等问题。现阶段，应健全森林法治，完善合法木材采购、运输和加工管理制度，加强林业管理，要控制森林采伐数量，避免过度浪费与消耗，各部门要严守职责，控制好各环节的审批工作，建立监督制度，确保我国木材及木材产品生产的合法性。

8.5.1.3　建立我国木材合法性认定体系，提高我国林产品合法性的可信度

认定合法和非法木材是解决非法采伐及相关贸易问题的关键，要做好木材合法性评估和认定工作，积极推进木材来源证明、木材跟踪和供给链管理。我国已提出建立我国木材合法性认定体系框架：一是建立以政府为主导的木材合法性认证体系。由于我国木材运输证的办理需要提供木材采伐证和其它合法性证明，原则上"一证"即可证明木材的合法性。因此，可考虑完善目前的木材运输证管理体系，将进口材的合法性证明纳入到我国木材运输管理制度，补充有关木材及其制成品的材料来源、树种及合法性(如采伐许可证(编号)等信息)，实现可追溯性，将其直接作为中国木材及木制品的合法性证明，该方法成本低，可操作性强；二是建立以市场为主导的第三方合法性认证体系，提高可信度。包括根据国际市场要求，建立适合中国国情和林情，且能够有效应对国际木材合法性要求的木材合法性评估标准，木材来源合法性的认证程序和办法；建立木材合法性管理及许可证发放机构，直接或认可相关的认定机构开展认定审核，发放木材合法性证书，提高我国合法木材的可信度。企业可以在自愿的基础上开展合法性验证，在条件成熟时，也可作为我国外贸型木材加工企业的强制要求。

8.5.1.4　出台有关木材合法性贸易政策或法规，加强木材合法性贸易管理

《欧盟木材法案》、《美国雷斯法案修正案》和《澳大利亚木材禁令》等针对非法采伐贸易法规的相继出台，对包括本国市场在内的国际林产品贸易形成很大冲击，从某种程度也体现了这些国家为制止非法采伐，推行绿色国际林产品贸易所做的努力。我国是林产品生产、消费和贸易大国，但木材来源复杂，难以保证进口木材的合法性，进口木材加工产品出口时产生国际贸易摩擦的风险加大。从国际发展的大环境和负责任大国角度出发，我国应考虑制定类似于这些法案的，具有约束力的合法林产品贸易法规或不具约束力的贸易指南，对我国生产或销售的林产品的木材来源提出要求或规范，并适时开展相关执法，使我国在林产品对外贸易中发挥主动权。

8.5.1.5　完善合法或可持续性林产品的鼓励政策，发展绿色林产品贸易市场

公共采购政策一直是合法或可持续认证林产品需求的重要驱动力和主要激励机制。在欧盟，公共采购的价值高达 70 亿欧元，占欧盟 GDP 的 11%。2003 年我国颁布实施《政府采购法》，对一些公共产品实行公开投标和公共采购政策，为将合法或认证林产品纳入政府公共采购优先领域打下了基础。目前有关节能认证和信息安全产品的 CCC 认证属强制性政府采购认证，而对环境标志认证产品则实施优先采购政策。环境保护部日前又启动了低碳产品认证。森林认证产品属于低碳环保类产品，但目前合法或森林认

证产品还未被纳入我国政府采购标准和清单范围之内。我国应借鉴国际经验，积极将合法或认证林产品纳入到公共采购政策标准中，推动认证林产品在公共采购中的应用。另外，应将优先采购政策切实落实到位。

8.5.2 加强行业引导和企业自身能力建设

8.5.2.1 充分发挥行业协会的行业引导作用，积极应对国际市场新政策

行业协会作为行业内企业界的代表，应充分发挥行业规范、行业自律、行业监管职能，引导企业做好以下准备：做好主要木材生产国森林经营合法性的监测工作，及时搜集分析木材合法性来源的信息，为企业获取合法木材提供技术支持和指导；为国内企业及时发布国际非法采伐相关贸易法规的最新进展，在过渡期间提供相关知识培训，提高企业对相关法案的认知和应对能力；做好法律援助等配套服务。"木材法案"实施后，相关贸易纠纷可能涌现。应针对"木材法案"，预先拟定应诉工作方针政策和措施，指导企业熟悉相关法规、诉讼程序，做好应诉准备工作，调动企业应诉积极性，提高应诉成功率。

8.5.2.2 加强企业自身木材供应链管理和能力建设，满足国际市场新要求

我国企业应积极应对国际市场需求，加强自身能力建设。要了解相关贸易法规的要求，制定林产品采购政策，建立木材来源追踪体系与尽职调查体系；要加强木材供应链管理，并根据国际市场的具体要求，选择必要的应对工具，如开展合法性认定、森林认证或参加 NGO 的倡议等。

8.5.3 强化科研的决策和技术支持

8.5.3.1 继续开展国际贸易政策研究，提供决策和技术支持

针对国际市场所出现的绿色林产品贸易趋势，以及一些国家出台的其它贸易壁垒措施，科研机构应积极开展研究，为国家出台相关政策和应对措施提供决策和技术支持。一是继续跟踪有关合法木材的国际林产品贸易政策发展动态，把握最新政策及影响，及时传递给政府部门和有关各方；二是在欧盟已与部分国家开展 VPA 谈判，并将 FLEGT 标签的木材视为可以进入欧盟市场的合法木材的背景下，开展 VPA 案例剖析、挖掘国际经验和启示，研究中国合法性认定体系加入 VPA 的优缺点、存在的风险及可行性；三是为发展中国木材合法性认定体系提供技术支持；四是继续做好相关贸易法规和贸易壁垒的应对策略研究，及时提出有建设性的政策建议，探讨与欧盟及其它贸易伙伴交流

合作时满足其提出的一些合理性要求的谈判口径及具体预案，为政策调整和贸易谈判提供决策支持与重要参考。

8.5.3.2 加强供应链管理和追踪技术开发，为企业提供技术和咨询服务

针对企业目前在满足国际市场合法性要求中所出现的难点，科研单位应加强企业供应链管理和追踪技术研发，提出简单易行的、可操作的技术指南，包括针对各种应对工具和措施的技术体系；在分析各国木材生产、运输和加工管理相关法律法规的基础上，提出各国木材合法采购指南，并为企业提供技术和咨询服务，帮助企业满足国际市场的要求。

8.5.4 深化相关领域的国际交流合作

8.5.4.1 积极参加多边合作与交流，阐明中国政府立场与行动

中国是国际林产品贸易的重要驱动者和全球产业链的主要参与者，应积极同其他国家和地区开展多边、双边广泛合作，共同开展木材合法性研究与实践，提升林产品贸易大国形象和调节能力，保证所交易的林产品是来源合法的产品。一是与主要贸易伙伴加强在林业管理、非法采伐及林产品贸易方面的双边合作，协调海关木材进出口信息，交流公共采购政策、林业政策法规等方面的经验。二是积极宣扬我国在打击非法采伐方面的政策和措施，提升我国林产品贸易大国形象。

8.5.4.2 加强与木材生产国的联系与合作，确保进口木材的合法性

与对我国出口木材的主要国家，如俄罗斯、马来西亚、加蓬、巴布亚新几内亚等加强联系与合作，了解这些国家木材生产和运输管理的法律法规，确定该国合法木材所需的证明，建立国际木材合法性证明互认制度。通过这些措施，使每一批进口的木材都附有资源国的木材来源合法性证明，降低我国企业使用非法采伐的风险。

8.5.4.3 开展与林产品出口主要贸易国的谈判，提高我国政策和措施的认可度

我国应针对主要贸易国出台的有关木材合法性的贸易法规，通过签署双边合作备忘录或现有的双边合作机制，积极开展谈判，消除该国贸易政策中的不合理因素，提高我国政策和措施的认可度，为中国木材贸易的正常发展创造有利的国际环境。其具体做法是：了解相关贸易法规的操作细节，对该国贸易法规的不合理部分提出质疑和要求，以避免和减少林产品出口中的贸易壁垒和摩擦，并通过合作项目等形式落实达成的协议；解读我国木材生产、运输和加工管理的相关制度，力证供应链管理使用非法采伐特别是

国产材的低风险，尽量减轻企业开展木材来源风险评估和风险规避措施的难度；推动我国发展的森林认证体系和自己的木材合法性认定体系与世界各主要贸易伙伴达成互认，与其木材合法性贸易法规达成技术的一致性，形成真正意义上的多边合作互信体系。

参考文献

［1］Australian Government：Illegal logging.

［2］Charles E. Palmer，2004，The extent and causes of illegal logging.

［3］an analysis of a major cause of tropical deforestation in Indonesia，Economics Department University College London ISSN.

［4］Chatham House（2012）：COMMUNITIES，LIVELIHOODS & LOST REVENUE http：//illegal－logging. info/approach. php？a_ id＝55.

［5］Duncan Brack（2010），Controlling Illegal Logging：Consumer－Country Measures，Chatham House.

［6］Duncan Brack，Katharina Umpfenbach（2009）：Deforestation and climate change：Not for Felling，Chatham House.

［7］Dykstra，D. P.，Kuru，G.，Taylor，R.，Nussbaum，R.，Magrath，W. B.，Story，J.，2003.

［8］FAO（2011）. State of the World's Forests. FAO Forestry Food and Agriculture Organization of the United Nations Rome，2011.

［9］FSC. Facts and Figures December 2012［EB/OL］.（2012-11-15）.［2012-12-18］. http：//ic. fsc. org/facts－figures. 19. htm.

［10］GFTN. http：//gftn. panda. org/. 2012.

［11］http：//www. daff. gov. au/forestry/international/illegal－logging，2011.

［12］IKEA. IWAY 林业标准. 2008.

［13］IUCN. 制止非法采伐及相关贸易活动［EB/OL］.（2008-03-05）.［2012-07-25］. http：//cmsdata. iucn. org/downloads/ch_ 1_ 7. pdf.

［14］Luca Tacconi，Marco Boscolo，Duncan Brack. National and International Policies to Control Illegal Forest Activities. A report prepared for the Ministry of Foreign Affairs of the government of Japan. 2003.

［15］PEFC. PEFC COUNCIL INFORMATION REGISTER：Statistical figures on PEFC certification［EB/OL］.（2012-11-13）.［2012-12-18］. http：//pefcregs. info/statistics. asp.

［16］Proforest，EU timber regulation.（2011）.［2012-08-12］. http：//www. cpet. org. uk/eutr.

［17］RA. http：//www. ra. org/forestry/verification/legal. 2012.

［18］Russell A. Mittermeier，Christoph Schwitzer，Anthony B. Rylands，Lucy A. Taylor，Federica Chiozza，Elizabeth A. Williamson and Janette Wallis（2010）：Primates in Peril：The World's 25 Most Endangered Primates 2012－2014，IUCN.

［19］Sam Lawson（2010），Larry MacFaul. Illegal Logging and Related Trade，Indicators of the Global Response，Chatham House.

［20］Saskia Ozinga，Nathalie Faure，Tom Lomax，Feja Lesniewska and Indra van Gisbergen（2011）VPA Update November 2011，EU Forest Watch November 2011.

［21］Timber Trade Federation. UK Timber Trade Federation's Responsible Purchasing Policy. 2010.

［22］US. Amendments to the Lacey Act from H. R. 2419，Sec. 8204，§ 3372.（f）［EB/OL］（2010）http：//www. aphis. usda. gov/newsroom/content/2010/08/lacey_ act_ ammend. shtml.

[23]World Bank. (2002), "The Challenges of World Bank Involvement in Forests: An Evaluation of Indonesia's Forests and World Bank Assistance", World Bank.

[24]陈绍志，周馥华，李剑泉 等. 欧盟自愿伙伴关系协议(VPA)进程案例分析[J]. 林业经济，2012(7)：78 – 84.

[25]陈勇等. 中国木材合法性认定体系. 中英合作项目项目报告. 2011.

[26]付建全，田禾. 打击木材非法采伐及相关贸易国际合作——中国在行动[J]. 中国林业产业，2011(11)：64 – 64.

[27]国家林业局. 2011 年中国林业发展报告[M]. 北京：中国林业出版社. 2011.

[28]国家林业局. 中国政府保护全球森林资源打击非法采伐立场坚定[EB/OL]. (2007-06-05). [2012-07-25]. http：//www. gov. cn/wszb/zhibo76/content_ 636631. htm.

[29]湖南省浏阳市大围山镇人民政府. 关于加强森林资源管理的若干规定[EB/OL]. (2010-4-26). [2012-08-26]. http：//www. liuyang. gov. cn/detail. php？id = 00616223/2011 – 0016.

[30]李剑泉，侯建筠，陈勇 等. 雷斯法修正案实施后中国企业的应对策略[J]. 世界林业研究，2010，23(3)：77 – 80.

[31]李剑泉，陆文明，李智勇 等. 打击木材非法采伐的森林执法管理与贸易国际进程[J]. 世界林业研究，2007a，20(6)：67 – 71.

[32]李剑泉，陆文明，李智勇 等. 中国木材资源利用管理政策体系[J]. 林业科技，2007b，32(5)：67 – 70.

[33]李剑泉，陆文明，李智勇 等. 中国森林执法管理与贸易的国家进程[J]. 北京林业大学学报(社科)，2008，7(1)：32 – 37.

[34]李剑泉，周馥华，陈绍志 等. FLEGT 进程对多功能林业发展的影响及启示[J]. 林业经济，2011(9)：91 – 96.

[35]印中华，李剑泉，田禾 等. 欧盟木材法案对林产品国际贸易的影响及中国应对策略[J]. 农业现代化研究，2011，(5)：537 – 541.

[36]云南省林业厅. 云南省南涧县加大对农民自用材采伐监管力度[EB/OL]. (2010-11-22). [2012-07-28]. http：//www. forestry. gov. cn/portal/main/s/102/content – 451845. html.

[37]张艳红. 中国政府打击国际木材非法采伐与贸易相关政策[EB/OL]. (2009-09-17). [2012-07-25]. http：//www. cfcn. cn/cmc2/download/1 – 1Zhang％20Yanhong – Chi. pdf.

[38]中国绿色时报. 2011 年我国林产品进出口贸易综述[EB/OL]. (2012-2-9). [2012-2-9]. http：//www. cinic. org. cn/site951/schj/2012-02-09/534330. shtml.

[39]中华会计网校. 国务院批转林业局关于全国"十二五"期间年森林采伐限额审核意见的通知(国发[2011]3 号)[EB/OL]. (2011-01-26). [2012-07-26]. http：//www. chinaacc. com/new/63_ 73_ 201112/07ya1612616082. shtml.

第9章
▷ 森林保险

　　林业是一项重要的公益事业和基础产业，又是一项风险较高的产业。森林在漫长的生产周期和广阔复杂的空间范围内，随时可能遭受自然灾害的侵袭和人为的破坏，这严重影响了林业生产的稳定性和连续性。由于林业的公益性和弱质性，很多发达国家采取有效措施支持森林保险事业的发展，我国也在发展森林保险制度。

9.1　发达国家森林保险发展概述

　　森林保险起源于森林资源极其丰富的北欧国家，如芬兰和瑞典，至今已有近百年的历史。

　　森林保险仅占农业保险的一小部分。据统计，2008年，森林保险约占全球农业保险份额的1%，主要覆盖火灾、雷击、风灾、火山暴发、洪水、冰雹、冰冻、雪压等造成的损失，还包括一定限额的防火开支及灾后清理开支。根据具体投保的物种、地点和防火措施的不同，保险费率为投保总额的0.2%~1%。林业保险合同的条款和条件具体而复杂，这也说明了森林保险承保风险的特性。

　　到目前为止，世界上约有40多个国家开办森林保险，并逐渐形成了适合本国国情、各具特色的保险模式。其中，瑞典、芬兰、日本和美国的森林保险开办时间早、发展水平高，已建立一整套完善的森林保险制度。从这些国家开展森林保险的情况来看，不论保险由何种性质的保险公司承办，政府都参与了森林保险的运行，一方面在政策上给予相应的法律法规支持，另一方面在经济上进行补贴。由于政府支持力度较大，森林保险的承保范围也较宽。从世界范围来看，森林保险的覆盖范围取决于林木、林地的产权结构。一般来讲，私有林比例较高的国家，森林保险的覆盖率也较高。如英国和丹麦，超过 65% 的私有林参加了保险，而公有林比例较高的国家如法国和德国森林保险的覆盖率不足 10%。

9.2　发达国家的森林保险政策及运行机制

9.2.1　总体制度设计

瑞典、芬兰、美国、日本等国森林保险的经营形式主要包括，由国家直接对森林进行保险（如日本），或者由私人保险公司（如澳大利亚）和联营保险公司（如瑞典、芬兰）承办。发达国家开展的森林保险主要对林木的价值进行承保，有的国家对实际发生的林木损失以及灾后重新造林的成本进行投保，如澳大利亚，这样可以降低保险费用。新西兰通常对林龄小于 20 年的林分根据物化成本确定保额，而对成熟林的保额是根据立木价值确定的。大部分森林保险的保险标的是人工林，天然林因不好估价而未纳入保险范畴。政府拥有的人工林参保的也较少，因为政府承担了其经营风险。大部分国家实行自愿性森林保险，而为鼓励公有林主参加保险，不依靠国家的救助，法国和德国实行强制性风灾险。

9.2.2　保险产品设计

9.2.2.1　险种设计

发达国家森林保险险种多由单一的火灾险种逐步发展为包括风暴、霜冻、干旱、鼠害等自然灾害以及附加险的综合险种，但多数国家，如澳大利亚、日本等规定病虫害不在保险范围内。除林木损失外，森林灾害还会给投保人带来其他损失，如灾害扑救费用、受灾现场清理费用等，为减轻这些费用，往往需要上附加险。以下介绍几个典型国家的森林保险险种。

芬兰主要有森林火灾保险、森林综合保险、森林重大损失保险和森林附加保险。森林火灾保险承保火灾损失单一责任，森林综合保险承保火灾、暴风雨、龙卷风、飓风、洪水、冰雹、山体滑坡、冰雪和虫害等损失责任，森林重大损失保险承保大面积损失限额以上的赔偿责任，附加险承保兽害、病虫害和洪水造成的损失。

瑞典于 1920 年开办森林保险，险种分为火灾保险和综合责任保险，后来逐步发展为以综合保险为主的林业保险业务。在业务量中，火灾险约占 40%，综合险约占 50%。

澳大利亚人工林可投保部分险种，以抵御林火、暴风、龙卷风、雷电、冰雹和飞机失事造成的损失，也可以投全险和附加险。可选择的附加险包括：受灾现场清理费用、理赔准备费用和最高为 10 万澳元的减轻损失费用。

日本森林保险包括火灾、气象灾害及火山喷发险三大类。火灾指野火对林木资产的损害;气象灾包括风灾、雪灾、水灾、旱灾、冻灾和潮灾;火山喷发险主要承保火山喷发对林木所造成的折损、倒伏、被火山灰埋没等损失。

9.2.2.2　保险金额设计

在森林防火保险工作中,确定保额难度最大。保险公司希望对林木进行全额保险,以获得较多的保费,而投保人则因林木数量在森林经营过程中会发生变化,不太愿意对全部林木进行投保。多数发达国家会根据不同树种、林龄和投保期限分别确定不同保额和费率。如日本农林水产省林野厅根据全国林地档案和森林资源调查资料制定全国统一的林木价值标准和保险费率,投保人可自行计算出林木资产价值和保险费、保额,保险申请和索赔手续都非常简便。保险金额按标准金额(固定金额)或评估金额(递增金额)确定。标准金额为合同的最高额度,主要根据树种和林龄确定。评估金额是随着森林生长、不断增值而确定的保险金额,即根据森林受灾时的林龄计算并缴付保险金。澳大利亚人工林在参保时就要根据地理位置、树种、林龄、林分条件和人工林经营情况确定人工林价值。若发生损失,林主可按约定价值获得赔付。澳大利亚森林种植者协会(AFG)为各州制定了主要树种估值标准,林木种植者可按这些标准确定人工林总价值,估测保险金额。大多数联邦州均提供了高、中、低 3 种估值标准。高估值标准适用于林地条件好、距离市场近、种苗优良和营林成本高的林地,低估值标准则适用于林地生产力在平均水平之下、距离市场较远和营林成本较低的林地。

新西兰通常对林龄小于 20 年的林分根据物化成本确定保额,这些物化成本包括:整地、栽植和苗木(99 新西兰元/公顷);间伐和修枝(74 新西兰元/公顷);年度费用(12 新西兰元/公顷);复合利率(7%)。

9.2.2.3　保费率设计

发达国家多根据不同地区面临的森林灾害风险大小,按区域划分风险等级,确定费率标准,如瑞典和芬兰都是按照森林面积确定保险费率。瑞典根据全国各地的地理位置、气候条件、自然环境、交通情况、群众习惯等因素,将全国森林划分为 6 个林区实行不同保险费率。保险金额根据单位面积立木蓄积量的价格确定,按森林面积收取保险费,这样可防止通货膨胀对费率的影响。芬兰把全国森林划分为 20 个林区,实行差级费率。具体费率根据森林灾害损失统计资料确定,单一森林保险费基本上为 0.2~0.43 美元/公顷,综合森林保险费约为 0.4~1.5 美元/公顷,重大损失险享受费率优待。

美国根据森林的气候条件、树种耐火性、种植密度、保护措施以及其他因素收取不同的费率。另外,保险条款和费率的不同还涉及林木是否处于易着火地带以及是否采取火灾预警措施等。

在澳大利亚，可以根据不同的林木估值标准，确定差别保险费率；也可以对所有的人工林实行统一的保险费率，而不必考虑每处人工林具体情况，但这样会提高总体保险费率。种植者还可根据自己的财产风险水平选择保险扣除额，保险扣除额越高，保费就越低。多数林木种植者和投资者以趸保的形式购买森林保险，其保险需求与人工林团体保险计划一致。个人种植者和家族公司的年保费为人工林价值的 1%。在低风险地区，保费也相应地低一些，可通过不同的保险扣除予以降低。林业工业公司倾向于将其人工林资产和更多的工业资产整合在一起统一投保，其保费低于 AFG 人工林团体投保的保费。参加 AFG 人工林保险计划，每续保 1 年可得到 3% 的折扣，7 年后累计折扣可达 21%。如当年无赔付，还能得到另外 3% 的无赔付折扣。因此，连续参保和无赔付的综合折扣最高可达 42%。

在新西兰，保险公司收取的森林保险保费一般低于投保额的 1%。日本森林保险保费可选择一次性缴纳或分期缴纳，一次性缴纳可享有优惠。芬兰规定投保 500 公顷以上的林地，可获 10% 的森林保险费折扣，并由芬兰政府提供基金补贴。

9.2.2.4　赔偿办法设计

一般来说，被保险的森林一旦发生灾害损失，往往按实际损失赔偿。但芬兰最初的森林火灾保险设有最高赔偿限额，且实行定额保险。1972 年以后，芬兰采取了足额保险的方式，对全部森林价值负责赔偿。在发生损案时，一般都需要通过损失评估第三方进行调查评估。损失评估第三方一般由林务员和林业技术员担任。赔付额和林木价格都需要通过每年的成本核算来确定。通过对长期理赔统计资料的分析，可及时得出基本正确的费率。在芬兰的森林保险赔偿中，保险公司赔付损失金额的 1/3，另外 2/3 的损失金额由政府补助基金供给。

日本损害赔偿范围包括立木枯死或林地无法恢复，以及立木的经济价值显著降低。赔偿金必须在合同规定的保险金额度之内按照损失程度给予支付。但以下情况不能获得赔偿：2000 日元以下的损失；风倒木等可以恢复的损害；不需要补植，也不影响成林的轻微损害；因违背适地适树及苗木不良、种植不当等明显的造林技术缺陷造成的立木枯损；在造林后约 6 个月(秋季种植约 1 年)内因生长不良等发生的枯损造成的损害；森林病虫害、野兽及地震等造成的损害。另外，保险的免责还包括：因被保险者故意或重大过失造成的森林损害；未在规定期限内送达损害发生通知(自损害发生之日起超过 2 年即为无效)；因战争、动乱造成的损害；应支付金额不足 4000 日元。

9.2.3　政府财政补贴

政府在森林保险发展中起着重要作用，保险补贴是其发展的关键因素。主要的补贴方式有两种：保费补贴和保险公司经营费用补贴。

德国私有林经营者缴纳的森林保险费的一半由政府承担。

奥地利政府对森林火灾、冰雹和霜冻险等给予保险费补贴，共补贴保费的 50%，其中 25% 由中央政府支出，来自国家灾害基金，而另 25% 由地方财政支付。

美国政府采取多种形式对参加森林保险的林业经营者和开展森林保险业务的保险公司进行政策扶持。其中，主要采取的是补贴私人保险机构的模式，鼓励和支持私人保险机构开展森林保险业务。迄今，补贴范围已能涵盖保险公司所有营运开支。联邦保险计划规定将净保费总额的 20% ~25% 作为管理补贴返还给保险公司，但新农业法案将这一比例下降到总保费的 18%。此外，政府还认捐包含林业在内的农业保险公司相当数额的资本股份，对其资本、财产和收入免征一切赋税。根据险种不同，美国政府提供不同比例的保费补贴。如联邦农作物保险项目规定，当承保率为 50%、55%、60%、65%、70%、75%、80% 和 85% 时，分别补贴净保费的 67%、64%、64%、59%、59%、55%、48% 和 38%。

9.2.4　相关机构运行机制

芬兰的森林保险业务由联营保险公司在政府农林部领导督导下经营。该国的林业保险由许多私人保险公司组成的芬兰保险中央联盟经营，各私人保险公司统属社会事务和卫生部下设的保险局管理。发生森林灾害后，保险公司赔付 1/3，另外 2/3 损失金额由政府补助基金供给。另外，政府还对私有林主提供免费技术支持，这对促进森林保险顺利开展起到了积极作用。

瑞典的森林保险由私营保险公司经营，并成立联营再保险公司承担联营分保业务。私营保险公司承保国有林、集体林和私人林场的人工林及林木产品。林业合作组织也承担一定的森林保险业务。瑞典政府对林主提供免费信息、教育和技术服务，尽管发展森林保险没有得到政府经费支持和补贴，但是参保率很高。

在自由竞争的市场经济条件下和政府对林业的大力支持下，美国私人保险公司开展了多样化、综合性的森林保险业务，多家保险公司采取合保的形式来分散风险。美国政府除对林农和保险公司进行补贴外，还通过隶属农业部的风险管理机构（RMA）来监督和管理美国农业保险项目。RMA 还通过风险管理伙伴关系协议提供资金开展保险产品研究、开发、教育和培训等。

虽然澳大利亚政府在制定森林防火政策和法律方面力度很大，各项法律法规很完善，但在森林保险的运作过程中，政府并没有过多参与。林业资源完全由林业所有人经营并办理保险。自 1984 年成立以来，伦敦劳合社一直是澳大利亚森林种植者协会（AFG）人工林保险计划的主要承保公司。尽管保费水平随着市场波动，但该保险公司的承保能力一直很稳定。长期参加该计划的 AFC 成员可享受较大折扣，所缴纳的保费低于市场价。

日本是建立森林保险较早的国家之一，已经形成一套较为完善的森林保险体系。该体系由国营森林保险、私有保险公司森林保险和森林灾害互助保险等三部分组成。1937 年，日本政府颁布了《森林火灾国营保险法》和《森林火灾国营保险特别会计法》，并分别依法建立了国营森林保险制度和森林保险特别会计制度。目前,已形成了包括火险、气象险和火山喷发险三大险种在内的森林国营保险体系。由私有保险公司提供的森林保险仅限于林龄 20 年以上的森林火灾赔付,而林龄 20 年以下的幼树火灾险由政府承保。政府还要为暴风雨、洪水、雪灾、干旱、霜冻、潮水和火山暴发造成的损失进行赔付。森林所有者及个人、法人均可加入森林保险。市町村长及森林组合长等可以代表森林所有者组织申请加入保险。林主可通过附近的森林组合参保或办理损失赔偿。国有林的经营费用已经完全由国家负担。为了促进私有林得到长期稳定的发展,国家实行了各种扶持政策,包括以稳定林地和林木所有权为核心的制度保障;以财政补贴、税制优惠和信贷支持为核心的经济扶持,以及对森林组合等林业经济合作组织的扶持等。

9.2.5　巨灾风险分散机制

巨灾风险分散机制和风险控制手段对于保障巨灾保险的顺利实施具有非常重要的作用。传统风险分散手段主要有两种:一是建立巨灾风险基金;二是开展再保险业务。芬兰、奥地利均设有由政府出资建立的巨灾风险基金,而美国、日本和瑞典的商业保险公司在承保后,多进行再保险以降低风险。瑞典成立了联营再保险公司,日本政府对商业性森林保险提供再保险。除建立再保险市场以外,美国还在资本市场上推出了一系列诸如巨灾期权、巨灾债券、巨灾期货、巨灾互换等的保险衍生商品,形成了新的巨灾保险风险控制方式——巨灾风险证券化。风险控制手段以投资建立防灾防损工程体系为主,如日本和美国建立起了完善的防灾防损工程体系和灾后恢复救助体系。日本为防止灾害再度发生,在受灾当年对受灾林地进行紧急恢复和治理,建立灾后治山设施恢复项目,重建或修复由异常自然灾害毁坏的设施;在因重大灾害造成的森林受损额和需要恢复的面积较大的市町村开展灾后森林恢复项目。森林灾后恢复工作主要包括受害木的采伐及运出、迹地造林、恢复倒伏林木、开设林道等。灾后恢复治理的费用由政府补贴 2/3,其中 1/3 由中央政府承担,1/6 由地方政府承担。美国要求参与灾害救助计划的森林生产经营者必须购买森林保险。

9.3　发达国家森林保险发展的特点和经验

9.3.1　发挥政府的引导和扶持作用

建立和发展森林保险市场,必须发挥政府的引导和扶持作用。从国际经验看,包括森林保险在内的农业保险往往以保本经营为目标。为了发展好森林保险,无论是建立公有林业保险机构,还是让私有保险机构代理,政府都提供了大量的财政补贴和政策支持,仅仅依靠商业保险公司,森林保险很难发展起来。同时,林业的特点也决定了森林保险政策的设定需要坚持政策性定位。发达国家发展森林保险的做法大体可分为两类:

一类是直接建立政策性的国有保险公司办理森林保险，每年国家提供大量的财政补贴；另一类是让其它金融机构经营森林保险，政府提供政策支持和财政补贴。

一些西欧国家，如德国和奥地利通过补助林业经营者而使其增强投保的积极性。其补助范围很广，包括林道铺设、架线集材、土壤改良及林地施肥、整地、造林、森林结构改造、遗传多样性保护及职业培训、情报调研等。

9.3.2　建立多元化的森林保险体系

发达国家的森林保险有多种组织形式，不同的保险组织之间相互配合，相互协作，构成一个完整的、有机的组织体系。其森林保险组织形式以私营商业保险公司为主，同时还有国家受理的森林国营保险和林业合作社主办的森林合作保险，分别体现了森林保险及其经营组织的商业性、政策性和合作性。

芬兰的森林保险由联营保险公司经营。瑞典有 11 个大区性林农联合会，注册会员 8 万人左右。这些林业合作组织承担部分森林保险业务。日本专门设有森林国营保险险种，由政府对森林进行保险。在森林国营保险投保和索赔的操作过程中，日本林业合作社即森林组合发挥着"上传下达"的作用。同时，森林组合本身还对社员提供森林互助保险服务。此外，就是私人保险公司开展的森林保险业务，一般林龄较长的森林灾害险主要由商业性保险组织承办。

9.3.3　逐步拓展保险业务范围

各国森林保险都是从最初的单一灾害险种尤其是火灾险起步，逐步扩展至风暴、干旱、鼠害等自然灾害的综合险种以及附加险。

日本森林保险的沿革经历了以下几个阶段：1937 年，政府和民间商业保险公司分别承保林龄 20 年以下的幼树火灾险和林龄 20 年以上的森林火灾险；1961 年和 1978 年，森林保险险种依次增加了气象灾害险和喷火险；之后，包含火险、气象险和喷火险 3 大险种在内的综合险延续至今。

瑞典的森林保险于 1920 年开办之初，仅限于单一的森林火灾保险；1950 年，瑞典的森林保险业务扩展至森林风暴保险；后来，又将森林风暴保险扩展为包括火灾、风暴、霜冻、干旱、霉菌、田鼠、昆虫等多项自然灾害的森林综合保险，还开办有森林采伐保险。

9.3.4　实行差级保险费率

国外森林保险开办较为成功的国家都进行了森林保险的风险区划，实行差级保险费率。如芬兰和瑞典分别将全国划分为 20 个和 6 个林区，不同林区规定不同的保险费率。美国和日本根据树种、林龄、立地条件以及其他因素对森林进行了风险等级划分，收取不同的费率。

9.3.5　利用法律手段支持和规范森林保险发展

发达国家在发展森林保险过程中，注重用法律手段来保障森林保险的发展。如森林保险开展较早的国家瑞典、芬兰等，都以专门的法律对其地位和运作规则进行特别规定。瑞典的国家林业部门通过完善保险政策、推进林木标准化工作，为森林保险提供了法律依据和统一标准。瑞典《森林法》非常完善，每4年进行一次评估以适应林业发展的需要。瑞典还在1932年成立了森林所者联合会，其主要职能是制定和监督木材检尺技术标准。瑞典的《森林法》和芬兰的《森林改良法》都规定，政府应对林主提供免费的技术支持，这极大地推动了森林保险的开展。

美国1924年通过了克拉克－麦克纳利法案（Clark－McNally Law），该法案规定政府应为森林所有者承担大部分保护措施成本（H. B. Shepard，1937），这为森林保险市场的发展提供了必要的准备条件。日本早在1937年森林国营保险开办之初就颁布了《森林国营保险法》，2000年12月进行了再次修订。

9.4　我国森林保险发展的现状与问题分析

9.4.1　森林保险发展的基本情况

2012年，纳入中央财政森林保险保费补贴的省（自治区、直辖市）森林保险投保面积为0.86亿公顷，保险金额总计为6422.86亿元，交纳保费16.99亿元，公益林保险费率为1‰~5‰，商品林保险费率为1‰~17.5‰（海南省橡胶林保险费率17.5‰，保额22500元/公顷）。共发生理赔3379起，理赔金额共计2.53亿元，占保费总额的14.9%。

9.4.2　森林保险工作取得的成效

（1）试点工作进入全面推进的新阶段。2012年8月，财政部下达了《财政部关于2012年度中央财政农业保险保费补贴工作有关事项的通知》（财金〔2012〕80号），中央财政森林保险保费补贴范围新增河北、安徽、河南、湖北、海南、重庆、贵州、陕西8省（直辖市），规模扩大至17个省（自治区、直辖市）。中央财政森林保险保费补贴试点工作进入由点到面、由浅入深、由扩大到提质的新阶段。森林保险确立了"政府引导、政策扶持、市场运作、协同推进"的总原则。

（2）覆盖面迅速增长，参保率大幅提升。2012年，除安徽省当年未实施森林保险外，纳入中央财政森林保险保费补贴的16省（自治区、直辖市）森林保险投保面积比

2011 年增加了 0.35 亿公顷；平均参保率 57.19%，其中公益林 64.09%，商品林 49.34%。

(3)财政补贴超过 80%，有效地减轻了林农负担。2012 年财政部共拨付保费补贴资金 6.8 亿元，占总保费的 40.02%；省、市县财政支付保费补贴 7.25 亿元，占总保费的 42.67%。各级财政保费补贴比例平均达到 82.69%，林业经营单位和林农个人仅承担 17.31%。各试点地区，财政对公益林保险的补贴比例均不低于 90%，对商品林保险的补贴比例为 55%~85%。

(4)不同地区保险条款有所差异，基本实现了"低保费、保成本、广覆盖"的要求。各地结合自身实际确定险种、费率和保额。公益林的费率为 1‰~5‰，商品林的费率为 1‰~17.5‰；单一火灾险的费率为 1‰~1.5‰，综合险的费率为1.5‰~17.5‰。在保额方面，公益林保额平均为 7305 元/公顷，商品林为 7710 元/公顷。

(5)理赔化解经营风险，推动集体林改深化。截至 2012 年底，全国共发生各类森林灾害 3543 起，完成理赔 3379 起，赔付金额 2.53 亿元，占总保费的 14.9%。森林保险的风险保障和经济补偿功能日益凸显，提升了林农参保的信心，增强了林业的抗风险能力，推动了集体林权制度改革的进一步深化。

9.4.3　森林保险工作存在的问题

(1)相关法律法规还没有建立。国务院已审批通过《农业保险条例(草案)》。但由于林业的特殊性，使森林保险区别于农业保险，表现出明显的公共性、外部性、复杂性和艰巨性。森林保险工作需要相对独立的法律法规进行规范和保障。

(2)林农自主参保意识还不高。在各级政府的强力推动下，参保率虽有明显提高，可是林农自主参保意愿仍然较低。主要原因：一是保额太低。相对于价值很高的商品林，每公顷 6000 或 7500 元的保额太低，农民根本不感兴趣；二是保险公司面对分散的千家万户林农，开展业务成本较高，服务困难；三是目前林业部门代缴保费的做法存在一定的制度障碍，虽然承保以及理赔等保险工作环节都需要基层林业部门的配合，但林业部门并没有代缴保费的义务，也没有得到协办费用补贴；四是统保统赔的做法让林农置身于森林保险工作之外。

(3)设定的方案科学依据不足。保险费率、保额往往依据地方配套资金的数量确定，带有明显的行政色彩，缺乏科学依据，导致森林保险赔付率较低，财政补贴资金的使用效率不高。国际上，日本的森林保险赔付率为 66%，瑞典 42%，芬兰 68%，而我国目前的赔付率只有 25%。

(4)保费补贴比例仍然较低。一是中央对商品林保险的补贴标准低于其他种植业保险，如比水稻、棉花低 10 个百分点；二是商品林在砍伐之前发挥公益价值，等同于公益林，但其与公益林保险的补贴比例相差 20 个百分点。

(5)基层工作缺乏经费保障。基层林业工作站协助开展森林保险工作，实现了森林保险政策与林农的对接，解决了保险机构林业专业知识不足的难题，发挥了不可替代的作用。但是基层林业工作站本身任务重、人员少、经费缺，目前承担森林保险工作的经费问题仍没有明确途径。

9.5　发达国家森林保险发展经验对我国的启示

目前，我国森林保险体系建设仍有很多亟待解决的问题，如森林保险立法出台进展缓慢，符合市场需求的森林保险产品匮乏，大多数林农自主参保意识不高等，亟需借鉴国外发达国家发展森林保险的相关经验，探索适合我国国情的森林保险发展模式，促进森林保险健康发展。

9.5.1　健全森林保险相关法律法规

森林保险业务兼具公益性和商业性的特点，森林保险业务开展较早的国家均以专门的法律对其地位和运作机制进行了特别规定。目前，我国除了 1982 年制定和颁布的《森林保险条款》外，其他有关森林保险的具体法律法规至今尚未出台。现行森林保险的组织制度、业务经营方式和会计核算制度等，都是依照《保险法》中对商业性保险的规定制定，忽视了森林保险的特殊性。如果不用法律法规对森林保险的目标、保险范围、组织机构、运行方式等进行规范，森林保险很难健康发展。因此，应尽快制定适合我国森林保险特点的森林保险法律法规，同时加快相关配套法规制度的建设，将整个森林保险事业纳入法制化轨道，利用法律手段保障和促进森林保险发展。

9.5.2　加大对森林保险的政策扶持力度

由于森林保险要保障的是具有社会公益性的森林，为了推动经营周期长、风险大的林业产业发展，政府应扶持森林保险的发展。一是政府应继续加大对森林保险保费的补贴力度，特别是加大中央和省两级财政补贴力度，减轻市县两级财政压力，降低林农缴费比例，提高林农投保积极性，扩大森林保险覆盖面；二是政府应该在财税、信贷、再保险方面制定优惠政策，对保险双方当事人给予经济支持；三是政府应该对提供宣传和技术支持的林业基层部门和工作人员给以协办费用补贴，以激发基层林业管理部门和工作人员为森林保险经营机构的承包、查勘、定损等工作提供支持，解决基层林业工作的经费保障问题。

9.5.3　进一步完善森林保险机制

单一火灾险种已不能适应对多种森林风险防范的需要。国外森林保险都是由单一火险开始，逐渐拓展到其它意外自然灾害险种和人为意外损失险种等，以便为森林资源培育过程的连续性提供资金保证。我国也应逐步发展森林综合险种，以满足广大林业经营者的需求。在险种开办上，可以考虑开办森林火灾保险、森林重大损失保险、森林自然灾害综合保险和森林附加保险等。在保险费率、保额和赔偿标准确定中，应充分考虑不同地区、不同林种、树种、林龄的差异性。国外发达国家也是根据不同的林种、树种和价值以及所处的地区分别确定不同的保额和保费。设计森林保险条款时，还应考虑多年灾害损失情况、国家财力和林业生产经营者的经济承受能力，免责、免赔部分应切实可行。

9.5.4 提高林农的组织化程度

随着集体林权制度改革的全面推进和深入发展，大量小规模、分散经营的林农成为市场主体。在此情况下，林农联合起来成立林农合作社，发展林业专业合作经济组织，可提高其组织化程度、市场经营能力和风险抵御能力，有利于其进行自我保护和自我服务。同时，林农合作社作为中介和纽带既可以为政府和保险公司代办森林保险业务，又可以自办互助性森林保险进行自我保护。

9.5.5 完善森林保险配套措施

森林保险业务涉及森林资源的林权证明、价值评估、相关信息咨询等工作，这些都离不开森林保险中介组织的参与。加快森林保险中介机构的发展，提高其工作水平，有利于推动森林保险业务的开展。林业部门为主管林业工作的专业部门，对全国森林生态环境建设及森林资源保护等方面工作的开展具有权威性，也熟悉林农的具体要求，应制定全面的森林保险办理技术规范，为林农提供技术支持和便利服务，简便森林保险的申请和索赔手续，降低森林保险的成本。

9.5.6 利用森林保险降低抵押物风险

由于银行等金融机构在发放贷款时均要考察抵押物的风险，因此，经过保险后的林地能够获得更加优惠的贷款条件。在美国的金融市场，经过保险后的森林资产更容易被银行等金融机构接受为贷款抵押品，从而加快林业资金的运转。这为发展林业提供了重要契机，同时也为森林保险提供了深入开展的动力，非常值得我国学习和借鉴。我国集体林权制度改革逐渐推进和深化后，林权抵押市场的发展更加需要相配套的森林保险的开展，二者互为基础、相互促进。

参考文献

[1]金满涛．美国、北欧、日本森林保险比较及其启示［J］．保险职业学院学报．2008，22（6）：74－77．

[2]李丹，曹玉昆.国外森林保险发展现状及启示[J].世界林业研究，2008，21(2)：6－10.

[3]马菁蕴，王珺，宋逢明.国外森林保险制度综述及对我国的启示[J].林业经济，2007，(11)：73－76.

[4]石焱，夏自谦.世界森林保险的发展及启示[J].世界林业研究，2009，22(2)：7－11.

[5]王锦霞.澳大利亚森林保险发展及启示[J].保险职业学院学报.2011，25(1)：89－92.

[6]AFG Plantation Insurance Scheme. 2008 – 09. http：//www. fundsfocus. com. au/managed – funds/pdfs/FEA/fea – 09 – insurance. pdf. 2012-10-30.

[7]Alexander K. 2010 – 11 – 16. Forest Insurance Day – EU Level. http：//www. cepf – eu. org/vedl/Alexander%20Kopke_ Policy%20level. pdf. 2012-10-22.

[8]FAO. Forestry Policies in Europe［R］. FAO Forestry Paper 86. Rome：FAO，1988.

[9]Greene M F. Forest fire insurance as it affects forest management and fire control activities［C］. Proceedings of the Society of American Foresters，Oct. 1956.

[10]Hanna L. 2009 – 01 – 07. Only one third of Finnish family forests are insured. http：//www. forest. fi/smyforest/foresteng. nsf/allbyid/DCBA9C14ADF1962EC2257535002AD3D8？ OpenDocument. 2012-10-24.

[11]Holecy J & Hanewinkel M A. forest management risk insurance model and its application to coniferous stands in southwest Germany［J］. Forest Policy and Economics，2006，8(2)：161－174.

[12]Murphy L S. Forest fire insurance possibilities in the northeast［J］. Journal of Forestry，1923，21.

[13]Olivier M，Charles J S. Government Support to Agricultural Insurance：Challenges and Options for Developing Countries［M］. World Bank Publications，2010，126－132 & 256－268.

[14]Shepard H B. Fire Insurance for Forests［J］. The Journal of Land & Public Utility Economics，1937，13(2)：111－115

[15]Yatagai M. History and present status of forest fire insurance in Japan［J］. Journal of Forestry，1933，31.

下篇　世界林业动态

◢ / 森林资源与林业概况

自然与环境领域专家联名上书 FAO 要求重新定义森林

据 www. salvaleforeste. it 网站 2011 年 9 月 23 日报道，在 9 月 21 日"国际反人工林日"当天，自然与环境领域的数百名学者和专家以世界雨林运动(World Rainforest Movement)的名义联名上书 FAO，要求改变不正确的"森林"定义。

根据 FAO 的定义，森林是指面积在 0.5 公顷以上、树高超过 5 米、郁闭度超过 10%，或树木在原生境能够达到这一阈值的土地。不包括主要为农业和城市用途的土地。联名书认为，根据这一定义，原始林皆伐后营造的单一树种人工林也不被看做是森林减少，即使是基因工程的外来树种也不会有任何问题。此外，根据这一定义，森林一词可以毫不犹豫地应用到大面积工业造林上，破坏了丰富的生态系统和景观的造林地也成为了森林。

联合国其他机构更是进行了误导。例如，联合国气候变化框架公约和其他组织以 FAO 这一定义为基础，作出各种决定和计划等，将一个糟糕的局面固定化了。大量的研究或行为、运动等正在这一定义下进行。

我们要求 FAO 对森林重新定义。现在的定义没有考虑到森林生态系统结构的复杂性，也完全没有表现出森林的多样性、功能性和复层林的复杂状况。而且，现在的定义完全没有认识到森林具有提供生态系统服务的能力。生态系统服务，对保护生物多样性、碳储存等功能对人类是非常重要的。此外，现在的定义也没能表达森林对该地区人们生活的基本作用。

人工林和天然林一样，定义为森林，潜藏着将错误的决定正当化的危险。现在的定义将工业造林的扩大正当化，而工业造林将给社会、经济、环境和文化带来的不利影响已广为人知，地区乃至世界范围都不应该使用有负面影响的这一定义。

总之，这是我们的共识。我们反对 FAO 关于森林的定义，同时要求 FAO 考虑对森林重新定义。

全球森林遥感调查最新结果

联合国粮农组织（FAO）网站 2011 年 11 月 30 日：FAO 公布的一项最新卫星遥感调查结果显示，1990～2005 年，森林净损失面积为 7290 万公顷，比先前估计的 1.074 亿公顷少 32%。即在这 15 年中，地球平均每年失去 490 万公顷森林，或每分钟丧失近 10 公顷森林。但森林的净损失速度从 1990～2000 年间每年损失 410 万公顷升至 2000～2005 年间每年损失 640 万公顷。这些数字是以目前最全面的高分辨卫星数据提供的全球森林样本为基础的，不同于粮农组织以数据来源广泛的国家报告为基础的 2010 年全球森林资源评估所得出的结论。

调查结果还表明，全球各区域在森林面积的减少和增加方面存在明显差异。1990～2005 年，在拥有世界森林面积近一半的热带地区，森林损失最大，平均每年净损失 690 万公顷。同期，林地被转为其他未说明用途的比例，南美洲最高，其次是非洲。亚洲是林地使用面积出现净增长的唯一区域。各区域均出现毁林现象，其中包括亚洲，但是亚洲许多国家（主要是中国）所报告的大规模植树造林面积超过森林损失面积。

FAO 负责林业的助理总干事爱德华·罗哈斯·布里亚莱斯说："毁林使千百万人失去利用森林产品和服务的机会，这对粮食安全、经济繁荣和环境健康而言是至关重要的问题。"新的卫星数据给我们展示了更加一致的、随时间变化的全球森林总体状况。这些数据连同国家报告所提供的广泛信息，为各级决策者提供了更加准确的信息，也表明各国和各组织紧急应对和遏制森林生态系统丧失的必要性。

新的高分辨率全球 21 世纪森林覆盖率变化图
显示世界每分钟丧失的森林相当于 50 个足球场

2013 年 11 月 14 日世界资源研究所（WRI）报道：11 月 14 日《科学》杂志上发表的一篇文章披露，世界每一天的每一分钟正在失去的森林相当于 50 个足球场大小！虽然这个信息令人沮丧，但是公布这个新的研究说明，在获取数据方面无疑获得了积极的进展，从而支持更好的森林经营和森林经营政策。

这项研究提供了第一个 2000～2012 年间的高清分辨率的全球年森林覆盖变化地图，并承诺从 2014 年初开始每年对其及时更新。在此项研究之前，世界上还没有最新的全球一致的森林数据——进入决策者手中的大多数关于森林的信息已经是过时好几年了。

新图有了 3 个关键的发现：

(1)过去 13 年中，世界每一天失去的森林相当于 68000 个足球场的大小，即每分钟失去的森林相当于 50 个足球场大小。因此减少森林损失的努力应该加速。

超过 10 亿的穷人依赖森林为生，而人类都依赖于这些生态系统。新的研究表明，在短短 13 年间失去了 2.3 亿公顷的森林，因此必须引起极大的关注。这意味着在过去 13 年中的每一天的每一分钟消失的森林相当于 50 个足球场大小。

科学杂志提供了生动的数据，这些数据也将出现在目前正在建设的世界资源研究所全球森林观察（GFW）网站，该网站将结合近实时卫星监控技术、森林管理和公司特许图、保护区地图、移动技术及实地网络等来提高世界各地森林的透明度，为全球与毁林的斗争展开彻底的改革。

另外，热带森林的损失正以每年 20 万 公顷的速度在增加。热带雨林对那些穷人是最宝贵的财富，而且贮存的碳最多，比地球上几乎任何其他类型的森林所包含的生物多样性都更加丰富。

但是，新的数据也表明，尽管巴西的森林砍伐率仍旧很高，但其森林的年损失率大约已经下降了一半。巴西用于减少森林采伐的策略可以告知其他国家的决策者该如何应对本国的高毁林率。

巴西投资了一项顶级的监测系统用于监测森林的实时状况，让执法部门以及公众共享实时信息。好的、一致的、公开的数据会使森林经营得到改善。巴西采取了金融激励机制，与健康的森林管理挂钩，如降低当地毁林率就可以取得农业信贷。

巴西已经承认传统的土地权利和土著居民对林地权利的要求。超过 20% 的亚马孙地区现在由土著居民管理。尽管一些冲突和权利要求依然存在，但已经取得了显著的进展。越来越多的证据表明，当授权给当地社区和土著民族去管理自然资源时，森林损失率的确是下降了。

然而，2012 年年底最终由总统签署并已生效的巴西新森林法（Brazil's Forest Code）引起了很大争议，而且新《森林法》最近的变化更令人忧虑。在过去的一年中，巴西的森林损失率一直在显著上升。但是为了降低本国森林的损失以及为其他国家作示范，巴西一直在非常努力地去寻找那些造成其森林损失的直接原因和潜在的原因并去解决相应的问题。

特别是印度尼西亚可以借鉴巴西的经验。新的研究表明，印度尼西亚的森林损失率不断上升。虽然印度尼西亚国土面积只是巴西的 1/4，但这两个国家现在每年失去的森林几乎一样多。像大多数国家一样，印度尼西亚无法轻而易举地得到关于本国森林状态的最新信息。另外，它还没有把减少森林损失的努力与财政激励措施挂钩。虽然印度尼西亚已经不再发放采伐原始森林的新许可证，但执法时还是面临着挑战。

(2)几个"被忽视"的国家出现了高比例的森林覆盖率损失。决策者需要更加重视亚马孙地区、刚果地区以及印度尼西亚以外的其它地区森林损失的问题。

巴西和印度尼西亚损失的热带森林仍然占所有的热带森林损失的约一半。但是，其他一些国家失去森林的速度要更快，却没有受到足够的关注。这些国家需要大量的技术和财政支持，以降低森林砍伐率。

因此，提供一个全球一致的森林损失和增加的测量方法，得出新的分析，有助于使这些国家和地区受到更多的关注。

2000～2012年，与印度尼西亚的1.0%相比，马来西亚每年损失的森林达1.6%。虽然印度尼西亚失去的绝对面积更高，但更多的关注应给予马来西亚的动态变化，由于其林业和棕榈油产业扩张，马来西亚正经历着快速的森林砍伐。

在非洲，往往集中关注的是刚果盆地的森林，特别是刚果（金）。但是，科特迪瓦和西非其他地方的毁林更加严重，这也许与社会冲突和全球农业生产繁荣有关。例如，利比里亚目前正在就投资油棕榈种植园开展辩论。

拉丁美洲的阿根廷、巴拉圭和玻利维亚的热带干旱森林，正经历着严重的破坏。这也可能与扩大农业产业为全球提供农产品有关系，如全球对大豆、牛肉、棕榈油、纸浆、生物燃料的需求持续增长。

森林损失的原因需要细微的分析才能精确地判定和量化。这个刚发表的高清分辨率全球年森林覆盖变化地图将使这一愿望成为现实，研究人员很快能够下载和使用它。在此期间，旨在减少森林损失的新倡议，如2020热带雨林联盟等应该得到支持和资助。

（3）准确、透明地计算森林状况和土地利用变化是帮助遏制森林损失的关键。

准确的数据对全球气候变化谈判也至关重要。11月14日发表的研究分析恰逢一年一度的国际气候谈判（COP 19）。人类破坏森林引起的温室气体排放量约占全球的10%。换句话说，减少温室气体排放还取决于减少森林损失。新的分析表明，全球森林的趋势与应对气候变化的努力正相反，一些主要的新兴经济体，如印度尼西亚和巴西，森林损失很可能继续是排放的主要来源。

与此同时，森林和土地利用变化的确有可能贮存温室气体而不是排放温室气体。如森林景观恢复全球伙伴关系与波恩挑战这些倡议正在采取早期的措施，以建立一个全球性的"再绿化"运动，恢复被砍伐林地和退化土地的生产力。

高质量、独立制作的、可靠的、最新的数据（可以让决策者、企业、民间社会与当地社区共享，可以理解并付诸行动）对全世界改善森林经营是至关重要的。由于有了先进的遥感科学与云计算，科学杂志上发表的新的、高分辨率的地图使信息共享成为可能。这些数据一定会为决策者的决策发挥重要作用。

"21世纪全球森林覆盖变化高分辨率地图"主要研究成果：

（1）2000～2012年，全球损失森林2.3亿公顷，由火灾、病害、自然灾害和人为因素造成。相当于刚果（金）的面积，相当于每分钟丧失50个足球场大小的林子。

（2）同期得到的自然更新和人工种植的森林达8000万公顷，相当于土耳其的面积。同期有2000万公顷的森林是失而复得的。

（3）每年损失的热带林增加21.01万公顷，而且损失还在加大。

（4）巴西森林损失年均下降13.18万公顷。2003～2004年年下降400万公顷，2011～2012年年均下降不足200万公顷。在全球降低毁林方面，巴西取得的成绩最为显著，但近期森林砍伐率有所回升。

（5）印度尼西亚年均损失的森林增加10.21万公顷。2000～2003年每年增加100万公顷，而2011～2012年每年损失的森林增加200多万公顷。这些数据表明，印度尼西亚仍旧要与控制毁林做顽强的斗争。印度尼西亚林业部门2011年5月做出了暂停伐木2年的承诺，但其效果还有待确定。

（6）全球热带雨林消失率达32%，几乎一半是南美洲雨林。南美洲热带干旱林毁林最为严重，尤其在地跨阿根廷、巴拉圭和玻利维亚3国的格兰查科（The Gran Chaco）平原林地。

（7）俄罗斯是全球毁林最严重的国家，但同时俄罗斯的森林更新也非常显著，然而高纬度地区的树木更新较慢。

（8）分析中使用的美国国家航空和太空管理局（NASA）的地球资源探测卫星（Landsat satelilite）数据的空间分辨率是30米。这是首次在这个分辨率上以年为基础量化了10多年来全球森林的损失和增长。

世界各大洲人工林发展概况

联合国粮农组织（FAO）网站2013年5月发布的《人工林是未来绿色经济的重要资源》概要介绍了全球及各大洲人工林发展的总体情况。

全球人工林面积从1990年的1.78亿公顷增至2010年的2.64亿公顷，相当于全球森林总面积的7%。2005～2010年，人工林面积年均增长约500万公顷。这种增长主要在亚洲，而在欧洲、拉丁美洲、大洋洲和北美洲的一些国家，新增造林和再造林面积有所减少，其原因包括地价高、缺乏财政鼓励以及环境方面的限制。人工林有利于解决当今世界在社会经济和环境方面所面临的重大挑战，包括扶贫、粮食安全、可再生能源、气候变化和生物多样性保护等。在许多发展中国家和发达国家，人工林已成为生产林和保护林资源的一个重要组成部分。据估计，人工林可以满足全球工业原木需求的1/3～2/3，并且每年可固碳约15亿吨。全球有非常广泛的土地可进行森林恢复或造林，但这些活动必须以包括各种土地利用方式的综合土地利用计划为依据，因此需要建立跨部门合作的新机制。除土地因素外，资金、劳动力和投资保障机制等对于人工林发展也是同样不可忽视的重要因素。

（一）非洲人工林发展状况

非洲人工林面积为1540万公顷，占全球人工林5.8%。非洲的大多数木材仍然来自天然林，人工林投资集中于森林覆盖率相对较低的国家，如阿尔及利亚、摩洛哥、尼日利亚、南非和苏丹。大多数造林计划旨在确保工业用材和木材燃料的供应，也有一些造林是为了防治荒漠化。人工林大部分由外来物种（如松树、桉树、橡胶树、相思树和柚木）构成，这些树种具有速生性或其他经济性状（如可以生产阿拉伯树胶或橡胶）。对于那些仅依靠少数几个树种营造人工林的非洲国家，应鼓励造林树种的多样化以防止病虫害和气候灾害，这样做还有利于保障市场供应和增加产品多样化。

人工林经营质量和生产力在很大程度上取决于森林所有权的类型。非洲大多数人工林由公共林业机构营造和管理。公有林经营状况一般较差，原因是国家管理体制不完善、营林工作不到位、财政预算不足及科研工作跟不上。在所有非洲国家中，科特迪瓦和津巴布韦的公有人工林经营相对较好。南非、斯威士兰和津巴布韦是私有人工林所占比例较高的国家。私有林经营状况总体良好，具有较高生产力，而且通常在经营人工林的同时也经营木材加工厂，从而实现利润最大化。

由于木材需求日益增长，在家庭农场营造的小片林地增多。农场林地（包括不成林的树木）在加纳、肯尼亚和乌干达的分布非常广泛。这些小片林地已成为木材和非木材林产品的重要来源，并且在农村社区的生计和国民经济中发挥了重要作用。预计农场小规模林业还将继续维持良好的发展势头，当然也存在一些不利于其发展的因素，如：缺乏吸引投资的激励机制，缺乏配套的林业推广服务，农场林主缺乏林学知识，造林所用种源的遗传质量差。

（二）亚洲人工林发展状况

亚洲有 1.23 亿公顷人工林，占全球总量的近一半。人工林面积在过去 10 年通过大规模植树造林计划大幅增加，尤其在中国、印度和越南。造林目的包括扩大森林资源、保护流域、控制土壤侵蚀和沙漠化以及保持生物多样性。中国国家林业战略制定了到 2020 年新增人工造林 4000 万公顷的目标。在亚洲，随着越来越多的天然林被禁止用于木材生产，人工林成为该地区木材的主要来源。未来提高人工林木材供应潜力的主要途径包括：①通过技术措施（如生物技术）提高现有人工林的生产力；②在城区和城郊的空地开展植树造林；③发展农场林业，将农场林作为重要的木材来源之一。有利于农场林业发展的条件包括：土地使用权保障程度提高，有利于农民从事长周期的森林经营；农业盈利能力下降，使农主比以前更倾向于弃农从林；木材产品需求量和价格上升使林业具有较好的盈利前景。

另外，人工林所提供的生态系统服务的价值正日益被决策者和公众重视。中国林业政策重心已经开始由木材生产和利用转向提高森林生态系统服务功能。中国 2013 年国家发展战略强调了生态文明建设。人工林将越来越多地发挥保护功能和多种用途。

（三）欧洲人工林发展状况

欧洲（包括俄罗斯联邦）拥有约 6900 万公顷人工林，占全球人工林面积的 26%。在欧洲，对大多数的森林都采取积极的措施来经营，森林类型、树种和森林经营目标都具有极大的差异。与其他地区相比，天然林和人工林之间的区别不太明显，因为自数百年前天然林被砍伐后就已经营造了人工林。2000～2010 年，欧洲森林面积年均增加 40 万公顷，其中包括使用本地树种营造的人工林和在农业用地经天然更新形成的森林。由于环境政策的限制，再加上许多小林主更愿意把林木遗留给后代而不是采伐掉，欧洲将来可能会出现阔叶材供过于求而针叶材供应短缺。

许多欧洲国家纷纷出台政策，增加可再生能源在能源消费总量中的份额，以应对化石燃料价格上涨，保障能源安全和减缓气候变化。这些政策使能源用木材需求不断增加，从而带动大量来自公共部门和私人部门的生物能源投资，营造大量速生短轮伐期矮林(如杨树人工林)。预计油价的上涨将进一步促进能源用木材需求大幅上升。

欧洲在未来人工林经营中面临的挑战是：应对庞大的私有林主数量导致的森林分散化(欧盟有1600万个林主)；应对经济危机下的需求疲软；开发新产品和优化增值链；提高林业部门在生物经济中的作用。

(四)大洋洲人工林发展状况

大洋洲(主要国家为新西兰和澳大利亚)人工林约410万公顷，占全球人工林面积1.6%。大洋洲人工林经营历史悠久，这是由于该地区历史上曾经木材短缺，同时又具有适合桉树和辐射松等速生树种生长的良好条件。营造人工林的动机是在不破坏天然林的情况下实现木材的可持续生产。总体上，大洋洲生产的木材不但能够满足本地区需求，还可大量出口(主要出口中国)。尽管该地区新增造林没有明显增长，但由于现有人工林生产力的提高，预计木材供应量的增长将持续至2020年。已有的财政体制和政策(补贴、贷款和税收优惠等)曾经促进了该地区人工林的发展，但其作用是短期的。虽然目前人工林投资仍有相当大的发展潜力，但却受到管理体制、土地使用权和产权等问题的制约。人工林固碳所产生的生态系统服务效益越来越受到政府和广大公众的认可，但人工林投资者却很难通过提供生态服务切实获得回报。

(五)拉丁美洲人工林发展状况

拉丁美洲拥有约1500万公顷人工林。虽然人工林面积比较小，占全球人工林面积不足6%，但在过去10年中以每年3.2%的速度增长，并且预计还将进一步增长。例如，巴西人工林面积预计到2020年将翻一番。在政府的有利政策和金融激励计划的支持下，该地区由私营部门主导的速生人工林和可再生燃料利用正在走向世界先进行列。有利的政府政策使拉丁美洲成为本地区和全球纸浆和纸生产者以及包括木材投资管理机构(TIMOs)在内的北美投资者的首选投资地区。该地区一些主要国家(如阿根廷、巴西、智利、哥斯达黎加和乌拉圭等)的人工林发展主要特点如下：

● 增加在提高人工林生产力技术(特别是无性繁殖技术)上的投资，使人工林每公顷年生长量超过50立方米；

● 采用桉树、辐射松、火炬松、湿地松和柚木等短轮伐期树种造林，并进行集约经营；

● 人工林经营与木材加工相结合，特别是与纸浆、纸和人造板的生产相结合；

● 先进的生物技术和有关土地利用的环境立法为减少速生丰产人工林对环境的负面影响做出了积极贡献。

智利林业部门已经在很大程度上实践了以科学为基础的人工林可持续集约化经营。以生产木材为主的人工林为智利林产工业的蓬勃发展奠定了坚实基础，使林产工业成为智利的第三大出口行业，为促进就业和提高国内生产总值做出显著贡献。智利人工林在减少水土流失和涵养水源方面所发挥的作用也得到国际认证计划的承认。许多营造人工林的公司还成功地开展了社区支持项目。

随着粮食、纤维和燃料生产对有限土地资源的争夺不断增强，最近已有几个拉美国家政府出台了限制在农业用地进行人工林投资的规定。有些人工林经营公司是许多年前以低廉成本购置的土地，因此仍然可获得优异的投资回报；新投资人工林的公司因土地成本较高回报率有所下降，但仍然高于许多其它行业的资产回报率。

（六）北美洲人工林发展状况

北美人工林约3750万公顷，约占全球人工林面积14%。美国、墨西哥、加拿大的人工林面积分别占本国森林总面积的8%、5%和3%。这3个国家人工林面积均呈小幅上升趋势。然而气候变化可能会加剧对森林健康的威胁。在加拿大和美国，森林火灾和虫害（如松甲虫）的灾害程度和发生频率上升，而气候变化导致的长期干旱进一步加剧了这些森林灾害。

随着时间的推移，美国林地所有权模式发生较大变化，特别是出现了木材投资管理机构（TIMOs）等大规模林地所有者，人工林经营集约化程度提高，北美黄松松林和南方松林的生产力大幅增长，轮伐期缩短。美国南部地区制浆造纸业和西北部地区锯材、胶合板和定向刨花板工业的繁荣都带动了美国人工林投资规模的提升。尽管林业部门对整体经济的贡献很大，但生态系统服务市场的发展还有待加强。

北美森林与林业近况

FAO《世界森林状况2011年》报道了北美森林和林业近况，主要内容如下：

（一）北美森林面积

截至2010年，北美的森林面积占土地面积的34%（森林覆盖率），占世界森林的17%。与1990年比，北美地区的森林略有增加。这是由于近20年来，加拿大的森林面积不变，墨西哥的森林面积减少了，但美国的森林面积增幅较大，超过了墨西哥减少的部分，因此北美整体上森林面积略有增加。

在全世界，人工林占森林总面积的7%。在北美，人工林占6%，为3700万公顷。北美人工林占世界人工林的14%。在森林面积中人工林的占有率为加拿大3%、墨西哥5%、美国8%。这3个国家的人工林面积均处于增加的状态，而且这3国的森林生物量也都呈增长的趋势。

（二）北美森林——生物多样性和保护功能

截至2010年，北美拥有世界原始林的25%。原始林在北美森林面积中占41%。在加拿大和墨西哥，分别有53%的森林被划为原始林，在美国为25%。从北美全体来看，过去 10 年原始林面积略有增加。这是由于国家保护天然林、推行避免人为干扰政策的结果。

北美将 15% 的森林划为生物多样性保护林。这类森林美国最多，占其森林面积的 25%，墨西哥占 13%，加拿大占 5%。过去 20 年里，生物多样性保护区在加拿大没有变化，但在墨西哥有所增加，在美国有所减少。整个北美地区，森林的 9% 被分类为保护林。这类森林在加拿大占 8%，在墨西哥占 13%，在美国的占有率居加拿大和墨西哥之间。

在北美，土壤及水源的保护，写进了以合理的森林管理为目标的森林法及森林政策和法规中。即，由于土壤及水源保护是在制定森林计划及开展森林作业时应考虑的主要事项，因此不能规定哪里是土壤及水源保护林，而包含这些目的的森林广泛存在。由于制定有相关的法律、规则及政策，森林得到了保护，但这些地区并非法律规定的，也没有在土地利用图上标明。因此，不能将保护土壤及水源的森林分割开单独表示，而应划入多种用途林。

(三)北美森林——生产和社会的功能

截至 2010 年，北美约 14% 的森林为生产林，与世界平均占有率 30% 相比，北美生产林的占有率是很低的。北美生产林的 93% 分布在美国。在美国，森林中有 30% 是生产林，在墨西哥有 5%，加拿大有 1% 为生产林。在北美，多种用途林占 68%，因此很多情况下都有木材及非木材林产品的生产。多种用途林的占有率在美国等 3 国之间有很大差距。其中，墨西哥占有率最低，为 46%；加拿大最高，为 87%。实际上，从生产林和多种用途林的合计面积来看，可以认为北美是主要的木材供应区。

在北美木材产量中，燃料材仅占 10% ~ 15%，其余是用于木材加工及纸浆生产的工业原木。从长期变化来看，在北美尤其在加拿大和美国，过去 40 年里木材生产量时常有增有减，这表明森林所有者及森林管理者能够在市场需求及价格变化的情况下迅速调整木材供应量。最近，美国经济不景气及住宅建筑业萧条，工业原木生产迅速减少（约减少 30%）。另一方面，关于非木材林产品的信息很少，仅从已经掌握的信息很难做出什么结论或阐明其动向。在已有报道的非木材林产品中，包含有圣诞树及枫树相关产品、松脂、毛皮、果品等主要产品。木材价格从 1990 年到 2005 年增长坚挺，但 2005 年以后急剧下降。

最后，从北美各国就业于森林初级产品生产(从采伐到锯材)行业的固定人数来看，美国从 1990 年到 2005 年持续减少，加拿大从 1990 年到 2000 年增加 18%，而后从 2000 年到 2005 年减少 20%，墨西哥没有提供相关数据。

东南亚地区森林资源变化趋势

粮农组织亚太地区林业委员会 2011 年 1 月出版了《亚太地区林业展望研究：东南亚地区子报告》，对 1990 年以来东南亚地区森林面积、森林蓄积和森林健康状况的变化趋势进行了分析。

一、森林资源变化情况

(一)森林面积

东南亚地区森林面积为 2.14 亿公顷,占亚太地区森林总面积 29%。各国的森林覆盖率从 26%(菲律宾)到 68%(老挝)不等,平均为 49%。森林面积下降速度由 20 世纪 90 年代的 1% 降为 2000 ~ 2005 年的 0.3%,此后 5 年又提高至 0.5%(表 1)。

表 1　2010 年东南亚地区森林面积及其年变化率

国　家	2010 年森林面积(万公顷)	森林覆盖率(%)	森林面积年变化率(%)			2010 年其它林地面积(万公顷)
			1990 ~ 2000	2000 ~ 2005	2005 ~ 2010	
柬埔寨	1009.4	57	-1.1	-1.5	-1.2	13.3
印度尼西亚	9443.2	52	-1.7	-0.3	-0.7	2100.3
老挝	1575.1	68	-0.5	-0.5	-0.5	483.4
马来西亚	2045.6	62	-0.4	-0.7	-0.4	0
缅甸	3177.3	48	-1.2	-0.9	-0.9	2011.3
菲律宾	766.5	26	0.8	0.8	0.7	1012.8
泰国	1897.2	37	-0.3	-0.1	0.1	0
越南	1379.7	42	2.3	2.2	1.1	112.4
东南亚	21406.4	49	-1.0	-0.3	-0.5	5738.5

资料来源:FAO(2010)

1990 ~ 2010 年,东南亚地区毁林达 4200 万公顷,相当于该地区陆地面积 8%。根据《2010 年全球森林资源评估》的数据,东南亚地区毁林率在 2000 年后出现明显下降,但 2005 年后重返上升趋势,与印度尼西亚的森林资源变化趋势大体相同。20 世纪 90 年代,东南亚年毁林面积曾高达 240 万公顷,2000 ~ 2005 年降为年均 70 万公顷,此后 5 年又升至年均 100 万公顷以上。不同国家的毁林率存在着明显差异,柬埔寨年毁林面积最高,为 68.5 万公顷;缅甸为 31 万公顷。越南、菲律宾和泰国的森林年均分别增加 14.4 万、5.5 万和 1.5 万公顷。

东南亚主要毁林地区位于苏门答腊岛、加里曼丹岛、西巴布亚地区和缅甸,还有许多小片毁林区域位于老挝、越南、柬埔寨、菲律宾和泰国北部地区。老挝、越南、缅甸和柬埔寨的毁林多发生于山区,尤其是有常绿林和半常绿林分布的山区。在柬埔寨、缅甸中部、老挝中南部和越南中部的平原地带,也有常绿和落叶低地森林的毁林现象。在边境地带也经常发生毁林。苏门答腊岛、加里曼丹岛和西巴布亚地区的多数低地森林均出现了毁林和森林衰退,尤其在距加里曼丹边境较近的沙捞越地区。毁林的主要原因是将森林皆伐后种植油棕榈。

另外,整个东南亚地区的红树林面临严重威胁,其面积由 2005 年的 510 万公顷降至 2010 年的 490 万公顷,年均毁林率为 0.9%,远高于东南亚平均毁林率 0.5%。

（二）森林蓄积

1990～2010 年，东南亚地区只有越南和泰国的森林蓄积量出现增长，其中越南森林蓄积增长显著。各国家单位面积蓄积量有很大差距，并且 2005 年以后东南亚地区毁林速度加快，该地区所有国家单位面积森林蓄积量均有所下降（表2）。

表2　东南亚国家单位面积森林蓄积量及其变化

	2010 年单位面积森林蓄积量（立方米/公顷）	单位面积森林蓄积量年变化率［立方米/（公顷·年）］	
		2000～2005 年	2005～2010 年
柬埔寨	95	−0.11	−0.10
印度尼西亚	120	−1.15	−1.44
老挝	59	0.00	−0.06
马来西亚	207	−1.03	−1.03
缅甸	45	0.00	0.00
菲律宾	167	−1.07	−1.06
泰国	41	0.00	0.00
越南	63	−0.47	−0.46
东南亚	102	−0.69	−0.82

资料来源：FAO(2010)

二、不同类型森林的变化情况

在东南亚各国，人工林、原始林和"其他天然林"面积占有率存在很大差距。泰国和越南人工林占有率较大，其他国家的人工林占有率较低（表3）。印度尼西亚和泰国原始林面积较大。

表3　2010 年东南亚地区天然林和人工林面积

	森林总面积（万公顷）	原始林		其他天然林		人工林	
		面积（万公顷）	占有率（%）	面积（万公顷）	占有率（%）	面积（万公顷）	占有率（%）
柬埔寨	1009.4	32.2	3.2	970.3	96.1	6.9	0.7
印度尼西亚	9443.2	4723.6	50.0	4364.7	46.2	354.9	3.8
老挝	1575.1	149.0	9.5	1403.7	89.1	22.4	1.4
马来西亚	2045.6	382.0	18.7	1482.9	72.5	180.7	8.8
缅甸	3177.3	319.2	10.0	2759.3	86.9	98.8	3.1
菲律宾	766.5	86.1	11.2	645.2	84.2	35.2	4.6
泰国	1897.2	672.6	35.5	826.1	43.5	398.6	21.0
越南	1379.7	8.0	0.6	1020.5	73.9	351.2	25.5
东南亚	21406.4	6399.2	29.9	13554.0	63.3	1453.3	6.8

资料来源：FAO(2010)

20 世纪 90 年代，东南亚地区年均造林 53.1 万公顷，2000～2005 年降至每年 26.1

万公顷，2005～2010年回升至29.8万公顷。其中，越南年均造林14.4万公顷，泰国10.8万公顷。

《2010年全球森林资源评估》把森林划分为以下几种用途：生产林、防护林、生物多样性保护林、多种用途林、社会服务林、其他用途林或无明确用途林。在东南亚地区，生产林占主导地位，在森林总面积中的占有率从1990年的39%升至2010年的49%；防护林的占有率在2000～2010年稳定在20.5%；生物多样性保护林占有率从16%升至18%；其他森林占有率由14%降至13%。

1990～2010年，东南亚地区生物多样性保护林面积增加20%，达到3850公顷，占该地区陆地面积9%和森林面积18%。2000～2010年，缅甸的生物多样性保护林面积增幅最大，其次是马来西亚、柬埔寨和越南等。

东南亚地区防护林面积为4340万公顷，占该地区陆地面积10%，占森林面积20%。防护林的功能主要包括减缓气候变化、防止水土流失、保护海岸和涵养水源等。该地区各国防护林所占比例差距较大，缅甸仅为4%，老挝高达58%。2000～2010年，该地区防护林面积减少170万公顷。其中，老挝减少120万公顷，减幅最大；其次，印度尼西亚减少60万公顷。相反，柬埔寨和泰国分别增加50万公顷和30万公顷。

三、森林健康状况

东南亚地区森林健康况的影响因子包括火灾、病虫害、森林破碎化导致的森林衰退、过度采伐和不良采伐。森林采伐、火灾和气候变化等因素共同构成对东南亚地区森林的严重威胁。毁林、森林衰退、动植物产品采集等导致的生物多样性丧失也对该地区森林的健康和活力构成威胁。

东南亚地区采伐作业质量普遍较低，这是影响该地区森林健康和活力的最重要因素。"低影响采伐"在东南亚地区没有被广泛采纳。不良的森林作业方式显著降低了森林的价值，这与其他不良因素共同对未来南亚地区森林的经济价值和生态功能造成严重影响。

火灾也是造成东南亚地区森林损失和威胁生态系统稳定性的重要因素。在东南亚，火烧是农民用于清理土地的低成本方法，也是牧民用于促进植被生长的方法。低强度林火还被用于减少森林可燃物数量，防止毁灭性森林火灾的发生。然而，失控的林火每年都造成巨大的森林损失。近几十年来，厄尔尼诺/南方涛动气候事件发生频率不断上升，这种气候现象与缅甸、老挝、菲律宾、印度尼西亚和越南的旱情存在密切关系，如果这种趋势持续下去将对东南亚地区的森林造成灾难性的影响。除降水量下降外，路网的发展及人类活动的增多都将增加未来森林火灾发生的可能性。

在加里曼丹和苏门答腊，火被广泛用做清理土地，也是导致毁林和森林衰退的一个重要因素。1997～1998年印度尼西亚加里曼丹岛和苏门答腊岛发生数起特大林火，过火面积达1170万公顷。起火原因是为种植油棕榈或农作物而进行的烧荒。厄尔尼诺/南方涛动引起的旱情导致火势加重，酿成森林火灾。此后，印度尼西亚政府通过立法控制烧荒。针对火灾引起的烟雾污染问题，2002年东盟成员国签署了《防止跨国界烟雾污染协议》，该协议于 2003 年正式生效。

东非森林面积减少

　　路透社 2012 年 7 月 30 日报道，最近几年来，东非的森林尤其是森林公园周边的森林面积锐减，对保护野生动物和抗击气候变化构成了威胁。研究指出，2001～2009 年东非 12 个国家的森林覆盖率下降了 9.3%，其中乌干达和卢旺达森林面积损失最快，只有南苏丹森林面积略有上升。

　　负责协调该项研究的约克大学的 Rob Marchant 先生说："森林公园和保护区周边地区的森林面积损失最为明显，因为几乎没有法律规定禁止居民在森林公园或者保护区之外砍伐树木以获取木材或生产木炭。而森林公园周边地区人口的日益增加给森林保护造成沉重的负担"。该研究显示：森林公园和保护区周边 10 千米范围的森林损失最为严重，该区域内有许多人依赖森林或旅游谋生。因此，专家认为促使当地社区积极参与森林保护是一个改变现状的好方法。

拉丁美洲森林损失严重

　　国际热带林和环保网站 mongabay.com 2012 年 8 月 20 日报道：最近，波多黎各大学及其他机构的研究人员对加勒比地区、中美洲和南美洲的森林净损失和更新恢复进行了评估，结果发现，2001～2010 年拉丁美洲的森林损失近 2600 万公顷。

　　这项发表在《热带生物学》(*Biotropica*) 杂志上的研究报告分析了森林(干旱林、温带林、湿润林、红树林和针叶林)、草地(潘帕斯草原、灌丛、山地植被、稀树草原、沙漠/旱生灌木林)和潘塔纳尔湿地等多种生物群系的植被变化。研究人员发现，林地的植被变化较大，并主要发生在热带雨林和干旱林。沙漠区木本植被和灌木林植被恢复得最好。

　　在拉丁美洲，阿根廷各种植被的净损失量最大，达到 1017 万公顷，其中大部分发生在干旱林(671 万公顷)和草原(157 万公顷)；巴西净损失为 994 万公顷，居拉美第二位，主要发生在湿润林。虽然巴西的总损失量最大(2458 万公顷)，但其中一部分被植被的大量恢复(1463 万公顷)所抵消。墨西哥的植被净增量最大，达到 961 万公顷，其主要原因是划为"沙漠/旱生灌木林"的植被面积增加以及干旱林和针叶林的更新。

　　这项研究的依据是 NASA MODIS 卫星对拉丁美洲和加勒比地区 1.6 万个行政区的观测数据，但不包括人工林和大面积的农业用地。研究发现，80% 的毁林发生在巴西、阿根廷、巴拉圭和玻利维亚这 4 个国家。这种情况与出口型的农业产业结构有非常密切的关系。研究报告的主要撰写者、波多黎各大学的米切尔·艾德 (Mitchell Aide) 说："导致南美洲毁林的一个重要因素是全球对肉类产品的需求。这种需求加快了清理土地用于牧业和大规模农业的进程。近年来，牛肉的出口量大幅度增加，大豆生产也飞速发展。"

　　该研究还发现，在过于干旱或地形太陡峭而不适合发展农业的地区，森林恢复得比较好。这个结果与最近发表的其他论文提出的在一些边远地区放弃农村开发的观点不谋而合。

墨西哥北部和巴西东北部的沙漠/旱生灌木林生物群系的植被覆盖度增加尤为显著。研究报告的另一作者、索诺玛加州立大学的马修·克拉克（Matthew Clark）说："虽然需要更详细的分析才能更好地理解这些趋势，但我们相信，木本植被的增加与农牧业活动的减少以及过去10年中这些地区降水量的增加是相关的。"

刚果（金）森林资源破坏严重

刚果（金）位于刚果盆地内，森林资源丰富。据粮农组织《2011年世界森林状况》报告，刚果（金）森林面积为1.55亿公顷，约占非洲森林总面积的23%。盛产乌木、红木、花梨木、黄漆木等20多种贵重木材。

从森林类型及其分布来看，低地常绿林和半落叶林分布在中部和西部地区，湿润常绿林约占全国森林面积1/3。亚山地和山地郁闭森林包括约700万公顷山地雨林。沼泽林分布于中央盆地，分布范围约900万公顷，主要树种有德米古夷苏木、沼泽非洲楝和藤黄属植物 Garcinia 等。刚果（金）是拥有世界上最大的连片沼泽林的国家之一。永久淹没的沼泽区林分几乎由酒椰棕榈单一树种构成。低地和山地的茂密湿润林总面积约9800万公顷。稀疏林面积约5600万公顷，包括短盖豆林地及分布于东部地区的由捕鱼木属 Grewia spp、甜虎刺和大戟属 Euphorbia spp 构成的山地和亚山地硬叶林。

2010年，刚果（金）保持森林状态而不能改变土地用途的森林的永久林面积为4836.7万公顷，其中保护林2580万公顷，用材林2250万公顷，用材林中人工林占6.7万公顷。1990~2010年，刚果（金）年均毁林31.1万公顷，年毁林率0.2%。毁林多发生在靠近大城市的稀树草原地带、盆地和艾伯丁裂谷地区。刀耕火种的农业生产方式以及薪炭材的获取是导致毁林的重要原因。商业采伐和采矿引起森林退化。为商业采伐修建的道路网占刚果（金）所有道路的38%。根据2008年卫星图像判读结果，全国原始林、退化原始林、次生林和退化林地面积分别为7900万、1700万、1300万和300万公顷。

马来西亚沙捞越州和沙巴州80%的热带雨林被采伐

据国际热带林和环保网站（www.mongabay.com）2013年7月18日消息：马来西亚沙捞越州和沙巴州80%的热带雨林受到采伐的严重影响。一项由塔斯马尼亚大学、巴布亚新几内亚大学和卡内基科学研究所的科学家团队进行的全面研究，首次对加里曼丹岛的工业采伐及林道的开设做出评估，该研究发表在 PLoS ONE 上。

马来西亚沙捞越州和沙巴州在近30年前被认为是地球上最天然的土地之一，但木材工业和油棕榈产业使这两个州成为全球高度关注的毁林和森林退化的地区。当时测定毁林率及变化格局仍然采用传统的实地勘测或卫星测定的方法，现在该国际研究小组使用卡内基陆地卫星分析系统（Carnegie Landsat Analysis System – lite，CLASlite）对卫星影像进行分析，把看似茂密的热带森林植被的卫星影像转换成极为细致的毁林和森林退化的地图。这个平台供免费使用，可用来测定毁林和森林退化。自 2009 年起，该地区森林状况评估使用的就是该系统。通过对 1990～2009 年马来西亚沙捞越州和沙巴州卫星影像的分析得出，这两个州的林道长度约达到 36.4 万千米。

▶2 林业政策与管理

联合国粮农组织强调森林在推动绿色经济发展中的核心地位

《2012年世界森林状况》认为森林在推动绿色经济发展中的核心地位体现在以下几个方面。

（1）支持生计。FAO最新发布的报告指出，对木材企业投资可以创造就业机会，促进资产积累，并帮助振兴农村地区居民的生计。在世界上最贫穷的人口中约有3.5亿人（其中包括6000万土著人）依靠森林来维持日常生计和长期生存需要。"农区林业"，又称农用林业，在某些情况下对农业收入的贡献率高达40%，主要来自木材、果实、油料和药材的采收。

尽管林业有时因毁林现象而名声欠佳，但如果木材产品来源于良好管理的森林，它们不仅可以储存碳还能够回收利用。世界各地的森林产业不断创新出富有竞争力的产品和工艺流程，以取代非再生材料，并通过这种方式开启了通往低碳生物经济之路。根据《2012年世界森林状况》，促进可持续的森林产业提供了一种能够在改善农村经济的同时实现可持续发展目标的方法。

报告还指出，在2002~2010年，某些地区森林产品出口额增长1倍以上。应当更加注重发展中小型森林企业，使当地社区受益。

（2）可再生能源。FAO报告还认为，可持续林业能够为能源生产提供可再生原料。罗哈斯·布里亚莱斯指出："伐林烧木可能是人类获取能源最古老的办法。今天，木材仍然是全球超过1/3人口，特别是穷人的主要能源来源。"他说："随着寻找可再生能源的努力不断加大，我们绝不能忽视森林生物量作为一种更清洁、更环保的替代能源所提供的重大机遇。"

《2012 年世界森林状况》认为，木材能源的提取可以作为一个对气候无影响且社会公平的解决方案，但前提是木材应当来自可持续管理的森林，采用适当的焚烧技术，并结合造林和可持续森林管理计划。该报告指出："增加包括木材燃料在内的可再生能源（相对于化石燃料）的利用，或许是促进全球向低碳经济过渡的一个最重要组成部分。木材的可持续能源生产可以为当地创造就业，有助于把用来进口化石燃料的费用转向对国内能源资源的投资，同时促进就业和收入。"

FAO 也提醒，这样做需要密切关注当前对木材能源的依赖情况、树木采伐和种植中可持续森林管理规范的使用以及生物质转换为热能和热电联产所采用的有效技术。

（3）通过碳捕获减缓气候变化。《2012 年世界森林状况》指出，通过减少森林砍伐和大规模恢复已丧失的森林，可显著减少大气中的碳，降低气候变化的严重性和影响。同时，这些项目还将促进农村生计，并增加木材和竹子以及生物能源的利用，为可持续建筑业提供更多可再生原材料。森林景观恢复全球伙伴关系确定有近 20 亿公顷的土地适合开展林地恢复。此外，植树造林还为防治荒漠化和土壤退化提供了更多有益的帮助。

若要将森林作为新的绿色经济的核心，首先要制定能够鼓励企业家致力于森林资源可持续利用的政策和计划。这包括消除不正当的奖励措施，以避免森林砍伐和退化、森林用途的改变以及与木材和竹子竞争的不可再生原料（钢铁、水泥、塑料或化石能源）的使用。

为碳封存等森林生态系统服务创造适当的收入来源，也能够鼓励林地持有人和管理者致力于森林的保护和恢复，并为当地企业家提供多种机会。

联合国粮农组织呼吁各国林业部门开展创新活动

FAO 网站 2 月 2 日报道：FAO 新发布的《2011 年世界森林状况》报告中指出，千百万以森林为生的人民在以可持续的方式积极从事森林经营和保护，但是他们从当地森林获得利益的权利往往被忽视。

FAO 林业部助理总干事爱德华多·罗哈斯·布里亚莱斯（Eduardo Rojas - Briales）说："我们在国际森林年要做的就是强调人与森林的关系以及当地人民以可持续和创新的方式经营森林所应得到的利益。"

一、建设一个"绿色经济"

对社会和环境可持续性的日益关注给森林产业带来特殊的挑战，即只有通过创新和调整才能满足 21 世纪的需求，并要改变消费者通常对木材产品认识的不足。他们认为砍伐树木是不良行为，因此常常对使用木材感到内疚。

FAO 报告强调，事实与此相反，森林工业是"绿色经济"的重要组成部分，木材产品具有环保特点。木材和木材产品是天然材料，产自可再生资源，具有碳储存能力和巨大的再利用潜力。

森林工业正在通过改进资源利用的可持续性，促进废物利用，以提高能效和减少排放等方式应对环境和社会问题。锯木、胶合板等大多数实木产品的能耗相对较小，在生产和使用中"碳足迹"较低，而木材产品的碳储存能力更加突出了这一特点。能源消耗较大的纸浆和纸张工业面临着日益增加的压力，必须通过采用技术革新和排放权交易来降低能耗和碳排放。鉴于森林工业在促进"绿色经济"中的巨大潜力，近年来许多发达国家都加大了对发展森林工业的支持力度。

二、REDD＋需要解决地方关切的问题

FAO 报告还强调，有必要采取紧急行动，保护森林在气候变化条件下维持当地生计的价值。

2010 年 12 月坎昆会议做出关于 REDD＋的决定应与广泛的森林改革相结合，吸收土著居民和当地社区参与。报告建议，国家开展的 REDD＋活动和制定的战略应尊重当地社区的权利。

根据该报告，各国有必要通过立法明确碳权，确保公平分配 REDD＋计划所产生的成本和利益。

三、适应气候变化战略的重要性被低估

虽然 REDD＋通过森林减缓气候变化的措施不断引起关注并吸引资金，但森林在适应气候变化方面的作用往往被各国政府低估。报告强调了森林在促进实现国家适应战略上的重要性。

林业措施可以减少气候变化对极脆弱生态系统和社会各部门的影响。例如，遏制对红树林的皆伐（自 1980 年以来估计全球红树林已丧失 1/5），将有助于保护海岸线免遭更为频繁和严重风暴及海啸的破坏。在干旱国家，为保护环境和增加收入而开展的植树造林活动能够帮助穷人提高抵御旱灾的能力。发展中国家采取了适应措施，例如孟加拉国红树林的开发与保护，萨摩亚的森林防火以及海地的重新造林计划。报告指出，森林、农村生计和环境稳定性之间的密切联系充分说明了对适应气候变化的林业行动给予大量资金支持的必要性。

联合国粮农组织重视林业和林产工业的重要作用

联合国网站 2012 年 5 月 25 日消息：FAO 纸与木制品咨询委员会（ACPWP）第 53 次会议于 5 月 24 日在印度新德里闭幕。该委员会对 FAO 的新战略目标表示欢迎。在新战略目标中，林业和林产工业将发挥至关重要的作用。林业和林产工业与农村社区密切相关，具有为农村社区提供生计和消除全球贫困的战略地位。森林和林产工业可以以可持续的方式提供各种产品和服务，提供解决包括缓解气候变化和能源安全等紧迫问题的创新方案。

鉴于林业和林产工业在 FAO 跨领域战略目标中的核心地位，ACPWP 建议 FAO 继续提供适当的资源来保障林业和林产工业能发挥这种重要作用。ACPWP 提出 3 项建议：①建议 FAO 采用能更好地反映出区域平衡和工作范围的顾问委员会结构；②建议 FAO 对林业中的水利用的相关影响和效益进行分析；③建议 FAO 与产业界共同研究向新兴生物经济转型所需要的技术和教育战略。

联合国环境经济核算制度
——衡量绿色经济进程的国际标准

2012 年，联合国环境与发展（里约 + 20）会议确认了绿色经济是实现可持续发展的重要工具。向绿色经济过渡，衡量绿色经济进程，需要确定并使用宏观经济层面和经济部门层面的适当指标。然而，常规经济指标如国内生产总值等无法体现出生产和消费活动耗费自然资本的程度，经济发展往往以自然资本的折损为代价，耗损自然资源，降低生态系统提供的供给服务、调节服务和文化服务等经济惠益的能力。

为克服常规经济指标的偏差，联合国统计司构建了"环境经济核算制度"（SEEA），试图全面反映经济发展中自然资本储量的变化，并将这些变化计入国民账户，体现发展的真实水平。如今，联合国的环境经济核算制度已经被提升为衡量环境与经济相互关系的国际标准，在世界各国及国际组织推广应用。

联合国的 SEEA 经历多次修改和完善，出版了 SEEA – 1993、SEEA – 2000 和 SEEA – 2003 等版本，在理论上不断提升。鉴于各国在实施 SEEA – 2003 中获取的经验与出现的问题，以及在环境核算领域持续的技术进步，联合国统计委员会在其第 38 届会议上（2007 年）决定再次修订 SEEA，旨在将 SEEA 提升为国际统计标准。新版 SEEA 包括 3 部分内容：SEEA 中心框架、SEEA 试验性生态系统账户和 SEEA 应用与扩展。作为新版 SEEA 核心内容的中心框架已经修订完毕，将于 2013 年下半年正式出版。

一、SEEA 中心框架

SEEA 中心框架重点提出了核算结构、实物流量账户、职能性账户、自然资源资产账户及实物和货币综合账户。刚刚召开的联合国统计委员会第 44 届会议（2013 年 2 月 26 日至 3 月 1 日）批准将环境经济核算制度中心框架作为环境经济账户的国际标准，在世界各国和地区推广应用。

与 SEEA – 2003 相比，SEEA 中心框架在覆盖面和风格上有 4 个显著变化。① SEEA – 2003 对环境退化以及相关的核算问题进行了大篇幅的讨论，包括各种估价环境退化的方法；但在 SEEA 中心框架中则不包括与生态系统退化的账户，也不包括与生态系统相关的其他主题，这些问题在 SEEA 试验性生态系统账户中进行专门讨论。② SEEA – 2003 包含许多国家基于不同核算领域的案例，但 SEEA 中心框架中没有列入国家核算的案例，而是通过数字说明问题来支持要描述的账户。③在 SEEA – 2003 中，包含了对具体问题进行会计处理的多种方法，但 SEEA 中心框架中没有给出任何有关会计处理方法。④SEEA - 2003 基于"1993 年国民账户体系"，而 SEEA 中心框架则是基于"2008 年国民账户体系"。

二、SEEA 中心框架的落实

为推动 SEEA 中心框架在全球和区域的实施，联合国统计委员会的环境经济核算专家委员会专门制定了"SEEA 中心框架执行战略"，特别是制定了供各国遵循的路线图。

执行战略的目标包括：协助各国采用 SEEA 中心框架，将其作为环境经济账户和强化相关统计数据的计量框架；逐步建立技术能力，以便编制一套范围适当、详细和高质量的最低限度的环境经济账户，并定期就其进行报告。

联合国统计委员会要求，执行战略首先应考虑不同国家和区域环境统计和经济统计的不同发展水平，反映区域和次区域协调的需要。执行战略的一个关键因素是允许采用灵活的、模块化的办法，以便各国可根据自身情况和政策要求，在中短期内优先实施它们希望实施的账户。虽然各国不必同时实施所有账户，但须创造必要条件，以便编制一套最低限度的环境经济账户。

SEEA 采用的灵活的、模块化的办法，可分 4 个阶段。第一阶段，重点是根据政策优先事项做出适当的国家机构安排，确定账户和表格的范围及细节，并推动和支持战略执行；第二阶段为自我评估，为此将设计诊断工具，以查明哪些账户可以实施，需要哪些基本数据来源；第三阶段涉及对汇编账户所需的基本数据进行数据质量评估；第四阶段为起草环境经济核算战略发展计划，该计划载有各类账户的优先排序和改进源数据的活动。

SEEA 中心框架执行中面临的最大挑战是政治动机、数据来源以及相关体制环境的建立。为此，环境经济核算专家委员会下一步的工作重点是通过促进账户和衍生统计数据的应用、培训与技术合作、编写培训材料和手册及开展宣传，以帮助各国促进和推动中心框架的执行进程。

三、SEEA 试验性生态系统账户

SEEA 试验性生态系统账户是中心框架的配套文件，也是 SEEA 修订工作中的一项重要内容。其背景基于国际社会对生态系统账户具有高度的政策需求，而且生态系统核算是正在出现的新计量领域，因此制定试验性生态系统账户非常必要。试验性生态系统账户应建立在生态系统科学、经济学、官方统计，特别是国家和环境经济核算等已稳固确立的学科之上。该账户旨在提出多学科研究方案的理念框架，供希望尝试编制生态系统账户的国家使用。

2012 年 10 月，环境经济核算专家委员会发布了试验性生态系统账户的征求意见稿，伦敦环境核算小组、生态系统服务和估值问题专家提供了修改意见。

试验性生态系统账户并不会成为全球的统计标准，而是为核算生态系统提供概念框架，是在与中心框架有关的广泛框架内，就生态系统账户提出一套最先进的具有一致性和连贯性的方法。该账户将为各国推动执行生态系统账户提供共同术语和相关概念以便于比较统计数据和相互借鉴经验。

四、SEEA 应用与扩展

SEEA 应用与扩展是新版 SEEA 的有机组成部分。该部分的主要服务对象为分析师、研究人员及数据生成者和编制者；主要内容为资源利用效率和生产力指标、净财富和耗竭分析、可持续消费和生产、结构性投入 – 产出分析和一般均衡模型、基于投入 – 产出分析的消费及足迹技术和分解分析；主要目的是为如何利用 SEEA 进行政策分析提供基础信息。应用与扩展部分不会作为国际标准，而是提出各种可采用的方法，根据各国的政策需要满足其需求，并超出使用 SEEA 进行政策分析的办法。

2012 年 6 月，环境经济核算专家委员会发布了 SEEA 应用和扩展的征求意见稿。目前，正在根据征求的意见对其进行修订。

五、SEEA 的推广

联合国统计司和环境经济核算专家委员会为推广 SEEA 做出了很多努力。在 2012 年联合国可持续发展大会期间，组织了 2 次边会活动，以推广 SEEA。第一次活动的主题为"在各国执行 SEEA：经验教训"，由澳大利亚、巴西、意大利、荷兰和南非共同主办。来自统计局的代表介绍了实施 SEEA 的经验和所建立的体制安排，比对和评估了各机构的现有资料，推广账户，并总体说明了在各自国家实践中，哪些方法有效或无效。第二次活动的主题为"SEEA：绿色经济和可持续发展的监测框架"，由澳大利亚和巴西共同主办，主要目的是使公众了解 SEEA。在边会活动之外，还广泛分发了关于 SEEA 的简报，以促进将新标准作为计量框架，支持可持续发展和绿色经济政策。

联合国经合组织已将 SEEA 作为生成"绿色增长"指标的框架。联合国环境管理小组发布的"致力于实现平衡、包容性的绿色经济：联合国全系统视角"报告中也将 SEEA 作为核算/监测绿色经济取得进展的重要依据，并呼吁联合国各实体提高能力，促进 SEEA 的进一步发展。《生物多样性公约》秘书处正根据 SEEA 制定一套指标，用于评估生物多样性战略计划（2011 ~ 2020 年）。

鉴于 SEEA 正日益成为反映环境与经济之间相互联系的基本核算框架，环境经济核算专家委员会建议各国有必要建立实施 SEEA 的综合信息体系；利用符合 SEEA 的概念、定义和分类发展基本统计，使基本统计能够适时纳入核算框架，并与其他官方统计挂钩；通过采用系统中固有的核算特性和平衡特点，推进了环境相关统计中基本时序的相互连续性和一致性。

自然资本核算将成为全球经济决策的主流工具

2013 年 4 月 18 日，在世界银行和国际货币基金组织 2013 年春季会议的间歇，超过

35 个国家的财政、发展和环境部的部长、副部长以及高级官员汇聚华盛顿，就自然资本核算议题召开了高级别部级对话会。这些国家是由 60 多个国家组成的"自然资本核算先行者"中的一部分。对话会上，这些先行国家分享了推进自然资本核算进程所需的技术知识和制度。

世界银行主管可持续发展事务的副行长蕾切尔·凯特主持对话会，她说，自然资源是积累各种财富的基础，不少国家表示，如果没有数据表明经济增长在多大程度上依靠自然资产，就无法在实现绿色发展与包容性增长之间做出抉择。自然资本核算恰恰能够为政府做出这一抉择提供所需的数据。

一、世界银行的绿色财富核算项目

世界银行一直是自然资本核算的积极推动者。2010 年，在日本名古屋召开的生物多样性大会上，世界银行启动了一项"财富核算和生态系统服务价值评估"（WAVES）全球合作项目，目的是通过以自然资本价值为重点的全面财富核算以及推行将"绿色核算"纳入国民经济核算的方法，推动向绿色经济转型。该项目在伙伴国家推广应用联合国的环境经济核算制度包括实物量账户和价值量账户，并将该账户拓展到了生态系统和生态系统服务账户。

WAVES 中自然资本核算的主要内容包括：每年产生的生态系统服务的实物量与货币价值，生态系统退化的成本；生态系统服务的效益分布，退化成本在不同利益相关者之间的分担；资产价值，综合财富核算等。澳大利亚、加拿大、法国、日本、韩国、挪威、英国及一些非政府组织为 WAVES 项目提供了资金和技术支持。项目首先在博茨瓦纳、哥伦比亚、哥斯达黎加、马达加斯加、墨西哥、印度、乌干达和菲律宾等国进行了试点研究，测试自然资本核算的可行性。同时，也在试点国家以外推广应用自然资本核算。

二、自然资本核算队伍日益壮大

目前，已有越来越多的国家加入自然资本核算的实践队伍。自然资本核算正在成为做出明智经济决策的重要工具。

● 为弄清森林对国内生产总值的贡献，肯尼亚设立了森林核算账户。

● 加拿大、荷兰和挪威每年均开展能源核算，以便为在减少二氧化碳排放的同时实现经济增长的规划提供参考依据。

● 博茨瓦纳利用水资源核算结果，规划了多样化的经济增长结构。核算结果表明，全国用水总量中农业用水占 45%，但农业对国内生产总值的贡献仅为 2%。

● 澳大利亚利用水资源核算结果，对稀缺的水资源进行了更有效的管理。

● 菲律宾政府已承诺在继续开采矿产资源之前对其进行核算。菲律宾环境与自然资源部部长拉蒙·帕杰表示，"在完全摸清我国矿产资源存量之前，我们是不会签发新开采合同的"。

● 卢旺达已决定启动实施《经济发展和减贫战略》项目二期工程，自然资本核算正是该工程的一项内容。

●纳米比亚希望弄清自然资源对其经济的贡献，目前已着手进行野生动植物和渔业资源核算。

在越来越多的国家把自然资本核算以主流形式纳入国际经济核算和制定核算规划过程中，世界银行将通过 WAVES 全球合作机制向其提供支持。

三、私营部门是自然资本核算的关键力量

私营部门在推动自然资本核算中表现出少有的积极性。原因在于，伴随自然资源及生物多样性的减少，一些依赖于自然资源的企业和金融机构开始意识到企业经营风险及金融投资风险在日益增加；在生态资源丰富且敏感地区运营的产业或自然资源依赖型产业，很容易受生物多样性下降和生态系统退化的影响；而且对自然资源的过度开发也会给企业带来名誉风险，使其股价下滑。

在"里约+20"峰会上，86 家银行、投资机构和保险公司的 CEO 共同倡议发表了《自然资本宣言》和《自然资本领导契约》，再次重申承诺在全球范围开展合作，将自然资本价值纳入决策过程；承诺建立一个拥有健全的自然资本报告系统并最终实现对自然资本的使用、维护和恢复负有责任的金融体系。有将近 7000 家大型公司签署了《联合国全球盟约》，承诺遵守人权、劳工标准及环境方面的 9 项基本原则。金融机构已经承诺考虑与"自然价值倡议"、"森林足迹披露"、"全球报告倡议"等现有项目合作，以提高机构内部人员的能力，更好地平衡各种风险。美国政府同意与包括沃尔玛、可口可乐和联合利华等 400 多家企业一道，在 2020 年之前将非法木材从各自的原材料供应链中剔除。英国政府承诺，所有在伦敦证交所上市的公司，自 2013 年 4 月起强制披露碳排放数据。

四、自然资本核算的后续行动

在 4 月 18 日的对话会上，与会部长和决策者探讨了实现自然资本核算主流化的路径，包括政府各部委协同配合以确保得到政府的全力支持、引入公共部门与私营部门合作的机制、通过召开区域会议和年度会议对交流信息和应对挑战给予支持。会议还讨论了一项自然资本核算全球行动计划，为推广自然资本核算确立框架。该计划得到了合作伙伴的大力支持，计划的实施将依托有关国家正在开展的工作。

世界银行集团下属机构国际金融公司正准备启动一项自然资本核算项目，以便与私营企业合作开发出新的核算方法和工具。这些方法和工具将有助于私营部门对自然资本进行评估、管理、报告和估价。

国际金融公司可持续业务顾问组组长乌莎·饶·莫纳里（Usha Rao-Monari）在对话会上表示：完善的自然资本管理体系与企业和社区的效益以及环境效益密不可分；如企业考虑到了自然资本，就能够节约资源，进入市场并获得融资，减轻重大环境和社会风险。

世界银行发布最新绿色数据手册帮助各国评估自然资产

世界银行于 2012 年 5 月 17 日发布了《2012 绿色数据手册》，提供了 200 多个国家有关自然资本的综合数据，包括农用土地、森林、保护区、水资源，并首次提供了海洋方面的数据。

对于许多低收入国家，自然资本是其关键资产，大约构成其国家总财富的 36%。一些最贫困的社区依赖海洋、森林以及农业维持生存，缺少其他资源以应对自然资产的损失；而且随着人口的增长，对土地及水资源的压力也在增加。保护这些关键的自然资源需要可靠的数据和衡量体系，以确保在制定决策时充分考虑这些资源。

世界银行最新出版的绿色数据手册为政策制定者、社区以及其他利益相关者衡量自然资源的价值以及它们的作用提供了有效的信息。手册认为自然资产的价值以及随时间推移开发它们的成本和收益应该被核算并计入国家财富和增长前景的评估中。

准确的国家自然资本的数据，可以帮助政府和社区预测竞争性开发选项的广泛影响，衡量各种实践活动的可持续性，预防各种可能的损失，实现最优化资源利用。

世界银行环境部主任 Mary Barton – Dock 称："自然资本核算能够让我们明确谁是生态系统服务的受益者，谁在承担生态系统变化的成本，有助于开发支持贫困社区的资源管理方法，同时促进更多的持续增长"。

《2012 绿色数据手册》中采用了调整的净储蓄指标，也称为"真实储蓄"，即在考虑了人力资本投资、由污染引起的自然资源的消耗和损害之后，国家经济的真实储蓄率。手册也包含调整的国家净收入指标，这一指标提供了国家收入的更广泛的来源，阐明了能源、矿产和森林资源耗竭的原因。

《2012 绿色数据手册》引入了一套衡量海洋财富的指标，这些指标突出了海洋在经济发展中的作用以及海洋健康的戏剧性衰退。数据显示，世界 85% 的海洋渔场被充分利用、过度开发或耗竭；施肥所带来的过量的氮已经导致海洋上出现大量"死亡区"，面积约 25 万平方千米；全球约 35% 的红树林已经消失或转为它用；在过去的几十年中，约 20% 的珊瑚礁已被破坏，另有 20% 正在退化；30% 的海草床已被破坏。世界银行预测，如果更好地管理海洋渔场，全球渔业财富可能会从 1200 亿美元增加到 9000 亿美元，其中亚洲是最具收获潜力的地区。

世界银行正致力于通过绿色数据手册以及财富核算和生态系统服务价值评估伙伴关系(WAVES)将各国的自然资本纳入其国民核算，以确定优先发展领域和制定决策。

《2012 绿色数据手册》是世界银行开放数据计划的一部分，手册和其他相关数据的信息可在世界银行网免费获得。

欧洲达成绿色经济林业部门罗瓦涅米行动计划

联合国欧洲经济委员会(UNECE)2013 年 12 月 11 日消息：当日，在芬兰罗瓦涅米

（Rovaniemi）举办的第 2 次欧洲森林周期间（12 月 9～13 日），联合国欧洲经济委员会（UNECE）的森林和森林工业（COFFI）委员会以及联合国粮农组织（FAO）欧洲林业委员会（EFC）通过了欧洲绿色经济林业部门罗瓦涅米行动计划（The Rovaniemi Action Plan for the Forest Sector in a Green Economy）。罗瓦涅米行动计划是可持续林业的一个里程碑。

来自 40 个国家的欧洲森林部长和其他高级代表聚集在芬兰小镇，探讨森林可以帮助欧洲国家进一步实现绿色经济目标。会上，代表们签署了一项旨在保护欧洲森林和促进该地区绿色经济转型的林业行动计划——绿色经济林业部门罗瓦涅米行动计划。

该行动计划给森林部门提供了坚实的平台，支持在欧洲、北美、高加索和中亚地区向绿色的以生物为基础的经济转化。这个战略性文件被命名为罗瓦涅米行动计划。

COFFI 主席海基·格兰霍姆（Heikki Granholm）说："在该地区林业部门已经极大地促进了新兴的绿色经济。这个行动计划是为了激励进一步的行动，提高森林在绿色经济中的贡献"。

专家说，森林在绿色经济中发挥关键作用，因为森林能够可持续地提供替代一系列对环境及气候有害的产品。生物制品和化工产品已经被用于食品、服装和包装行业。森林提供的产品和服务维持了经济发展，而且仅在欧洲就有约 400 万人直接就业于森林部门。

如果政府和私营部门抓住机遇，生产和使用以木材为基础的产品，林业部门就可以做得更多。罗瓦涅米行动计划给出了具体的步骤，这将有助于各国在 5 个关键领域提供稳定、安全和可持续未来的森林：①可持续的森林产品生产和消费；②低碳林业；③适宜林业部门的绿色职业；④森林生态系统服务功能的长期提供；以及⑤政策的制定发展和林业部门的监测。

政府间森林融资特设专家组讨论森林可持续经营融资战略

在 2009 年召开的联合国森林论坛（UNFF）第 9 次会议特别会议上，与会代表决定成立一个不限名额的政府间特设专家组（AHEG），为制定支持森林可持续经营的融资战略提出建议。按照 2011 年召开的 UNFF9 的决议，AHEG 将在 UNFF 第 10 次会议（UNFF10）之前召开第 2 次会议（AHEG-2），主要目的是向 2013 年 4 月在土耳其召开的 UNFF10 提交对森林可持续经营筹资的建议，供大会审议。

按照规定，2013 年 1 月 14～18 日，AHEG-2 在奥地利维也纳召开，来自 75 个国家及 23 个区域和国际组织与进程的 151 名专家组成员以及来自森林合作伙伴关系（CPF）成员机构和其他主要组织机构的专家出席了会议。

在前两天的全体大会中，代表们听取了融资咨询小组对 2012 年森林融资研究报告的介绍、森林合作伙伴关系机构牵头的倡议即资金问题磋商会议的成果、资金协调机制的工作情况、UNFF 委托开展的研究成果和国家经验分享等报告。会议第 3、4 天，代表们分为 2 个工作组分别就国家、区域及国际层面上森林融资行动的议题进行讨论。会议的最终成果是一个突出说明讨论情况的摘要，而非通过谈判达成的成果文件。该摘要建议，为应对森林可持续经营融资问题，UNFF 可请各国政府、森林合作伙伴关系成员组织和其他利益攸关方在以下几个方面采取行动：实施良政，提高能力建设；加强区域合作和跨部门合作；改善国家森林融资政策，充分利用正规/非正规市场和私营部门，发挥官方发展援助的作用；让所有利益相关方参与进来并建立伙伴关系；加强现有的与森林相关的多边融资机制并改善获取资源的机会；利用现有的和新出现的资金，考虑建立全球自愿基金；应对可持续森林管理的数据、知识方面的不足；将森林和可持续发展目标纳入联合国 2015 年后发展议程等。

欧盟委员会发布新的欧盟森林战略

欧盟网站(europa. eu)2013 年 9 月 20 日报道，欧盟委员会通过了新的欧盟森林战略，旨在应对林业及林业行业面临的新挑战。新战略指出，欧盟地区森林覆盖率达到 40%，森林是提高生活质量、创造就业机会的关键资源，特别是在农村地区。同时，森林还能保护生态系统并为人类提供生态效益。

欧盟农业与农村发展委员会委员达恰安·乔洛斯(Dacian Cioloș)说："森林是重要的生态系统，如果森林以适当的方式进行管理，将能为农村地区带来财富和就业机会。可持续地管理森林以确保森林受到保护，是农村发展的重要支柱，也是新森林战略的原则之一"。

新战略给出了一个新的框架，以应对过去 15 年中社会对林业需求的日益增长，以及显著的社会和政治变化对林业产生的影响。

新战略由欧盟委员会与各成员国及相关利益方共同合作完成，历经 2 年时间，目前已经提交给欧洲议会和理事会。

新的欧盟森林战略提出"走出森林"，致力于解决森林价值链的各方面问题，如开发森林资源产品和服务方法。新战略将对森林管理产生强大影响。新战略强调，森林不仅仅对农村发展十分重要，对环境、生物多样性、森林产业、生物能源和应对气候变化也十分重要；有必要采取一种全面的方法，把其他非林业方面的政策对森林及其发展的影响考虑在内。新战略还强调，国家森林政策的制定应充分考虑欧盟的相关政策，最后呼吁建立森林信息系统，统一收集欧洲范围内的森林信息资源。

当前的欧盟森林战略发布于 1998 年，在欧盟及其成员国之间的合作基础上，按照权利自主和共担责任的原则，建立了支持可持续森林管理的相关森林行动框架。而新战略汇集了若干配套政策领域，包括农村发展、企业、环境、生物能源、气候变化、研究和发展。

CITES 缔约国大会呼吁打击非法采伐和野生动物非法贸易

联合国环境规划署 2013 年 3 月 3 日报道：《濒危野生动植物国际贸易公约》(以下简

称"CITES")将于 3 月 3~14 日在泰国曼谷举行 3 年一度的缔约国大会。来自全球 177 个国家、土著地区、非政府组织和企业的约 2000 名代表参加本次会议。会议将决定如何改善已经实施 40 年的全球野生动植物贸易体制。除此之外，本届会议还将修改 70 份特定物种贸易规则的提案。其中很多提案反映了全球日益关注的偷猎和非法贩卖野生动物，过度捕捞和过度森林采伐导致的海洋和森林资源的破坏以及野生动物犯罪风险。

公约秘书长 John E. Scanlon 说："2013 年是 CITES 缔约 40 周年，也是全球野生动植物保护关键的一年。CITES 以采取有影响有意义的行动和决策而著称。这次大会成果将对很多动植物的未来具有非常重要的意义。"联合国副秘书长兼环境署执行主任阿奇姆施泰纳表示：40 年前缔约的 CITES 对当今世界的作用不言而喻。由于自然资源过度开采和不可持续的发展方式，各种物种承受越来越大的压力。然而，从资源效率发展途径、里约+20 会议成果和 CITES 等其它会议成果中抓住机会的国家，将会加速和扩大环境保护成果和社会与经济成果。

世界各地区 55 个国家提交了 70 份有关更好地保护和可持续利用包括用材树种在内的野生植物种的提案。这些提案反映了全球日益关注的由于非法或不可持续的物种贸易导致生物多样性加速流失的问题。各国政府将考虑并接受、拒绝或修改这些提案，缔约国大会将讨论修改 CITES 附录。本届大会还将讨论如下问题：CITES 如何进一步加强打击象牙和犀牛角以及其他物种的非法贸易；由全球环境基金在国家层面协助各国政府履行 CITES 规定的义务；CITES 采取的措施对贫困地区人口生计的潜在影响；以及设立世界野生动植物日。

在 CITES 附录列出的物种中，对可能具有灭绝风险的物种将通过许可制度对其进口、出口和再出口加以控制，对已经受到威胁并濒临灭绝的物种将禁止商业贸易。

腐败可能威胁到全球为削弱森林损失而付出的努力

国际林业研究中心（Cifor）2013 年 4 月 1 日消息：专家警告说腐败可能阻碍联合国资助的减缓森林损失的努力。很多参与国获得大量资助，但由于管理不力，存在潜在的危险，即腐败问题。林业部门是全球最容易发生贪污渎职的部门之一。

2012 年 11 月在巴西首都巴西利亚举行的国际反腐败会议上，研究团体和环境专家警告：贿赂、尚不清晰的土地所有权、缺少准确的或可靠的信息、资金流动缺乏透明，都威胁着发展中国家通过减少砍伐森林和减缓森林退化而降低温室气体排放的努力（REDD+）。

Cifor 森林及管理研究室主任沃德尔（Wardell）说，"开展 REDD+ 事实上是为了确定森林的一个新的价值，我们称之为碳（贮存）"。联合国 REDD+ 计划，旨在减少由森林砍伐和土地退化造成的排入大气中的温室气体排放量，森林砍伐和土地退化是两个最大的元凶。

事实上，该计划是让富国出资帮助那些森林茂密的穷国，使他们的森林免于被破坏。

但专家说，在某种程度上，不清晰的 REDD + 规则，也造成很多作弊的机会。玩忽职守可以包括从操纵基线、碳排放报告和会计系统到侵害那些在森林中生活的社区的权利。

一些国家，如印度尼西亚，已经郑重承诺，要改进管理和遏制腐败。

反腐败资源中心（Anti - Corruption Resource Centre（U4））的威廉姆斯（Aled Williams）说，我们必须提前找出问题，确定哪些在林业部门已经出现过。"但是，这并不容易，"并指出，如果我们过于聚焦政府高官的贪污挪用，就有可能看不到那些利益共享的基层贪污。

"很多时候，我们总是在预测腐败的潜在风险，而不是实际的腐败风险。""真正腐败风险对未来也有重要的经验教训，"威廉姆斯说。

以乌干达为例，2002～2010 年，世界银行（World Bank）和全球环境基金（GEF）向乌干达的贸易、旅游和工业部以及野生动物管理局发放了 3700 万美元的贷款和赠款，用于开展一系列的保护活动。但在 2011 年，尽管世界银行已经先检查过，由一名退休的最高法院法官为首的调查委员会还是发现了普遍的违规行为，并且发现许多项目的目标并没有实现。威廉姆斯说，乌干达已被要求连本带息还钱。

马来西亚反贪污委员会（Malaysian Anti - Corruption Commission，MACC）的穆斯塔法·阿里（Mustafar Ali）分享自己国家的经验。MACC 成立于 1959 年。它有权力进行调查，并在公共和私营部门强制执行。

"在我们已经办理过的案件中，我们逮捕过来自政府、部委的高级官员。反腐败委员会也需要有公众的信任和支持，包括林业部门。"

他还强调。对腐败要有一个明确的定义，这是非常重要的。每一个国家对腐败的理解不同。有些人可以说"这不是腐败，这些都是专项费用"。

Sigrid Vasconez 女士在厄瓜多尔 GRUPO FARO 基金会工作。该基金会参与了 7 个国家的年度森林报告的制定。她表示，一定要具备所谓的"允许开展 REDD + 的基本条件。"

Vasconez 说，"我们必须要有强烈的反腐政治意愿，不仅要在林业部门，而且还要在多个部门。""我们需要的预算是被有效管理的，而且我们还需要协商和参与机制。这对 REDD + 的准备和实施都是关键的。"她接着说，有必要就林业部门资金分配的透明度、获取林业相关信息、吸引民间社团参与思考与环境和森林相关的腐败问题展开讨论。

国际刑事警察等机构也特别关注这些问题。法国国际刑警组织的斯图尔特（Davyth Stewart）担心："如果这笔钱由不适当的人管理，很可能会出现分配不公。"他建议：建立一套明确的最低司法标准，开展独立审计，财务账目可公开获取，掌控该基金的政府机构会议应该对观察员和公众开放，并由媒体直播。斯图尔特还指出，有必要授权给那些主要的利益相关者，使他们能够参与并找到最好的平衡权力的方式。

Cifor 研究室主任沃德尔总结时说，在巴西利亚会议上提出的许多问题都不是新问题。"马来西亚已经有50年一直在努力解决腐败问题,印度尼西亚也超过30年,没有什么真正的新问题了。但显而易见的是,解决根深蒂固的森林管理问题的体制架构已经变得越来越复杂了。""应该有庞大的网络系统,用不同的途径支持反腐败活动。"

然而,各国仍然必须解决所谓的"坏账问题"。例如,在很多国家仍有不清晰的不动产产权(谁拥有土地)问题。对同一土地,多部门都声称产权,而且为了各自的目的争相使用同一土地,包括采矿业、农业和能源部门。

沃德尔问:"我们如何依据机会成本和对这个国家潜在的利益确保这些不同的部门是合法的?"许多REDD+的开展是在"如果你拥有土地,你就拥有了碳"的假设下被断言的。"但是,这是一个可靠的假设吗?"他问。

沃德尔说,"目前在多数国家,确保有效的和公平的利益共享机制奏效的管理安排尚未到位。""REDD+可能会带来新机遇,同时我们还要继续解决一些潜在的新的腐败挑战。"

粮农组织敦促决策者加强森林生产者组织的建设

2013年11月25日联合国粮农组织(FAO)消息:11月25日FAO在中国桂林举行的森林生产者组织(Forest Producer Organizations)国际会议上强调:加强森林生产者组织的建设能够有力地帮助小规模林地所有者和小农减贫、改善生计和推动经济发展。

参加生产者组织可以使个体森林生产者获得更多进入市场的机会,增强议价能力,获得基本市场信息,在政策制定上享有发言权,而且还有助于提高其创业技能。

然而,森林生产者组织的作用大多被低估,它们尚未像农业领域的同类组织那样得到普遍或广泛认可。数亿人的生计依赖森林。除此之外,森林生产者组织还从事木材、非木材产品、手工艺品和药用植物的生产。

FAO林业部助理总干事爱德华多·罗哈斯-布里亚莱斯(Eduardo Rojas-Briales)说:"大多数森林生产者组织缺少资金,得不到适当的重视。组织有序的团体能够帮助其成员提高议价能力和获得贷款。规模较大的团体可以为其成员利益进行游说并影响决策。此外,通过森林生产者组织,小规模经营者也能够促进森林的可持续管理。政策制定者应该进一步认识这些积极因素,支持建立这样的组织。"

农业与森林是互补的。农民,尤其是土著居民、小生产者、妇女和家庭农民,也从森林经营中受益,因为它使收入来源多样化,消除了作物单一种植带来的潜在风险。森林和农场基金(Forest & Farm Facility, FFF)是FAO、国际环境与发展研究所(IIED)和自然保护国际联盟(IUCN)之间建立的一项伙伴关系。基金主任杰弗里·坎贝尔(Jeffrey Campbell)说,"鉴于气候变化造成的风险日益增加,对生计活动多元化提供支持将使农民受益。严重干旱可能会毁坏庄稼,但某些类型的森林则具有更强的抵御和承受干旱的能力,因此在促进粮食安全的同时,可以生产一系列其它重要的产品"。

如果给予当地居民明确、公平和透明的森林经营权,使他们从中获得经济利益,他们就更有可能进行林业所需的长期投资。此外，如果当地居民确信这种权利是有保障的，他们便会在传统基础上，保持和加大对森林的保护力度。FAO 强调，妇女应享有作为生产者、受益人和决策者的平等权利。如果情况不是这样，森林生产者组织就可以为改变这一状况进行游说并发挥重要作用。

在会上 FAO 发布了一份新的报告，介绍了森林生产者组织的一系列成功案例。在中国，一个笋竹合作社从其成员手里购买竹笋、水果和蔬菜、蘑菇等进行加工、存储、运输和出售，并已经创建了品牌。通过合作社，成员能够有更多机会获得贷款。在危地马拉，植树者团体已经不再通过中间商而是与大公司直接打交道，增加了销售收益。在纳米比亚，马鲁拉树（Sclerocarya birrea）生产者团体也与制造商建立了联系。马鲁拉果实中的果仁营养丰富，而且含油量高，可用于烹饪和生产护肤品。纳米比亚大多数农村妇女的生计主要依靠采伐和加工这类地方产品。现在，她们为几个大型化妆品生产商供货，而且政府的支持推动了国内马鲁拉油市场的发展。

全球林权改革取得进展但问题依然存在

全非洲网（allafrica. com）2013 年 4 月 12 日报道：在过去的 30 年中，全球至少有 2 亿公顷的林地所有权已经合法转移到当地社区或土著居民手中。现在全世界有 11% 以上的森林由社区拥有或管理。在发展中国家，这个比例为 22%。

国际林业研究中心（CIFOR）的资深科学家安妮·拉森（Anne Larson）说："生活在林区的人可以成为优秀的森林管理者，并且应该拥有林权的观点已经得到越来越多的认可。"

拉森和其他研究人员在对社区林业进行的有关公平性和生计方面的研究中比较了拉丁美洲、亚洲和非洲的案例，结果表明：在一些亚洲国家，政府或大型木材公司拥有最有价值的森林，社区拥有的是退化的土地。在一些非洲国家，精英集团得到了最大部分的经济回报，而社区却很少能从他们的森林获益。在拉丁美洲，社区拥有森林的比例最高，社区不断获得越来越多的森林所有权。拉森提出了以下有关林权改革方面的问题。

（1）林权改革应注重保障当地人民的权利。不恰当的林权改革对当地人民来说甚至是灾难性的。即使是那些看起来有良好愿望或企图正规化地保障当地人权利的改革，最后的结果也有可能是使外人或精英集团受益，而当地人的状况甚至还不如以前。林权改革中的关键问题是如何保障当地人民的权利。

（2）林权改革必须得到政府支持并采取配套的政策措施。如果得不到政府的支持，政府执法不力，那么名义上的林地所有权是没有意义的。这种权利会因外来者而受到损害。要从实际上使林权得到保障并实现改善民生的目标，还必须有配套的政策措施，使弱势群体得到扶持。

（3）兑现权益比争取纸面上的林权更加重要。如果说赢得纸面上的林权是一场艰巨的战斗，那么落实这些权利则意味着社区必须不断地挑战现实和争取他们的土地和森林所产生的利益。

（4）林权改革需要具体问题具体分析。林权改革没有放之四海而皆准的万能办法，最重要的是在了解各地的具体情况上下工夫。

（5）社区管理森林的模式有待改变。社区管理森林所面临的最主要问题是，现行森林管理的法律和制度框架以及对"社区林业"的支持（特别是在拉丁美洲）都是立足于大规模工业采伐模式，这不适合林权改革后绝大多数社区群众的需要和实际情况。

"零"毁林的目标存在误区

森林气候变化组织网站（www. forestsclimatechange. org）华沙 2013 年 11 月 15 日消息：美国温洛克国际（Winrock International）环境服务公司的布朗（Sandra Brown）和气候与土地利用联盟（Climate and Land Use Alliance）的扎林（Dan Zarin）在 11 月 14 日发表在《科学》杂志的文章中指出：①"零净毁林"目标（"净毁林"（Net Deforestation）是指从实际毁林面积中扣除因造林和森林更新而增加的面积后所得的面积）错误地将造林与天然林保护等价起来；②"零总毁林"目标（总毁林（Gross Deforestation）是实际毁林面积，并不扣除因造林和森林更新而增加的面积）在许多国家是不现实的，因为这限制了基础设施建设和农业生产的发展；③应该分开制定减少"总毁林"的目标和造林目标。

目前设定的减少毁林的目标可能会被误导，也许并不能如愿地挽救雨林，而且会葬送缓解气候变化的努力。他们说："在毁林目标和衡量标准确定之前，'零'可能是毫无意义的。"现在亟需的是确定明确的和适合各国国情的减少毁林的目标。

在 11 月 11 日在波兰首都华沙召开的联合国气候会议上，挽救森林是一项重要的议题。文章的作者认为，随着全球对粮食和资源的需求增长，各国政府、公司和非政府组织虽然制定了"零毁林"（Zero-deforestation）的目标以求遏制森林的破坏。但是其定义往往模糊不清，并且会导致意想不到的结果，如砍伐富存碳的天然林而代之以新营造的人工林等。问题在于尽管设立了各种各样的目标，但是其中有很多目标表达得不清楚。有些目标提出的是"净毁林"、有些目标提出的是"总毁林"，还有一些根本没有明确的提法。

例如，巴西已经承诺在 2020 年将总毁林水平从 1996~2005 年期间的历史高点降低80%，而秘鲁则提出在 2021 年之前实现原始林和天然林的"零净毁林"。今年，印度尼西亚的造纸巨头亚洲浆纸公司（Asia Pulp & Paper）说要停止砍伐所有的天然林，但是并没有就这个目标进行详细的阐述。

砍伐天然林然后种上人工林并不是一个等量交换的解决方案，不能用种树来抵消毁林。现在设定的很多目标都有这个问题。新营造的森林在碳贮存、生物多样性和为林区居民提供生计等方面远远不如当地的天然林。

很多消费品公司都将"零净毁林"当做衡量可持续性的指标。但是作者布朗和扎林指出，这是在耍李代桃僵的花招。一些国家，特别是森林面积仍然很大的发展中国家提出的总毁林率为零的目标也是不现实的，因为如此便不能扩大基础设施建设和农业生产。解决上述问题的方法就是为造林和减少总毁林率分别设立目标，而不是追求一揽子目标。

巴西和印度尼西亚等较为发达的雨林国家可以实现遏制森林损失的宏伟目标，通过更有效的方式更好地利用现有采伐林地来进行商品生产就可以降低对采伐林地的需求。

作者指出，在全球层面上，"总毁林为零"包含的目标更大，实现比较困难，而"净毁林为零"的目标就小得多了。

全球林业可持续发展的5条经验教训

世界资源研究所（WRI）网站3月18日报道：如老话所说，不要只见树木不见森林，森林的整体价值十分重要。据估计，全球约5亿人直接依赖森林为生，森林还为全世界人提供食物、水、清新空气和重要药品。此外，森林还能吸收二氧化碳，遏制气候变化。

尽管在巴西、印度尼西亚等地已经取得了一些令人鼓舞的反对毁林的成效，但是从全球范围来看，森林仍然受到威胁，特别是在热带地区。2000～2010年，每年有近13万公顷的森林被毁灭。全球森林面积的30%已被皆伐，20%的森林已经退化。

这种困境引出了一系列问题：森林到2030年的前景如何？我们是否正在错失为保证森林能够继续为全球不断增长的人口提供所需商品和服务而保护森林的机会？怎样才能利用森林建立一个蓬勃发展的全球绿色经济？提出这些问题十分重要，寻找解决的方案也是必需的。

在3月5～6日由《经济学家》杂志举办的世界森林首脑会议上，来自私营部门、研究机构、非政府组织和政府的领导人讨论了这些问题，以保护和支持全球森林的可持续发展。讨论中强调了5条经验教训，对妥善管理和保护全球森林十分重要。

（一）认识森林的价值

导致毁林的根本原因是，森林常常只被看到其眼前的市场价值，而忽视了森林无偿提供的碳汇、清洁水、食物和娱乐等森林服务功能。目前，从森林服务获得经济价值并不容易，因为这需要根本性的变革，需要把"生态系统服务"整合到经济模式中。生态系统服务市场在过去的10年中已经出现，但一直发展缓慢。我们必须找到一个能更好地体现森林价值的办法。

（二）与人民共同管理森林

对森林进行管理，可以最大限度地发挥其长期的经济价值，但是怎样才能确保依靠森林生存的社区能够获益呢？我们必须认识到地方社区和土著人民的权利，并让他们参与到影响森林的决策过程。这些团体与森林关系密切，他们可以是森林保护的有效领导者。例如，拉丁美洲的一些社区正在积极监测他们的森林并制止非法采伐。

(三)停止非法木材贸易

林产工业的治理可以并应该作为毁林解决方案的一部分。以可持续方式满足林产品需求，有利于推动森林管理和林地保护。林业部门强有力的法律框架是重要的第一步，而全球市场上合法林产品需求的增加，则是进一步的推动因素，如美国雷斯法案修正案和欧洲木材法规。

(四)在森林恢复过程中寻找机会

森林恢复提供了巨大的机会，可以抵消毁林，并产生额外收益。全球多达10亿公顷采伐迹地或退化林地可以恢复成森林、林木种植园或农用林。森林恢复工作能为当地人民提供经济和社会利益。例如，非洲重新绿化行动计划(African Re - greening Initiatives)与越来越多的非洲农民合作，对自然再生树木进行保护和管理，以建立农林复合系统。

(五)建立新的森林伙伴关系

为了更好地保护森林，需要林业部门内外共同参与，建立新的联盟。因为在许多情况下，毁林的主要驱动力存在于林业部门之外。林产品、农业、采矿、基础设施、医药、金融等行业，以及民间社会组织和政府都可以在森林保护中发挥作用。鼓舞人心的是，多方利益相关者联盟正在涌现，如加拿大北方森林倡议组织。该组织是非政府组织和林产工业之间联系的纽带。根据消费品论坛(Consumer Goods Forum)的承诺，到2020年，他们的供应链将实现"零净毁林"。

森林利益相关者如何对待上述5个方面的问题，关系到森林的未来。查尔斯王子在世界森林首脑会议上发表录像讲话说：不管我们是否喜欢，森林问题都十分重要。事实上，没有森林，人类将无法继续生存。现在，我们阐明森林的重要性，推动和扩大森林保护，建立联盟，都是为了确保森林能够可持续地满足当代人和后代人的需要。

加纳出台新的《森林和野生动植物政策》

国际热带木材组织《热带木材市场报告》2013年1月第1期报道：最近，加纳政府通过了修订的森林和野生动植物政策，该政策强调了森林在水源涵养、生物多样性保护以及生态旅游等方面的价值。新政策的亮点是把林业部门的主要功能由木材生产转变为减贫和创造就业机会。通过发展人工林、促进良好施政和森林工业的发展，在农村地区创造财富，解决城乡人口流动问题。新政策以人为本，为依靠内部资金创建可持续的融资模式提供指导。

越南国家林业发展战略（2006~2020）

日本《海外森林与林业》2010 年第 79 号发表了介绍越南国家林业发展战略出台的文章，内容如下。

一、森林现状

越南的森林覆盖率由 1945 年的 43% 减至 1990 年的 27%。森林的减少对环境、经济和国民生活造成很大影响。因此，越南政府先后制定了"327 项目（1993~2000）"和"661 项目（500 万公顷造林计划 1998~2000）"，力争扩大森林面积和提高国民生活水平等。经过努力，2008 年森林覆盖率恢复到 39%。2005 年越南森林面积为 1260 万公顷，其中人工林占 18%。森林蓄积量 8 亿立方米，平均每公顷蓄积量 64 立方米。无立木地 680 万公顷，占国土面积 19%，其中 620 万公顷是裸地和荒废地。1993 年以来，全国大力开展造林活动，森林面积年均增加 30 万公顷，其中 20 万公顷是新造林。来自人工林的收获量每年达到 200 万立方米。

虽然越南的森林面积逐年增加，但天然林退化问题依然严重，森林蓄积仍处于低水平，还不能满足林产品生产和国土保全的要求。森林社区居住着 2500 万贫困人口，由于过度采伐薪炭材以及宜林地偏远和分散等，500 万公顷造林计划未能完成。怎样建立国家水平的森林数量和质量基准？怎样让以森林为生计的社区和偏远地区参与森林管理，分享惠益？怎样在发展林业的同时保护好生物多样性？怎样充分发挥森林管理认证和产销监管链认证的作用？怎样为可持续的天然林保护吸引更多的资金？这些都是越南面临的主要问题。

二、国家林业发展战略

针对森林与林业存在的诸多问题，越南政府于 2007 年制定了综合性的全国基本计划——林业发展战略（2006~2020）。该战略的目标是：到 2020 年全国森林覆盖率提高到 47%，工业用木材生产量达到 2200 万立方米，80% 的生产林通过 FSC 森林认证（表 1），让森林真正发挥保护水源和沿海地区环境、减缓自然灾害的作用。木材与林产品加工发展方向是：具有竞争力的可持续木材及木制品基本满足国内与出口需求，重点发展室内与户外家具、手工艺品及竹藤产品；森林产值保持以每年 4%~5% 的速度增长，林业 GDP 占全国 GDP 的 2%~3%；林产品出口额超过 78 亿美元（包括 8 亿美元非木材林产品）；加工行业与林产品贸易为林业的经济驱动力；以创新管理机制、国有企业改革、鼓励私有企业参与的方式，重点调整、改进和升级中小加工企业，2015 年后发展大型企业，建立更加透明与公平的市场；在其他能够稳定投入有潜力的地区建立并发展林产品加工业，保证在国际市场上的利益与竞争力。

表1 越南林业发展战略目标

项目		2005年现状	2010年目标	2020年目标
森林覆盖率(%)		37	42.6	47
生产林 (万公顷)	人工林	138	265	415
	天然林	310	363	363
	荒废地/农用林	262	182	62
工业用木材生产量(百万立方米)		10	14	22
薪炭材生产量(百万立方米)		25	26	26
生产林森林认证率(%)		0.1	30	100
农民林业知识普及率(%)		–	30	80
林业生产企业改革		–	全部公社化	全部公社化
社区林业经营(万公顷)		–	250	400

越南政府为了跟上世界潮流和步伐，根据本国的主要目标，将森林重新划分为国家公园和自然环境保护等特种用途林、水源涵养等防护林和以经济利用为目的的生产林3种类型。为发挥各种森林的机能，2007年决定由国家财政拨款提高造林补助，将条件差的地区特别是西北部作为优先发展地区，大力推进对生产林的投资造林。为实现2020年森林覆盖率47%的目标，越南制定了新的造林计划。新计划采取与社会经济发展计划(SEDP 5年计划)同步的形式，计划期为2011~2015年。

关于林业生产企业改革，国有林业企业(State Forest Enterprise)原则上改为林业公司(Forest Companies)。对于可以大规模集约经营的生产林由林业公司统一经营，原管理防护林和特种用途林的国有林业企业分别改组为防护林管理事务所和特种用途林管理事务所。此外，分散的森林、裸地及退化林等大方向是分配给农户。

关于林业发展战略的资金来源，寄予最大希望的是基于《京都议定书》实施造林和再造林的清洁发展机制项目(AR – CDM)和生态环境服务付费(PES, payment of environmental service)。

日本确定 2010~2020 年森林林业基本计划目标

日本《林政新闻》2011年5月25日报道，表明日本林政基本方针的2010~2020年"森林林业基本计划"的目标值已经决定。林野厅根据林政审议会的讨论，于今年6月就该计划征询了国民意见，并力争在7月中旬的内阁会议上通过。

5年、10年、20年后，森林类型划分的诱导目标如表1和表2所示。在以柳杉、扁柏为主的1030万公顷人工林中，有660万公顷以木材生产为优先利用，350万公顷在更新时辅以人工将其诱导为人工复层林，其余20万公顷转变为不进行人工干预的天然林。另一方面，在现有1380万公顷天然林中，有1150万公顷在现有状态下依靠天然更新，另外230万公顷诱导为复层林。

今后，森林蓄积量将逐渐增加，但生长量将随着人工林的成熟而呈下降趋势。因此，尽管森林的二氧化碳固定量增加，但吸收量将会有所减少。

开展木材供需预测是为了更好地实现"森林林业再生计划"。日本国产材消费量（供给量）2009 年为 1800 万立方米，预测 5 年后将增加到 2800 万立方米，10 年后达到 3900 万立方米，届时将实现木材自给率 50% 的目标。但是，2009 年木材需求量比上年减少 19%，如何在少子高龄化加速发展的国内市场上使总需求量上升是今后的研究课题，而扩大灾后重建中备受关注的木质生物量能源的利用将是关键之一。

德国林业发展政策动向

德国联邦食品、农业和消费者保护部日前在其网站上发布了 2011 年农业报告，介绍了 2007 年以来德国农业、林业、渔业和食品业面临的新情况，尤其是金融危机带来的挑战和联邦政府采取的措施。该报告的"林业和木材业"部分，介绍了林业的发展、现状和趋势，以下 3 点值得注意：

（1）德国政府提出了制定 2020 年森林战略的构想，旨在平衡对森林利用的多种需求。联邦政府将继续发展对林业和当地木材业、造纸业的资助政策，以开发至今尚未充分利用的潜力，如工业木料和废木料的重复利用。在农业用地上种植速生树种人工林是一个可能被采用的重要策略。

（2）林业深受气候变化影响，尤其是个别树种的生长条件可能发生区域性改变；同时在维持和加强森林和木材的碳贮存功能以及用木材产品取代化石燃料和原材料这两个方面，能够对气候保护起到重要作用。联邦政府认为有必要加强使森林适应气候变化的措施，以维持森林保护自然环境和保护气候的重要作用，并且维护森林的可持续性，确保其利用、保护、休闲方面的功能。

（3）德国政府制定国际林业政策的目标是，促进世界各地的可持续森林经营以及遏制非法和非可持续的采伐活动。为此，联邦政府从 2010 年起在"以利用促保护"的主旨下对国际组织的项目给予资助。其中一个重点是实施"关于所有类型森林的无法律约束力文书"（"联合国森林文书"）项目。2009～2012 年，德国政府对森林和其他生态系统的国际性保护资助金额高达 5 亿欧元，这一趋势还将继续。2013 年开始，德国计划每年对上述活动提供 5 亿欧元资助。

在双边合作层面上，德国与很多伙伴国家尤其是热带地区的国家达成协议，以支持其可持续的合法的森林经营方法以及国家和私人层面的监督。在欧盟层面，德国政府已经并将继续资助欧盟旨在打击非法采伐的"森林执法、施政和贸易"行动计划（FLEGT Action Plan）。该行动计划的重要内容是与热带木材供应国达成自愿的伙伴协议，以证明出口到欧盟的木材的合法性。

智利《天然林恢复及林业振兴法》获通过

日本《木材情报》2010年12月报道，1992年在艾尔文总统执政下的智利政府首次向国会提出了关于天然林保护的法律，但此法律因过于偏重天然林保护而遭到林产业界反对而未获通过。1995年此法律草案再次提交国会，但仍未获通过。直至2008年，终于获得通过了关于天然林恢复及林业振兴的20283号法令。新通过的"天然林恢复及林业振兴法"与1931年的森林法和林业振兴法共同构成了智利林业法律法规的基础。

智利关于天然林问题的讨论，从1997年开始进入一个新时期，即从以往框架下业界的讨论转变为以可持续森林管理为主体的更多相关者的讨论，这意味着产业界和环境NGO经过10年的对话终于取得了具体成果。天然林争论的焦点是关于对林种转变为速生外来树种和森林分类这两点的评价，专家、林产企业和环境NGO对这些问题进行了反复讨论，尽管在某些问题上已达成一致意见，但在私有林问题上还存在分歧。

此次通过的"天然林恢复及林业振兴法"共有65条，暂定条款包括如下8条：森林类型，森林经营计划，环境保护标准，天然林保护、恢复及可持续经营基金，森林认定者，天然林调查预算，手续及罚则以及一般规定。法律包含多项关于对有助于天然林恢复的活动给与补助和对违法行为予以处罚的条款。关于法律的详细讨论和完善要观察今后动向，尚需一些时日，但是将天然林管理纳入法制的轨道，首先应给予肯定。随着新法的制定，智利的林业将面临着如何平衡森林利用与保护的关系。

越南颁布特种用途林经营法令

越南通讯社2011年3月2日消息：越南关于特种用途林经营的117号法令从2011年3月1日起生效。

越南农业和农村发展部副部长许德二指出，越南政府主张把当地人民的合法权益和责任绑在一起，使他们共同参加自然资源保护工作，有效地保护森林资源。117号法令保证了国家法律与国际公约保持一致；避免了自然资源管理条例中的重复规定和相互矛盾；把有关各方的权益绑在了一起；在生物多样性保护方面加强了国家各部门间的紧密配合。

过去几十年，由于政府的不断努力和国际社会的大力帮助，越南特种用途林总面积已达到220万公顷。德国国际合作机构（GIZ）自然资源管理计划协调员羽尔根·赫斯（Juergen Hess）承诺，将在管理自然资源领域继续帮助越南。

越南实施《国家绿色增长行动计划》

越通社（VNA）2013年9月4日消息：越南政府总理刚批准了《国家绿色增长战略》，

提出了下一阶段任务是提高经济发展质量、节约能源、保护环境、保障社会公正与进步，并据该战略提出了《国家绿色增长行动计划（2013~2020年）》（以下简称《行动计划》）。

《行动计划》旨在实现3大目标：①进行结构重组并完善政策机制，鼓励各产业提高能源和自然资源使用效率；②注重科研工作并广泛应用先进技术，提高自然资源使用效率，尤其是减少温室气体排放量，有效应对气候变化；③通过建立绿色基地和树立善待环境的生活方式，在工业、农业、绿色服务等领域创造更多就业机会，改善国民生活质量。

《行动计划》的核心任务之一是减少温室气体排放量和促进绿色能源和再生能源利用率，提出在主要产业将国内生产总值能源消耗年均减少1%~1.5%，温室气体排放比2010年减少8%~10%等指标。

日本国有林法案获参议院一致通过

日本《林政新闻》2012年4月18日报道，取消国有林事业特别会计将其纳入一般会计的"国有林法案"在4月6日召开的参议院总会上获得一致通过，并已送交众议院。关于该法案的提出，农林水产大臣鹿野道彦在4月10日的参议院农林水产委员会上说明了理由，12日在该委员会上大行了约2个半小时的审议后，全会一致通过，同时通过了面向大地震灾区重建要求积极利用国有林的组织机构、技术和资源等附加决议。

在审议过程中，提出了关于国有林特别会计并入一般会计后职员的待遇问题以及应该保证处理约1.3万亿日元累计债务的"债务偿还特别会计"透明度等意见。而且，鹿野大臣强调："一般会计化后，不受林产品收入动向左右，可以推动重视公益机能的国有林经营管理及对林业振兴作贡献，这是最重要的一点。"

日本内阁会议通过可再生能源特别措施法草案

日本《林政新闻》2011年3月23日报道，3月11日，日本内阁会议通过了电力公司有义务购买使用木质生物量发电等可再生能源的"关于电力公司购买可再生能源电能的特别措施法草案"（简称"可再生能源特别措施法草案"）。

此法案主要规定电力公司有义务按照固定价格购买使用太阳能、风能、小规模水力发电、地热能、生物质能等可再生能源发电的全部电能。关于生物量，将开发利用那些不影响纸浆等其他现有产业的未利用林地剩余材为主。

关于收购价格和期限，经济省提出太阳能以外的可再生电力购买价格为平均每度15~20日元，购买期为15~20年。

购买电能的必要费用将平摊到家庭与企业的电费中。法案规定，各电力公司可以按用电比例向用户征收附加费，而且为避免地区之间附加费不均衡，要采取必要措施，分摊幅度全国要均衡。

此外，对可再生电力全部购买制度影响的考察和评估每3年进行1次。争取到2020年即使没有法律保障，也能普及可再生能源。由于此法的成立，原有的关于电力公司利用新能源等特别措施法(PRS法)将被取消。

日本修订保护生态系统相关法律

据人民网(http：//www.people.com.cn)财经频道2013年7月8日报道：日本对保护生态系统的两项法律《外来入侵物种法》和《濒危野生动植物种保存法》作了修订，并于6月12日公布。

2005年6月施行的《外来入侵物种法》将捕食、驱逐日本原有生物，从而破坏了生态系统或对人类及农林水产业造成危害的外来物种指定为"特定外来入侵物种"，规定要管制其饲养、栽培、保管、运输及进口，并根据需要加以防治。现在已经指定了105种特定外来入侵物种。

修订后的《外来入侵物种法》将特定外来入侵物种之间，以及特定外来入侵物种与原有物种之间的杂交物种，也归为"外来入侵物种"。例如，特定外来入侵物种罗猴与日本猿的杂交物种也属于管制对象。原法律并未规定如果进口物资中混有特定外来入侵物种，进口者须采取消毒等措施，而修订后的法律扩大了国家行政命令的管制对象，强化了管理。

1992年6月联合国环境与发展大会签署了《生物多样性公约》，随之日本于1993年4月施行了《濒危野生动植物种保存法》，其目的在于保护濒临灭绝的野生物种。但由于稀有野生物种的交易额非常高，而且惩罚规定不够严厉，因此恶性违法交易并未断绝。

此次是《濒危野生动植物种保存法》的首次修订，大幅提高了违法销售转卖惩罚规定的上限。对于个人，从之前的1年以下有期徒刑、或100万日元以下罚款，提高到5年以下有期徒刑或500万日元以下罚款；对于法人，从100万日元以下罚款提高到1亿日元以下罚款，并追加了施行3年后进行调整的规定。这两项新修订的法律将在公布1年内施行。

这两项法律的修订背景是，生物多样性及物种保存越来越受关注。例如，日本2008年通过了《生物多样性基本法》，2010年的《生物多样性公约》第10次缔约方大会(COP10)通过了《爱知目标》。

巴西开发出新的森林采伐管制系统

国际热带木材组织(ITTO)2013年5月31日报道：巴西环境部已开发出新的被称为

"林产品商业化和运输系统(SISFLORA)"的森林采伐管制系统，目的是完善林产品生产和运输过程中的监测和控制。

SISFLORA有助于环境部利用树木芯片对林木采伐和运输活动进行监督和控制，从而打击非法采伐，保护环境。该系统还可以为国际市场提供木材合法性证据，防止非法采伐木材进入林产品供应链。

英国政府决定放弃国有林出售计划

波罗的海KMS公司网站2011年2月18日消息：英国政府证实，已取消4万英亩的国有林出售计划。环境部长卡罗琳·斯贝尔曼对下议院说道，关于公有林出售计划的商议已经叫停，政府将采取其他方式管理公共林地。她强调，民众对森林的利用和森林保护一向被放在森林经营管理的重要位置上，但商议之前通过的《公共法人法案》中关于林业的条款未能使民众正确了解政府的意图。她补充道，政府在听取了公众的意见之后，愿意承认是政府对形势判断的错误。政府将组织专家小组，研究如何促进生物多样化，保证公众对森林的利用。

美国发布关于修订国有林管理计划的新规则草案

日本《林政新闻》2011年3月23日报道，美国公布了国有林系统127个地区制定林地管理计划(Land Management Plan)的新规则草案(2011规则草案)。该规则草案在截至5月16日的90日内征求公众意见后，做出最终决定。

一、世界领先的雄心勃勃的美国国有林地管理计划进入修订程序

美国的国有林管理计划是以1976年国有林管理经营法(NFMA)为法律依据，为实现1960年的多目标利用持续生长法(MUSYA)，根据1982年的规则制定的。该计划的制订，在世界上率先采取了吸收广大公众参与并与1969年国家环境政策法(NEPA)下的环境影响评估报告相结合等雄心勃勃的尝试，但其30年的经验向各国提供了反面教材和很多教训。

1989年美国对国有林管理计划进行了评价，指出1982年规则的复杂性、高额的费用以及公众评论的难度等问题。因此，美国林务局力图改变国有林管理计划的制订方式。2000年根据2次修订的规则草案及科学家委员会的建议制订了新规则。新规则采纳了可持续性、国民参与、适应性管理、监控评价、科学作用等考虑方法，但这个新规则在2001年的评价中同样遭到了批评，因此又提出2次修订后的规则草案，但该草案也因被起诉、法院判决无效而未能采纳。

在美国127个国有林管理计划中有68个计划已经超过了15年的最大修订期限，但

目前仍未进行修订。

二、2011 年规则草案的特点、论点及利害平衡等

根据美国林务局网站，2011 年规则草案的特点是增加了以下几点内容：

- 应对气候变化等外在要因的更加高效的适应性管理体制；
- 计划制定的全过程有国民参加和协作；
- 恢复和维持健康的、复原可能性高的生态系统；
- 进一步重视水资源和流域保护；
- 保护原有动植物多样性的高效、积极的框架；
- 国有林对社会经济可持续发展的贡献；
- 可持续的土地、水和游憩空间利用的供给的修订；
- 包括生态系服务在内的多样化利用和价值的综合资源管理；
- 基于最新科学的地域、风景单位的监控。

而且，讨论的焦点是：如何平衡国家的统一性和地区的灵活性；如何平衡涉及多方面的多目标利用；如何平衡国家、区域和地区之间的利害关系。

三、国民广泛参与的规则草案修订

2011 年规则草案，自 2009 年 12 月公示以来，参考了超过 2.6 万条意见，召开了有 3000 多人参加的 40 次以上会议及圆桌会议，并通过博客促进国民参与等，在以前所未有的规模吸收国民参与的前提下完成了制订工作。林务局局长汤姆·提德威尔（Tom Tidwell）说，在本草案的制订过程中征集到的意见是有价值的，希望立足于国民的价值观和健全的科学，为建立森林和草原的适应性管理经营框架继续合作。

菲律宾打击非法采伐的法律已获通过

雅虎新闻网（news. yahoo. com）2012 年 1 月 5 日报道：根据菲律宾国会第 5485 号议案，非法占用林地或为商业目的使用林地者将被追究法律责任。

为阻止对菲律宾森林的破坏，众议院最近通过了关于建议对非法采伐者最高判处终身监禁的第 5485 号议案的最后一次审读，并批准了该议案。该议案也称为可持续森林管理法，其中涉及对菲律宾森林的保护、恢复和可持续经营。

议案中建议对那些采伐、收集和经销非法木材，价值达到 50 万比索的人最高可判终身监禁。罪犯还将被课以相当于被截获木材的市场价值 10 倍的罚款。除非法采伐者外，参与此类交易的其他人员也将受到惩罚。对于非法占用林地、非法将森林转变成城市公园、伪造报告、非法经营锯木厂和非法携带毁林工具和设备的人，议案也提出了处罚建议。

议案的提出者罗德里格兹（Rufus Rodriguez）来自"天鹰"台风的灾区卡加延德奥罗

市。他指出，非法砍伐是使森林受到破坏的主要原因之一。台风"天鹰"造成灾难性后果有多种原因，其中包括大坝的破坏导致山洪暴发，以及对卡加延德奥罗河沿岸森林的滥伐。这些森林本来是能够阻挡水流冲刷河岸的。

菲律宾环境与自然资源部最近的一份报告中说，菲律宾拥有约 700 万公顷森林，但是菲律宾环境与自然资源部同时也强调指出，菲律宾的森林分布支离破碎。自 2005 年以来，非法采伐造成森林面积每年平均减少 8.9 万公顷、森林覆盖率下降 1.4%。

德国私有林补助政策

德国森林面积约为 1110 万公顷，其中私有林为 482 万公顷，约占 43.6%。私有林经营以木材生产为主，但私有林经营规模小而分散，抵抗灾害和应对市场的能力相对较弱，因此德国政府在不同阶段根据不同情况对私有林经营给予一定的补助。

一、德国私有林补助政策沿革与现状

20 世纪 60 年代后半期开始，德国正式实施了林业补助政策。实施这一政策的背景是：1955 年以后木材价格低落和工资上涨导致林业效益普遍恶化；1966 年德国经济出现战后第一次大幅度衰退，翌年又遭遇严重的风灾，发生了大量风倒木，导致 1967 年和 1968 年木材价格大幅度下跌。即在 20 世纪 50~60 年代林业发展陷入困境的情况下，德国实施了林业补助政策。

德国林业补助政策的核心是在共同课题框架内对私有林进行补助。1969 年针对共同课题制定了关于"农业结构改造和沿岸保护"的法律及关于林业组织的联邦法等，这些法律成为此后林业政策的基础。1973 年开始在共同课题中实施补助。这是将原有的欧盟和联邦的补助政策与州独立补助政策进行整合后的政策，因此是联邦和州共同进行的林业补助。通过共同课题进行补助的补助金负担比例为联邦 60%、州 40%。

联邦和州通过共同课题在全国实施补助政策，同时各州也有各自独立的补助政策。各州独自补助政策是根据该州特有情况进行的必要补助，而且这是在共同课题框架中各项补助政策之外进行的补助。州独自施策旨在提高森林所有者及农户的经济、社会乃至政治地位，是根据州财政能力决定的一项政策，同时也是联邦政策（共同课题等）中未涉及到的政策。

而且，除了德国国内的林业补助外，还与欧盟共同农业政策（CAP）相协调。

二、"农业结构改造和沿岸保护"中的林业补助政策

德国实施的补助政策如上所述划分为几种，在此仅介绍联邦和州共同课题框架中实施的补助政策，即德国最重要的林业补助政策。

通过共同课题进行的补助包括初次造林（农地造林）、近自然育林、林业共同组织和林业生产基础。具体内容如下：

（一）初次造林补助（农地造林补助）

在农地及林地以外的土地上造林给予补助。补助对象包括：①造林（种子、苗木、整地）；②最初5年造林地的管理；③对因造林导致的经济损失给予15年以内的补偿（仅农地造林）；④补植。

造林补助的标准为：对营造针叶林最高可补助其造林成本的50%，对混交林（阔叶树或冷杉至少占30%以上）最高可补助70%，对阔叶林（针叶树占20%以下，人工/天然更新）最高可补助85%。很显然，造林补助政策鼓励营造阔叶林及针阔混交林。

关于补偿金，对于在不同生产力的农地上造林制订了不同档次的补偿标准，平均补偿金为每年每公顷350~700欧元。当然，在生产力越高的农地上造林，补偿金就越多。草地造林的补偿统一为每年每公顷350欧元。

对初次造林的补助，作为欧盟共同农业政策中农业生产过剩对策的一环，也接受欧盟的补助。以前补偿期最长为20年，但现在缩短为15年。

（二）近自然育林补助

补助对象包括：前期准备（调查及适地评估等）、从针叶树纯林向针阔混交林的转变、幼龄林造林抚育、为保护土壤撒石灰、近自然林缘的形成、对不使用杀虫剂的森林保护、利用畜力进行的集材。

补助标准为：

（1）对前期准备的补助可达到实际费用的80%，补助上限为在500欧元基础上平均每公顷计划面积再增加50欧元。

（2）对树种转换（含再造林）的补助标准为，向混交林（阔叶树或冷杉占30%以上）转变可达到费用的70%，向阔叶林（针叶树占20%以下，天然更新）转变可达到费用的85%。

（3）对幼龄林的造林抚育措施补助50%，补助对象为40年生以下的针叶林和60年生以下的阔叶林。

（4）为保护土壤撒石灰补助90%。这是因酸雨灾害从1984年开始实施的补助政策。

（5）对形成近自然的林缘补助70%~85%。

（6）对不适用杀虫剂的森林保护，补助实际费用的70%~90%。

（7）对于使用畜力集材，补助实际费用的50%，但对出木材的补助额以平均每立方米不超过5欧元为上限。

（三）对林业合作组织的补助

德国对林主协会等林业组织的补助有初期投资补助、林业组织运营费补助和木材集中出售奖励金。其中，对林业组织运营费补助和木材集中出售奖励金不得重复，只能二选一。

首先，对初期投资的补助包括器具、机械、车辆及工具的初次购买，经营管理设施、木材加工场地和木材加工设施的初次建设，补助金额为成本的40%。而且，在经营管理设施、木材加工场地和木材加工设施的初次建设中，对其准备工作及调查、分析所需费用的40%（最高限额为2.5万欧元）给予补助。

对林业组织运营费的补助包括人头费、差旅费、运营费和保险费，开始4年补助60%，此后3年补助50%，最后3年补助40%。补助上限为每年4万欧元。

关于木材集中出售奖励金，对于林主协会进行的木材集中出售，给予每立方米2欧元的补助，对于上级部门林主联合会进行的木材集中出售，每立方米补助0.2欧元。奖励金上限均为8万欧元。

（四）对林业生产基础设施的补助

对于林道开设（新建、加固和修补）原则上补助70%，但在如山区等收益条件较差的地区，作为特例各州也可补助90%。对建立木材储木场及必要设施的初期投资，可补助30%。

德国森林灾害补偿政策

德国对森林灾害的补偿是依据《森林损害补偿法》实施的。《森林损害补偿法》于1969年8月26日制订，1985年8月26日公布。2008年最后一次修订后的法律共包含11条，其中第6条、第8条和第10条已被废除，其他8个条款及其主要内容可归纳如下：

第1条关于限制常规采伐的规定。当一个或一系列灾害事件对树木造成损害时，尤其是风灾、雪灾、冰雹、病虫害和其他不明原因的灾害导致森林损害时，为避免灾后的木材利用给原木市场带来较大的跨地区干扰，必要时对某些树种（云杉、松木、榉木、橡树）或某些地区的常规采伐加以限制。

大量的跨地区的木材供应干扰原木市场，是指受灾木供应量达到以下比例：①在全国范围内，受灾木占全国木材计划采伐量的比例超过25%，或某树种的受灾木占该树种计划采伐量的比例超过40%；②在州范围内，受灾木占全州木材计划采伐量的比例超过45%，或某树种受灾木占该树种计划采伐量的比例超过75%，并且受灾木占全国木材计划采伐量的比例超过20%，或某树种受灾木占该树种全国计划采伐量的比例超过30%。

限制常规采伐的期限，根据受灾木的供应情况而定，既可以是灾害发生的财年（10月1日至翌年9月30日），也可延长至此后的财年，前提是该年的情况符合上述规定。

根据所得税法第34b条第4款第1项关于采伐限额的规定，在限制常规采伐的情况下，对林业企业采取税收优惠措施，即对采伐征收的使用费不超过常规采伐费的70%。不遵守常规采伐限制规定的林主，不享受税费优惠措施。

第2条关于限制木材进口的规定。在应对灾害的最初阶段，只限制常规采伐而对木材进口不加以限制，仍然难以避免对原木市场的干扰。因此，为了不损害公众利益，可以对木材和木材产品的进口采取限制措施。

第3条关于对企业内部建立的储备金实行免税的规定。对企业从事林业活动的收入，按照所得税法相关规定计算利润并征税，并且可用减免的税款建立储备金。此规定适用于自然人、法人、非法人组织和基金，其林业经营的收入可在税收上视为中小工商企业收入。企业每年存入储备金的资金不得超过之前3个财年上缴采伐费后公司入账金额平均值的25%。

企业建立的储备金至少与补偿金数额相等，并且必须存入信贷机构专用账户。公司可以使用储备金购置由联邦政府、州、市或其他适用此法律的有办事处的公共机构及国家许可的信贷机构发行的固定利率债券和固定收益债券，但这种有价证券的购买在信贷机构的监督下进行。

补偿金必须按要求使用：

- 弥补减少采伐量造成的损失；
- 预防和应急的森林保护措施；
- 木材保存或贮藏；
- 造林或灾后重建以及后续的森林维护；
- 清理因直接或间接不可抗力遭到破坏的道路和其他经营设施。

储备金在每个财年末必须按实际使用情况结算。如果补偿金全部或部分用于规定之外的用途，则需要追缴所得税或公司税的附加费，金额为超出规定范围使用资金的10%。

第4条关于企业经营性开支减免税收的规定。在限制采伐的年度，为补助企业的经营开支，对所得税法第13条规定的林业经营收入和不计入公司账簿的收入以及不在所得税法计算利润之内的企业，可减免木材利用收入的90%。如果作为原木被出售，则可减免65%。那些不受常规采伐限制的企业，如其自愿限制采伐，也可享受上述优惠。

第5条其他税收优惠措施。在限制常规采伐的年度，各种灾害导致受灾木的使用，按所得税法相关条款实行统一税率。灾害发生后续年份受灾木的使用以及和限制采伐有关的木材的使用，都适用于上述税收优惠措施。

第7条关于剩余木材库存的规定。此条款涉及的木材产品按照海关税号包括44.01（薪柴；木片或木粒；锯末、木废料及碎片）、44.03（工业原木）、44.05（木丝；木粉）、44.07（锯材）、44.11（木质纤维板）、44.13（强化木）、44.15（包装木箱等）、44.18（建筑用木工制品）、47.01（机械木浆）。按所得税法第5条计算利润的企业，可将这些产品的剩余库存按照海关相关规定在限制采伐的时间段内、结算日之前进行估价，而不是按照所得税法第6条第1款第2项计算价格。这种估价方法可降低50%的价值。对44.01和44.03的估价还可用于限制采伐期内第1个结算日之后。低估值只适用于国产木材所生产的经济商品。

剩余库存是指海关税号规定的木材和木材加工品数量的增加，即在扣除这种商品可能发生的定量库存减少之后的库存量仍然超过前3年此商品的平均库存。结算日的库存量应按照木材、木材加工品和纸浆分别计算。扣除库存量时，库存价值随库存量减少而相应降低，经济商品在结算日按照重新定价进行评估。

第 9 条关于法律执行的规定。主管部门必须负责监管此法和依据此法颁布的相关法规的执行；主管部门可以在此法律的实施过程中以及此法律授权任务执行过程中，向相关自然人、法人和非法人团体索取必要的信息；主管部门授权专人获取信息，在工作时间进入情况提供者的土地和营业场所，查看商业文件，情况提供者必须遵守此规定。

第 11 条关于处罚的规定。对故意或疏忽导致违反规定的行为进行处罚。具体处罚措施为，对违反此法第 1 条第 1 款限制常规采伐的犯罪事实最高处以 2.5 万欧元罚款；对违反第 9 条第 2 款和第 3 款规定，阻碍主管部门索取信息，提供不准确不完整信息，或阻碍专员进入土地和经营场所或不允许查阅经营证明材料者，最高处以 2500 欧元罚款。

俄罗斯政府批准新的林业政策

俄罗斯森林工业新闻网站(whatwood. ru)2013 年 10 月 2 日报道：俄罗斯自然资源与生态部长谢尔盖·叶菲莫维奇·东斯科伊(Sergey Donskoy)对记者说，俄罗斯政府已在 9 月 23 日的会议上通过了《森林利用、保护和繁育基本政策》的最终草案。

该政策规定了俄罗斯在森林利用、保护和繁育方面的原则、主要目标、优先重点和基本任务以及实施机制，其中包括经济目标(林业部门的有效管理和在市场需求的基础上提高林业部门的 GDP)、环境目标(创造健康的生活环境、保持俄罗斯森林对生物圈的保护作用)和社会目标(提高林业工人的生活水平和推进林区社会和经济的可持续发展)。

俄罗斯政府实现上述目标的途径包括：提高森林管理的效率，森林繁育和利用集约化，发展国内的森林和纸制品市场，提高俄罗斯森林工业的竞争力，提高保护森林的效率，提高生产力，改善森林的物种组成，为公民参与林业决策创造条件等。

美国推行的合作式自然资源管理

美国合作式自然资源管理理念，是美国有效管理自然资源一个较新的管理思想，有借鉴意义。美国法律规定，涉及自然资源管理的决策、政策、工程等，都必须按照合作式的管理模式开展。那么什么是合作式管理，它是怎样操作以及具有什么好处呢？

(一)合作式管理的概念

合作式自然资源管理，就是决策部门在充分的信息共享基础上开展与公众对话，达到优化政策的目标。合作式管理需要集合一定的人力、资源，包括设置一定的合作机构才能开展，最终是为了找到解决问题的优化方案。

在美国，政府决策者必须按照合作式管理的原则进行决策，也就是在决策前必须和社会进行充分的沟通。但是，这类合作式管理，实际上越来越多地是由非政府组织发起的。美国把合作对象，也就是利益方，区分为3类：核心群体、积极响应的群体和一般公众。而核心群体又包括3方面：①在该事项中，能造成重大影响的群体；②与该项决策相关的群体；③可阻止或确保决策实施的群体。关键是要与这3类人群对话，取得共识。

为什么要追求合作式管理呢？首先，决策者引入利益相关者是法律的规定，同时也是出于自愿。而利益相关者的参与也是自愿的。每一个群体参与其中都有自身的动机，只有与他们合作，才能达到政策的目标。

(二)选择具体合作方式的因素

影响选择具体合作方式的因素有很多，如：利益冲突的类型；决策处于何阶段；决策的是国际问题、联邦问题、州问题、地方问题，还是一个项目？利益相关群体的人数以及他们是否具有某种组织性？最佳的合作管理模式是通过协商达成共识。为此，在做出最终决定之前，必须考虑公众的意见，但决策制定者须保有最终决策权。

适于合作式管理的一些情况是：利用传统的决策不一定能产生令人满意的结果；需要考虑的问题众多；核心利益相关者数量可控且他们有代言人；利益相关者之间的利益相互交织；有为达成共识需要的充足时间和资源；决策者与其他利益相关者都赞成的合作方式等等。

(三)合作式管理的案例

案例一：美国林务局计划制定规则负责人 Martha Twarkins 介绍了林务局2012年计划制定的一项新规则是如何推进合作的。林务局计划修改《计划制定规则》中的土地管理计划，就新规则的内容开展了强有力的合作对话。首先，林务局发布了一项议事规则，用90天的时间征求公众意见，还举办了一系列的会议向公众解释这些规则。合作式管理决策活动包括：举办了国家科学论坛、召开了4次全国圆桌会议、33场区域及地区圆桌会议、全国举办了16场部落咨商会议、联邦跨部门研究工作组会议，美国林务局员工开放日，还有通过媒体、网络和广播等的宣传。现在，林务局已收到30万份公众意见，对这些意见进行分析并作了回复，还发布了最终的环境影响报告书和规则。

案例二：美国国家森林基金会副主席 Mary Mitsos 介绍了一项生态修复合作式管理。该基金会成立于1991年，由国会创建，属于官办非政府组织。自2001年起，基金会一直致力于与公民共同管理国有林。主要活动方式是：资助项目、能力建设、技术援助、组织同行间的学习交流等。那么，他们为什么也重视合作式管理呢？他们列举了一些理由：有很多事情从不同专业看往往会产生相互冲突的意见；公众价值观是多元的；生态"修复"是一种新概念，有不同的理解；合作式的决策有助于消除社区内部的深刻分歧；有助于解决生态、社会以及经济等多领域的问题。

他们理解的合作式管理是一个自愿的过程，众多利益相关群体，无论彼此间是否存在冲突，都自愿参与到对话中来，共同为促进自然资源管理出谋划策。合作式管理成功的因素有：要明确目标，要有一致认定的范围，要有共同的利益与责任，要有良好的沟通和相互包容，要有负责任的代表，要平等参与，要一切透明，要有充足的资源与信息；要有优秀的、执中间立场的调解人；要灵活变通，等等。

案例三：美国陆军工程兵团水资源研究所公众参与和冲突解决中心的 Maria Placht 介绍了美国水资源的合作式管理。该机构隶属于美国陆军工程兵团，创建于 1775 年，其职责是：导航、减少洪水风险、供水、水力发电、应急管理、准许私人部门对水资源产生的影响、休闲娱乐、生态系统修复，等等。

他们为什么也对合作式管理感兴趣呢？据介绍，他们认为项目开发是一种双重责任，项目的运作和维护更需要联邦和地方的参与。因此，应提升决策品质，提高易实现性，促进实施中的项目的可持续性，还有就是要解决复杂的问题，需要不同的专长、权限和资金。

美国陆军工程兵团已要求公众参与以下一些项目：防治水生物排泄物在五大湖和密西西比河之间的转移；清除旧的已受污染的军事防御基地；评估巴拿马运河的扩张对美国港口的影响。

公众参与和冲突解决中心拥有一个跨学科的 3.7 万人的团队，包括社会科学家、工程师、调解员与辅导员。它的目标是完成该中心使命的五大目标：咨询服务、能力建设、信息交流、研究、为总部提供政策支持。

通过技术手段遏制非法采伐

世界资源研究所网站（insights. wri. org）3 月 21 日消息：世界资源研究所第 3 任所长安德鲁·斯蒂尔（Andrew Steer）与联合国副秘书长、联合国环境规划署（UNEP）执行主任阿齐姆·施泰纳（Achim Steiner）在 2013 年国际森林日到来之际共同撰文，阐述了全球森林当前面临的主要问题及其对策，文章主要内容如下：

我们的未来与森林密切相关。森林所提供的社会和经济效益对于实现可持续发展是不可或缺的。如何应对日益增长的全球性非法采伐和木材贸易犯罪是衡量我们对未来承诺的一个试金石。

森林是生物多样性和人类生计的极为重要的资源。世界上目前有超过 16 亿人依靠森林为生，其中有 6000 万土著居民完全靠森林生活。

尽管在巴西等一些地方毁林的速度正在下降，但从全球看，森林的破坏速度仍然非常高。森林损失所造成的碳排放占人类温室气体排放总量的 17%，大于船舶、飞机和陆地运输造成的排放量的总和。

（一）有组织的全球森林犯罪

越来越多的证据表明，森林的破坏和温室气体的排放在很大程度上与亚马孙盆地、刚果盆地和东南亚地区等主要热带国家的非法采伐和有组织的犯罪相关。

据 UNEP 和国际刑警组织最近发布的题为《绿色的碳：黑色贸易》（Green Carbon：Black Trade）的报告估计，在这几个重要地区，有 50%～90% 的采伐活动是非法的，全世界每年非法木材贸易额高达 300 亿～1000 亿美元。

非法活动（包括贿赂甚至黑客入侵政府数据库等）日渐复杂化。采伐者和经销者将非法采伐的木材迅速地在不同地区和国家之间转移，以逃避本国和国际警方的打击，采取的手段还有将非法木材与合法采伐的木材混在一起，或用从天然林采伐的木材冒充人工林木材等。

随着涉林有组织犯罪的日益猖獗，谋杀案也呈上升趋势。犯罪集团的活动应当引起社会、公司、自然保护人士以及所有与林业相关人士的重视。

也有一些关于抵制非法采伐和防止森林资源破坏的好消息。联合国环境规划署的《全球环境展望5》指出，由于更灵活和坚定的执法，巴西亚马孙地区的毁林明显减少，已从每年超过 2.5 万平方米减至 5000 平方千米左右。同时，在印度尼西亚，苏西洛总统也采取了暂停新的森林采伐的措施。此举有助于减少森林的破坏和遏制该地区的非法采伐活动。

一些公司也开始积极响应。最近，亚洲制浆造纸公司宣布将不再购买天然林木材。

国际刑警组织与联合国环境规划署通过设在挪威阿伦达尔的国际资源信息中心设计了一个称作"森林执法援助"（Law Enforcement Assistance to Forests，简称 Leaf）的试验项目，其目的是建立一个打击有组织森林犯罪活动的国际系统。

（二）采取技术解决方案

最终要解决的问题是：在毁林发生时，特别是在偏远的地区发生毁林时，如何快速地联网发出警报。从目前卫星图像上记录到的毁林情况来看，犯罪行为往往发生在偏远的地方。采用 Landsat 卫星图像绘制的印度尼西亚最新的森林分布图从采集数据到网上发布经历了 3 年。绘制 1 套国家森林分布图一般都需要花费 3～5 年的时间。

世界资源研究所与联合国环境规划署以及世界一些国家的商业企业和非政府组织合作，将于今年晚些时候发布全球森林观察 2.0 系统（Global Forest Watch 2.0），有望解决森林分布图绘制耗时长的问题。

全球森林观察 2.0 系统将发挥遥感技术的优势，可在一个用户界面友好的平台上接近实时提供高分辨率的毁林影像。该系统可以提供全球毁林警报，确认非法采伐和毁林频发的地点。

诸如全球森林观察2.0系统这样的技术也可以用于促进森林管理和保护的民主化。假如印度尼西亚雅加达的森林保护组织的一位分析专家通过 Facebook 收到有毁林发生的警报，他可以立即通知有关部门前往该地采集图像然后上传，接着就可以采取行动捉拿非法采伐者。再如，当一个大公司准备采购木材原料时，也可以通过这个新的系统来了解供货方的林木基地的情况，一旦发现有问题，可以立即停止购买并将这些信息作为证据。

这些新技术是否确实能使情况发生改变还要用时间来证明。但在全世界庆祝第一个国际森林日的时候，各国政府、公司、民间组织和执法机构联合起来共同解决非法采伐的问题是很令人鼓舞的。现在到了将健康的森林交还到人民手中的时候了。

打击非法采伐的一个新手段——树木 DNA 技术

据 Mongabay.com 2013 年 4 月 22 日消息：美国和德国在打击非法采伐过程中，以树木 DNA 跟踪技术作为证据起诉非法采伐的案件越来越多。

现代 DNA 技术为人们提供了一个独特的机会：在家，你就可以查到你的桌子的来源，可以追踪到它是否由非法砍伐的树木制成。每个木制家具都有一个隐藏的天然条形码，这个条形码可以把它还是森林中一棵小树苗的故事一直讲到你的客厅。

"犯罪现场调查(Crime Scene Investigation，CSI)依靠基因信息来追捕罪犯。打击非法采伐也可以采用完全相同的方法。"澳大利亚阿德莱德大学植物保护生物学教授安德鲁·洛(Andrew Lowe)解释道。安德鲁·洛教授还是主要开发树木 DNA 跟踪技术的双螺旋(Double Helix)公司的首席科学官。他说，这项技术对追踪非法采伐的木材至关重要。传统的原产地的纸质证书可以被错放或被腐败官员和不法商人伪造，但 DNA 不能被伪造。

安德鲁·洛教授对树木组织的遗传分析已取得突破，他成功地在一艘有 500 年历史的沉船中提取了木材的 DNA。

另一个挑战就是建立一个全球每个地区的每个树种的 DNA 指纹图谱数据库。如果没有这些基本信息，从市售的木材采集 DNA 样品，可能无法用于识别树种，或知道它的来源。

国际研究小组已经收集到许多高价值木材品种的数据，如西班牙雪松、桃花心木、柚木、印茄木和乌木等的数据，并编制了印度尼西亚、马来西亚、哥斯达黎加、墨西哥、危地马拉、法属圭亚那、巴西、喀麦隆、尼日利亚和加蓬的 DNA 图谱，目前正在刚果盆地的另外 8 个非洲国家开展工作。

利用 DNA 技术，可以明确认定市售木材的来源是否为"可持续"，鉴定成本不足木材价值的 1%。较小的额外费用可以为消费者打消疑虑，确保他们知道新家具是不是由非法砍伐热带雨林的木材制成的。

一些有社会责任感的企业(大多是美国以外的企业)已经销售带有 DNA 标签的木材。美国阔叶材外销委员会正考虑给他们的供应链提供 DNA 验证。

遏制非法木材贸易取得进展的 3 个迹象

世界资源研究所网站(www.wri.org)2013 年 7 月 2 日报道：木材和其他林产品的全

球市场正在快速变化。业界一直在努力解决非法采伐问题。非法采伐损害生物多样性和宝贵的森林，并且每年造成的经济损失高达 100 亿美元。在一些木材生产国，非法采伐占总产量的 50%～90%。但最近的事态发展表明，我们也许正处于一个转折期：全球森林非法采伐率自 2008 年以来已经降低了 20%。

最近，在华盛顿哥伦比亚特区举行了森林合法性联盟会议，全球森林非法采伐率成为大家共同关注的话题。来自企业、贸易协会、非政府组织、政府部门和制造商的代表和专家约 100 人出席了会议，会上讨论的 3 大主题，表明全球森林贸易似乎正在发生转变。

（一）合法性要求是目前的主流

2008 年美国《雷斯法案（Lacey Act）修正案》构成了对非法来源木材产品贸易的第一个禁令。澳大利亚《禁止非法伐木法案》（ILPA）已于 2012 年 11 月通过。欧盟《木材法案》（EUTR）在 2010 年首次发布，并于 2013 年 3 月 3 日在 27 个欧盟成员国正式生效。这 3 个法案的实施发出了一个强烈信号，即木材产品的主要消费者需要合法来源的木材生产和贸易。其他主要进口经济体，包括中国和日本也正在考虑采取更加强有力的措施，以促进合法采伐木材的使用。

（二）一些公司正在积极主动地控制其供应链

泰勒吉他创始人鲍勃·泰勒（Bob Taylor）和来自马德里乐器木料分销商 Madinter 的路易莎·威舍（Luisa Willshir）在会上分享了他们经验。这两家公司在 2011 年年底合资购买了喀麦隆雅温得附近的一个乌木工厂 Crelicam。鲍勃·泰勒讨论了 Crelicam 的经营方针，包括立即停止贿赂行为、工人工资翻倍、在喀麦隆执行美国劳工法、减少乌木在吉他生产中的使用等。制作泰勒吉他使用的不再仅仅是传统的相对稀缺的黑檀木，而是开始使用数量远多于黑檀木的杂色乌木。此举促进了资源可持续利用，同时也让泰勒公司在供应的合法来源上更有信心。

（三）一些城市正在采取行动

要求合法性的国际贸易机制，如，美国《雷斯法案》、欧盟《木材法案》和澳大利亚《禁止非法伐木法案》，目前尚不适用于国内贸易。但是许多森林国家的林产品（建筑材、纸浆和造纸以及地板）是被用于国内木材行业。如，巴西圣保罗州使用的本国亚马孙木材比美国使用的来自巴西亚马孙的木材更多。

为解决区域非法采伐问题，圣保罗州实行了"圣保罗-亚马孙之友"计划，要求使用合法生产的木材。在拉美的其他大城市，如墨西哥首都墨西哥城、哥伦比亚首都波哥大，均表示有兴趣采取类似的公共政策。随着大城市和具有环保意识的中产阶级在全世界的出现，有可能为解决非法采伐问题找到一个令人兴奋的途径，因为它能解决国际贸易机制所不能解决的问题。

尽管目前已经取得一些进展，但非法采伐仍然是主要问题。对合法来源的阔叶材越来越多的支持十分令人鼓舞，重要的是，有更多的城市、国家和企业加入到这一行列。他们的参与可以有助于确保全球森林和人类有一个更加美好的未来。

FAO 首部《地中海森林状况》发布：倡议零非法采伐

粮农组织(FAO)2013 年 3 月 21 日报道：当天联合国举行的第一届国际森林日庆祝仪式上，FAO 总干事若泽·格拉济阿诺·达席尔瓦建议各国支持 FAO 提出的"零非法采伐"目标。

格拉济阿诺·达席尔瓦在国际森林日的庆祝仪式上说："在许多国家，非法采伐森林正在导致生态系统退化，供水量下降，薪柴供应减少。所有这些都对人类尤其是穷人的粮食安全造成不良影响。制止非法采伐和遏制森林退化，将极大地促进消除饥饿和极端贫困，推动可持续发展。这就是我为什么要鼓励各国大力开展植树造林的原因，也是结合 2015 年后形势的讨论，对"零非法采伐"目标的考虑。如果所有国家、国际金融机构、联合国、民间社团和私营部门能够联手解决这些问题，我们一定能够取得积极的成果。"当天，FAO 发布了首部《地中海森林状况》报告，阐述了地中海森林在气候变化的严重影响下和人口增长的巨大压力下面临的挑战和应对策略。

(一)应对气候变化和人口增长对地中海森林的影响

20 世纪，地中海地区的温度上升了 1℃，而地中海某些地区的降水量则减少了20%。到 21 世纪末，预计温度还将上升 2℃，这很可能使一些森林物种面临灭绝的危险，导致生物多样性丧失。目前，地中海地区的人口约为 5 亿，到 2050 年预计将增至6.25 亿。森林作为食物和水的来源，将面临更大的压力。

地中海区域内各地的情况也不尽相同。在地中海北部国家，林地的荒废导致森林火灾发生率明显增加。在南部，人口增长导致森林因过度放牧或农业和城市扩张而消失，由此造成毁林和森林退化，而气候变化和经济危机的影响使这种情况进一步恶化。报告指出，迫切需要制定新的合作战略，以可持续的方式管理这些脆弱的和重要的生态系统。在土耳其和突尼斯等一些具有强烈政治意愿的国家，森林面积在过去的几十年中明显恢复。

FAO 主管林业的助理总干事爱德华多·罗哈斯·布里亚莱斯说："地中海地区在社会、生活方式和气候等方面正在发生着诸多变化。如果管理不善，这些变化可能会在许多方面造成负面影响，如生计、生物多样性、野火风险、集水区或荒漠化等方面。迫切需要利用客观和可靠的数据，对地中海的森林状况进行定期评估，并以高度可持续的方式管理濒危的森林资源。"

(二)确保环境服务的新战略

地中海森林是重要的碳汇。在 2010 年它们储存了近 50 亿吨二氧化碳，约占全球森林碳储量的 1.6%。它们还提供宝贵的生态系统服务，例如水和气候调节，提供木材和非木材产品，以及保护生物多样性。地中海地区是世界生物多样性的热点地区之一，这里有 2.5 万余种植物，而中欧和北欧地区仅有约 6000 种。

该报告强调，地中海森林的价值及其在减缓和适应气候变化中的重要作用应在本区域、地区和国家层面得到承认。为了长期的碳贮存，报告呼吁各国政府和林业工作者推动木材和非木材林产品的使用，并重视那些从事木材和非木材林产品生产的小生产者的投资潜力。

该报告敦促林业工作者在其造林实践中充分利用各种森林遗传资源，使用最能适应不断变化的气候条件的森林物种。

在地方一级，林业工作者还应加强森林规划，采用最佳树木密度管理森林，解决缺水问题，大规模的造林活动应有系统的森林防火规划。

(三)森林防火

该报告警告说，气候变化可能导致更频繁和更严重的火灾。在 2006～2010 年，地中海地区约有 200 万公顷森林发生火灾。必须采取充分的防火措施，减少火灾危险，如冬季有计划地烧掉生物质以减少燃烧物等，否则，极端天气条件可能会导致灾难性的森林火灾事件。

在 FAO 和地中海可持续发展委员会的主要支持机构"蓝色计划"的协调下，20 余个科技机构和非政府组织以及近 50 位作者和其他供稿人参与了该报告的编写。FAO 拟每 5 年发布 1 份《地中海森林状况》报告，为联合和组织各方共同管理地中海森林和其他林地提供更多的机会。

在阿尔及利亚特莱姆森第 3 届地中海森林周活动期间(2013 年 3 月 17～21 日)，地中海国家召开了会议，讨论地中海的森林状况，并通过了"地中海森林战略框架"，承诺加大力度保护地中海森林。

非洲国家就遏制刚果盆地非法木材贸易达成共识

粮农组织(FAO)2013 年 10 月 23 日消息：21～22 日在刚果首都布拉柴维尔召开的刚果盆地可持续木材工业发展国际论坛上，非洲的主要木材生产国及业界代表和民间社会组织一致同意共同打击刚果盆地的非法木材贸易。来自刚果共和国、喀麦隆、中非共和国、刚果民主共和国、科特迪瓦和加蓬共和国等 6 个非洲国家的代表通过了《布拉柴维尔宣言》(简称《宣言》)。

《宣言》的通过标志着该地区木材工业的可持续及合法发展有了一个前所未有的承诺和重要突破。

刚果河流域覆盖 3 亿公顷土地，拥有世界第二大热带雨林。这里也是非法木材的一个主要来源地，而作为全球贸易的一部分，它给世界各国政府造成的税收损失大约为每年 100 亿美元。中部非洲林业委员会执行秘书姆比蒂孔（Raymond Mbitikon）指出，《宣言》要实现的目标就是确保该地区的森林资源有助于该地区国家的发展。

《宣言》是多方长期讨论的成果，其中包括林业和木材工业主要利益相关者以及区域和国际合作组织，如法国热带木材国际技术协会（ATIBT）、欧洲森林研究所（EFI）、欧盟（EU）和 FAO 等，尤其是通过大家共同努力推动了欧盟"森林执法、施政和贸易"（FLEGT）的进程。《宣言》是木材工业代表和民间社会组织共同通过的。根据《宣言》，合作各方将采取措施，提高木材的追踪性、透明度和改善森林经营。

欧盟粮农组织 FLEGT 项目负责人辛普森解释说，"通过生产国和消费国之间的合作，FLEGT 可满足日益增长的消费者对无害于环境和社会的木材产品的需求，最终确保森林维持生产力并保存完好。"

欧盟于 2003 年通过了 FLEGT 行动计划，旨在推动采取具体措施来遏制非法木材贸易。这些措施包括采用木材原产地追踪技术，建立森林执法队和指派社区森林监测员对采伐活动进行巡查，以及实施欧盟与木材生产国之间签署的具有法律约束力的《自愿伙伴协议》（VPAs）。该协议确立了区分合法和非法采伐木材的机制。

FAO 林业官员萨塞拉诺（Olman Serrano）指出，《宣言》有助于减缓该地区森林砍伐的速度。他还解释说，据 FAO 估计，在 2000～2010 年，刚果盆地每年森林净损失大约为 70 万公顷。

刚果盆地不仅是仅次于亚马孙的世界第二大热带雨林，它也为稳定全球气候发挥着重要作用。最近的研究表明，刚果盆地的树种比亚马孙流域的树种更为高大，这意味着非洲雨林可能是一个更大的碳库，是需要可持续经营、保持多产的至关重要的资源。

澳大利亚通过《禁止非法木材法案》

国际木材贸易在线杂志 2012 年 11 月 23 日报道，经过 5 年的协商，澳大利亚议会终于通过了《禁止非法木材法案》（ILP）。该法案相当于欧盟的《木材法案》和美国的《雷斯法案》，规定了进口和加工非法来源的木材是违法行为，相关的木材贸易商和制造商都可能被诉讼。对于严重和屡次进口或加工非法来源木材的明知故犯者，可以最高处罚 5 年监禁，并处以罚款 27.5 万澳元（针对公司）或 5.5 万澳元（针对个人）。

澳大利亚政府估计，本国进口的木材中约有 10% 是违反本法案规定的。对此，澳大利亚木材发展协会（Australian Timber Development Association）的斯蒂芬·米切尔（Stephen Mitchell）指出："今后的木材贸易将对非法木材增加一些强制性措施，以便降低廉价的非法木材的竞争力，同时创造更加平等的贸易环境。"但他同时指出，ILP 的执行还存在一些不确定性，目前针对哪些是可以接受的合法性证明材料以及尽职调查的风险评估标准还没有达成共识。

由于该法案也适用于国产材，因此有人担心一些环境非政府组织可能会利用该法案禁止澳大利亚某些地区的木材采伐。而那些提供木材合法性验证服务的公司以及早已实施严格的木材来源追踪体系的进口商，将有望从该法案中获益。

印度尼西亚木材合法性验证体系生效

国际热带木材组织《热带木材市场报告》2013 年 1 月第 1 期报道：印度尼西亚和欧盟已达成一项协议，旨在通过实施自愿伙伴协议（VAP）制止非法木材贸易。

为配合 VAP 的执行，印度尼西亚出台了强制性的木材合法性验证体系（TLAS）规定，出口木材要通过合法的许可证来证明木材产品符合印度尼西亚木材合法性验证体系的要求。印度尼西亚合法性验证体系涵盖 26 种木材产品，到 2014 年将再增加 14 种木材产品。新增的 14 种木材产品主要是中小企业生产的手工艺品和二次加工品。

另外，森林管理委员会认证（FSC）、印度尼西亚国家认证（LEI）和泛欧森林认证（PEFC）等 3 个森林认证体系已在印度尼西亚运行。森林认证在保护印度尼西亚森林资源中起到了重要作用。印度尼西亚森林认证已经得到了许多机构和组织如婆罗洲倡议（TBI）、世界自然基金会（WWF）、福特基金会（Ford Foundation）、国际热带木材组织（ITTO）、热带森林基金会（TFF）、多利益方森林计划（MFP）以及许多当地顾问的大力支持。婆罗洲倡议为 19 家森林经营单位（FMUs）提供了认证服务，涉林面积约 12 万公顷。热带森林基金认证了 7 家森林经营单位，森林管理委员会在 12 个月内已经认证了 6 家森林经营单位。经过印度尼西亚国家认证体系认证的天然林、人工林和社区林分别为 40 万公顷、97 万公顷和 2.67 万公顷。泛欧森林认证在印度尼西亚刚刚兴起，最近成立了一个国家级管理机构——印度尼西亚森林认证公司（IFCC）。该机构在森林认证标准和准则方面已经与各利益方达成共识。

3 森林经营与人工造林

庆祝森林可持续经营 300 周年

　　粮农组织(FAO)2013 年 4 月 18 日消息：4 月 17 日在德国首都柏林，德国总理默克尔，粮农组织林业部助理总干事爱德华多·罗哈斯－布里亚莱斯(Eduardo Rojas－Briales)，共同庆祝首部全面阐述林业的书籍发表 300 周年。

　　1713 年，德国采矿管理员汉斯·卡尔·冯·卡洛维茨(Hans Carl von Carlowitz)发表了名为 *Sylvicultura oeconomica* 一书，书中首次提出了森林永续利用原则，提出了人工造林思想，以解决德国由于开矿造成森林破坏后的森林恢复和可持续利用的需要。他还提出了"顺应自然"的思想，指出了造林树种的立地要求。此后，整个德国掀起了一场恢复森林的运动。因此他被德国人奉为"森林永续利用理论"的创始人。这一理论的出现也为近代林业的兴起与发展拉开了序幕。

　　罗哈斯－布里亚莱斯从全球的角度指出了可持续森林管理的重要性。

联合国粮农组织发布新的农用林业发展指南

　　联合国粮农组织(FAO)网站 2 月 5 日消息：FAO 指出，各国更加努力地推行农用林业可使数百万人摆脱贫困和饥饿，环境退化问题也会因此而得到缓解。目前，世界上至少有 10% 的农田有树木覆盖，因此农用林业关系着数百万人的生计。

　　FAO 在为决策者、政策顾问、非政府组织和政府机构新编写的指南中，说明了如何将农用林业纳入国家战略，以及如何按照具体情况调整政策。这份政策指南提供了最佳的实施范例、成功的经验以及失败的教训。

FAO 森林评估、管理和保护部的负责人曼苏尔（Eduardo Mansur）指出："在很多国家，借助农用林业使农民、社区和产业致富的潜力还没有充分发挥出来。尽管农用林业可以带来很多效益，但是其发展在很大程度上仍受到不利的政策、法律限制，以及农业、林业、农村发展、环境和贸易等部门之间缺乏协调等诸多因素的制约。"

农用林业可以提供新的机遇。例如，非洲中部、东部和南部 11 个国家的面积达 300 万平方千米的 miombo 林地（一种特殊的林地生态系统），对 1 亿低收入者的生计发挥着重要的作用。开展农用林可以促进尼日尔 500 万公顷干旱退化土地的天然更新，有助于缓和气候变化和增加农村收入。

指南提出了 10 项重要的政策措施，其中包括提高农民乃至全社会对农用林业的重视，修正不适合的林业、农业和农村法规，以及明确土地使用政策方面的法规。

明确土地使用政策方面的法规并不一定意味着授予正式的土地所有权。研究表明一些传统的土地所有权形式可以为种植树木提供安全保障，同时可以减少管理手续和费用。

指南提出，在农场种植树木的农民们向社会提供了生态服务，因而应得到补助、贷款、税收减免、成本分担、小额信贷或实物等各种形式的奖励，特别是在技术推广服务和基础设施建设方面得到支持。

长期贷款也是必不可少的，因为农民们种树后要过若干年后才开始取得收益。指南提出可以用碳汇的价值和树木的其他环境服务功能来支付贷款利息。

在哥斯达黎加，1996 年依据法律为补贴林业活动而建立的国家林业资助基金在 2001 获得延期，并于 2005 年开始对农、林、牧一体的农用林业提供资助。在过去的 8 年中，哥斯达黎加共签署了 1 万多份农用林业合同，农田植树超过了 350 万株。

这份指南是 FAO 与世界农用林业中心（ICRAF）、国际热带农业研究和高等教育中心（CATIE）以及国际农业发展研究中心（CIRAD）合作编写的。

国际热带木材组织发布《2011 年热带林经营状况》报告

国际热带木材组织（ITTO）在《2011 年热带林经营状况》报告中指出，在 2005～2010 年短短 5 年里，全世界可持续经营的热带林面积增加了 50%。认证木材需求的增长和气候变化基金的资助是可持续经营热带林面积增加的主要因素，但从长期看，这些因素的作用是微弱的。

一、可持续经营热带林面积增加但长期毁林因素不可低估

《2011 年热带林经营状况》报告指出，在 2005～2010 年，非洲、亚洲、太平洋地区、拉丁美洲和加勒比地区可持续经营的天然热带林面积从 3600 万公顷增至 5300 万公顷。有经营计划的用材林比 2005 年时增加约 1/3，现在已达到 1.31 亿公顷。然而，对

控制着全球热带雨林和热带木材生产的 33 个国家的详细数据逐一进行采集和分析后，ITTO 在报告中警告说，90% 的热带林管理得仍然很差，甚至根本没有进行管理。报告还指出，粮食和燃料价格的不断上涨等原因导致毁林的力量远远大于保护森林的力量。

ITTO 执行主席埃马纽埃尔·泽·梅卡（Emmanuel Ze Meka）说："我们当然对 5 年来的进展感到高兴，但目前还仅仅处于发展过程中，一些国家还比较滞后。我们全力支持新的'绿色木材'市场的出现和推动将森林问题列入气候变化协定。但在很多国家，这些进展还不足以使情况发生根本的改变。对认证木材的需求可能只会影响到一小部分的热带林。一些国家将林业计划与气候变化挂钩是因为想得到大笔的资金，但事实上他们可能根本无法得到那么多钱。"

5 年来在推进森林可持续经营方面取得显著进步的国家有巴西、加蓬、圭亚那、马来西亚和秘鲁。这些国家普遍改进了林业政策、法律和法规，建立了比较明确的林权制度和强有力的组织机构，切实加强了森林法规的实施。但是，柬埔寨、科特迪瓦、刚果（金）、危地马拉、利比里亚和苏里南等国家，几十年来一直存在着严重的冲突，妨碍了实现森林可持续经营所必需的机构发展和当地行动。在尼日利亚和巴布亚新几内亚，国家对森林资源的管理缺乏相应的监管制度。

权利与资源行动计划（Rights and Resources Initiative）的协调员安迪·怀特（Andy White）说："从报告中可以看到，只有不到 10% 的森林实现了可持续管理，ITTO 认为毁林还会继续下去。报告指出，需要通过林权改革和支持社区林业来防止热带林继续被破坏，防止导致毁林、贫困和侵犯人权的采伐和工业性皆伐。"

几十年来，热带林受到的威胁越来越大。每年有数百万公顷的热带林因农业、牧业和其他非林业用途被毁掉，或者因为非可持续的或非法采伐以及其他不良的土地利用而退化。

二、热带国家参与 REDD 和热带木材合法性认证

近 5 年来，各国又开始付出新的努力来制止森林破坏或减缓毁林速度，如在全球气候变化论坛上建立 REDD 基金。另外，美国、欧洲、日本和其他一些国家制定了新的法律法规来阻止非法木材进口。报告指出，被调查的 33 个国家中有 26 个国家参与了至少 1 个与 REDD 有关的计划，其中包括森林碳伙伴基金、联合国 REDD、森林投资计划、全球环境基金、ITTO 的 REDDES 项目以及一些重要的双边项目。

曾在英国自然保护协会（Nature Conservancy）和世界自然保护联盟担任领导职务的波尔（Duncan Poore）说：我们需要用一切可能的手段提高林业收入，与农业和生物燃料产业等土地利用方式竞争。REDD 当然是一个不错的方式，但最根本的是要通过 REDD 认可和支持，为促进热带林资源可持续利用做出各种努力，包括木材的可持续生产，而不能使 REDD 支持仅仅成为一笔森林保护的资金。

报告称，欧洲和北美推进可持续的或合法性认证的木材生产，促使很多热带国家采取了合法性认证和森林认证措施。但报告还指出，认证的费用很大，几乎没有经济回报，而且并不是所有的市场都要求认证。长期以来，热带木材的价格一直很低，所以认

证能否带来足够的投资回报是一个问题。而投资回报是推动世界大部分热带林可持续经营的强大动力。

报告的作者之一瑞士"发展与国际合作联合会"的布拉斯特（Jürgen Blaser）说：我们看到一些国家正在走向经认证的高价值产品生产的道路，这将为"绿色经济"的发展提供资金，有助于保障可持续热带木材市场的强盛。但即使是在富裕国家，消费者也不愿意为经过认证的或合法性鉴定的木材产品付出比以往更高的价钱。在粮食和燃料的价格快速上涨时，木材价格一般都相对较低。因此，农业一直是毁林的主要动因，在很多国家，这种状况很难改变，至少在短期或中期内不会改变。

三、热带地区的永久林经营和森林认证

ITTO 大部分工作的重点放在被认为是"永久性森林资产"（永久林）的 7.61 亿公顷天然林上。永久林是 ITTO 成员国承诺要重点保留的森林，包括永久生产林和永久保护林两类。

ITTO 报告审查了永久林经营计划的内容以及这些计划是否正在以可持续管理的方式实施。ITTO 认为，在永久生产林，如果木材采伐和其他采集活动不损害森林的价值，这些活动就是可持续性的；在永久保护林，如果有安全边界和管理计划，且森林未处于明显的毁灭性威胁之下，这个地方的森林就是处于可持续经营的状态。

ITTO 报告对 FSC 等官方认证的森林也进行了评估。总之，经认证的热带林面积近年来大幅增加，已从 2005 年的 1050 万公顷增加到 2010 年的 1700 万公顷。

ITTO 报告特别提出非洲地区森林认证取得重大进展，认证林面积从 2005 年时的 148 万公顷增加到 2010 年时的 463 万公顷，其中，面积增加最多的国家是刚果（金）、喀麦隆和加蓬，刚果（金）和喀麦隆分别从零增至 191 万公顷和 70.5 万公顷，加蓬从 148 万公顷增至 187 万公顷。非洲中部和西部地区可持续经营的永久生产林从 430 万公顷增至 656 万公顷。

世界上热带林资源最丰富的拉丁美洲和加勒比地区也取得了很大进展。经过认证的森林已从 415 万公顷增至 602 万公顷，可持续经营的永久生产林从 647 万公顷增至 951 万公顷。但也有一些国家认证林面积出现了减少，如玻利维亚减少 50 万公顷，墨西哥减少 15 万公顷，其部分原因是与市场效益相比，认证成本过高。

亚太地区在森林认证方面也取得了一些成绩，认证林面积从 491 万公顷增至 634 万公顷。可持续经营的森林面积稳定在 1450 万公顷的水平上。巴新可持续经营的森林面积减少而马来西亚显著增加，二者大致相抵。

四、林权是热带林可持续经营面临的重要挑战

泽·梅卡说："减缓或终止热带林的破坏或退化必须解决林权问题。林权是妨碍实施可持续林业的症结所在。如果林权争端不能通过权利主张人之间的谈判和公开透明方式得以妥善解决，就不可能实现森林的可持续经营。"

报告指出，拉丁美洲在处理林权问题方面取得重大进展，妥善解决了当地社区与其

他利益相关人之间的林权争端。巴西已经将亚马孙盆地的 1.06 亿公顷土地交由土著社区管辖；厄瓜多尔的森林有 50% 以上归土著居民或社区拥有；墨西哥、哥伦比亚和危地马拉也有大量的土地由当地人管理控制。

报告指出，非洲地区问题最大。非洲西部和中部存在着"法律与乡规民俗脱节"的情况，影响了森林管理水平的提高。在加纳，森林由部落首领拥有但由国家托管。喀麦隆和利比里亚等国政府已认识到林权问题的重要性并着手改革。在亚洲，柬埔寨和马来西亚沙捞越州依然存在着林地产权冲突，而其他一些国家正努力地解决林权问题。

但是，仅由当地社区管理森林还不足以提高可持续性。报告指出，从长远看，加强地方社区对森林的管理可以有效提高管理水平，但也会带来一些短期并发症。很多地方社区尚没有能力执行森林可持续经营计划，特别是成本高而收益不确定的森林认证计划。

全球人工林的扩大与森林管理

(一)关于人工林的争议

全球人工林资源正在迅速扩大。作为木材供给来源，生产力高的人工林在一些地区形成，由此减少了剩余天然林的压力，而且无论生产林还是保护林，很多地区因人工林的存在提高了生态系统服务的质和量。但是，以环境 NGO 为主，对人工林的排斥越来越强烈。种植园的扩大排斥原住民及当地社区、造成当地水资源枯竭、导致生物多样性恶化的案例很多。由环境 NGO 及科学家组成的"世界雨林运动"环保组织将 9 月 21 日定为反人工林日，他们认为不能将富于生物多样性的复杂的天然林和被转换为单作的人工林视为同样的"森林"，出于这个立场，对 FAO 施以压力，强烈要求修改森林定义。

(二)人工林定义

根据 FAO2010 年森林资源评估(FRA)主报告，世界森林面积已从 1990 年的 41.7 亿公顷减少到 2010 年的 40.3 亿公顷，约减少 1.4 亿公顷；而另一方面，人工林出现了大幅度增加，但是关于人工林的增加，要考虑到其统计方法在 21 世纪后发生了变化。

1980 年以后，FAO 将森林分为人工林(plantation)和天然林(natural forests)进行统计。所谓人工林是指"通过种植及播种形成的森林，即新增造林/再造林过程中营造的森林，是在用外来树种或集约管理的 1~2 个乡土树种组成的同龄林中进行定期间伐的森林"(FRA2000)。

根据 FRA2005，天然林被分为原始林(primary forests)、改良天然林(modified natural forests)和半天然林(semi - natural forests)3 种类型，再加上人工林，森林被分为 4 种类型。所谓原始林原则上是没有人为干预的森林。改良天然林是进行择伐的天然林及在农业废弃地上天然更新的森林等。半天然林是对种植和播种的乡土树种或天然更新的森林实施间伐等集约作业以实现向目标诱导的森林等。在 FRA2010 中，首次将部分半天然林(主要是种植和播种的部分)纳入人工林,采用了将部分半天然和人工林合并为种植林(planted forests)的分类新方法(表1):

表1 不同时期森林的分类

1980 年	天然林			人工林
2005 年	原始林	改良天然林	半天然林	人工林
2010 年	原始林	其他天然林		种植林

从这些森林定义的迅速改变可以窥见 FAO 的意图,即在人工林迅速增加和对人工林的期待与批评也在扩大的过程中,给人工林以更广泛的定义,引导全球关于人工林的讨论。

(三)种植林面积正在扩大

根据 Carle 等以 FRA2005 数据为基础对人工林和种植林面积变化的推算,被定义为人工林的森林已从 1990 年的 1.04 亿公顷增加到 2005 年的 1.41 亿公顷;种植林从 1990 年的 2.09 亿公顷增加到 2010 年的 2.71 亿公顷。在统计上,1990 年时的人工林为 1.04 亿公顷,到 2010 年种植林达到 2.71 亿公顷,20 年里增加了近 3 倍,但实际上并非如此。如今,在世界森林面积 40.3 亿公顷中,种植林达到 2.71 亿公顷,约占 7%,而且面积还在继续扩大。统计表明,1990 年以后,种植林面积正以每年 2% 的速度不断扩大。

在种植林面积居世界前 30 位的国家(表2)和 1990 年以后的 20 年里种植林面积增长最快的 30 个国家(表3)中,中国均位居其他国家之首。关于种植林扩大的主要原因:在中国是以保护国土为目的国家实施了退耕还林政策,在美国、澳大利亚等是 90 年代以后开始的造林投资高潮以及包括发展中国家在内的南半球纸浆工业投资推动了工业林的扩大,在欧洲等地区则是生物量造林的扩大等。

表2 1990～2010 年种植林面积居世界前 30 位的国家及其面积 万公顷

序号	国家	面积	序号	国家	面积	序号	国家	面积
1	中国	7715.7	11	德国	528.3	21	智利	238.4
2	美国	2536.3	12	乌拉圭	484.6	22	英国	221.9
3	俄罗斯	1699.1	13	泰国	398.6	23	澳大利亚	190.3
4	日本	1032.6	14	瑞典	361.3	24	白俄罗斯	185.7
5	印度	1021.1	15	印度尼西亚	354.9	25	韩国	182.3
6	加拿大	896.3	16	越南	351.2	26	新西兰	181.2
7	波兰	888.9	17	土耳其	341.8	27	马来西亚	180.7
8	巴西	741.8	18	墨西哥	320.3	28	南非	176.3
9	苏丹	606.8	19	西班牙	268.0	29	法国	163.3
10	芬兰	590.4	20	捷克	263.5	30	匈牙利	161.2

来源:FRA2010

表3　种植林面积增长最快的国家及其增长的面积　　　　　万公顷

序号	国家	面积	序号	国家	面积	序号	国家	面积
1	中国	3520.7	11	泰国	131.8	21	新西兰	55.1
2	加拿大	760.6	12	瑞典	128.5	22	马里	52.5
3	美国	742.5	13	澳大利亚	88.0	23	乌兹别克斯坦	43.2
4	印度	449.5	14	乌拉圭	77.7	24	突尼斯	39.7
5	俄罗斯	434.0	15	秘鲁	73.0	25	挪威	38.6
6	墨西哥	320.3	16	智利	67.7	26	波兰	37.8
7	越南	254.5	17	苏丹	64.4	27	白俄罗斯	33.9
8	巴西	243.4	18	西班牙	64.2	28	爱尔兰	27.4
9	土耳其	164.0	19	阿根廷	62.8	29	哥伦比亚	26.8
10	芬兰	151.1	20	缅甸	59.4	30	塞内加尔	25.9

来源：FRA2010

从国家来看，种植林面积居世界第2位的美国，以其南部地区造林热为背景，种植林面积仍在继续扩大；居世界第4位的日本是人工林发达国家，但近20年人工林没有增加，面积上与俄罗斯的差距正在加大，并迟早会被印度及加拿大等国家超越。另外，种植林明显扩大的国家还有东南亚的越南、泰国、印度尼西亚、缅甸及印度，南美的巴西、智利、秘鲁、乌拉圭、哥伦比亚及墨西哥，非洲的苏丹、南非共和国、塞内加尔，以及东欧的波兰、捷克、乌克兰和白俄罗斯等。欧洲的德国、西班牙、英国及瑞典的种植林面积也明显增加。

（四）生产林和保护林的主要树种

联合国粮农组织在2010年森林资源评估主报告中，首次将部分半天然林（主要是种植和播种的部分）纳入人工林，将一部分半天然和人工林合并，统称为种植林（planted forests）。

种植林又被划分为生产林和保护林。截至2005年，全世界种植林面积中，生产林占76%，保护林占24%；与1990年相比，生产林增加31%，保护林增加26%。从区域来看，亚洲地区生产林和保护林在世界的占有率最高，分别为42%和69%。从近20年的变化看，南美洲和大洋洲种植林面积的增加偏重于生产林；而在非洲增加的面积几乎都是保护林；北美和中美洲生产林增加91%，保护林增加5倍多；欧洲生产林和保护林的增加相对均衡（表4）。

表4 种植林中生产林和保护林在各区域占有率变化 万公顷

地 区	1990 年种植林面积		2005 年种植林面积	
	生产林	保护林	生产林	保护林
非洲	1120.7	257.7	1183.8	300.0
亚洲	6495.2	3594.3	8617.2	4581.2
欧洲	5459.4	1380.6	6301.4	1610.6
北美中美洲	1457.3	18.7	2785.9	119.0
大洋洲	244.7	0.1	383.3	3.2
南美洲	911.9	3.9	1215.8	5.7
世界	15689.0	5255.3	20487.4	6619.7
合计	20944.3		27107.1	

来源：Carle. J. B. ら(2009)

种植林的树种结构为：针叶树占全体50%强，其中松树类占有率最高，达到30%，其他树种还有落叶松、云杉、杉木等；阔叶树的造林树种更多，桉树占全体8%，相思树占3%，还有杨树、柚木、栗、枹树等很多树种。以上列举的针叶树和阔叶树的10个属占种植林总面积的70%；在生产林中占77%，在保护林中占60%。由于目的不同，采用的树种也多种多样。

从利用外来树种造林的主要国家来看，在种植林面积中外来树种占有率为100%的国家是智利、乌拉圭、南非、新西兰，另外阿根廷为98%，巴西为96%。在南半球外来树种造林为100%或接近100%的国家很多。在这些国家，种植了大量的桉树(原产地澳大利亚)及辐射松(原产地美国)用于纸浆材。外来树种利用率超过50%的国家有韩国67%、英国64%、澳大利亚53%等，其他国家为西班牙37%、法国36%、中国28%等。这些国家都是外来树种造林利用率较高的国家(FRA2010)。

(五)种植林的木材生产预测

根据 Carle 等人对种植林面积居世界前列的61个国家木材生产动向的预测研究(2009)，2005年种植林的木材生产量达到14亿立方米。仅占森林面积7%的种植林(生产林仅占5%)提供了世界木材需求(约30亿立方米)的近一半。2005年种植林不仅提供了80%的工业用原木，而且还提供了5.4亿立方米纸浆材和6.6亿立方米木制品用材。

预测木材生产依赖于种植林的趋势今后将进一步加大。根据 Carle 等的分析，2030年种植林木材的供应量最少为15.89亿立方米，最多为21.45亿立方米。如果2030年木材需求量和现在一样，那么将有53%～72%的木材来自种植林。根据未来100年预测，到2105年，种植林木材的年生产量至少为25亿立方米，最多将扩大至90亿立方米，人工林的供给能力可能远远超过现在的木材需求量。

(六)什么样的种植林能够得到认可

一方面是种植林的木材供应能力将迅速提高，另一方面是对种植林负面影响的关心也在上升，这些问题已经受到国际社会的关注。例如，ITTO 于 1993 年出台了热带种植林指南加以应对(ITTO，1993)。该指南提出要兼顾政策、法制、环境、社会、经济、制度以及关于森林管理的 66 个原则和 75 个推荐行动。2006 年 FAO 出台了自愿指南，明确了 12 个原则(表 5)。

表 5　FAO 种植林指南原则(2006)

制度原则	1. 良好的管理；2. 多种利益相关者的参与和综合决策；3. 高效的组织能力；
经济原则	4. 认知商品服务价值；5. 建设投资环境；6. 认知市场作用；
社会文化原则	7. 认识社会文化价值；8. 维持社会文化服务；
环境原则	9. 保护环境服务；10. 保护生物多样性；11. 维持森林的健康和生产力；
景观方法原则	12. 有利于社会、经济、环境的景观管理。

欧洲林业专家提倡的"先进林业"

日本《林政新闻》2010 年 5 月 12 日报道，奥地利和德国的 3 位林业专家应邀访问日本，3 月 16 日拜访日本林野厅厅长后，于 3 月 17 日至 4 月 8 日前往日本"森林·林业再生计划"的 5 个试点县——宫崎、广岛、高知、静冈和北海道进行现场考察、指导和召开研讨会等学术交流活动，历时 23 天。

应邀访日的 3 位欧洲林业专家分别是奥地利奥西阿赫林业学校前校长君特·松莱特纳尔(Günter Sonnleitner，65 岁)、德国施瓦本哈尔县林业局林务官卡尔·科尔布(Karl Kolb，54 岁)和德国埃门丁根县林业局林务官迈克尔·兰格(Michael Lange，49 岁)。

所谓"先进的"欧洲林业究竟是什么样的林业？日本林业工作者想象的是以高性能林业机械为核心的林业，但是从欧洲专家那里却听到了意外的解释。那么，什么是先进的林业？

(一)选择"目标树"、生产大径材、不主张短伐期皆伐林业

3 位欧洲林业专家在宫崎县等 5 个地区进行了现场考察和指导，提出了许多内容相同的建议，归纳起来主要有以下几点：

(1)选择"目标树"(future tree)，生产大径材。日本很多的森林正处于生长过程中，应该以生产大径材为目标，而不是短伐期皆伐。每公顷应选择 100 株干形优良的树木，作为"目标树"。

(2)培养专业能力强的人才。培养专门从事林业和森林经营的技术人员、路网建设技术人员等专业性强的技术人才是当务之急。

(3)建设永久性林内路网。为提高生产率、降低成本，林内路网建设非常必要。路网的设计规划要做到线形平缓、能覆盖大范围的森林。为保护森林，必须修建扎实牢靠的林道。

（4）引进不破坏土壤的作业系统。土壤是森林生长的基础。日本地质脆弱，机械在林内行走会对土壤造成很大破坏，因此应极力避免。可考虑使用牵引式绞盘机等架线集材方式。

在专家的各项建议中，首先引起关注的是，应该选择"目标树"，以生产大径材为目标。专家强调，对于"10年后木材自给率将要超过50%"的日本而言，紧要课题是以欧洲水平的生产率为目标，提高国产材的供应能力。专家同时强调，作为森林利用的大前提，要考虑"对自然环境的影响"，对收益优先的短伐期皆伐林业表明了否定的意见。

专家建议，大径材生产的目标树种如果是柳杉，目标直径可设定在80厘米左右，在30年生之前每公顷可选择干形好的"目标树"100株。在国际上木材资源减少的背景下，培育大径材树木对日本林业是有利的。

（二）应极力避免林业机械在林内行走

关于路网建设，建议修成拖拉机能通行的道路，路面宽3~3.5米，密度为每公顷50米。在德国，林内路网由永久性拖拉机道路和临时性机械道路组成，但近年倾向于控制机械道路的修建。

专家建议应极力避免林业机械在林内行走，因为这对土壤的破坏很严重，并指出大型机械的引进需要巨额投资，因此会影响其他机械的配置。在德国，4轮驱动农用拖拉机很普遍，80马力8吨级拖拉机每小时可行走40千米，附带几台抓木器及推土铲等附属工具，可根据情况替换使用。专家指出，充分利用通用性好的多功能型机械很重要。

近自然森林经营的规划方法、过程及其生态影响

随着生活水平的提高，森林的保护、环境、社会和文化功能变得越来越重要，而经济功能的重要性有所下降。社会呼吁可持续林业，强调生物多样性和近自然森林经营以降低生态风险。因此，当前森林经营中兼顾生态目标的方法受到了更多的关注。

随着社会需求的改变，森林经营的范畴和可持续森林经营的原则，也需要拓展。按照过去的需要建立起来的那些人工林，因社会需求的转变而不能以最理想的方式满足需要，并且随着林学的进步，人们对森林的不同经营方式产生的不同结果有了更好的认识，因而如何经营森林以满足未来需求的问题受到高度重视。由此，近自然森林经营逐渐成为人们的选择。

一、近自然森林经营的规划

近自然育林遵循3个原则：一是选择乡土树种或至少是适应立地条件的树种；二是建立生态稳定和生物多样性丰富的森林结构；三是充分利用森林的自我调控机制，也就是注意利用自然力。

近自然森林经营可以是树种的全部替换、树种的增加，也可以只对林分结构进行小

的改变而不在较大程度上改变树种组成。向近自然森林经营的转化，最初就是通过不同强度的渐伐来实现的。

近自然森林经营不同方案的选择取决于一系列条件。例如，土地利用史，立地条件，林分及景观特征，基础设施，森林作业技术，法律，奖励机制和规章制度，森林所有者、利益相关者及公众当前和预期的认知与需求。不同的目标如经济和生态目标，会在一定程度上相互冲突。此外，林地的初始条件、经济和技术条件都会影响到经营策略的选择。

今天的森林是通过经营形成的，那么，未来的森林经营将如何应对保持生物多样性和增强森林抵抗力等新的目标？较为一致的意见是，通过采用近自然经营的原则来促进森林经营的转变和改善，尽管有关近自然森林经营的知识仍然是有限的。

二、近自然森林经营的动机

向近自然森林经营转化的动机主要是建立生态稳定的、健康的森林和通过天然更新或半天然更新节约森林经营成本。

关于近自然森林经营的一个很重要论点就是，这些森林具有很高的生态稳定性，通常体现在减少病虫害、风暴、雪灾和冰霜等造成的危害。全球气候变化可能产生的影响凸显了近自然森林在生态稳定性方面的优势。

将同龄纯林转化为近自然森林的主要经济动机是，通过林地的天然更新或半天然更新来节约造林成本，但是当转化为其它树种时，在转化初始阶段需要进行人工造林。

人工种植那些超出自然分布范围的速生树种的缺陷越来越明显，这在欧洲尤为突出。特别是经历了极端气候事件之后，在一些土壤蓄水量和降水量非常低或土壤酸度较大和发生涝灾的立地，实施拯救伐的频率非常高。实施转化的主要依据就是这些森林表现出的不稳定性，而大量的拯救伐就意味着这种不稳定性。

不适合立地条件的树种、不断增加的蓄积量和较高的树龄都会增加因风灾引起的拯救伐。当未进行适当疏伐时，林木密度增加，林分就更容易受到雪灾的影响。营造针叶纯林还会增加虫害和病菌感染的风险。此外，夏天较高的气温和较低的降水以及暖冬造成的冬眠期缩短都会降低树木的活力，同时容易出现虫灾暴发和增加病菌感染的几率。风灾损失的发生、虫害的大规模侵袭以及脆弱林地的健康状况等，都促进了林分的立即转化。特别是拯救伐极大地刺激了林地所有者进行林分转化的意愿。

随着全世界对可持续性理解的加深以及对维持生物多样性的需求，经营人工纯林变得越来越不受欢迎。人们期待多样的、平衡的和稳定的森林生态系统，以实现最理想的生态、社会和经济功能。

三、向近自然森林转化的优先选择

将所有的森林同时转向近自然林既不恰当也不可行，转化过程本身也存在着风险，而且转化方案与立地条件和林分情况密切相关。需要优先转化的森林主要是那些具有水土保持、水源涵养功能和自然保护价值较高的林分，具有较高社会效益但树种组成不合理的林分，以及现有森林面临更高风险且期望值较低的林分，特别是那些稳定性差、极易遭灾且拯救伐频率很高的脆弱的林分。

四、近自然森林经营决策的信息需求

现在，还有很多森林没有按照近自然育林的原则进行经营。例如，树种不能很好地适应立地条件，同龄林在抵抗风灾、雪灾、干旱和病虫害时稳定性差等。人们缺乏关于近自然育林及其如何影响生态价值等方面的知识。近自然森林经营需要很多信息，包括立地条件、树种对立地的适应性、能够保持生态稳定性和生物多样性的森林结构以及对森林自我调控过程的理解。从林分到景观的各层面上，都应该确定经营目标并了解当前的森林状况。

关于森林提供的诸如生境保护、水土保持和水质改善等特殊价值应当明确，同时还需要了解生态风险方面的知识以及森林所有者的经济预期、公众认知、法律和规章制度等。当决定用近自然原则来经营森林时，就需要掌握大量的信息，并对未来的生态和社会经济条件进行预测。对于森林的多样化产品和服务的价值，都需要基于可靠的信息进行全面判断。

五、近自然森林经营规划的挑战

森林经营决策的特点是多层面决策及其影响的持久性。在近自然育林中森林经营的挑战更大，因为不同的起始条件及各种情形下不同的转化方案，都要求掌握综合信息，而这些信息通常又是不全面并具有不确定性的。

森林经营措施必须与森林的自我调控过程相适应，但因环境本身也会发生变化，对森林自我调控过程的预测非常困难，所以要采用比较灵活的森林经营方案。

传统的经营同龄纯林的森林规划手段，不能满足近自然经营对信息的需求。因为与同龄纯林相比，近自然森林的生长动态更加复杂，所采取的管理工具必须能够对森林自我调控过程的相关参数进行监测。此外，在当地特定条件下的经营规划，不能以大区域的平均值为依据，因为这样会导致不正确的判断或错误的预测，而必须采用灵活的规划技术。灵活规划可以在信息不充分的情况下降低经营过程中的风险。

六、结论

近自然森林经营的规划过程时间跨度长、起始条件不同，并存在着地区差别，而且在多种可行的选择方案中，每种方案的影响都非常复杂和难以评价，因此近自然森林经营规划意味着多重挑战。近自然森林经营需要新的规划过程来动态地适应变化的条件。

近自然森林对极端事件和全球变化具有更强的适应能力，也符合人们对生态稳定和生物多样性丰富的森林的期待。近自然森林经营利用森林的自我调控过程，这意味着森林经营的强度相对较低。森林经营方案的确定需要考虑立地条件、基础设施、技术条件及社会经济条件等多方面因素。由于森林经营的影响是长期的，它必须顺应生态环境、社会经济条件和价值观念的转变，以及知识和技术的进步。在面对不确定因素的情况

下，经营策略必须具有灵活性。经营策略的制定必须允许未来有选择的余地。

近自然森林经营本身并非总是唯一的选择，特定的条件和目标都会影响到经营策略的选择。当前，我们依然缺乏足够的试验研究和科学支撑。今后应朝着多学科交叉的方向努力，跨越地域和政策的界限，帮助制订政策层面和企业层面的决策，通过多学科联合研究和大量信息的传播（如建立示范林等），提高近自然森林经营的知识水平。

欧洲提倡做生产木材的"经济林业"

日本《木材情报》2012 年 3 月发表了日本林业记者赤堀楠雄前往德国、奥地利林业现场进行采访的感悟与思考。介绍了欧洲林业兴起的背景和德、奥林业的特点，值得一看。现摘译如下。

去年 11 月末到 12 月初的 2 周时间，我有幸对德国和奥地利的林业、林产业进行了采访。尽管时间很短，所见所闻不能反映全面，但通过采访感受深刻，由此对今后的日本林业进行了思考。

一、欧洲林业兴起的背景

现在，日本正在推进林业政策改革，众所周知，效仿欧洲林业的管理体系就是这场改革的基本出发点。应该说，将林业作为重要产业来经营并取得成功的德国和奥地利是我们学习的典范。

那么，德奥林业有哪些突出的优势，与日本的不同之处在哪里？

的确，林业机械先进、路网也很完善，并确定了林务官的作用。我所采访的林务官无不夸耀自己的工作，而且担负着责任，从事着日常工作。走进森林，管理良好林分随处可见，树木粗大、通直，阔叶树也有很多树干又高又直，令人十分惊讶。加工木材的制材厂和集成材工厂，生产效率非常高，规模也非常大（与之相比日本相差悬殊）。林业及林产业之兴旺，显而易见。不得不承认，这一点日本是无法与之相比的。

那么，是什么使他们如此成功，如果仅从机械性能、林务官制度、森林管理技术、工厂规模等方面来回答，还不能充分说明问题。因为机械先进、制度有效等只是一个结果，而产生这一结果的背景是什么，这才是我们所应该关注的。

进一步说，并非高性能林业机械了不起，而应该关注开发和推进高性能林业机械的动机，这不正是我们所必须讨论的彼此之差别吗?!

二、做生产木材的"经济林业"

什么是林业？当然，持续地管理好森林是大前提，如果在确保这个前提下论述林业，那么可以说，所谓林业就是生产木材，销售木材，获取收益，从收益中确保生产管理的成本及森林所有者的利益，并且还能够进行投资以使经营活动持续下去。也就是通过生产和销售木材，所有者及从事生产管理的人们都能够获得相应的收入，由此将木材的价值还给社会，我想这就是林业。

此次采访所接触到的人们，都抱有这一强烈的意识，这一点可以从他们的言谈及态度的细微之处感受到。也就是说，林业要支撑生计的意识很强。林业要支撑生计，就必须销售木材获取收益。对他们而言，说到底就是"林业 = 木材生产"。

在此，论及林业，感觉与倾向于森林管理的日本有很大差别。在德国和奥地利，并非森林经营管理的意识淡薄，正确的经营管理是必然的，而在此基础上重视木材生产和销售的意识则更强。

奥地利最大的森林所有者 Mayr – Melnhof(MM)公司的林务官约翰内斯·罗谢克(Johannes Loschek)，63 岁，1970 年以来从事公司林的经营管理已长达 40 年，对合计 3.2 万公顷的森林了如指掌，是业务熟练的林务官。

罗谢克说道，"必须做经济林业"。所谓经济林业，就是生产木材、获取收益的林业。"在奥地利，历史上曾要求林业在经济上能够持续。现在约有 30% 的补助金可以使用，但过去没有，只能用木材的货款支付。因此，要提高生产效率，大力开发技术，推进机械化发展。要开展经济林业，无论如何都必须灵活地运用机械。"

三、生产现场绝对重视效率

MM 公司拥有欧洲最先研发自走式集材绞盘机(tower yarder)的众所周知的 MM 林业技术公司。罗谢克也利用他的经验从事自走式集材绞盘机的研发与改进，"年轻时从早到晚都和自走式集采绞盘机在一起。"该公司的自走式集采绞盘机也出口到日本，罗谢克也曾到日本指导操作。

此次，考察采访了使用该公司自走式集材绞盘机的 2 个生产现场。其中一个现场，采用自走式集材绞盘机和造材机(processor)联合作业，将大径木全木吊起后，造材机长臂从旁边将其抓住切割成原木段。其速度之快，也许所谓的"经济林业"就是这样吧。

在另一个作业现场，情况基本相同。对林业工人作业时的情形感到惊讶，双手不停地忙。当然在运材跑车下降的时候也有短暂的空隙，罗谢克抓住空隙转达了我们提出的问题，林业工人也走近我们做了回答。但是，工作时不能离开遥控操作的机械，如果到了必须开始操作的时间，就要及时回到作业现场，而不会因为采访影响工作，因为工作第一。

据罗谢克介绍，MM 公司将公司林采伐的 80% 外包给木材生产业者。那些采伐业者或是父子经营，或是 3 人组合巡回作业，总之都是小规模的，但工作中没有牢骚，作业效率非常高。"与他们签订合同，确定每立方米多少钱，因此他们会想尽办法提高生产效率。对于机械的准备工作也非常仔细，因为一旦机械发生故障，损失是巨大的。如果是大公司提供机械，管理就会松弛。因为是自己的机械，所以非常珍惜，作业也很努力。结果比我们公司自己生产还要节省经费。"

不用说，为保证效益、提高收益，工人们在紧张的气氛中忙碌着。由此，现场必须确立分工制，建立作业人员分别坚守各自岗位的生产体制，也就是说没有时间做其他的事情。"生产木材，维系生活"的强烈动机压倒一切，这一点与林业机械的高性能相比，给我留下了更深刻的印象。

四、林务官负责原木销售

在这种经济林业中，当然重视木材销售活动。而且，在木材销售中起到重要作用的是林务官。

此次采访，有幸见到了在德国从事公有林（州有林及市有林）经营管理的林务官和像罗谢克那样的民间企业专职林务官，以及接受多个森林所有者委托来经营森林的自由林务官等3种处于不同立场的林务官。

尽管林务官所处的立场不同，但工作内容基本相同。他们对自己管理的森林制定经营计划，为完成计划、提高收益，努力与制材厂等顾客进行交涉以提高木材售价。

在上述3种林务官中，作用最明确的是受多个所有者委托管理森林的自由林务官。他从木材销售货款中赚取自己的收入，确保支付给采伐业者的报酬，并且将经营收益返还给森林所有者，因此努力销售木材是必然的。由于接受多个森林所有者委托来经营森林（合计约1500公顷），经营木材的数量增多，这样就可以灵活利用数量上的优势与制材厂和造纸厂交涉。委托经营的所有者也对林务官的销售能力寄予很大期望。

现在，日本也在引进林务官制度。眼下规定，各都道府县的林业职员以及国有林职员将被指定为准林务官。但必须指出，在国有林情况下，准林务官可以直接接触销售活动；但在民有林，准林务官没有销售业务的责任，这一点与德国及奥地利有很大区别。

那么，在民有林中，由谁来承担销售业务呢？民有林的木材销售由规划人员承担，因此规划人员不仅要掌握集约化技术及制定规划的技术，而且要求具有能够销售木材、确保森林所有者收益的技能。在拥有掌握这种技能的规划人员的地区和没有这些规划人员的地区，将会产生很大差距。

五、制材业界担心原木供应不足

最后，对木材消费部门——锯材厂进行了采访。此次，不仅访问了若干个锯材厂，还访问了德国和奥地利两国的锯材相关团体，就如何看待本国林业和锯材业的问题进行了采访。

其中，最引人注目的是，制材业方面不认为能保证有足够的原木原料，很多制材厂在西班牙等出口目的国经济恶化、商品市场衰退的情况下，对原木供应量减少、价格上涨感到不满。

而且，据德国锯材联盟（木材行业协会）称，关于最近以培育针、阔混交的多样化森林为目标并从环境保护的观点出发对培育山毛榉等阔叶树给予奖励一事，制材业方面担忧将来云杉等针叶树难以保障。而且，由于取消核发电，木质生物量的压力正在提高，所以即使不特意培育优质木，木材也能卖掉，因此担心用于建筑材的木材也会减少。

对于从促进生物量利用的观点出发采取的各种措施，在热心于林业的林主之间出现了针对偷懒的林业得到支持而认真经营山林得不到评价的不满倾向。

在奥地利制材协会也听到如下说法，今后要确保原木的稳定供应，就不得不开展某种程度的过伐。在奥地利，最近由于新增造林，林地面积开始有所增加，也有人说，"考虑到这一点，现在即使多采一点，将来也能够取得平衡"。

在这一背景下，最近在中欧大型锯材场建设相继出现，以前不仅从本国也从邻国进口原木以确保锯材厂的原料供应，由于供应国也建立了锯材厂，所以已经不能确保所需原木的供应。

以色列的造林特色及其国际影响

以色列自1948年成立以来，开始着手解决可持续土地管理问题，并通过了旨在恢复、发展和管理其自然资源的公共政策，在全国范围（包括地中海地区和半干旱地区）种植了约2.4亿棵树木。以色列政府还出台了控制放牧和确保有效水管理的法规。由于这些举措，以色列成为世界上为数不多的比1个世纪前有更多树木的国家之一。

一、地中海和半干旱地区的造林与再造林

以色列分为以下3个植物地理学区域：地中海地区、伊朗－吐兰地区（半干旱）和撒哈拉辛迪地区（干旱）。地中海地区一个鲜明的特点是年均降水量超过400毫米，北方可达到1000毫米甚至更多。年均气温19℃。该地区植被的代表种是天然地中海橡树、阿月浑子、阿勒颇松树和角豆。伊朗－吐兰地区从北部内盖夫沙贝尔谢巴区延伸到内盖夫山脉的高地区。该地区的年均降水量为150～400毫米，年均气温20～23℃。隔离开心果 *Pistacia atlantica* 和叙利亚枣 *Zizyphus spina – christi* 是该地区天然植被的代表种。撒哈拉辛迪地区包括上述地区以外的几乎全部的领土和约旦裂谷南部。该地区年均降水量为25～150毫米，年均气温25℃。天然植被的代表种是柽柳 *Tamarix* spp. 和相思 *Acacia* spp.。柽柳零星地或呈团状生长在砂质和半砂质土壤，相思生长在绿洲和河谷。

（1）地中海地区的造林和再造林。地中海地区的第一代造林项目主要是在丘陵和山区营造阿勒颇松同龄纯林，后来因容易发生虫害而被地中海松取代。这些森林是根据松树同龄纯林的一般营林方法进行营造和经营的。在沿海平原和山谷，桉树是人工林的主要树种。以色列国家退化土地恢复计划使造林成果得到巩固和发展。随着时间的推移，这些简单的造林活动经以下3个过程演变成复杂的森林体系：乡土树种和灌木在下层林中的重新出现；林木自然死亡、破坏性因素和补植使简单林分结构变得多样化；混交树种的种植。以色列"近自然"的森林生态系统目前正在不断发展，它体现了自然和人工过程的结合，即森林由以松树为主的先锋造林树种与再生的地中海本土橡树结合而成。

（2）半干旱地区造林。在半干旱地区，以色列通过大规模造林来防治荒漠化，恢复退化土地，以及为居住在以色列南部内盖夫沙漠地区的人们提供生态系统服务。该地区的造林以种植抗旱品种和适当的土壤和水资源管理为基础。在内盖夫沙漠区的北部，因地形和土壤特征不同而存在2个主要的人工林类型：常见的阿勒颇松同龄纯林，大多营

造在山坡上。过去，这些森林的造林密度较高，每公顷约 3500 株，随后逐渐间伐至每公顷 300～500 株。如今的造林密度较低，每公顷约 1500 株；稀疏人工林，造林密度为每公顷 200 株，位于缓坡、平原和山谷。此造林方法被命名为"savanization"。在这种类型的人工林中，常见树种有金合欢树、红柳等乡土树种，也有外来树种（大多是桉树）。

在半干旱地区，森林的存活和生长依赖于良好的集水技术。他们采用了内盖夫沙漠地区古代农民在粮食生产中所采用的集水方法，并与现代技术和知识相结合，提供了成功栽培人工林木、乡土灌木和草本植被所需的土壤水分。径流水是可再生和可持续的资源，即使在干旱和全球变暖的气候条件下也可以提供给种植地。收获径流水是沿等高线梯田在斜坡上进行。梯田的高度是 0.7 米，宽度 8～25 米。多余的径流通过泄洪系统流出，以避免在极端暴雨和洪水事件中的土壤侵蚀。树和改良牧草栽种于每年可截获几次径流水的梯田。

在降水量 100mm 以下的区域，仅在筑坝集水区种植树木。筑坝集水区建建在河谷和山谷中，可以把水流引至种植的树木。筑坝集水区面积通常为 0.2～0.6 公顷，由 10～100 倍大的流域供水。筑坝集水区可以用于娱乐，为当地提供燃料，或为人类、牲畜和野生动物提供遮阴。集水技术和流域造林发挥了控制洪水灾害和防止土壤侵蚀的作用，并使已遭受侵蚀地区得以恢复，使农业用地和城市用地得到保护。有控制的放牧可以减少火灾隐患，并为人工栽种的树木提供更多的径流水。

沿着内盖夫沙漠干涸河床（旱谷）造林是土地恢复工作的一部分，其目的是防止土壤侵蚀，保护河谷、耕地和城市用地免遭侵蚀。沟头和河岸的防治措施和耕作区的适当排水等土壤保护措施是土地恢复工作的重要组成部分。这些经过造林的干河床可用于季节性放牧，作为休闲场所以及城镇和居民区附近的绿化带。

（3）以色列的天然林。以色列森林近 1/3 是天然林，天然林的概念是"未经人类营造的森林"，它们大多由地中海植被构成。在墓地和圣地等受保护地区以及在零星的山沟中，可以发现形体巨大的灌木树种。这表明，灌木地带的形成是多世纪过度采伐、过度放牧和火灾的结果。天然林主要分布在以色列中部和北部的山区，面积约 4 万公顷。灌木地带的主要树种是 *Quercus calliprinus*、*Quercus boissieri* 和土耳其栎等栎属树种，以及地中海松、长角豆、帕莱斯蒂纳黄连木和南欧紫荆。

二、人工林生态系统产品和服务

以色列的人工林和天然林被视为多功能生态景观系统，除经济效益外还发挥着重要的生态效益和社会效益。以色列林务局的首要目标是保护人工林和天然林资源，并为市民的福祉将高质量森林作为开放绿地。

以色列人工林不以木材生产为主要目标，但作为森林管理（间伐、卫生伐、火灾后的皆伐等）活动，一直存在着一定程度的木材生产。生产的木材多用作薪柴和一些工业用途。由于燃料和其他能源的成本不断上升，木质燃料需求显著增加。在过去 5 年，以色列实施了为农村家庭免费提供来自森林的薪材的特殊计划。

小规模非木材林产品采集以自给自足的粮食供应为目的或作为一种文化活动。采集的产品包括蘑菇、水果和药材等。农村地区的森林大部分用于放牧。在开阔地还营造专门为动物遮阴和用于生产蜂蜜的树林。

森林游憩服务业是以色列林务局的优先事项之一。以色列林务局提供森林游憩服务和园区基础设施建设，以促进森林旅游业持续发展。森林旅游很受欢迎，每年接待游客超过1200万人。在过去20年，有大量的野餐点、景区道路、观光点、远足和自行车道、游乐场、自然公园、历史遗迹得到开发或重建，所有的森林及其设施免费向公众开放。

对于以色列这样一个面积小、人口稠密且城市化和工业化程度较高的国家而言，森林在固碳、防止水土流失、控制环境污染、降低噪音等方面都发挥着极其重要的作用。

以色列林务局110多年的林业工作为以色列自然资源的发展做出了重要贡献。一个多样化的森林覆盖体系在以色列社会发挥着重要的生态效益和社会效益。在此期间，以色列建立了规模达10万公顷的人工林，森林结构和物种组成的多样性显著提高。

以色列的森林包括人工林和天然林，均被视为多功能生态景观系统，该系统的管理目标是为社会提供多种服务以及改善周边生态环境。20世纪80年代以来，以色列对人工林进行了改造，从同龄纯林转变为混交、异龄林和多用途森林的镶嵌体系，使森林具有较高的生态稳定性、生物多样性和景观美学价值。这一进程将随着越来越多的林分得以更新和新造林地纳入全国森林资源清查而得到进一步发展。

越南实施鼓励造林的措施

越通社2011年12月11日消息：越南政府总理批准了旨在鼓励造林的66号决议，内容涉及造林补贴、建设高品质林木种苗繁育中心、林区修路、西北地区产品运输费和投资补助资金等多方面。该决议将于2012年2月1日起正式生效。

决议指出，对普通乡造林给予每公顷15万越盾补贴，对特别贫困乡造林，每公顷可给予30万越盾补贴。另外，获得森林可持续发展认证书可给予每公顷10万越盾补贴。建立1个高品质林木种苗繁育中心可从国家预算中获得最多22.5亿越盾的资助。专家认为，该决议将确保越南今后森林覆盖率不断发展与扩大。

芬兰关于商品林经营的建议

芬兰林业发展研究中心的研究人员和林业组织代表共同为芬兰的商品林经营准备了一份建议。该建议就木材生产、环境与自然保护及管理等，向林主提供了一些实用意见。鉴于林主的林业经营目标有很大差异，协调这些相互矛盾的目标需要林业不同专业部门的意见，该建议基于森林在经济、生态和社会意义上的可持续经营和利用，以提高芬兰的森林生产力同时以保护森林生物多样性为目标，对商品林经营提出如下建议：

（一）商品林经营要考虑自然条件

芬兰的大部分森林位于北方针叶林区。在全国不同的地区，木材生产条件差距很大。森林经营以林分为单位。在南芬兰，林分的面积为1公顷到几公顷不等。建议，在确定林分边界时要考虑森林更新、森林生物多样性、景观价值和多用途需求等因素；要根据自然界线，把有价值的栖息地标识出来；森林更新时，要优先考虑最适合当地生长的乡土树种。

（二）要兼顾生物多样性保护、河道保护和森林多种用途

在经营和利用商品林时，要保护有价值的栖息地，要考虑生物多样性的结构特征，如针叶林内的阔叶树生长、林分内的焦腐木及大径木和过成熟木，以保护生物体所依赖的栖息地。

在进行生长伐和更新伐时，采伐地上要留有一定的保留木，特别是山杨和珍贵阔叶树（橡树、椴树等），每公顷要保留5~10棵，直到这些保留木死亡、腐烂。任何树种的老龄木和死亡木对维护生物多样性都是重要的。炼山也能增加大量的烧焦木。在林业活动中应该因地制宜采用最具有经济可行性的河道保护技术。实施森林经营措施时要考虑景观，要设定更新伐作业的范围，使之与土地轮廓协调。必要时，要考虑保留木和不经处理的生物通道。在经营游憩林时，还要考虑不同的利用群体。

（三）利用林分平均直径确定林分的生理成熟

生理成熟主要由立木平均直径确定，径级的增长是积温、立地类型、树种、间伐次数和间伐类型的结果。如果林分的相对年生长量长期低于林主设定的目标水平时，就要考虑它的经济成熟。

除了北芬兰的桦木生长模型外，其它生长模型均依据进入生理成熟林分的大部分林木达到锯材用原木的原则。如果林分未到生理成熟的最小临界值，但由于经营过程不同，该林分也可以根据其年龄进行更新。当为生理成熟设限时，要根据未来林木销售收益的净现值和2%~3%的实际利率进行计算。

（四）快速成功的更新

快速成功更新的目标是在采伐迹地上尽可能快地建立新一代林木，这些林木由1个以上的树种构成，同时要让这些林木在采伐迹地上具有茁壮成长的最佳时机。

在芬兰最具商业价值的树种是苏格兰松 Pinus sylvestris、挪威云杉 Picea abies 和银桦 Betula pendula，以及生长在泥炭地上的软毛桦木 Butula pubescens。其他具有商业价值的树种包括山杨 Populus tremula、黑赤杨 Alnus glutinosa、橡树 Quercus robur 和西伯利亚落叶松 Larix sibirica。共同目标是在针叶林分中少量混合一些阔叶树。

与森林更新相关的一般经营活动就是整地，例如各种挖土、堆土或松土技术。通过整地提高更新的成功率，促进土壤对水的渗透性和孔隙度。应用的整地方法取决于土壤

类型、更新方法，以及是否需要从林地排除多余的水。

(五)造林要保证高质量立木蓄积

对幼苗要进行早期抚育，以保护小树苗免遭植被竞争而死亡或损坏，因此头2~3年要控制地面植被。当松树幼树长到1~2米高时通常要清理林地。云杉幼树在尚未长到1米时通常就要控制灌木。

幼林抚育的准确时间和林分密度取决于为森林设定的目标。根据基本模型预测，在松树幼林树高达到5~7米时应进行间伐，每公顷保留1800~2000株。云杉为优势树种的幼龄林在树高达3~4米时进行间伐，每公顷保留1600~1800株。

特别是在肥沃的土地上，通常要保留不同的阔叶树种和灌木混生，以利于维护林地的生物多样性。

修枝是提高无疤木材比例和增加林分经济产出的办法，修枝仅适用于处理健康的至少是中等材质的林分。

(六)模型预测间伐时间和密度

间伐能提高木材质量，加快直径生长，增加林主收入。间伐类型和强度影响销售收入。针叶林分可以同时进行修枝和低强度间伐。

间伐模型是基于树种和立地条件得出的，这些模型利用林分发展阶段(树高，单位：米)和林分密度(断面积，单位：平方米/公顷)来预测间伐时间和蓄积保留量。

长期间伐实践的数据为间伐模型提供了经验基础，应用这些模型将会在林分生产力和经济方面产生良好结果。间伐次数1~3次不等，取决于立木蓄积、立地类型、间伐密度以及林主的经济目标。

在间伐中需要伐掉低质的、有缺陷的、处于次要地位的树木或阻碍主要树种生长的树木，所以立木蓄积量要降低到间伐模型指示的水平。按照这些模型，临时损失的生长量及暴风造成的损害被控制在合理范围内。

(七)采伐薪材支持工业用材的生产

幼林抚育中采伐下来的干材虽不适合用做工业用材，但很适用做薪炭材。采伐剩余物也可以很好地利用。

在抚育不充分的幼林以及只有少量木材符合工业用材标准的林分中可进行薪材采伐。采伐薪材可提高工业用材林第1次间伐的利润。当目标是生产高质量松木时，采伐薪材就是松林抚育链的一部分。

一部分枝条和树叶因为没有收集而留在林地上，这意味着其养分继续在森林生态系统中循环。如果腐殖质层薄或有缺乏营养的风险，就将它们留在林中不收集。沿着河道缓冲区收集树冠凋落物可减少对河流的养分负载影响。

收集树桩可降低根腐病的风险和整地成本。如果经考察后断定采伐迹地不存在根腐病，那么老树桩和新砍的树桩都可保留在迹地上。另外不要收集集水区和河道附近的树桩。

(八)泥炭林和北方林的经营

芬兰有1/3的林地是泥炭地。泥炭地营林着重于改良和管理经济上可行的旧排水区。原始状态的沼泽地已无法通过排水供林业使用。

泥炭林要求水和养分状况都适合树木生长，采伐和造林常常与排水措施和河道保护相结合。地表径流区具有防止固体物质进入水系的作用。

泥炭林具有一些特殊的特征，例如承载力弱、沟渠外开，养分状况通常与矿质土不同。这些特征需要在经营规划和实施过程中加以考虑。立木蒸腾作用和沟渠状况对泥炭林地下水水位有一定影响。

在北芬兰的森林中，湿冷的气候起到关键作用。例如，树上大量的积雪妨碍高地松林的成活，使云杉成为这些立地更新的主要树种，因为它们很少受积雪的影响。

韩国强调培育高价值森林

日本《木材情报》2011年11月报道，韩国山林厅2011年度的业务计划将培育高价值森林、强化林业竞争力和开发境外森林资源列为林业工作的重点。

(一)培育高价值森林

(1)将绿化树木和低质人工林转化为经济树种。计划将刚松 *Pinus Rigida* 等以前种植的绿化木以及不成材的人工林采伐掉，更新为生长快且有利用价值的鹅掌楸、赤松等树种。(2010年完成树种转换1.2万公顷，预定2011年完成1.6万公顷、到2016年之前共完成树种转换18万公顷。)为转换成用材价值高的针叶树人工林，各地区选出主要造林树种，培育集团化的木材资源。东部地区主要树种为赤松、红松，西部地区为落叶松、鹅掌楸，南部地区为扁柏、柳杉。

(2)强化并扩大森林经营，创造出经济和环境的价值。计划将经济林培育成木材供应基地(450个经济林地块，共292万公顷)。计划对人工林和优质天然林进行集中抚育，增加森林碳汇功能(抚育面积2010年为23万公顷，2011年为26.6万公顷)。由专家进行设计、管理，以提高森林经营的质量。

(3)营造优美的森林景观。

重点经营主要道路周边等地带的森林。

将森林景观优异的地区指定为国家森林景观区以加强管理。

(二)强化林业竞争力

(1)向扩大国产材利用的国产材时代转变。确立稳定的林内采运作业体系以提高木材生产力。以10公顷为单位进行集团化森林抚育，间伐率从现在的20%提高至35%，收集利用率从现在的 20% 提高至 50% ，采运方法从以前以人力为主[生产效率为 0.8 立方米/(人·日)]的作业体系转变为机械化集材作业体系[生产效率为 4.0 立方米/(人·日)]。通过树种更新和扩大木材需求，谋求扩大木材供应。供应量从 2010 年的 260 万立方米增至 2011 年的 420 万立方米。

(2)扩大木质颗粒的能源利用。关于木质颗粒的利用，要从以农户住宅、园艺设施用锅炉为主，扩大到军用设施、邮局等公共设施，以及村委会及企业等各部门的利用，谋求利用的多样化和需求量的扩大(普及木质颗粒供暖设备：从 2010 年的 4000 台增加到 2011 年的 5000 台)。计划到 2011 年末确保木质颗粒年生产能力达到 22 万吨。计划引进关于减免木质颗粒附加值税及锅炉的认证制度(2011 年年底之前)。

(三)境外森林资源开发的扩大与资源外交多样化

(1)为确保长期稳定的木材资源，要扩大境外造林。1993 ~ 2009 年的 17 年间境外造林 20.7 万公顷(年均 1.2 万公顷)，2010 年境外造林 2.0 万公顷，预定 2011 年境外造林 2.5 万公顷。计划在 2050 年之前，开展境外造林 100 万公顷，在那些境外造林地生产的木材将供应国内木材需求的 50%。

(2)通过签订韩国和菲律宾两国间的谅解备忘录(MOU)等强化国际森林合作。截至目前，韩国已与 12 个国家签署了 MOU，如印度尼西亚、巴拉圭、突尼斯等，横跨亚洲、大洋洲、非洲及南美。

4 生物多样性保护

里约 +20 峰会成果承认生物多样性及生态系统价值

2012 年 7 月，联合国环境规划署发表评论员文章指出，里约 +20 峰会成果承认生物多样性及生态系统的价值，这对全球、区域及国家政策具有重要含义。

里约 +20 峰会聚集了 190 多个国家的代表，他们认为，当前的全球危机表明过去的发展理念正在误导我们，并认为有必要重新思考我们是如何考虑发展、福利以及财富这些根本性的问题。过去 40 年来，世界已经意识到生态系统和生物多样性正在面临着严峻的压力。这些忧虑已经在峰会成果文件《我们希望的未来》中得到体现。该文件指出："我们认识到，地球及其生态系统是我们的家园，地球母亲是许多国家和地区的共同表述，我们注意到一些国家在促进可持续发展的背景下承认自然的权利。我们深信，为了在当代和子孙后代的经济、社会和环境需求之间实现公正平衡，有必要促进与自然的和谐。""我们要求以通盘整合的方式对待可持续发展，引导人类与自然和谐共存，努力恢复地球生态系统的健康和完整性。"这些陈述表明，世界的领导人深信在平衡当代和子孙后代的经济、社会和环境需求实现可持续发展的过程中必须维持自然的权利。

许多非政府组织对成果文件的表述缺乏具体承诺、时间表和进程等而大失所望。然而，世界各国政府公开明确承认自然资本是可持续发展的基本的核心要素，健康的生态系统是人类福利的基础，这的确还是第一次。这表明了心态和理念上的根本变革，因为环境问题最终从一个边际性问题转变为未来发展战略的核心成分。这也为将生物多样性和生态系统服务的价值综合到政策与管理决策之中并最终向可持续发展路径转轨开启了机会之窗，并将促进创建一个综合考虑自然资本、社会资本和人力资本以及金融和制造资本等各种形式资本的基于包容性财富的绿色经济。

尽管对"绿色经济"的概念以及可持续发展和消除贫穷背景下如何利用这一概念充满了争议，但是成果文件承认自然的权利，并相信可持续发展和消除贫穷背景下的绿色经济是可以实现可持续发展的重要工具之一，可提供各种决策选择但不应该成为一套僵化的规则，并强调这种背景下的绿色经济应该有助于消除贫穷和持续的经济增长、增进社会包容、改善人类福祉、为所有人创造就业和体面工作的机会，同时维持地球生态系统的健康运转。

里约＋20成果对关于生物多样性和生态系统的全球、区域和国家政策有着重要含义。生物多样性和生态系统的可持续利用要求在供给和需求之间做好平衡。人口的增长、不断变化的生活方式预期，加上生态系统退化，都将加剧供需之间的不平衡。如果"需求"被"基于自然资源公平利用的要求"所代替，如果生物多样性、生态系统生产力、更新能力和基于安全供给极限的恢复能力等都蕴含着"供给"的概念，如果保护并合理地管理生物多样性和生态系统服务，如果驱动需求的社会预期和行为发生根本性变革，那么实现供需平衡的可能性将大为提高。同时，穷人的愿望应得到尊重和支持，特别是穷人为基本生存而利用稀缺资源使得生物多样性丧失和生态系统退化的情况下尤其如此。一些国家特别是那些通过投资和保护而拥有相对健康的生态系统的国家对资源的过度需求导致了其他国家原本脆弱的生态系统的进一步退化。像气候变化、作物生产对水资源的过度消耗、森林转化为棕榈油以及牲畜放牧等的影响就是很好的例子。这意味着，生物多样性和生态系统保护必须在多空间和多经济尺度上平衡博弈，通过支持性政策措施纠正当前博弈中的不平衡从而实现行为的改变。

里约＋20峰会承认自然资本的价值将有助于引导投资和政策发展来实现上述的可能性。具体措施包括：①在地方和国家层面上加强生态系统和生物多样性治理与制度建设，包括加强公共部门、私人部门、公民社会和当地社区之间的协作；②对生物多样性和生态系统所提供的短期收益之外的长期服务赋予价值；③将环境价值整合到经济模型中以促进可持续发展，特别是对 GDP 经济指标给予新的思考；④加强生物多样性和生态系统监测与评价，设计和实施基于高质量信息的变革。

2013 年世界生物多样性日的主题为"水和生物多样性"

据国际生物多样性公约组织网站 2013 年 5 月 22 日报道：2013 年 5 月 22 日是世界生物多样性日，今年的宣传主题是"水和生物多样性"。联合国秘书长潘基文就此发表致辞，呼吁国际社会关注生物多样性和用水保障之间相辅相成的关系，并敦促所有尚未批准《生物多样性公约》的国家加紧行动，加入保护地球生物多样性的全球联盟。

潘基文在致辞中指出，随着国际社会加快实现千年发展目标和制定 2015 年后议程的进展，"水和生物多样性"已成为讨论的重要内容。他说，水是一种貌似丰富的资源，但地球上便于获取的淡水量极小。人类用水越来越没有保障，往往供不应求且水质常常达不到最低标准。从目前趋势看，未来对水的需求也无法得到满足。潘基文表示，生物多样性及其所提供的多重生态服务对于实现保障世界用水的愿望至关重要。例如，生物多样性丰富的森林能够防止水土流失，有助于提高水的质量和供应量。

在过去的半个多世纪，人类活动对生物多样性造成了前所未有的破坏。地球上的生物种类正在以惊人的速度消失。为了保护地球生物多样性，在1992年巴西里约热内卢召开的联合国环境与发展大会上，153个国家签署了《保护生物多样性公约》。1994年12月，联合国大会通过决议，将每年的12月29日定为"国际生物多样性日"。2001年5月，第55届联大通过第201号决议，将"国际生物多样性日"改为5月22日。

粮农组织强调山地林生态系统保护的重要性

联合国粮农组织（FAO）网站2011年12月9日报道：当日粮农组织公布的题为《变化世界中的山地林》的报告警告说，山地林的完整性和恢复力受到气温升高、野火数量增多、人口增长及粮食和燃料不安全的多重威胁。这份报告警告说，人口压力和集约化农业的扩展迫使小农向海拔更高的边缘地区和陡坡地区迁移，从而导致森林丧失。报告还指出，气候变化可能会加快虫害和致病生物的传播，对山林造成破坏。

报告强调了山地林在改善水质和环境以及减缓气候变化等方面的重要性。虽然山地仅占地表的12%，却提供了世界60%的淡水资源。山地林对山区和低地社区及工业的供水量和水质有巨大影响。当山地林遭到砍伐和土地失去保护时，径流和土壤流失便会加快，其后果是溪流江河的水质下降。许多城市高度依赖山区水源，例如，维也纳用水的95%来自阿尔卑斯山北部的山地林，而洪都拉斯特古西加尔巴40%的用水来自拉蒂格拉国家公园的云雾林。在肯尼亚，水力发电量的97%使用肯尼亚山的水。在亚洲，青藏高原像一座水塔，为大约30亿人供水。另外，山地林存储大量的碳，山地林的丧失将使大量的碳释放到大气中。国家政策的制定者应认识到保护和养护山地林的重要性，并将对这些问题的关注融入旨在减缓和适应气候变化的政策之中。

报告还指出，山区居民是世界最贫穷和最饥饿的人口，然而他们在维持山区生态系统方面发挥着关键作用。他们在其赖以生存的当地林业资源的管理中应当拥有发言权，而且应当分享从森林利用和养护中产生的利益。

世界各国政府联合成立生物多样性评估专家组

据自然（nature）网站2012年4月23日消息，来自世界90多个国家的科学家们将联合评估生态系统和自然资源。

这90多个国家的政府已经达成共识，成立一个独立的专家组来评估地球脆弱生态系统的最新研究进展。经过几年的协商和谈判，最终决定建立一个类似于政府间气候变化委员会（IPCC）的机构。

生物多样性和生态系统服务政府间科学政策平台(IPBES)将负责对海洋酸化和植物授粉等问题进行科学评估,以便帮助决策者解决全球生物多样性丧失和生态系统退化等难题。联合国教科文组织(UNESCO)总干事伊琳娜·博科娃说,我希望该机构在可持续发展战略中能更好地考虑到生物多样性的情况,就如在过去20多年中,IPCC一直致力于在可持续发展战略中充分考虑气候变化的情况一样。

评估主题及总体预算将在2013年该机构的第一次全体大会上决定。但IPBES将立即开展工作,查阅现有相关评估报告,如2005年全球千年生态系统评估报告,以便解析评估主题的范围及其对政策的影响。

生物多样性研究人员对此举表示欢迎。国际生物多样性计划(DIVERSITAS)执行理事拉利高德利(Anne Larigauderie)表示:为了在该机构第一次全体会议召开前不浪费任何时间,立即着手收集查阅资料极为重要。

IPBES的年度预算尚未完全确定,但建议在500万~1300万美元之间,还将设立一个信托基金,接受来自各国政府、联合国各组织、私营部门和基金会的自愿捐款。

德国被选为IPBES秘书处东道国,总部将设在波恩。德国之所以能击败印度、韩国等其它4个竞争国,是因为其承诺为IPBES活动每年提供130万美元的捐款,并进一步资助会议、差旅和发展中国家的能力建设。

拉利高德利表示,我们将组建一个不受秘书处制约的、多学科的专家组来执行IPBES的科学和技术活动,这将确保其科学独立性。

DIVERSITAS等研究机构将受邀提名科学家名单,由各国政府最后确定哪些科学家可以成为该专家组成员。目前选拔程序还未达成一致。拉利高德利表示:为提名者提供一个基于最高科学凭据的选拔程序将是关键所在。

欧洲议会环境委员会通过要求强化生物多样性保护政策决议

据日本环境信息与交流网2012年4月9日报道,3月21日欧洲议会发布消息称,欧洲议会环境委员会因欧盟未能完成2010年生物多样性目标,通过了一项关于有必要提高生态系统保护的政治优先顺序的决议。最近的调查表明,欧盟区域内的生物多样性正在继续下降,这样下去,对社会将造成无法挽回的经济成本。决议通过了欧洲委员会2011年5月发表的关于2020年战略的意见。

根据决议,共同农业政策(CAP)也是生物多样性保护的工具,通过该政策为创造公共财产的农民给予报酬等,应该评价农业带来的重要公共财产的经济价值。而且,在欧盟的其他政策中考虑生物多样性目标,要求阶段性地废除对环境有害的补助金。在共同渔业政策中,为确保生态系统研究的实施、法令的切实执行,要求建立欧洲沿岸警备队。而且还要求强化欧盟环境法的全面实施,强化对违法野鸟及栖息地法令的行为的监管能力,达到生物多样性条约下2020年目标的最低水平,强化对濒危物种交易的管制,完善关于外来动植物种的法令。

生物多样性公约第二次名古屋议定书
政府间委员会推动议定书生效

日本环境信息与交流网 2012 年 7 月 19 日报道，7 月 2～6 日在印度新德里召开的第二次名古屋议定书政府间委员会（ICNP－2），就推动遗传资源获取和惠益分享的《名古屋议定书》生效和实施的重要课题，达成了 2 项建议案。第一个建议案是针对 2012 年 10 月 8～19 日预定在印度海德拉巴召开的第 11 届生物多样性公约缔约国会议（COP11），要求为支持议定书的批准，在启发和能力建设方面继续给予援助；第二个建议案是为议定书生效后的 2014 年将要召开的第 1 届议定书缔约国会议做准备，内容包括遵守及能力建设、启蒙、交流场所、资金供给制度的引导、资金等的资源动员、全球规模的利益分配框架等。

在 2010 年第 10 届生物多样性条约缔约国会议（COP10）上达成一致的《名古屋议定书》，在第 50 个国家批准后 90 日后即可生效，但现在批准的国家只有 5 个。署名的国家有 93 个，在 ICNP－2 签约的各国约定，面向议定书的早日批准，要迅速建立必要的国内制度。

《生物多样性公约卡塔赫纳议定书》第 6 次缔约国会议召开

据日本环境信息与交流网 2012 年 10 月 18 日消息，生物多样性公约卡塔赫纳生物安全议定书第 6 次缔约国会议于 2012 年 10 月 1～5 日在印度海得拉巴市召开，有超过 100 个国家的约 1500 名代表参加了会议。会上，代表一致同意，继续开展讨论，以阐明活体转基因生物（LMO）进口导致的社会经济方面的问题，而且为研究和阐明这些问题，就交换信息、组成专家组、风险评估、越境 LMO 意想不到的转移时的应对、LMO 进入市场时的书面文件种类等很多问题达成了一致。

代表们对专家组提出的 LMO 风险评估指导文件也给予称赞，决定将该指南试用于实际风险评估，共享经验。而且就支持议定书的实施、修订能力建设行动计划达成一致意见，选定了关于加强生物安全信息交换的手段——信息中心在线信息交换功能。

红木和乌木受到 CITES 公约的保护

根据国际木材贸易在线杂志（www. ttjonline. com）2013 年 3 月 23 日报道：产自亚洲、中美洲和马达加斯加的红木和乌木的国际贸易今后将受到《濒危物种国际贸易公约》（CITES）的限制。该决议是在泰国曼谷召开的第 30 届 CITES 世界野生物种大会上提出并通过的。公约秘书长 John Scanlon 认为，该决议的通过对 CITES 意义重大，必将有力地促进这些珍贵热带树种的可持续利用。

红木是世界上最珍贵的硬木之一，日益增长的市场需求使其种群受到严重威胁。例如，目前对泰国红木的市场需求已使得其价格高达每立方米 5 万美元。泰国认为，将红木和乌木置于 CITES 公约的限制下将有利于其可持续经营。

另外，CITES 和 ITTO 已经启动了一个联合项目，将共同为相关国家提供支持，以强化他们执行该公约的能力。

首个"全球森林遗传资源行动计划"通过

联合国粮农组织（FAO）2013 年 4 月 22 日报道：4 月 15～19 日在罗马召开的粮食和农业遗传资源委员会第 14 届例会上，FAO 各成员国通过了首个全球森林遗传资源保护、可持续利用和开发行动计划。该委员会已请求 FAO 制定执行全球行动计划的战略，并确保调拨充足的财政资源保证计划的实施，特别是对发展中国家提供支持和资助。

保护森林遗传资源对未来至关重要 全球树种估计有 8 万～10 万种。森林生态系统仍是保护生物多样性必要的庇护所，而且世界森林面积的 12% 主要用于生物多样性保护。

如果要森林和树木能够应对当前和未来在粮食安全、扶贫和可持续发展方面的需求挑战，就必须保证树种之间和树种内部的丰富多样性。遗传多样性是必要的，它可以确保林木在不断变化的环境条件下生存、适应和发展，还使森林保持活力以抵御病虫害的威胁。而且遗传多样性对于人工选择、繁殖和培育适合的品种或对增强树种有用的特性也是必要的。在许多国家，农村可持续发展的前景将会受到森林生态系统和物种多样性状态的极大的影响。

行动的优先领域要在国际和国家层面共同努力实现可持续管理森林遗传资源，就要依赖可靠的连贯的信息。依据 FAO 准则制定的森林遗传资源国家报告就是信息的主要来源。这也是确定优先行动领域的基础。关键的优先行动领域包括：改善获取森林遗传资源信息的渠道；制定全球保护战略，可持续利用、开发和管理森林遗传资源；建立和审查相关的政策和法律框架，以整合与可持续管理森林遗传资源有关的重大问题；加强体制建设和提高人力资源能力。

拟议中的全球行动计划将在 2013 年 6 月罗马举行的 FAO 大会上最终获得批准。

WTO 呼吁加强国际组织合作防止外来种入侵

日本环境信息与交流网 2012 年 7 月 30 日报道，7 月 12～13 日，由标准和贸易发展基金主办的"国际贸易与外来入侵物种问题研讨会"在日内瓦世贸组织召开。此次研讨会以"国际贸易和外来种入侵"为主题，讨论了防止外来种入侵的"卫生与植物检疫措施协定(SPS)"的作用，呼吁国际组织在 SPS 协定中加强合作。外来种入侵的主要路径是贸易，即通过家畜及农作物、宠物等的交易或随着物资运输越境进入。对此，在 WRO 的 SPS 协定中，规定了食品安全和动植物健康的贸易规则，有义务依据国际植物防疫公约(IPPC)及国际兽疫事务局(OIE)等国际标准或科学的风险分析采取措施。

此次研讨会建议，将该协定的功能强化置于外来入侵种风险管理的最前沿，作为有效管理的具体对策，完善 SPS 协定和生物多样性公约(CBD)实施中相关国际组织的协作机制、强化国际贸易标准的应用、提高发展中国家风险分析能力、加强国内外相关省厅之间及政府和企业之间的合作等。

森林破碎化导致物种灭绝率更高

2013 年 8 月 13 日国际热带林和环保网站(mongabay. com)消息：《美国科学院院报》(PNAS)2013 年 6 月第 110 卷第 31 期发表了赫尔辛基大学伊尔卡·汉斯基(Ilkka Hanski)教授等撰写的研究论文，题目为"物种 – 碎化生境面积关系"("Species – fragmented area relationship")。文章指出，全球物种所陷危险的境况比普遍想象的还要严重。这篇论文重新评估了科学家是如何估算物种灭绝率的。评估新模型首次把森林斑块对物种灭绝率的影响考虑在内，填补了空白。

森林破碎化(Forest Fragmentation)指任何导致连续的森林覆盖转变为被非林地分割的森林斑块的过程。

热带森林中包含了世界上大多数的物种。但世界上许多的热带森林已被削减成斑块：一块一块小的森林岛屿，他们被分割开来，不再与大的栖息地相互连接。根据该篇论文的研究，局限于森林斑块中的物种消失的可能性要更高。

该文的主要作者伊尔卡·汉斯基教授向国际热带林和环保网站解释，许多森林地区，如南美大西洋森林(Atlantic Forest)，已被减少到只是其原始范围的一小部分，而这些森林就是典型的高度破碎的森林斑块。该文的研究结果表明，在这种情况下，如果人们还是无视生境破碎化的影响，那他们可能就会低估物种灭绝的程度。

几十年来，科学家们一直在使用被称为"物种 – 面积关系"(species – area relationship，SAR)的模型来估算当栖息地面积失去时究竟有多少物种将会消失。根据传统的 SAR 模型估算，如果90%的森林被毁，大约一半的物种将会消失，尽管它还需要几代才会消失。但该模型只是评判剩余土地的总面积，而不是评判剩余的土地是否是一大块还是几个互不相连的斑块。因为一些被困在森林破碎化生境中的物种更易灭绝。

在这篇文章中汉斯基和他的同事们写到，"对那些不能很好地适应支离破碎高度分散的生境生活的物种群落，传统的 SAR 模型低估了物种灭绝的数量。""当生活在个体生境碎块中的本地生物群落面临灭绝的时候，生境破碎化就会产生重大的影响。一般情况下，灭绝风险随着生境碎块的缩小而加大。"

研究人员在理论上采用"物种 – 碎化生境面积关系"的模型，并把它应用到评估大西洋沿岸森林的鸟类物种中。曾经包含了整个巴西海岸线的大西洋沿岸森林如今仍然留存的只有不足7%，而留存的大部分森林却生存在小且互不相连的破碎化生境中。

研究发现，当留存的森林相对较小即不足总面积的20%时，由于高度破碎化的生境，濒临灭绝的物种数量增加了。此外，当只有约10%的留存时，多数以森林为家的动物和鸟类就不再能够长期生存了。风灾、火灾、过度捕猎也易于造成对破碎化森林的损坏。当然，大西洋沿岸森林并不是唯一遭受严重破碎化的热带森林。在东南亚，由于为获取棕榈油、橡胶、纸浆和造纸而种植单一作物以及农业生产和城市化等原因，热带雨林已经变得支离破碎。在非洲大部分地区也存在这个问题，农业生产已经把许多物种逼迫到狭小的森林斑块中了，特别是在东非沿海和山区。

美国著名私立研究型大学杜克大学生态保护学教授斯图尔特·皮姆(Stuart Pimm)，在物种-面积关系的研究领域也做了很多工作。他告诉国际热带林和环保网站，他同意本文的研究结果，尽管他并不是这篇论文的作者。皮姆教授认为，人们必须明白生境破碎化在加速物种灭绝中所起的作用。从先驱汤姆·洛夫乔伊(美国生物学家)在亚马孙的开创性工作到他自己研究小组的研究成果得知，碎化的生境越小，丧失的物种就越多，而且丧失的速度就越快。

皮姆说，这篇新的论文把小范围分布的物种考虑了进来，即那些在狭小栖息地生存的动物。当森林破碎化时，它们面临的风险更大。分布很广的物种与小范围分布的物种相比，后者更容易被毁灭，因此，标出小范围分布的物种的位置更为重要。

欧洲5国签署关于建立跨国保护区的协议

世界自然基金会2011年3月25日消息：奥地利、克罗地亚、匈牙利、塞尔维亚和斯洛文尼亚5国今天在欧盟非正式部长会议上签署了一项关于建立跨国联合国教科文组织生物圈保护区的历史性协议，以保护各国位于穆拉河、德拉瓦河和多瑙河沿岸的自然资源和野生动物。该保护区被命名为"欧洲亚马孙"，占地80万公顷，是全球首个跨5国的保护区，这也是欧洲最大的河岸保护区。

世界自然基金会全球总监吉姆·利佩(Jim Leape)说："该跨国保护区协议是一个划时代的里程碑，它为人们共同的绿色愿景树立了典范，加强了欧洲地区的合作和统一。"世界自然基金会当天向5国部长颁发了"欧洲自然保护爱心奖"。世界自然基金会多瑙河喀尔巴阡山项目总监安蒂斯·贝克曼(Andreas Beckmann)说："这不只是在区域自然保护上迈出的重要一步，更深刻地表明了环境保护能使不同国家凝聚在一起。"世界自然基金会匈牙利分会首席执行官加伯·菲格兹凯(Gábor Figeczky)也强调："世界自然基金会希望该宣言的签署能带动其他国家，在未来几年致力于全面建立重要的跨国保护区。"

2009年，克罗地亚和匈牙利签署的保护2国穆拉河、德拉瓦河和多瑙河沿岸生物多样性协议，为此次5国签署协议奠定了良好基础。跨5国生物圈保护区对于当地社会经济福利至关重要，是提供饮用水、保持水土、永续经营森林以及农业和渔业的基础，对促进地区生态旅游业和环境教育也十分重要。

穆拉－德拉瓦－多瑙河生物圈保护区项目协调员艾摩·莫哈尔（Arno Mohl）说："我们相信跨5国生物圈保护区协议的签署将终止有损环境的河道整治工程和砂石开采。目前砂石开采仍威胁着该流域独特的生态系统。"世界自然基金会也表示，希望此地区不会再有新的水力发电站兴建计划和威胁流域生态的砂石开采工程。

欧洲修复"绿色走廊"旨在防止森林碎片化

据联合国环境规划署（UNEP）2011年5月31日消息，欧洲森林保护部长级会议召开前夕，发布了由森林欧洲、联合国欧洲经济委员会和联合国粮农组织共同编制的说明森林最新现状的"2011年欧洲森林状况"报告。部长级会议定于6月在挪威首都奥斯陆举行，计划就保护欧洲森林进行协商并制定一份具有法律约束力的协议。协议一旦生效，将会是欧洲乃至全球森林政策上迈出的具有历史意义的一步。

报告称，欧洲的森林几乎占欧洲陆地面积的一半，约占全球森林的25%。20多年来，欧洲森林面积逐渐增加，包括俄罗斯在内，已增至10.2亿公顷，平均每年增长80万公顷，但仍有1100万公顷因病虫害而受损，大部分森林景观受到人为干扰，只有26%保持着原始状态。

虽然森林面积不断增加，但其中不乏受到碎片化的威胁。其原因是旅游业的发展、森林火灾、暴风雨、转为农业用地、砍伐森林以及管理不善等，碎片化的森林除了对气候变化变得脆弱外，提供野生动物栖息地、稳定土壤和水供应等生态系统服务的能力也衰退了。

东欧喀尔巴阡山脉一带的旅游业、土地私有化和地中海森林火灾也导致了森林的碎片化。部长级会议希望采取措施预防欧洲森林碎片化和制定森林恢复目标。环境署与欧盟委员会的科学家们合作，为修复连接欧洲支离破碎的森林的"绿色走廊"，正在绘制一个可以造林的区域地图。期待该地图也能向部长级会议提供重要信息。西非国家森林生态系统管理区域性计划获通过。

国际林业研究中心（CIFOR）网站2013年9月20日消息：为应对西部非洲森林面积的急剧减少，西非国家经济共同体（ECOWAS）召开西非林业对话会。会上，15个成员国一致同意进行跨国合作以保护和管理西非地区的森林和野生动物。

参加这次会议的国际林业研究中心西非地区专家巴林加（Michael Balinga）说："各国需要共同政策来管理他们的资源。很多与林业有关的问题，如牲畜或野生动物在不同季节跨国界游动，是不能由一个国家自行管理的。这个决定发出了一个强烈的信息，即各国政府对于更有效地管理其森林的问题在态度上是很严肃的。最后，西非各国终于形成了一份政策文件，即9月12日会议通过的《西非森林生态系统可持续管理和利用趋同计划》和《荒漠化防治亚地区行动计划》。

这次会议还建议成员国在国家预算中将林业投资在现有基础上至少提高5%，并将最终的趋同计划预算的50%用于这方面的活动。巴林加说："5%的比例是这些国家的部长们自己提出的，在进一步考察研究各国林业部门对本国贡献率之后，这个比例可能会有所增减。"

这个趋同计划指出，西非大陆的森林和有林地有7200万公顷，占西非陆地总面积14%。除了燃料和木材等经济价值外，森林还提供着各种生态系统服务，支持着国家以及农业、水利和能源部门的发展。在储存温室气体、减缓气候变化的过程中，森林也起着重要作用。

但是FAO《2010全球森林资源评估报告》显示，2000～2010年，该地区每年损失森林87万公顷。趋同计划指出，导致这些损失的原因除了法律、政治、技术和经济方面的限制因素外，主要是非法采伐、火灾、粗放的农业经营和游牧活动。

为应对西非亚地区森林的急剧减少，ECOWAS各成员国在2006年发起了"西非林业对话"以寻求更有协作性的跨边界林业和野生动物管理方式。

除各国政府外，"西非林业对话"进程还涉及地区性组织、非政府组织、私人部门、社会团体以及世界自然保护联盟(IUCN)、FAO和CIFOR等国际机构。

各国为达成共识花费了很长时间。每个国家在与主要的国家级和国际性林业机构、非政府组织、社会团体和其他利益相关者协商后都提交了一份报告。这些国别研究报告随后被总结为3个文件，内容分别为：①野生动物、保护区和生态旅游；②法律和土地所有权方面的问题；③森林管理的社会经济问题。

在这3份文件的基础上，趋同计划按照2025年实现森林和野生动物的可持续管理、造福人民、保护环境的目标，提出以下7项重点事项：①统一协调的林业政策和法规；②更好地了解目前的森林生态系统动态，为未来的行动确定底线；③森林生态系统的管理和再造林；④生物多样性保护；⑤为粮食安全性、经济稳定性和环境可持续性而加强生态系统的产品生产和服务能力；⑥林业研究和开发；⑦信息、教育和通讯。

中部非洲也有一个类似的亚地区性计划。该计划使中部非洲国家受益于森林保护和管理方面更好的合作和更多的资金投入。巴林加说："希望这种情况也能在西部非洲出现。一旦各国政府率先投入，就会对捐助者产生激励作用。"

ECOWAS指导委员会将在11月份检查趋同计划的执行情况。巴林加说："达成协议是一件事，在国家层面上执行协议是另一件事。每个国家都要在确定优先重点后制定自己的行动计划并划拨预算。"

澳大利亚国家野生动物保护走廊计划

据澳大利业 environment. gov. au 网站2012年3月8日报道，于今天发布的国家野生动物保护走廊计划又向前迈进了一步，吉拉德政府承诺将建立一个国家野生动物走廊网络。

起草国家野生动物保护走廊计划的是一个独立咨询小组，目的在于恢复并管理澳洲本土的景观生态链。环境部长托尼·布克(Tony Burke)说,咨询小组的计划草案旨在恢复本土的野生动物和重建景观的生态功能,包括碳的长期储存。布克说:"有的时候,一些地区被划为保护区,但这些保护区被'保护'得从自然景观中隔离了出来,从而缺少了从大自然景观中获得生态快速恢复的能力。""当你看一幅生态保护区地图时,有时会觉得好像有人用牙刷浸蘸颜料,并泼溅在地图上,大大小小的土地空白点散落整个大陆。""走廊旨在连接这些点,来提高生态自我恢复能力并确保我们保护自然的方法可以延续下去,留给后代一片蓝天。"

国家野生动物走廊为一个新的、协作性的全景观保护生物多样性的方法奠定了基础,它也旨在帮助加强原生景观的生态自我恢复能力从而应对气候变化。布克说,国家野生动物保护走廊计划将在自愿合作的基础上与社区、土地所有者、政府及企业界共同努力来实现。任何走廊的连接将只能通过现有的方法把土地纳入保护,如土地保护志愿者的工作或者农场主们决定加入环境管理计划。布克说,土地所有者对野生动物走廊的认识非常重要,除非得到他们的同意,否则他们的土地永远不会受到走廊建设的影响。土地所有者的权利受法律保护,不会因为国家野生动物走廊计划而改变。

咨询小组提议为新的国家野生动物保护走廊立法。政府将在建立机制之前,审核所有的提议。政府和咨询小组将与利益相关者进行有针对性的磋商。此外,也欢迎有兴趣者向环境部提交意见。

德国公布国家生物多样性战略资助计划

德国联邦环境部网站2011年2月15日消息,联邦环境部公布了一项资助计划,以落实执行国家生物多样性战略。为保护生物多样性,该计划在2011年联邦环境部的预算中准备了1500万欧元,虽然期限未定,但计划今后每年将有1500万欧元的预算。该计划由联邦自然保护局批准。2007年11月联邦政府制定了德国国家生物多样性战略,其目的是阻止国内生物多样性的丧失,同时也允许对生物多样性的可持续利用。

根据计划,将资助国家战略中特别是对全国具有重要影响的项目和示范项目。联邦环境部与州政府和地方政府、森林所有者、土地使用者、自然保护组织等进行了充分讨论,最后确定了4个重点资助项目:德国独特的特殊物种、德国热点地区的生物多样性、确保生态系统服务以及战略上的重要举措。

越南公布 2011 年生物多样性国家报告

2012年10月30日越通社消息:越南自然资源与环境部当日在河内公布了越南2011年生物多样性国家报告。这是继2005年首次公布生物多样性国家报告以来第2次公布的报告。

　　该报告由管理者、科学家和专家根据各部门行业及在越南的各科学研究中心所提供的资料撰写而成。报告共有 4 章：生物多样性现状概述；造成生物多样性衰减的原因；用于保护生物多样性的体制、政策和资源；今后 5 年生物多样性的变化趋势及保护工作的方向措施等。

　　该报告阐述了越南生物多样性现状与发展等，指出与 2005 年相比越南生物多样性迅速衰减，并分析了越南生物多样性保护的机遇与挑战、今后 5 年生物多样性的变化趋势等，呼吁减少人类对生物多样性的负面影响，提出了从现在起到 2016 年提高生物多样性保护效果的各项措施与任务。

印度尼西亚总统颁布加里曼丹保护法令

　　2012 年 1 月 20 日雅加达邮报消息：印度尼西亚总统苏西洛·班邦·尤多约诺 1 月 5 日颁布法令，将加里曼丹（婆罗洲岛的印度尼西亚部分）45% 的土地作为保护区。

　　总统办公室在 1 份新闻稿中说，这个法令旨在促进加里曼丹资源的可持续利用，通过实施加里曼丹自然保护计划将确保加里曼丹生态系统和生物多样性得到保护和发展。根据该法令的精神，加里曼丹将建设由一系列"生态走廊"连接起来的宏伟的保护区网络，这将有利于多样化的动植物群落的生长和发展。该法令还规定要加强保护区周围的管理，恢复退化的地区，控制农业扩张。

　　世界自然基金会印度尼西亚分会"婆罗洲心脏"项目协调员 Wisnu Rusmantoro 盛赞印度尼西亚总统的自然保护承诺，他认为 45% 的森林覆盖率对加里曼丹已经足够了。

　　目前还不清楚上述自然保护计划将如何适应政府推动加里曼丹到 2025 年实现能源自给并成为国家能源生产区的计划。环保人士说，加里曼丹位于巨大煤炭储量的中心区域，这已经使其遭到地貌上的破坏。

　　印度尼西亚环境论坛的 Ratih deddy 先生表示，政府应该给出自然保护计划的细节。他说，如果就加里曼丹被森林覆盖的面积（即真正的森林）而言，只占印度尼西亚土地面积的约 30%。而且政府在制定一项雄心勃勃的空间区划之前，首先应该解决加里曼丹省中部地区面临的许多土地纠纷问题。中央和地方政府之间的协调和沟通是一个难题，地区行政长官不断发放采矿和农业种植许可证，而中央政府却仍然认为加里曼丹 80% 是森林。

韩国修订野生动物保护法

　　韩国环境部 2012 年 5 月 31 日消息，环境部宣布将重新研究濒危野生动植物物种名单，修订野生动植物保护法。根据修订后的保护法，指定为濒危物种的野生动植物将由 221 种扩大到 246 种。

韩国水原树蛙（*Rhacophorus hylasuweonensis*）、朱鹮（*Nipponia nippon*）等 57 个物种被指定为新的濒危物种，这些物种的非法偷猎、收集、流通和保管将被严格禁止。另一方面，已经灭绝的日本海狮（*Zalophus californianus japonica*）和在韩国消失的黄芪 *Astragalus membranaceus* 等 32 个物种从濒危物种名单中删除。被偷猎的 8 种鸟类将被指定为应受保护的野生物种，进行相应管理。根据专家的意见，对栖息地分布面积受限或数量少的物种必须进行可持续管理，因此鹳（*Ciconia boyciana*）等 189 个物种再次被指定为濒危物种。其中将 3 种动植物从需要保护等级 II 提高到 I，另外被认为已经灭绝但仍列为保护对象的东北虎（*Panthera tigris altaica*）等 3 个物种仍在名单中。修订后的保护法明确规定了禁止食用（从 32 种减至 31 种）、禁止偷猎（从 486 种减至 485 种）和允许贸易（从 688 种减至 574 种）的野生动物名单。

环境部为提高濒危物种指定的有效性，计划在 2012 年 6 月公布的野生动植物保护法修正案中，新增加拟指定监测物种方案等内容。

越南注重发展沿海红树林系统

越通社 2012 年 11 月 7 日消息：为加强和巩固越南沿海红树林防护体系，11 月 6 日越南农业与农村发展部签发了 2781 号决议，将广宁、海防、宁平、青化、宜安和河静 6 省列入"越南沿海红树林防护体系"项目实施区。该项目第一阶段（2014～2022 年）投资总额约为 8000 万美元，主要来自世界银行贷款。其目的是恢复和加强管理沿海红树林防护体系，加强林业在防治沙漠化、应对气候变化、保护生态多样性方面的作用，为改善当地居民的生活做出贡献。

巴西政府通过减税呼吁保护野生动物

据国际热带林和环保网站（www. mongabay. com）2013 年 6 月 24 日消息：巴西政府对那些设置预留区域用来保护野生动物的林主提供税款减免政策。由于巴西森林中狩猎非常严重，造成野生动物被大量猎杀。然而由于政府目前缺乏资金，无法强制保护这些林地使他们免于受到狩猎的威胁，只能把责任留给林主。

▶ 5 林产品生产、消费与贸易

林产品抗击饥饿至关重要：
FAO 最新研究强调昆虫在食物和饲料消费中的作用

粮农组织（FAO）2013 年 5 月 13 日报道：FAO 总干事若泽·格拉济阿诺·达席尔瓦（José Graziano da Silva）5 月 13 日在罗马举行的"森林促进粮食安全和营养国际会议"（5 月 13~15 日）上说，森林、农田树木和农林业可在抗击饥饿的斗争中发挥重要作用，所以应更明确地把森林纳入粮食安全和土地使用政策中。

"森林为超过 10 亿人提供生计，其中许多是世界上最贫困的人口。森林为人们提供食物、燃料、动物饲料和购买食物所需的收入"，达席尔瓦说。

达席尔瓦说，"野生动物和昆虫通常是生活在林区人们的主要蛋白质来源，而叶子、种子、蘑菇、蜂蜜和果实则提供矿物质和维生素，从而保证了营养饮食。""但是，在制定粮食安全和土地使用政策时却很少考虑森林和农林业系统。农村人口利用森林和树木资源的权利往往得不到保障，其粮食安全受到威胁。应当更明确地认识森林在农村人口粮食安全和营养方面所能发挥的重要作用。"

（一）被浪费的小生物——野生和养殖昆虫

根据 FAO 在森林促进粮食安全和营养会议上发布的一项最新研究，昆虫是来自森林的一种主要和随手可得且富含营养及蛋白质的食物。据估计，昆虫是至少 20 亿人传统饮食的一部分。昆虫的采集和养殖可提供就业和现金收入，虽然现在的生产模式大多以家庭为主，但未来有望实现产业化经营。

（二）生物种类数量惊人

已知的昆虫种类约 100 万个，占地球现有分类的活体生物的一半以上。

FAO 与荷兰瓦赫宁根大学合作开展的研究表明，全世界人类食用的昆虫超过 1900 种。全球消费最多的昆虫是：甲虫（31%），毛虫（18%），蜜蜂、黄蜂和蚂蚁（14%），以及蚱蜢、蝗虫和蟋蟀（13%）。许多昆虫含有丰富的蛋白质和脂肪，富含钙、铁和锌。每 100 克牛肉（干重）的铁含量为 6 毫克，而每 100 克蝗虫（干重）的铁含量则为 8~20 毫克，取决于品种和本身摄取的食物。

《可食用昆虫：食物和饲料保障的未来前景》报告的共同撰写人，FAO 森林经济政策及产品部主任伊娃·穆勒（Eva Muller）说："我们并不是说，人们应该吃虫子。""我们想说的是，昆虫是森林所提供的一种资源，而昆虫在食物，尤其是饲料方面的潜力几乎未得到开发"。

可持续的方式养殖昆虫有助于防止过度利用，从而减少对珍贵物种的影响。有些物种，如黄粉虫，已经实现商业化生产，主要面向宠物食品、动物园和垂钓等小众市场。如果能够通过提高生产的自动化程度来降低成本，那么利用昆虫等替代品取代牲畜饲料中的鱼粉便可让产业获利。好处是供人类消费的鱼品供应增加了。

（三）昆虫养殖可节省饲料

由于昆虫是冷血动物，它们不需要从饲料中获取热能来保持体温。昆虫平均仅使用 2 千克的饲料便可产出 1 千克的昆虫肉。而牛则完全不同，它需要 8 千克的饲料才能产出 1 千克的牛肉。

此外，昆虫排放的甲烷、氨、导致气候变暖的温室气体以及粪便等所有这些污染环境的物质数量很少。事实上，昆虫可以用来分解废物，促进向土壤输送养分的堆肥过程，同时还有助于减少臭味。

大多数工业化国家的立法禁止用废料和浆液或泔水喂养动物，尽管这些都是昆虫常用的食物。有必要进一步开展研究，尤其是关于使用废液养殖昆虫的研究。但科学家普遍认为，从生物学角度看，昆虫与哺乳动物极为不同，昆虫疾病传染给人类的几率非常小。

尽管在发达国家新型食品商店和餐馆日益增多，似乎也基本被认可，但是一些规定往往还是禁止在供人类消费的食物中使用昆虫。

与其他类型的食品相同，为避免可能影响人体健康的细菌和其它微生物的生长，生产、加工和食品制备环节的卫生是最重要的。应当将食品安全标准的范围扩大，把昆虫和昆虫制品包括在内，而且整条生产链的质量监管标准对于消费者建立对昆虫饲料和食品的信心将是至关重要的。

该报告的作者之一保罗·万托姆（Paul Vantomme）说，"私营部门已准备对昆虫养殖进行投资。巨大的机会就摆在我们面前。""但是如果法律不明确，任何大的企业也不会冒险投资，因此法律的不确定实际上阻碍了这个新生部门的发展"。

利用森林废弃物生产更多新产品的新技术

英国《工程师网》(www. theengineer. co. uk)2013 年 9 月 2 日消息：瑞典吕勒奥理工大学(Lulea University of Technology)的研究人员开发出了一种以森林废弃物为原料规模化生产纳米纤维素产品的新技术。这种技术可以帮助森林工业部门生产出可以清洁空气、工业用水和饮用水的新产品——生物纳米过滤器。主持这一研究计划的吕勒奥理工大学的副教授马修(Aji Mathew)说："各界对此有很大的兴趣，尤其是我们的生物纳米过滤器对于全世界的水源净化有非常重要的意义。"

2013 年 8 月 27 日，研究人员向产业界和研究部门展示了用两种森林工业废弃物规模化生产纳米纤维素产品的过程。第一种是由恩舍尔兹维克的 Domsjo Fabriker 生物产品精炼厂生产的纤维素，其原料是用研磨机加工成细小纳米级纤维的纤维废弃物。通过这个工艺过程，研究人员成功地将纤维素纳米纤维的日产量从 2 千克提高到 15 千克。第二种是在恩舍尔兹维克的生物乙醇试验工厂生产的纤维素纳米晶体，每星期的产量也成功地从 50 克提高到了 640 克。根据相关信息，这两种产品都达到了可以规模化生产的水平。

在 SP Processum 研究和试验公司从事研发工作的一位工程师表示，通过这项研究看到了用森林资源开发生产新产品的机遇。他说："在目前的情况下，这项研究成果是非常有用的，因为造纸行业已经不如以前那样兴旺了，纸制品的市场特别是新闻纸市场正在不断萎缩，迫切需要从森林中找到新的产品。所以可以说纳米纤维素是一种非常令人感兴趣的新产品。"

欧盟发布《欧盟木材法案》指南

国际热带木材组织《热带木材市场报告》2013 年 2 月第 1 期报道：欧洲木材贸易联合会就《欧盟木材法案》发布了最新的指南，其中对供应链上各方所承担的义务做出了详细的解释。这份指南的全文可以从欧洲木材贸易联合会网站(www. ettf. info)下载。

指南对木材贸易过程中比较难于理解的法律内容进行了说明，对于希望了解欧盟成员国如何实施和执行《欧盟木材法案》的进口商来说是一份非常有用的文件。指南中解释了《欧盟木材法案》中一些词汇的定义，如木材法案中提到的"投放市场"和"经营者"，明确了参与欧盟木材贸易的各方应承担的责任。

这份指南主要用于欧盟的木材贸易，但对于所有的木材进出口商都是必读文件。

《欧盟木材法案》对欧盟胶合板市场的影响

据国际热带木材组织(ITTO)《热带木材市场信息》2013 年 3 月第 1 期报道：2013 年

3月3日生效的《欧盟木材法案》(EUTR)对欧盟胶合板市场影响很大。海关数据显示,在3月3日之前,欧盟进口中国阔叶材胶合板的数量明显增加,因为进口商认为在EUTR生效后,获得这些胶合板合法来源的可靠信息非常困难。其中,英国市场受这种趋势的影响最大,虽然目前英国建筑部门仍处于一个相对缓慢的消费时期,但进口商仍然在3月3日之前大量进口了这种低价胶合板,使得目前的库存量显著增加,这也导致中国胶合板占英国胶合板市场的份额在2012年提高至60%。但是在2012年底大量进口中国胶合板之后,新订单就很少了。

目前,EUTR已经生效,其引发的问题是:在2013年第2季度将贮备的中国胶合板售完之后,欧洲的采购商如何改变采购行为?目前有迹象表明,这些供应商将转向进口可替代的产品并寻找新的供应来源。

另外,有报道指出,欧洲的采购商正试图避免采购来自巴布亚新几内亚和所罗门群岛的面板为冰糖果和红橄榄的胶合板,因为其合法性难以确定。在中国,胶合板制造商也通过利用FSC认证或经过合法来源验证的非洲沙比利单板,或者FSC和PEFC认证的马来西亚柳桉木材来替代这些树种作为表背板,以应对EUTR的要求。

其他的欧洲进口商正在寻求以容易追溯的人工桉树木材作为表板的胶合板。另外,还有一些进口商开展了专门调查,以了解将欧洲榉木用做胶合板表背板的可能性。

对于针叶材,欧洲进口商目前也不再倾向于采购利用俄罗斯桦木和云杉制造的中国产胶合板,因为难以获得这些木材的合法性证据。作为一种应对措施,中国的胶合板制造商也已经开始利用新西兰的辐射松来替代俄罗斯云杉。另一方面,EUTR也可能会促进欧盟国内桦木和针叶材胶合板生产的发展。同时有预测认为,EUTR可能会有利于巴西南部人工湿地松胶合板的发展,因为大部分湿地松在合法性方面已经被认定是低风险的。

中非小规模采伐企业面临来自《欧盟木材法案》的巨大风险

据国际木材贸易在线杂志(www.ttjonline.com)2013年5月29日消息:国际林业研究中心(CIFOR)的研究报道指出,为满足《欧盟木材法案》(EUTR)以及美国贸易政策的要求,中非将不得不承担制定新的森林经营规划、验证木材和颁发合法性证书所产生的成本。这种高额的成本将成为小规模采伐企业的沉重负担,并很可能导致其破产。

CIFOR专家Richard Eba'a Atyi指出:对社区森林而言,为满足欧盟和美国的要求,每个社区将花费大约5000美元,这相当于10个社区成员的年均总收入。为帮助当地企业应对这些新的贸易挑战,一些中非国家的政府也采取了相应措施。例如,喀麦隆政府宣布将通过为编制森林经营方案提供技术支持等措施,来帮助采伐企业降低成本。

目前,中非在欧盟热带木材进口市场仍占有最大份额,但随着《欧盟木材法案》等新规则的出台,中非木材所占份额已逐渐减少。另一位CIFOR专家指出:尽管这些林产品贸易规则的提出有其自身的意义,但如果没有外来的帮助,小规模采伐企业将会破产、退出该行业。

全球棕榈藤贸易现状与趋势

世界自然基金会（WWF）2011年2月12日发布了《全球棕榈藤贸易：对森林资源的压力——分析与挑战》的报告。这是全球首份分析世界棕榈藤贸易状况的报告。

棕榈藤是一种非常有价值的非木材林产品，它在生态、经济和社会发展中的重要作用日益被人们所认知。中国及东南亚国家是全球经济发展最快的地区之一。经济的快速增长给自然资源带来了前所未有的压力。依赖自然资源为生的农村贫困人口受自然资源持续退化的影响最为严重。因此，全球范围内迫切需要开发一种可持续生产的发展模式，以支撑经济的持续增长，确保农村社区的利益。

在此背景下，2009年WWF在欧盟、德国经济合作与发展部（DEG）以及国际零售企业宜家（IKEA）的资助下，在大湄公河地区启动了一项旨在改善棕榈藤生产，确保未来供应，同时防止对环境产生负面影响，促进地区经济发展的示范项目。《全球棕榈藤贸易：对森林资源的压力——分析与挑战》作为该项目的一份背景报告，对全球棕榈藤产品的生产和需求现状、主要的生产者和消费者以及未来发展趋势进行了分析。报告的主要结论如下：

（一）全球棕榈藤资源正在持续减少

全球棕榈藤资源正在迅速减少，尤其是具有商业价值的藤种和大径藤种。减少的主要原因是棕榈藤栖息地热带林的大面积消失以及棕榈藤的过量采伐。绝大多数棕榈藤生产国没有开展过资源清查工作，即使开展过这类工作的国家其棕榈藤资源数据也已过时，如马来西亚和菲律宾，或仅仅是估值，如印度尼西亚。由于缺少棕榈藤资源实际存量和生长率的信息，所以无法根据可持续性要求确定年允许采伐量，而只是依据当前棕榈藤工业的需求量确定年采伐量，这就导致了棕榈藤生产的不可持续性。

由于棕榈藤资源的减少，采伐者只有深入到森林深处才能采集到有价值的藤种，这也提高了棕榈藤的采伐成本。一方面资源在减少，另一方面采伐成本在提高，因此全球棕榈藤材的价格在不断上扬。

（二）印度尼西亚是棕榈藤产品的主要出口国

2008年，印度尼西亚棕榈藤贸易占全球市场份额的80%，其中藤材和藤家具出口位居世界首位，藤垫、藤席及其他藤编织物的出口仅次于中国居全球第2位。

印度尼西亚棕榈藤出口贸易的首要目的地是欧盟，出口欧盟的家具占其家具出口总量的2/3，其他藤制品也占出口总量的一半。2008年出口欧盟的藤制品价值1.75亿美元，相当于消耗5万吨藤材。美国是印度尼西亚藤制品的第2大消费国，2008年出口美国的藤制品价值4000万美元。

（三）中国已成为主要的棕榈藤材进口国和藤制品出口国

尽管自 2003 年以来全球藤材进口几乎下降一半，但 2008 年中国的藤材进口量占全球进口总量的 60%。中国进口的藤材几乎都来自印度尼西亚和缅甸，分别有 75% 以上和 90% 以上进入了中国。2008 年中国出口的藤产品共消耗藤材 6.4 万吨，其中 3.9 万吨为进口藤材，2.5 万吨为国产藤材。

中国的藤垫、藤席及其他藤编织物出口位居世界第一，藤家具出口仅次于印度尼西亚居世界第二。中国生产的藤家具和藤编织物主要供应欧盟和北美。在美国市场上，中国的藤家具和藤编织物占有统治地位，其中藤家具占美国藤家具进口额的 40% 以上，藤编织物占其进口额的 50% 以上。在欧盟市场上，中国藤编织物占其进口额的 50%，中国藤家具占其市场份额仅次于印度尼西亚居第 2 位。

（四）越南是欧盟藤家具和藤编织物的第 3 大供应国

2008 年，越南出口藤家具的 80% 和藤编织物的近 50% 供应欧盟市场（主要是德国和法国），出口值达 4500 万美元。同年，越南出口的藤产品消耗藤材约 2.1 万吨。

2000~2008 年，越南棕榈藤材的对外贸易状况发生了很大变化。2000~2004 年，越南曾是仅次于印度尼西亚的棕榈藤材第 2 大出口国，但 2005 年藤材出口急剧下降，2008 年进口与出口几乎持平。越南进口的藤材主要来自老挝、印度尼西亚、柬埔寨和菲律宾。

（五）菲律宾是全球藤家具及编织物的第四大出口国

菲律宾最大的藤制品贸易伙伴是美国，2008 年出口美国的藤家具及编织物分别占其总出口量的 76% 和 84%。在美国市场上，菲律宾藤制品所占份额几乎与印度尼西亚相当，各占 18%。美国藤编织物进口额的近 1/5 和藤家具进口额的近 1/4 来自菲律宾。菲律宾很少从其他国家进口藤材，所使用的藤材几乎均产自国内。

（六）新加坡是棕榈藤材贸易的中转国

新加坡自身不产棕榈藤，但却是一个重要的棕榈藤贸易国。新加坡为仅次于中国的世界第二大藤材进口国，同时也是世界第三大藤材出口国。新加坡的棕榈藤材主要来自于印度尼西亚和马来西亚；其销售市场主要是发展中国家和新兴经济体，最近几年主要是埃及，其次为中国、印度、巴基斯坦和泰国。2008 年新加坡转口的藤材约为 5000 吨。

（七）未来的趋势与问题

进口国政策法规的变化将影响棕榈藤全球贸易。2008 年美国再次修订了野生动植物保护法（Lacey Act），拓宽了受保护的植物及其产品的种类，禁止进口非法采伐的植物材料及其制品。美国作为棕榈藤产品的主要消费国，其法规的变化将对棕榈藤业产生重要的影响。美国藤产品进口商不得不追踪藤产品原材料的来源地。这不仅会减少商业藤种的非法采伐，也将推动建立棕榈藤产销监管链认证。

生产国的藤材采伐合法但不可持续。美国法规的变化虽然在一定程度上减少了棕榈藤的非法采伐，但并不能从根本上解决不可持续采伐的问题。绝大多数棕榈藤生产国都缺乏棕榈藤资源存量及生长率的数据，因此无法确定可持续的年允许采伐量。目前是依据藤工业的需求量确定年允许采伐量，这必然会导致商业藤的过量采伐。可喜的是，WWF 在欧盟、DEG 以及 IKEA 的资助下，在大湄公河地区已经启动了一项可持续藤工业的示范项目，其中包括对 2 万公顷棕榈藤林的认证。

森林认证将推动棕榈藤的可持续经营。建立在自愿基础上的可信的森林认证作为促进森林可持续经营的一种手段已被广泛认可。棕榈藤作为一种森林产品，现有的认证体系如 FSC 也适用于棕榈藤的可持续经营。在棕榈藤产品主要消费国美国和欧盟对认证产品需求的推动下，棕榈藤材也将走向可持续供应之路。目前，全球首个棕榈藤林的 FSC 认证，在 WWF 及当地社区的共同努力下已经在老挝启动，同时老挝和越南的一些藤加工企业在 WWF 的推动下也在申请 FSC 的产销监管链认证。

可持续的棕榈藤业将会促进生产国的经济发展。虽然相对于全球棕榈藤贸易而言，来自可持续生产的棕榈藤材数量仍然很少，但目前已经朝着可持续的藤材生产和加工业迈出了重要的一步。建立可持续的藤材生产及加工业，并与美国和欧盟市场的大型零售商（如 IKEA）建立直接的供求关系，也会为棕榈藤生产国创造更多的就业和出口创汇机会，促进其经济的发展。

亚太地区木材产品市场长期趋势预测

一、亚太地区木材产品生产现状

据澳大利亚农业资源经济局 2011 年 3 月 2 日报道，亚太地区木材产品 2009 年占全球各种木材产品总产量的 54% ~ 66%，是世界木材产品的主产区。如果将木制家具、装饰建材等深加工木材产品也包括在内，亚太经济体对全球木材产品行业的贡献率可能会更大。

在过去几年中，北美和欧洲许多木材产品的生产已经放缓或下降，但在中国等新兴经济体则出现增长。例如，美国的人造板工业在过去 10 年中逐渐萎缩，而中国的人造板工业自 2002 年以来一直在迅速发展，被视为世界上最大的人造板生产国。新兴经济体的市场需求、原料供给、劳动力资源优势以及对扩大加工能力投资的政策扶持和金融支持都是促进木材产品生产向新兴经济体转移的因素。

二、亚太地区木材产品消费状况

亚太地区一些发达国家经济增长放缓已对全球木材产品需求产生影响。日本新房开工量从全球经济危机前的每年 100 多万套下降到 2008 年的不足 80 万套。但也有预测表明，日本房屋市场在 2011 年将略有回升，锯材需求预计将由 2010 年的 1110 万立方米增加到 2011 年底的 1150 万立方米。在美国，由于住房止赎率的上升和待售房屋供应量的大幅增加，新房开工率从长期以来的年均 160 万套大幅度降至 2008 年的 70 万套。但美国房屋装修市场的复苏，以及来自中国对原木和锯材的强大需求，一定程度上抵消了美国对结构用木材产品需求的下降。

与上述发达国家相比，中国对木材产品的需求强劲增长，木材产品生产与进口在过去 10 年显著扩大。但是，与中国木材产品产量增加相比，其国内原木采伐量在过去 10 年没有明显增长，因此中国木材需求的很大一部分依靠进口。在纸制品人均消费中，中国增长显著，其他亚太国家基本不变或有所下降，美国则在 1999 年以后呈明显下降趋势。在锯材人均消费中，美国和日本降幅最大，与 1999 年相比，2009 年下降近一半。人造板人均消费量在亚太地区存在较大差异，中国自 1999 年以来翻了 2 番，而日本和美国则下降了近一半。

三、亚太木材产品贸易现状和预测

木纤维　据林业专家琼森（Jonsson）和怀特曼（Whiteman）2008 年预测，到 2030 年，中国和日本的木纤维供给相对于其他亚太经济体将在很大程度上依赖进口。澳大利亚由于大力发展人工用材林基地，预计将保持长期的木纤维贸易顺差。

木浆　亚太地区经济体木浆贸易预计 2009～2030 年将有所增加。美国和"其他成员国"（指除美国、澳大利亚、中国、日本以外的其它 APEC 成员国，下同）将是木浆的主要净出口国，尽管这些国家的贸易顺差会随着时间慢慢减少。美国出口木浆的大部分是化学木浆，目前化学木浆约占木浆年出口总额的 98%。据估计，中国木浆净进口增长幅度与其他亚太经济体相比将是最大的，但中国进口需求的增长速度预计将缓慢下降，主要因为中国长期的经济增长速度预计将放缓，而且近期大规模造林活动也将增加国内木材供应量。

纸和纸板　据琼森和怀特曼 2008 年预测，到 2030 年美国和"其他成员国"将维持纸和纸板净出口贸易国地位；中国的纸和纸板产量也将增加 3 倍，并且仍将有较大的进口需求；澳大利亚将是主要的净进口国。

锯材　中国、日本和美国预计将维持其锯材净进口国地位。加拿大、印度尼西亚、新西兰、秘鲁和俄罗斯联邦等当今世界主要锯材出口国到 2030 年都将维持锯材贸易顺差。许多亚洲新兴经济体的快速经济增长预计将推动"其它成员国"锯材贸易差额到 2030 年扩大至 2009 年的 3 倍。

人造板　预计到 2030 年美国将是主要的人造板净进口国。中国的人造板生产能力已迅速扩大，预计将成为亚太地区乃至全世界重要的人造板出口国。"其他成员国"中的许多新兴国家也将成为主要人造板出口国。

世界热带木材贸易动向

日本《木材情报》2011年12月报道,ITTO每年以问卷的方式了解各国热带木材贸易动向并进行汇总概括。此次2010年动向调查报告指出,尽管问卷回收情况不够理想,很难准确掌握全面情况,但作为基本动向了解到,在热带木材贸易中,10年前曾主导世界的日本的地位进一步下降,而以中国、印度等为主的新兴国家的地位逐渐稳固。

从热带木材原木进口情况看,因2008~2009年全球经济不景气而出现减少的需求,在2010年比上年增加17%,而带动需求增长的是中国和印度,现在这两个国家占原木进口量的85%以上。尤其是2010年中国住宅建筑领域需求旺盛,家具等生产和出口贸易活跃,仅中国1个国家进口的热带材原木就超过800万立方米。印度原木进口也在世界经济不景气情况下持续增长,2010年已接近400万立方米。

另一方面,从热带木材出口情况看,ITTO生产国的出口量合计为1100万立方米(截至2009年)。其中,马来西亚占40%;其次,巴布亚新几内亚、几内亚、所罗门群岛、加蓬和缅甸占有份额较多。这些国家都是缺少在国内提高附加值的工业化契机的国家。其中,加蓬2010年5月采取了禁止原木出口的措施,但从巴布亚新几内亚及所罗门群岛出口的原木增加并超过了加蓬减少的部分。

热带材锯材贸易,很大程度上受世界经济不景气影响,2009年比上年减少27%,停留在660万立方米,但2010年恢复至830万立方米。2009年中国进口锯材220万立方米,取代泰国成为世界第一大锯材进口国。2010年中国继续扩大锯材进口,估计进口量达到330万立方米。这是因为主要面向出口市场的家具工业对木材的需求量很大。总之,热带锯材贸易的特点是70%以上在亚洲地区交易。泰国热带锯材进口量仅次于中国,为220万立方米,其中老挝和马来西亚占3/4。

胶合板贸易总体上正在缩小。2010年日本胶合板进口量为230万立方米,仍然是第一大进口国。胶合板进口受到日本及美国部分进口商的支配,日美2国占进口量的50%。另外,胶合板出口国以马来西亚、印度尼西亚为主,但巴西、中国近年来也加入了胶合板出口国的行列。

全球木材市场存在远离热带木材的趋势

据国际木材贸易在线杂志(www.ttjonline.com)2013年1月19报道:在日本召开的国际热带木材组织(ITTO)贸易咨询小组(TAG)会议上,欧洲木材贸易联合会(ETTF)秘书长安德烈·德波尔(André de Boer)指出:目前市场正逐渐远离热带木材。同时,针对从事热带木材业务的进口商,安德烈·德波尔还明确提出了以下观点:

(1)统计数据表明,市场存在远离热带木材的趋势(即热带木材的市场份额正日益萎缩)。

（2）虽然还需要进一步进行数据分析并长期监测热带木材市场的发展，但最近的趋势表明，这一风险正日益凸显。

（3）作为全球最大市场之一的日本，制定日本合法木材倡议并将其作为一种帮助企业从供应链中甄别非法木材的措施，值得赞赏。日本的这个倡议很重要，因为日本是世界最大的市场之一，而且这个倡议受到美国和欧盟的欢迎。但是，该倡议只是一个自愿性方案，而且仅对日本全国木材组合联合会的会员有效，其效果有待进一步验证。

全球木材需求上升趋势下更需要鼓励人工林投资

国际热带木材组织（ITTO）季刊《热带林通讯》2013年第3期报道：全球木材需求预计在未来几十年呈显著上升趋势，但新造人工林的速度不足以满足这种需求。本文阐述了全球木材需求的上升趋势，人工林的预期增长情况，以及为确保人工林种植业能够在经济、社会和环境方面可持续发展而需要对森林种植者采取的激励措施。

（一）为满足全球木材需求必须加快人工林发展速度

全球速生工业人工林总面积2012年为5430万公顷。其中，美国、中国和巴西的工业人工林面积最大，均超过500万公顷；其次为印度和印度尼西亚，均超过250万公顷。不同地区间相比，亚洲工业人工林总面积最大，其次是北美和拉丁美洲，非洲、大洋洲和欧洲也有相当大面积的工业人工林。

据估计，全球工业人工林面积到2050年将增至9100万公顷，年均增长率达到约1.8%。预计，亚洲和拉丁美洲的人工林面积增长幅度最大，到2050年将分别增加约1700万公顷和1500万公顷；非洲和大洋洲的人工林面积也将有所增加。

全球人工林的工业用原木供应量将由2012年的刚刚超过5亿立方米增至2050年的约15亿立方米。促使工业原木供应量增长的主要原因是人工林面积的增长和人工林生产力的提高。而提高人工林生产力的主要途径包括：森林采伐技术和无性繁殖技术的改进，人工林管理效率的提高，以及施肥和营林措施的改进。

工业人工林发展的主要推动力来自人口、经济和人均消费量增长所导致的木材需求的不断增加（尤其是在新兴经济体）。巴西、中国和印度等市场的发展将成为推动国际木材需求的重要力量。海港等基础设施建设将有助于生产国获得更大的国际市场，从而促进木材需求量进一步增加。此外，在气候和能源政策以及化石燃料库存下降的推动下，传统的以化石燃料为基础的经济将向低碳经济转变，这将增加能源、建筑、生物制品行业和许多其他行业使用更多的木质生物量，从而增加了整体的木材需求。

目前，人工林满足全球工业原木需求的约1/3。到2050年，人工林木材可满足约35%的工业用材需求。这意味着，人工林木材供应量的增长速度将与工业原木需求的增长大约相同，单独依靠人工林仍将无法满足工业原木需求。目前供应全球大部分工业原木的寒带和温带地区的天然林和天然次生林仍将是主要的木材来源。

　　然而，今后很长时期内急需提高热带人工林木材在全球木材供应中的份额，原因有2个：首先，热带天然林过去一直以不可持续的速度采伐，因此热带天然林今后要转为可持续经营势必减少木材供应，况且热带天然林的总面积也在下降；其次，虽然寒带和温带地区的天然林和天然次林生的木材供应有增加潜力（例如俄罗斯联邦森林的木材可持续产量估计每年超过5亿立方米，但过去几年平均每年只采伐约1.25亿立方米），但由于物流、盈利能力和所有制结构等因素的限制，木材供应量也不太可能有足够的增幅。

　　目前，世界上主要的人工林重点国家或具有人工林发展潜力的国家包括亚洲的中国、印度、印度尼西亚和马来西亚，拉丁美洲的阿根廷、巴西、智利、巴拉圭和乌拉圭，以及非洲的安哥拉、加纳、利比里亚、莫桑比克、卢旺达、乌干达、坦桑尼亚和赞比亚。为实现人工林的可持续发展，这些国家还需要坚持不懈的努力以应对一系列的挑战。

（二）人工林发展面临的挑战

　　（1）中小型森林种植者数量上升。在大多数具有人工林发展潜力的国家，预计中小型森林种植者的数量将在未来几十年有所增加。但是，这些种植者面临难以提升价值链的严峻挑战，因为他们缺乏与市场运营商、中间商和大型采购商谈判的实力。他们通常也没有足够的市场信息，依靠中间商来确定其木材蓄积量、质量和价格。

　　（2）土地使用权。在许多亚洲和非洲的人工林国家，土地主要由国家拥有，并且保障人工林土地所有权是很困难的。例如，在中国，土地使用权许可证的获得通常是复杂而费时的。在印度尼西亚，有关土地租赁和特许权的法规往往含糊不清，土地使用权的争取可能会导致社会冲突，从而引发声誉风险，特别是对于外国人工林投资者而言。

　　（3）土地利用的竞争。在全球范围内，土地争夺不断升级，主要由于粮食和其他农产品以及纤维、木材和生物能源需求的增加。例如，在印度尼西亚人工林和农业之间的土地争夺非常激烈。油棕榈种植园对土地的争夺尤其为甚。据估计，油棕榈种植园的利润率比纸浆材人工林高10多倍。土地利用的竞争推高了土地价格，迫使人工林迁往更加边缘的地区。

　　（4）环境影响。在一些国家，人工林的扩大以破坏原生植被为代价，忽视水土保持，给人工林发展造成不好的声誉。例如，印度尼西亚的大部分人工林过去都曾经是天然林；印度尼西亚还在经过排水处理的泥炭地上营造人工林，造成大量二氧化碳的释放。在老挝，有些人工林公司在从政府获得森林特许权后，采伐林地上的木材，然后将土地使用权出售给第三方，对生态和社会造成一系列负面影响。由于大多数工业人工林为单一树种构成的纯林，由此导致的生物灾害和非生物灾害也引起关注。在一些地区，由蒸腾速率高的树种组成的人工林因减少了其他部门的可用水量而遭到指责。

　　（5）社会问题。土地使用权的不明确给非洲、亚洲、南美洲和中美洲部分地区带来许多社会问题。在许多国家，土著人和其他地方社区依赖于习惯权利，而人工林公司通常需要遵循法定的特许权和土地使用权审批程序。然而，法定制度并不总是承认或尊重传统的土地权利，这可能意味着由人工林公司进行的土地购买会导致当地人丧失土地使用权。这种情况对于在发展中国家投资的外国公司是一个严峻挑战，因为这些外国公司最终可能被卷入在他们进入该地区很久之前就已经开始的社会冲突。

(6) 管治薄弱。在许多具有人工林发展潜力的亚非国家，执法不力是一个严重的问题。例如，乌干达并不缺乏良好的用于保护森林和树木的法律和法规，但这些法律法规没有得到充分落实。造成这一状况的关键因素是没有足够的资金、机构能力和人力，不利于通过对森林和市场进行巡逻来发现和制止违法行为以及对违法案件进行起诉。另外，许多执法人员，如警察、法官和海关官员，缺乏识别法律文件(许可证和收据)和木材上的标记的实际能力。一般来说，薄弱的管理体系，尤其在政治和经济形式不稳定的情况下，将会增加人工林投资成本，不利于人工林发展。

(7) 投资不足。许多具有适合栽培人工林的自然环境的发展中国家缺乏足够的人工林投资。制约人工林投资的主要因素包括：土地使用权缺乏保障，人工林投资面临政治、社会、环境和声誉方面的风险，以及金融机构对林业投资缺乏了解。此外，由于缺乏有关森林资源的足够信息，人工林投资项目准备阶段所发生的前期成本也比较高。

(三) 促进人工林发展的措施

针对全球人工林发展面临的上述挑战，为实现人工林的可持续发展，应该采取以下措施。

(1) 建立联盟与合作社。由中、小森林种植者组成的协会和合作社可使其成员受益于规模经济，有助于其成员获取信息并与买家和供应商谈判取得成功。协会和合作社还可以帮助森林种植者获得专业的和可靠的合作伙伴以扩大供销渠道。森林种植者协会和合作社的建立还可以提高人工林经营和采伐的机械化程度，提高生产率并降低生产成本。协会和合作社的建立需要政府和非政府部门不断地给予注重实效的支持。

(2) 建立适合于人工林企业的贷款机制。在许多发展中国家，缺乏低成本长期贷款是人工林投资的主要制约因素。现行的国家开发银行或其他金融机构需要不断努力开发出为人工林企业量身定制的贷款机制，特别是针对无法从国外获得贷款融资的中小型森林种植者。

(3) 提高森林资产投资意识和能力。不曾为森林投资提供资金的金融机构缺乏将森林资产作为投资目标的意识。通常情况下，金融机构不知道如何评估人工林的投资风险，他们一般不熟悉林业事业，也不愿意与林业打交道。因此，有必要对金融机构开展有关森林资产评估、人工林投资及其风险的基本知识教育。

(4) 提高林业部门管治水平和透明度。在一些具有人工林发展潜力的国家，尤其是非洲和亚洲，需要对林业管治进行全面改革，以便使特许权和许可证的签发程序简化并提高透明度。这将有助于减少腐败和官僚作风，加快投资项目的执行。

(5) 提供有保障的土地使用权。在许多国家，有必要对政策和立法进行改革或把已完成的改革付诸实施，建立明确、透明和具有成本效益的土地购买与租赁程序。改善社会治安和社区协商机制，以避免土地掠夺和与当地社区的冲突。在许多国家，需要对地籍制度和土地分配地图加以完善。

（6）采取有针对性的激励措施。在一些国家已经证明，有计划的税务措施和其他有针对性的激励计划能够有效地推动人工林发展。在已经采取措施确保宏观经济、政治和体制稳定，明确土地和资源所有权，具有良好的基础设施和推广服务的情况下，上述激励计划是特别有效的。各类激励措施不仅促进了人工林发展，而且带动了下游木材加工业投资。下游木材加工业的发展反过来又可为人工林投资提供一个有保障的高回报木材市场，从而进一步推动人工林投资。这将使最初依靠政府激励措施驱动的人工林投资转变为由有竞争力的高效的市场来驱动。与此同时，评估并消除其他部门所采取的可能对林业部门产生负面影响的激励措施（如农业部门可能导致毁林的激励措施）也是很重要的。

根据世界各地的经验，有效的人工林激励计划的特点包括：①注重实效，提高林木成活率和森林生产力。②直接的激励与间接诱导机制相结合。大多数国家常用的间接激励措施包括完善土地使用权制度、基础设施建设和技术援助等。③激励措施具有时效性，在特定的时间点后退出。④以包容和无歧视的方式对大、中、小型林木种植者给予支持；⑤符合最佳的环境和社会标准。

（7）研发和推广适合当地的人工林栽培模式。适合当地的人工林栽培模式有利于提高人工林生长率和抗病虫害能力。大规模人工林投资者本身有能力开发和测试这些人工林栽培模式，而中小投资者则不能。因此，政府应该努力开展人工林栽培模式的研究，并提供相应的推广服务，这将使中小人工林投资者受益，对促进人工林发展具有重要作用。

（8）开发并推广风险控制工具。人工林投资，容易因森林病虫害、火灾和其他自然灾害而失败。投资失败的概率在一定程度上可以通过良好的管理（如有效的防火措施）来控制，但要完全消除风险是困难的，而且费用昂贵。因此，有必要制定出诸如"保险计划"或"风险担保基金"等形式的降低风险工具。这种工具可以减缓中小规模人工林投资者可能遭受的金融风险，从而降低人工林行业投资门槛。

联合国报告：亚洲成为欧美林产品主要市场

据联合国总部 2012 年 9 月 19 日报道，联合国与当日发布的一份报告显示，亚洲现已成为欧美和独联体国家林产品的一个主要市场，其中中国的进口量居亚洲之首。

联合国欧洲经济委员会和粮农组织今天发布的《2011～2012 年林产品市场回顾》报告称，受经济危机影响，2011 年欧洲和北美国家对林产品的消费量继续低迷，比全球经济危机暴发前的水平低 10%。

报告编写组负责人丰塞卡（Matt Fonseca）说："欧洲经济委员会所辖的地区经济复苏仍非常缓慢，约半数经济体的国民收入尚未恢复到 2008 年的水平，甚至在 2013 年取得微弱增长的可能性都不大。美国的住房市场仍非常疲弱，开工和销售的新房数量处于自

1963 年有记录以来的最低水平，欧洲的住房建设市场也十分不景气，近期没有复苏的迹象，而建筑业是使用林产品的'大户'。"在此背景下，欧美和独联体国家的林产品生产商大力拓展海外市场，目前亚洲、特别是中国已成为其主要出口目的地之一。

数据显示，对亚洲的出口在欧美和独联体国家林产品出口总量中所占的比例已经由 2007 年的 25% 上升到 2011 年的 35%，其中有半数出口到中国。2010～2011 年间，欧美和独联体国家出口到中国的原木数量增加了 28%，俄罗斯、美国和加拿大是主要出口国。加拿大不列颠哥伦比亚省和俄罗斯生产的软木锯材分别有 25% 和 39% 销往中国。

报告指出，中国对进口林产品的需求增加，一方面是受到内需的拉动，另一方面也是基于加工后再出口的需要。

联合国欧洲经济委员会成员国包括欧洲、北美和独联体的 56 个国家，其拥有的森林面积占全球 42%，林产品产量占全球 59%，出口量占 75%。

欧盟锯材出口动向

日本《木材情报》2012 年 2 月以"欧盟的锯材出口等"为题报道了欧盟的锯材出口动向。

(一)欧盟林产业及林产品贸易

2005 年欧盟的林产业大约拥有 350 万个企业和 300 万人就业，销售额为 3800 亿欧元，创造附加值达到 1160 亿欧元。林产品在欧盟区域外的交易从 2000 年开始到 2007 年强力扩张，尤其是后 3 年增长迅速，2007 年总出口额达到 1258 亿欧元，总进口额达到 1148 亿欧元。像木材那样体积大的商品靠近市场非常重要，因此欧盟林产品进口的 78%、出口的 75% 是在区域内交易的。在欧盟区域内的出口贸易中，纸和纸浆占 63%，木材和木制品占 31%；对区域外的出口也是同样的占有率。在来自欧盟区域外的进口贸易中，纸和纸浆(48%)、木材和木制品(48%)占绝大部分；而在出口和进口中，印刷品的占有率都很低，这反映了语言不同及报纸杂志要求迅速配送的区域特点。欧盟的林产品出口的主要目的国是美国(占 11%)、瑞士(11%)及俄罗斯(10%)。美国是木材和木制品的最大客户，在纸和纸浆及印刷品中也是第二大客户。向欧盟出口林产品的主要国家是中国(15%)、美国(14%)及巴西(11%)。中国是木材、木制品及印刷品的第一大供应国。欧盟林产品贸易黑字在这一时期持续增加，2006 年达到 85 亿欧元的高峰。对欧盟区域外的贸易黑字 2007 年为 68 亿欧元，主要是由于纸和纸浆(83 亿欧元)超过了木材和木制品的赤字(21 亿欧元)。

(二)欧盟的锯材生产与出口

最近，整个欧洲生产的锯材，大部分是针叶树锯材。其中，约 75% 是欧盟成员国生产的。欧盟锯材出口在 2005 年之前的几年里有所增加，此后减少，但 2010 年又开始增加。大部分木材制品的出口在欧盟区域内交易，但近年来对区域外出口的比例开始上升。

2000 年和 2010 年，从欧盟进口锯材的国家大部分是欧盟区域内的国家，其中居前 3 位的是意大利、英国和德国。2010 年在前 10 位国家中，欧盟区域外的国家只有 3 个。2000 年排在第 10 位的埃及，到 2010 年升为第 6 位。

（三）单板及木质板的出口

1999～2010 年，欧盟单板和木质板的出口量和对区域外出口占有率的变化均与锯材出口相同，即 1999～2005 年出口量增加，此后几年减少，2010 年又出现增长。2000 年居前 10 位的进口国全部为欧盟成员国，2010 年只有土耳其作为区域外国家进入了前 10 位。波兰在 2000 年排在第 10 位，2010 年大幅度提升至第 3 位。

（四）未来预测

从运输成本、文化背景及市场性等来看，欧盟诸国的主要出口目的国当然是区域内的国家，其中以人口多、国内生产总值（GDP）大的国家为主体。

日本锯材需求增长，成为欧盟锯材的主要进口国，但单板和木质板的进口量仍然很少。

为满足重视环境的消费者需求，针对木材制品、林产品及植物的进口商，美国修订了《雷斯法案》，欧盟根据新法令要求提交原产地证明，世界知名企业也表明只购买有原产地证明的产品。而且，奥巴马总统签署了限制复合木材产品甲醛释放量的法律，该限制适用于阔叶树胶合板、刨花板、MDF 等所有的复合材料制品。此法律已于 2011 年 1 月 3 日付诸实施，这是至此最为严格的限制，因此认为这将在很大程度上影响锯材、木质板及胶合板等的贸易。

欧洲木材生产、消费和价格动向

日本《木材情报》2012 年 5 月报道了欧洲主要国家木材生产、消费和价格动向。

（一）木材生产和消费动向

（1）奥地利。20 世纪 60 年代，奥地利针叶树锯材生产量约是消费量的 2.8 倍，2009 年降至约 2.3 倍，1961～2009 年平均约为 2 倍。针叶树锯材进口量很少，剩余的锯材用于出口。阔叶树锯材生产仅相当于针叶树锯材的 2%。70 年代以后，阔叶树锯材的消费平均超过生产约 20%，因此进口了阔叶树锯材。

针叶树锯材用原木年产量从 1960 年代（1960～1969）初期的约 700 万立方米逐渐增至 2007 年约 1300 万立方米，但受金融危机影响近年出现了大幅度减少。类似的情况在 1990 年代（1990～1999）初期也有发生，生产量长期徘徊在低水平上，但 21 世纪初生产量开始增加。阔叶树锯材用原木的生产量在 1960～2009 年平均为针叶树的 5%～6%。直到 90 年代初，阔叶树锯材用原木一直处于增产状态，此后减少。

（2）芬兰。针叶树锯材产量超过国内消费量。1961～2009 的出口量平均是国内消费的 2.8 倍。进口很少，和瑞典大致在相同的水平上。2008 年金融危机给生产带来戏剧性影响，2007～2009 年针叶树锯材产量减少 45%，但 2010 年略有恢复，这些变化也受到俄罗斯调整出口关税的影响。

阔叶树锯材的年产量，1961～2009 年平均仅相当于针叶树锯材的 1%。消费量也很少，20 世纪 60 年代初低于生产量，但 80 年代后半期消费超过生产，进入 21 世纪后消费量的 1/3 来源于进口。

针叶树锯材用原木的生产动向和锯材生产一样。20 世纪 60 年代初生产量在 1100 万～1200 万立方米，2003 年达到 2360 万立方米高峰。2009 年减少到 1500 万立方米，2010 年又增至 1920 万立方米。1961～2010 年，阔叶树锯材用原木的年产量平均为 130 万立方米，高峰时为 220 万立方米，2009 年为降至 70 万立方米。

（3）法国。20 世纪 60 年代，法国的针叶树锯材产量与国内消费量在大致相同的水平上，21 世纪后半期，生产量约相当于消费量的 3/4，进口增加。

法国不同于其他 4 个国家，其特点是阔叶树锯材产量很高。20 世纪 70 年代，阔叶树生产的增幅达到约 70%，此后减少，2000～2009 年末期减少到不足 1/4。消费和生产抗衡，有的年份生产大于消费，有的年份消费大于生产。

法国针叶树锯材用原木的生产 2000 年达到高峰后减少。阔叶树锯材用原木的生产动向与阔叶树锯材相同。

（4）德国。针叶树锯材的消费在 1961 年以后超过国内生产量，但 1990 年后消费与生产的差距缩小，2001 年以后生产量超过消费量。进口量浮动在 400 万～600 万立方米，平均为 490 万立方米。出口很少，但近年来呈增长趋势，实力增强。

阔叶树锯材生产量近 10 年相当于针叶树锯材的 20%～25%，80 年代发生变化，2000 年代末期市场占有率勉强维持在 5%。长期以来，消费略超过生产，但近几年消费低于生产，成为净出口国。

针叶树锯材用原木的生产高峰是 1990 年，这是因为风暴之后对大量风倒木的处理所致。阔叶树锯材用原木的生产在 70 年代末约相当于针叶树生产的 1/3，此后减少。

（5）瑞典。和芬兰一样，瑞典是针叶树锯材的主要出口国。针叶树锯材消费稳定，并在 21 世纪初期有所增加；生产量也进一步增加，进口量仅为 20 万～30 万立方米。90 年代以后阔叶树锯材生产减少，不足针叶树锯材的 1%。

针叶树锯材用原木产量增加，针叶树锯材产量随之增加，生产高峰是处理风倒木的年份。阔叶树锯材用原木的生产仅 20 万～30 万立方米。

（二）锯材和锯材用原木价格

针叶树锯材的价格动向，5 个国家出现连锁反应，但 5 国的出口价格也有几点不同。

　　法国的价格最低，芬兰及瑞典的价格最高，奥地利和德国的价格居中，但这种比较并没有考虑到树种和品质的区别。不过，可以确定市场恢复了景气。阔叶树锯材的价格动向也和针叶树锯材一样，但类似性并不是很明确，因为与芬兰和瑞典相比，其他国家阔叶树锯材数量少，树种和品质也不同。

　　针叶树锯材用原木价格也出现连锁变化，但其价格水平不同。芬兰和瑞典的价格略有提高。受俄罗斯出口关税的影响，芬兰的价格除了实际上升的过去3年外，价格水平相互接近。法国的价格最低，奥地利和德国居中。

　　从5个国家阔叶树锯材用原木的价格变化看，1997~2004年除芬兰外其他国家连锁变化，其主要原因很难从理论上说清楚。但是，至少在5个国家中有3个国家，数量少且树种和品质不同，对价格有很大影响。

　　其次，从瑞典的松木及云杉的锯材用原木平均交货价格来看，1990年代后半期及2000年代前半期价格变化稳定。这反映了生产效率提高，但近年的价格上升是市场动向引起的。

(三)评论

　　在本报告涉及的5个国家中，针叶树的消费及生产呈增加的趋势。1998年的金融危机是对市场的最大冲击。EU的债务危机和美国经济减速至少对2011年和2012年的消费和生产带来很大影响。如果考虑到人口规模，5个国家中德国针叶树锯材的消费最多，而奥地利、芬兰及瑞典人口较少但森林很多，消费量远远少于生产量。

　　针叶树锯材用原木的生产及消费与锯材相呼应，生产量和消费量最大的国家是德国和瑞典，最小的国家是奥地利和法国，芬兰居中。

　　针叶树锯材的价格，5个国家连锁变化。2008年和2009年受经济危机影响价格低落。阔叶树锯材的价格发生很大变化，但从2000年初开始到2008年上升趋势明朗，2008年和2009年出现下跌。

　　遗憾的是，在FAOSTAT数据库中没有找到锯材用原木的出口额数据。可以预料，原木价格要比锯材低很多，但原木中包括价格低于锯材用原木的纸浆材，而且锯材和原木的出口额为平均值，并且没有考虑到树种和品质等因素。

欧盟热带木材进口量下降12%

　　据国际木材贸易在线杂志(www.ttjonline.com)2013年2月5日报道：国际热带木材组织(ITTO)的统计数据显示，2012年1~9月欧盟热带锯材进口量下降12%，仅为77.8万立方米。虽然2012年第4季度的数据尚未发布，但是ITTO预计2012年欧盟热带锯材的进口总量甚至将低于2009年由于受金融危机影响创下的历史最低点。

　　由于欧盟各国集中在非洲国家采购热带材，2012年欧盟来自马来西亚的热带锯材进口量下降最为明显，降幅达31%；其次是巴西，降幅达15%。另外，从产品来看，欧盟热带阔叶材木线产品的进口量下降最为明显，而热带层积材进口量保持稳定。

北美木材日益赢得中国市场的青睐

美国《全球木材和木制品市场动态》2012 年第 5 期报道：由于中国房地产市场的低迷和建筑业发展放缓，中国近 10 多年来木材进口量持续上升的势头在 2011 年下半年受到遏制，许多木材进口口岸出现了木材积压。2012 年第 1 季度，中国原木和锯材进口量持续下降，使向中国出口的俄罗斯和新西兰的木材供应商严重受挫，2 国对中国出口的木材比上年同期分别下降 16% 和 17%；相反，加拿大和美国的木材出口商却在中国赢得了更多的市场份额，并且对中国的木材出口量比上年同期分别提高 23% 和 2%，特别是北美的针叶树锯材在第 1 季度占到了中国针叶锯材进口总量的 55%。但随着美国房地产市场的复苏，美国对北美木材特别是锯材的需求将会持续增加，这势必会造成北美木材供应紧张并可能导致中国进口北美原木和锯材的成本上升，从而可能促使中国在未来改变原木和锯材的主要来源。

印度将成为仅次于中国的木材进口大国

美通社(PRNewswire)波士顿 2013 年 2 月 20 日报道：据美国锐思林产品咨询公司(RISI)分析预测，2011～2021 年，印度的木纤维缺口将成倍扩大，因此印度将加大木材进口量。《2013 年印度林产品工业展望》认为，印度将成为仅次于中国的世界第 2 大木纤维进口国。

锐思公司国际木材部主任罗伯特·弗林(Robert Flynn)说："由于印度法律的限制，印度公司不能拥有任何林地，因此就无法发展本公司的人工林。印度国内木材供应增长的空间很有限，所以今后的几十年，印度将一直需要进口木纤维，但我们并不认为印度的木纤维需求会出现中国那样爆炸式的增长。"

《2013 年印度林产品工业展望》比较了过去 5 年印度与中国的经济发展和森林工业发展的异同。该研究收集了 10 年来印度林产品贸易的历史数据，并预测了从现在到 2021 年，印度原木、锯材和浆纸产品的进口情况。该展望还包括如下印度林业和林产工业情况：对印度比较重要的林产品的海外资源详细情况；木材供应的制约因素；人工林发展概况；国内基础设施的局限性以及港口、道路和能源生产的发展状况；针阔叶原木、针阔叶锯材、木质人造板、木质家具、纸浆、回收纤维、印刷和书写纸、新闻纸、卫生纸、包装箱纸板和纸盒板等近 10 年的进口数据；印度与中国森林资源、能源和人口发展趋势以及林产品贸易比较；林产工业和市场趋势的现状和分析；2021 年印度木纤维缺口预测，包括原木(针叶材、柚木和其他材种)、锯材(针叶材和阔叶材)、木质人造板、纸浆和纸制品。

越南取代澳大利亚成为世界最大的木片供应国

美国《全球木材和木制品市场动态》2012年第2期报道：近5年，亚太地区的木片贸易流向已经发生巨大变化。越南、智利、泰国和乌拉圭的木片出口量持续增加，而澳大利亚和南非两国在国际木片市场中的份额开始下降。

2011年澳大利亚阔叶材木片出口量降至自2000年以来的谷底。多年来，日本一直是澳大利亚木片的主要进口国，但与2000年相比，2011年日本进口澳大利亚的木片数量几乎下降了30%。虽然2011年澳大利亚出口中国的木片数量达到历史新高，约为70万吨，比2010年提高12%，比5年前增加3倍多，但这并未扭转2011年澳大利亚木片出口量下滑的整体趋势。

澳大利亚近20年来作为世界最大木片供应国的地位，在2011年被越南取代。2011年越南木片出口量以占全球木片出口总量20%的骄人业绩成为全球最大的木片供应国。越南桉树和相思树木片的出口量在过去10年间实现了跳跃式增长，2001年出口量仅为40万吨，而2011年创造了540万吨的历史新高。这主要是近年来越南大面积营造速生阔叶人工林、迅速扩大木片厂发展的结果。

"暴风雨"中的加拿大林产工业

日本《山林》2013年1月发表了日本滋贺县县立大学环境科学部副教授高桥卓也的文章，介绍了21世纪后加拿大林产工业的危机处境以及陷入困境的原因和未来出路。全文如下：

21世纪初期，加拿大林产工业陷入了被称为"终极风暴"的危机状况。2000～2010年后半期美国住宅开工数量的下跌，2008年雷曼兄弟破产又引发了世界经济危机，加拿大林产工业随之遭到重创。与2000年相比，加拿大主力产品针叶树锯材减产40%，新闻用纸减产50%，木浆减产40%，林产工业就业人数也急剧减少。2003～2008年，有超过300家工厂倒闭，约3.3万人被解雇。称之为"终极风暴"的是雷曼破产导致美国暴发的金融危机，加之加拿大元升值等综合因素，使得依赖于对美国出口的加拿大林产工业遭到重创。另一方面，也存在着中长期的结构问题。

以北部森林资源为基础的加拿大林产工业，是否能与原本就拥有高生长量森林的温带、热带诸国及美国南部产地抗衡？实际上，1999～2009年世界各国林产工业的使用资本收益率为印度8.7%、南美8.0%、南非5.4%、美国5.0%、欧洲4.7%、日本2.5%、加拿大2.2%，对加拿大而言这是非常严峻的结果。

根据2008年发表的加拿大下院天然资源常任委员会报告，21世纪加拿大林产工业陷于困境的原因有以下几点：①美国住宅需求骤减；②伴随着电子化发展等新闻纸需求的崩溃和国际化竞争的激化；③加拿大元升值；④对机械设备投资不足；⑤以不列颠哥伦比亚省为主的山松甲虫灾害的扩大；⑥加拿大东部原料价格上升；⑦和美国的针叶树锯材出口摩擦及随之产生的贸易协定；⑧能源价格上涨，运输成本上升。

但是，该报告也指出，同时在林产品主产地由北向南"逆转"的时期，在以下2个方面也看到了加拿大林产工业的光明。一是在"南"部产地的土地利用中，林产品加之粮食、能源的竞争激烈，相对地变得对加拿大森林有利；二是全球环境意识提高，以可持续经营为目标的加拿大森林管理受到好评。

该报告指出了加拿大林产工业前景光明的一面，同时也要求林产工业有一个稳固的未来蓝图。在短期和中期发展中，锯材、纸浆、新闻纸等商品是重要的，而从长期发展来看要向可以期待高收益的领域推进，这是必不可少的，而且强调了整个产业近期和远期的发展蓝图的必要性。

为制定这样的蓝图，加拿大林产品协会实施了名为"未来生物路径项目"的调查，讨论了普通型和创新型技术的发展，在此基础上描绘出了产业的发展前景。作为普通型技术产品，列举了锯材、工程木材、纸浆、纸、包装材等；作为创新型技术产品有生物质能源（燃料、颗粒、热电联产等）、生化产品（中间产品、溶剂、润滑剂、增塑剂等）、生物建材（复合材料、建筑系统等）。

在创新型技术的应用中，也包括医药产品及食品添加剂、防弹马甲、飞机羽翼、轮胎橡胶的替代品等。预测，2015年创新型产品市场将扩大到2000亿美元（约合16万亿日元），相当于现在加拿大林产品销售额4倍的规模。而且，说明普通型工程中通过创新技术的引进，将进一步发挥加拿大林产工业的优越性。

经历了"暴风雨"洗礼的北部林业大国加拿大，正试图在产能的调整、生产的高效化、对新兴国的出口中找到出路。但从长远看，能否实现其"生物路径"，决定着加拿大林产工业今后是否能够复苏。

缅甸计划禁止原木出口

国际热带木材组织2013年1月15日消息：缅甸环境保护与林业部长在近期的一次采访中表示，将在2014年4月1日开始全面禁止原木出口，并且必须在2013年1月1日算起的15个月内履行完成此前签订的采伐合同。2012年10月就有消息称将禁止原木出口，之后柚木原木市场反应激烈。

缅甸禁止原木出口的原因主要有：①缅甸几乎所有天然林都是国有林，目前森林状况不容乐观，森林以极快的速度消失，在有些地方，天然林几乎全部消失；②缅甸的一些木材加工企业有能力加工制造高端柚木产品，缅甸希望推动国内的木材加工业，而目前的情况是柚木原木价格由于国外需求较大，价格居高不下，远远不是国内木材加工企业所能承受的。

目前，在仰光港口及缅甸北部还有大批未运出国的原木，出口商正在想办法尽快将原木运出国。同时，缅甸国内对原木禁令也提出质疑。有分析家就称，目前缅甸还没有足够的能力加工高等级柚木原木，必须要加强其工业生产能力之后，才能禁止原木出口，否则对经济发展会造成损害。还有分析家认为，虽然缅甸已有一些企业能加工高等级柚木原木，但数量少，生产能力不足以消耗其国内原木。由于最好的柚木原木价格非常昂贵，不是缅甸国内企业所能承受的，所以有专家建议应开放这类原木，在市场上公开拍卖，允许国内和国外采购方参与拍卖，价高者得。

俄罗斯原木出口关税最新动向

据俄罗斯政府网站报道，随着俄罗斯联邦加入世界贸易组织，已明确对 3 种原木下调出口关税：①云杉和冷杉，现行税率为 25%（每立方米不低于 15 欧元），入世后出口配额以内税率为 13%，下调幅度接近 50%；②松木，现行税率为 25%（每立方米不低于 15 欧元），入世后出口配额以内税率为 15%，下调幅度 40%；③栎木，现行税率为每立方米 100 欧元，入世后出口配额以内税率为 20%（每立方米不低于 30 欧元）。以上的关税将在出口配额内实施，超过出口配额的原木，其出口税率还有待确定。

据悉，俄罗斯联邦已于 2012 年 7 月 30 日颁布了第 779 号"关于出口到其他国家的原木出口关税配额"的决议，出口到欧盟和其他国家的配额分配规则有很大的不同（表 1）。

表 1　俄罗斯关于出口到其他国家的原木出口关税配额

品种	2012 年	每年（从 2013 年开始）
云杉和冷杉 （440320110440320190）	208.22 万立方米	624.65 万立方米
	其中：欧盟 198.69 万立方米； 其他国家 9.53 万立方米	其中：欧盟 596.06 万立方米； 其他国家 28.59 万立方米
松木 （440320310440320390）	534.61 万立方米	1603.82 万立方米
	其中：欧盟 121.53 万立方米 其他国家 413.08 万立方米	其中：欧盟 364.59 万立方米 其他国家 1239.23 万立方米

以上配额由俄罗斯财政部、工业和贸易部颁布出口许可证。尽管俄罗斯将大幅下降原木出口关税，但是原木出口仍无法达到 2006～2007 年的水平，而有些地区（主要是俄罗斯远东及西伯利亚、贝加尔湖）的原木出口将可能明显增加。目前俄罗斯在打击非法采伐、森林防火和病虫害防治等方面还处于森林保护不力的情况下，大幅下降出口关税将给俄罗斯森林资源保护带来极大挑战。

由于实施配额制，俄罗斯原木出口关税的受益方显然是欧盟，现实行的出口配额无法满足中国对俄罗斯原木的需求，加之配额外税率还没有确定。因此，短时期内中国进口俄罗斯木材在数量上不会出现大幅增长的态势。

俄罗斯政府修改针叶材出口关税配额管理规定

俄罗斯森林工业新闻网站(whatwood. ru)2013 年 11 月 8 日消息：据俄罗斯绿色和平组织林业论坛说，俄罗斯政府已经彻底修改了出口到非关税同盟国的未加工云杉、冷杉和松树木材的关税配额的分配规定。原有规定是俄罗斯政府 2012 年 7 月 30 日第 779 号令批准通过的。修改后的规定将在公布 1 个月后生效。

根据原来的规定，出口关税配额证的颁发对象是没有拖欠债务的林区居住者或与林区居住者签有符合要求的木材采运合同的人员，但新的规定彻底废除了旧规定。从现在起，任何人都可以申请到针叶材出口许可证，无论其是否有权在俄罗斯采伐木材，是否从有采伐权人手中购买木材，或是否缴纳了森林采伐税费。

圭亚那提高原木和方材的出口税

据 ITTO《热带木材市场报告》2013 年 1 月第 2 期报道：经充分协商后，圭亚那政府公布了有关原木和方材出口政策的修订意见，制定了 2012 ~ 2014 年提高具体树种和产品出口税的时间表，一个是原木新出口关税税率时间表 A，另一个是 20.3 厘米 × 20.3 厘米以上的方材新出口关税税率时间表 B。

时间表 A 中，2012 年原木新出口关税税率是 15%，2013 年是 17%，2014 年是 20%。树种包括紫心苏木(Purple heart)、槐木(Locust)、绿心硬木(Green heart)、红雪松(Red Cedar)、南美酸枝(Kabukalli)、南美紫檀木(Washiba)、字母木(Letter wood)、蛇纹木(Snake wood)、南美金檀木(Shibadan)、红檀(Bulletwood)、二翅豆(Tonka Bean)。

时间表 B 中，2012 年方材新出口关税税率是 12%，2013 年是 15%，2014 年是 17%。树种包括白桂皮斜蕊樟(Brown Silverballi)、瓦氏绿心樟(Keriti)、绿心樟(Silverballi)、香红木(Tatabu)、铁木豆(Wamara)、大鳕苏木(Mora)、葱叶状铁木豆(Itikiboroballi)、大膜瓣豆(Darina)、镰型木荚苏木(Wallaba)、香核果木(Tauroniro)、二歧榄仁木(Fukadi)、南美琥珀巴梨木(Hububalli)、平地姜饼木(Burada)、柠檬巴梨木(Limon aballi)、四叶独蕊木(I teballi)、椴叶乳桑木(Cow Wood)、南美苦木(Simarupa)。

3 年之后，再制定未来关税税率。对时间表 A 或 B 以外的出口原木和方材将统一征收 2% 的出口税率。

上述原木和方材出口限制政策被认为是提高国内林产品附加值，进一步促进圭亚那林业部门发展的重要手段。上述政策还规定，如果当地公司出口的方材是土木工程用的最终产品而不需在国外做进一步加工，那么可给予特殊对待。

喀麦隆限制毛边锯材和方材出口

国际热带木材组织《热带木材市场报告》2013年1月第1期报道：喀麦隆提高原木出口关税导致锯材产品出口急剧增多。为了控制锯材资源大量流失，喀麦隆把毛边锯材和方材划作原木类，而不算作锯材，这样限制原木出口，就意味着毛边锯材和直边锯材也在限制出口的范围内。

欧洲和北美洲FSC认证木材产品销量显著上升

国际人造板网(www.wbpionline.com)2013年6月27日消息：根据国际森林管理委员会(FSC)的《全球市场调查报告》，在绿色建筑业的推动下，欧洲和北美的FSC认证锯材和木质产品的销售额在2012年显著增长。

FSC的调查结果表明，62.1%的木材二次加工企业认为FSC认证对其所在行业的重要性在增强，该比例高于其它与木材相关的行业。31.8%的受访者说，实木产品是他们出售的主要FSC产品。在FSC认证产品中，锯材、原木、户外家具、地板所占比例依次为10%、5.7%、2.2%和2.1%。

喀麦隆禁止初级加工锯材出口

ITTO《热带木材市场信息》2013年3月第1期消息：目前，喀麦隆已将木材出口关税提高4.5%，同时发布了禁止粗加工锯材出口禁令。在喀麦隆，这些粗加工的锯材目前被归为原木而非锯材，因此受到原木出口禁令的限制。自原木出口禁令实施后，这些粗加工的锯材越来越多，为的是免于原木出口禁令的限制。为控制这一现象，喀麦隆宣布，这些锯材等同于原木，限制其出口。

美国商务部正式裁定对中国输美胶合板开征反倾销税

据国际热带木材组织(ITTO)网站2013年6月17日消息：6月17日美国商务部发布公告，除临沂圣福源木业有限公司和江扬集团免遭处罚外，101家中国企业将被征收22.14%的反倾销税，其余中国企业将被征收63.96%的反倾销税。

美国商务部2013年4月30日初裁决定，对中国输美硬木胶合板征收最高63.96%的反倾销税。硬木胶合板作为常见的家庭装修材料主要用于制造橱柜、铺设地板等。美国商务部的统计显示，2012年中国对美出口硬木胶合板总额达7.48亿美元，较2011年增加逾 1 亿美元。

2012 年 9 月，由 6 家企业组成的美国硬木胶合板公平贸易联合会提起申诉，宣称中国企业获得政府补贴在美进行倾销，要求美国商务部发起反补贴和反倾销的"双反"调查，当时提出的倾销幅度高达 298.36% ~ 321.68%。

今年 2 月，美国商务部率先做出反补贴初裁，结果除 3 家中国企业免遭处罚，其它中国企业将被征收 22.63% ~ 27.16% 的反补贴税。

美国商务部发起贸易救济后，业内人士指出，胶合板附加值不高，实际利润较低，中国企业对美出口主要靠成本优势，如果最终被征收"双反"关税，可能导致相关中国企业被迫退出。

印度政府正在考虑恢复木材产品进口关税

国际热带木材组织 2013 年 7 月 31 日报道：2013 年第 2 季度印度贸易赤字高达 500 亿美元，与去年同期的 422 亿美元相比上升了 18.5%。数据表明，印度出口下降而进口上升。为抑制这种贸易趋势，印度政府正在考虑提高部分商品的进口关税，其中包括恢复木材产品进口关税。这个消息很快引起木材行业的强烈反响，因为木材产品是房屋建造和国内制造业的基本原料。

在印度现任总理担任财政部长时期，木材产品的进口关税被取消。这对林业部门产生了积极影响，因为这有利于减少国内森林的非法采伐和过度开采。业界普遍认为，过去木材产品进口免税所产生的经济效益和森林安全效益将因恢复木材产品进口关税而丧失。

印度尼西亚准备重新开放原木出口市场

亚洲新闻网(www.asianewsnet.net)2013 年 4 月 23 日报道：印度尼西亚森林特许经营公司(Association of Indonesian Forest Concessionaires，APHI)因对目前原木的低价格和市场受限制不满而向政府提出申诉。印度尼西亚林业部目前正在酝酿重新开放原木出口市场。

在印度尼西亚国内，工业林原木的价格目前是 30 美元/立方米，而周边地区为 80 美元/立方米。由于印度尼西亚生产的原木只能在国内流通，所以这样的价格体系很不合理。

4 月 22 日印度尼西亚林业部秘书长哈迪·达扬托(Hadi Daryanto)表示，林业部将为工业林原木建立一个国际市场以提高原木价格。他对记者说："由于价格低，工业林的发展十分缓慢。因此，我们需要通过开放市场来提升原木的价格。"

印度尼西亚林业部在 2011 ~ 2030 年国家林业总体规划中设立的目标是：在 2020 年

前，将 1450 万公顷退化林地改造成工业用材林。到今年 2 月底，已经营造了 570 万公顷的人工林。

印度尼西亚政府计划从 2011 年起每年营造人工林 50 万公顷，但是 2011 年和 2012 年分别造林 37.4425 万公顷和 39.9744 万公顷，只完成了 68% 和 80%。

哈迪·达扬托说："我们期望开放出口市场能够刺激工业林特许经营的发展。但是，考虑到以往由于接受了国际货币基金组织（IMF）的建议而导致原木非法采伐和非法贸易猖獗的经验教训，这次我们必须首先与有关部门进行深入讨论。"

1998 年 IMF 与印度尼西亚政府签署了意向书，要求其改变林业政策，当年印度尼西亚取消了原木出口禁令。但这个政策导致森林监管的放松，助长了原木的非法采伐和贸易，使毁林增加到每年 350 万公顷。2001 年印度尼西亚政府出台了多项法规来限制原木出口以遏制毁林。

哈迪·达扬说，政府将通盘审查这个规划，以避免重演过去的教训。规划中将保证只有工业林的原木才能出口，并将限制出口渠道。为了打消对国内市场供应不足的忧虑，林业部将只出口国内家具生产中不使用的桉树和金合欢原木。

APHI 的负责人说，开放出口市场不会像过去那样导致非法采伐和贸易的增加，因为政府在 2010 年已经为木材出口制定了木材合法性验证制度（Timber Legality Verification System，SVLK），以此遏制猖獗的非法采伐。

SVLK 制度可以保证木材及其制品是以环保的方式获得的。有了这个保证，印度尼西亚的生产者就能够更顺利地进入全球市场。

赞比亚准备终止木材出口禁令

据国际木材贸易在线杂志（www.ttjonline.com）2013 年 1 月 11 日消息，赞比亚正准备终止有关木材出口的禁令。赞比亚自然资源部长在一个植树项目的启动仪式上公布了这一消息。当初木材出口禁令的颁布主要是为了应对赞比亚居高不下的毁林现象，有关人士认为，在某些条件具备时，应废除该禁令。

美国木材联盟关注加拿大 BC 省原木出口政策的调整

加拿大森林对话网（foresttalk.com）2013 年 2 月 26 日报道：美国木材联盟（U.S. Lumber Coalition）发布消息，对 BC 省最近宣布的原木出口政策的变化，特别是对 BC 省将于 3 月 1 日起提高对未加工原木出口征收的"国内生产替代费"的措施表示高度关注。

近年来，由于中国和其他国家对北美原木的需求有所增加，国际市场的原木价格已明显提高。最近宣布的 BC 省沿海地区加强原木出口限制的措施，将使 BC 省木材生产者以比国际市场价格低得多的价格得到原木。

美国木材联盟主席卢克·布罗楚(Luke Brochu)说：实际上，BC省限制原木出口相当于对BC省沿海地区锯材厂给予了隐形补贴，使他们能够以低于国际市场的价格购得原木，从而在美国市场上占有很大的优势，因为美国锯材厂要按照较高价格来购买原木。

BC省公有或私有林地上采伐的原木在出口前必须要向本地锯材厂报价。如果有本地木材厂提出以国内当时的原木价格(可能远低于出口价格)购买，这些木材就不能够出口。即使允许出口，也要征收"国内生产替代费"。这笔费用往往比BC省对在公有林地上采伐立木而收取的费用要高很多。从3月1日起，BC省沿海地区的"国内生产替代费"将提高20%。

在2006年美国与加拿大签订的针叶材协议中，美国放弃根据"美国贸易法"中有关"不公平贸易"的条款对加拿大针叶材进行贸易制裁，加拿大方面则承诺在加拿大锯材价格低于一定水平时要征收锯材出口税和实行出口限额。协议的一个重要条款是加拿大各省不得以使价格进一步背离市场的方式修改木材定价系统。提高"国内生产替代费"不符合这份贸易协议的要求。

布罗楚说："美国木材联盟已经提请美国政府关注此事。我们要求政府尽快向加拿大方面提出这个问题。美国政府应当毫不犹豫地捍卫美－加针叶材协议赋予我们的权利。"

加纳的木材产品公共采购政策

加纳商业新闻网(www.ghanabusinessnews.com)2013年3月3日消息：在加纳《木材和木制品采购政策草案》咨询会议上，加纳林业委员会执行主任塞缪尔·贾法里·达蒂(Samuel Afari Dartey)透露，加纳市场上大约80%的木材产品出自非法采伐。因此，林业委员会在建立非法木材监督机制方面需要担负起更大的责任。他说，木材产品采购政策草案可以在打击非法木材贸易的同时确保更多的合法木材进入加纳的国内市场，从而为建立高效的木材加工产业创造条件。过去，加纳的木材工业为众多加纳人提供了生计，但是由于多年来的忽视，这个产业现在已经到了崩溃的边缘。

新的采购政策要求中央政府、各部门及其职能机构以及其他公共机构都只购买合法和可持续来源的木材和木制品。木制品的公共采购政策必须被当作一种新的社会准则，以此来体现加纳林业委员会关于动用政府的采购权力将非法木材驱逐出国内市场的承诺。

他对与会者说，除非采取与资源长期共存的策略，否则森林资源的管理仍将受到挑战。合法木材的供应和森林可持续经营已成为发达国家和发展中国家共同关心的全球性问题。在这场减轻森林退化及其由此产生的深远的经济、社会、环境和生态后果的斗争中，加纳不能袖手旁观。

达蒂说，采购政策中提出的关于加纳国内木材市场政策的建议遵循了一系列指导原则。这些原则包括：使来自合法和可持续经营的森林的木材在国内市场上实现供需平衡；通过创新、环境和产业之间法规的相互作用提高国内市场的产品质量。

加纳林业委员会木材工业发展处负责人指出，国家森林资源可持续管理面临的最大威胁是非法采伐和国内市场上非法木材贸易的普遍性和复杂性。如果现在不采取切实有力的措施，加纳的森林资源将面临着在20年内丧失殆尽的危险。

加纳木材加工业者组织的一位负责人几年前曾说道，加纳的森林面积非常大，但其中的一部分已经租借给了木材公司。由于缺乏监督管理，加纳这个原来的木材产品净出口国现在需要进口木材产品。加纳的木材工业面临的这种困难完全是自己造成的。他还指出，木材和木制品的公共采购政策应当被视为发展加纳木材贸易和木材工业的催化剂，将能够促进锯材厂改进工作，提高效率。

马来西亚修订木材产品出口法规

国际热带木材组织《热带木材市场报告》2013年3月第1期报道：自2013年3月起，根据马来西亚最新修订的木材产品出口法规，马来西亚家具出口商必须提供马来西亚木材理事会颁发的木材产品出口许可证。该法规旨在响应《欧盟木材法案》(EUTR)对木材产品进口商提出的有关尽职调查的要求。行业分析家预计，由于马来西亚木材出口商对新规定和出口程序有一个熟悉的过程，马来西亚向欧盟市场的木材出口量短期内会下降。尽管马来西亚贸易协会和政府机构努力了几个月，但是仍有一些出口商没有完全熟悉新规程。

荷兰首选经过 PEFC 认证的木材

据 PEFC 认证网站(www.pefc.org)2013年7月17日消息：荷兰市场上所有经过认证的木材中约2/3来自 PEFC 认证的森林，因此 PEFC 在荷兰是最受欢迎的森林认证体系。

PEFC 是世界上最大的森林认证体系和认证木材的来源。据一份调查，到2011年，荷兰市场经 PEFC 认证的木材超250万立方米，足够填满近1000个奥运会标准的游泳池。调查表明，经过认证的木材在荷兰的消费不断增加，到2011年，荷兰木材市场上超过2/3的木材源自可持续经营的森林。经 PEFC 认证的木材份额也出现了显著的增加，2008~2011年间几乎翻了一番。

PEFC 认证木材在荷兰市场的增长部分是由于荷兰政府在其生物多样性计划中设定了实现的目标：2011年之前，源自明确的可持续出处的木材要占荷兰木材市场份额的50%。开展调查研究是为了确定这个目标是否已经达到。结果显示，这个目标不仅已经实现而且已被突破。荷兰木材市场上来自可持续经营森林的认证木材已占到67%。

这一成功是荷兰政府和木材部门共同努力的结果。特别值得一提的是，在还没有被要求之前，木材公司就主动选择购买可持续生产的产品。然而，尽管可持续生产的针叶材锯材的市场份额在荷兰市场已上升至85.9%，但热带和温带阔叶材锯材的份额分别只有46%和22.8%。荷兰市场经过认证的可持续生产的木材或木材产品所占份额的终极目标是100%，因此要达到这个目标仍需不懈的努力。

6 林业生物质能源

欧洲木质颗粒市场已走向国际化

日本《木材情报》2011 年 12 月报道了欧洲木质颗粒市场的国际化进展。所谓木质颗粒就是利用锯材边角料及林地剩余材等木质原料，经过干燥、粉碎后压缩成圆筒形颗粒的固体燃料。木质颗粒一般含水率较低，与薪材及木片等其他木质类燃料相比单位重量的热能较高。而且木质颗粒燃料具有大小形状均匀，便于储存、运输和进料使用，而且具有长距离运输的经济可行性。

木质颗粒最初是在国内或地区进行生产和消费的能源，但 20 世纪 90 年代以后，尤其在欧洲，对木质颗粒的需求扩大，同时国际化贸易发展迅速。如今，在能源利用的固型生物量中，木质颗粒是国际贸易量最大的商品之一。

根据荷兰乌特勒支大学（Universiteit Utrecht）Sikkema 博士关于国际化发展迅速的欧洲木质颗粒市场的报告，概要介绍了木质颗粒需求扩大的背景和生产、消费、贸易及价格现状。

（一）欧盟可再生能源政策推动颗粒燃料利用

2007 年 3 月，欧洲理事会通过了到 2020 年实现削减温室气体排放 20% 和可再生能源利用率提高至 20% 的"20 – 20"欧盟战略。同年 1 月，欧委会为解决气候变化与能源供应问题，制定了雄心勃勃的计划。该计划包含使全体欧盟成员国平等负担、保障可再生能源推进的指令。

该指令为使可再生能源在整个欧盟最终能源消费中的占有率在 2020 年之前提高至 20%，制定了对各成员国具有约束力的目标。2008 年可再生能源的利用比例为 8.4%，其中 3.9% 为木材及木制废弃物(含木片 0.2%)。为实现 20% 的目标,由各成员国分担供电、供热和运输 3 个部门的义务,木质颗粒的主要贡献在于实现供电供热部门的目标。木质颗粒是化石燃料的替代能源,有助于削减温室气体排放,因此各国都在谋求推动政策性利用。

(二)瑞典和德国生产量最大

截至 2009 年,欧洲约有 670 套木质颗粒生产设备,其中 28% 年产量在 1 万吨以下的小厂。2009 年总产量为 1010 万吨,比上年增加 180 万吨。总产量的 87% (875 万吨)是在欧盟(17 国)区域内生产的。

从各国生产量看,瑞典和德国产量最大,均为 160 万吨。两国的木质颗粒生产设备很多情况下是从外部锯材厂购入原料。另一方面,在欧盟成员国中的第三大生产国意大利,木质颗粒厂选址邻近锯材厂,正在推进联合生产。

在瑞典、德国和意大利,木质颗粒加工厂的开工率 2008 年分别为 64%、56% 和 87%。在这 3 个国家,如果设备全部运转,还可增产约 200 万吨。整个欧洲的平均开工率 2008 年约为 54%,其他国家木质颗粒加工厂的生产能力尚未充分发挥。

北美拥有仅次于欧洲的木质颗粒生产设备,2009 年木质颗粒生产能力为 620 万吨,比上年增加 200 万吨。在美国和加拿大,2009 年 6 月约有 110 家木质颗粒厂在运转或预定近期运转。美国新增了相当于以往 3~4 倍生产能力的面向出口的木质颗粒生产设备。

美国和加拿大 2008 年木质颗粒生产量分别为 80 万吨和 40 万吨,相当于各自生产能力的 66% 和 81%。美国近期新增很多设备,所以开工率偏低。而且 2008 年 2 国锯材厂开工率均受经济危机影响有所下降,锯材废材的供应减少,原料难以保障也影响到开工率。

(三)各国木质颗粒的消费形态

欧洲 2009 年木质颗粒消费量估计为 980 万吨,其中 920 万吨在欧盟区域内消费。瑞典消费量最大,为 200 万吨,其次为意大利 110 万吨、荷兰 95 万吨、德国 94 万吨、丹麦 89 万吨。

在荷兰和比利时,木质颗粒主要与煤炭混燃,用于大型发电设备燃料,英国和波兰也是如此。在瑞典、丹麦和挪威等北欧国家,主要用于地区供暖和热电联供设备(CHP)燃料以及家庭消费。在德国和奥地利,木质颗粒主要以散装方式供给家庭和小型锅炉使用。另外,在意大利及法国、保加利亚、匈牙利,木质颗粒以袋装的方式销售,用于家庭供暖。在芬兰、葡萄牙、西班牙、俄罗斯、波罗的海诸国以及东欧几个国家,木质颗粒更多地销往国外。

美国生产的木质颗粒约 80% 以袋装方式供应国内住宅消费。加拿大生产的木质颗粒,90% 作为发电燃料出口欧洲。

(四)主要贸易路径

欧盟全体在 2009 年进口木质颗粒 380 万吨,其中 53% 在欧盟区域内交易,进口量较大的国家是荷兰、比利时、丹麦和瑞士。木质颗粒的主要贸易路径有3条：第1条是从美国、加拿大出口到荷兰、比利时，使用巴拿马型货船运输，平均装载量2~3万吨；第2条是从波罗的海诸国(爱沙尼亚、立陶宛)和俄罗斯到北欧(瑞典和丹麦)，使用沿岸定期船运输，装载量4000~6000吨；第3条是从奥地利到意大利，使用卡车陆路运输，装载量为24吨。

从北美到欧洲的海上运输成本(2002~2010年)为每吨27~69欧元，年变化很大。2008年全球经济不景气时运输成本大幅度上升，但2009年以后回落到上升前的水平。而且，同时运往欧洲但目的地不同，运输成本也不同。根据2009年初签订的运输长期合同，运往鹿特丹为每吨25美元，运往英国为28~29美元，运往北欧为42美元。同年陆路运输成本因运输距离和装载量不同，大致为每吨12~18美元。

(五)价格整体上升

荷兰发电用木质颗粒的价格(CIF)变化很大，2007年7月平均每吨为115欧元，但2009年初升至140欧元，此后价格逐渐回落，到2010年末为125欧元。荷兰政府为促进生物量发电，平均每度电补贴0.06~0.07欧元(2012~2015年)，相当于每吨木质颗粒补贴120~135欧元，因此促使荷兰木质颗粒混燃在煤炭火力发电中迅速普及。

在北欧，工业用木质颗粒价格(CIF)2009年以后也有所上升，2010年10月为每吨138欧元。与荷兰不同的是，价格变化的原因之一是瑞典的税制政策。在瑞典，如果利用化石燃料供热和发电，对排出的二氧化碳和硫黄按每千兆焦耳约10欧元课税，这相当于木质颗粒每吨约160欧元。由于补贴额更大，所以可以用比荷兰更高的价格购入。

意大利、法国、保加利亚及匈牙利的袋装木质颗粒零售价格在2007~2008年差距很大，2009年收缩至平均每吨价格200~220美元的水平。在相邻的意大利和法国，出现了相同的价格变化。而在保加利亚和匈牙利，木质颗粒需求量小，价格也偏低。

在向欧洲供应木质颗粒的北美，从美国东南海岸的亚拉巴马州的莫比尔和佛罗里达州的巴拿马城出口的木质颗粒价格(FOB)，2009年7月为每吨85欧元，但2010年11月上升至112欧元。这是由于2009年原料供应紧张、木质颗粒生产成本上升的影响。

与风力、太阳能及地热等不同的是，木质颗粒如今已成为"可以很容易从国外进口"的可再生能源。木质颗粒市场的国际化正以欧洲为中心向前推进，日本早晚也必然跻身于其中。现在，日本的一些大型电力公司已开始从北美进口木片及颗粒，用于与煤炭混燃发电。

以希腊债务危机为起因，欧洲经济仍处于不景气状态。如果重新审视对可再生能源木质颗粒的补助政策，将会进一步导致欧洲木质颗粒市场的不景气。而另一方面，新建的大部分木质颗粒生产设备如果不能持续运转，就无法收回巨额设备投资，因此必然会在全世界寻求销路，也包括日本。预料今后不仅在发电领域，而且还会寻求家用木质颗粒的需求市场。针对必将袭来的进口木质颗粒，日本国内的木质颗粒经销商从现在起就必须有所准备，关注木质颗粒国际市场的动向。

燃料材利用在全球扩大引起的问题

日本《木材情报》2012 年 5 月发表了日本鸟取环境大学教授根本昌彦的文章，题为"燃料材利用在全球扩大"，副标题为"资源占有与碳中性问题"。

(一)引言

生物量是"碳中性"的，被解释为即使燃烧也没有碳排放。但是由于世界燃料材需求迅速扩大，对生物量的特权地位提出质疑的声音正在扩大。最初碳中性形成于森林资源的持续管理，但在其不能得到充分保证的情况下扩大了生物量利用。相反，也有将碳中性作为一件好事抢先碳排放的动向，理由是后算账，但到几十年后，其信誉令人怀疑。而且指出，为获取生物量资源推动了土地取得及投资的国际化，无视以粮食生产为主的当地人的需求，这一事态进展很快。甚至担心，本应有益于减缓地球变暖的生物量实际上引起了社会问题和助长了地球变暖。

为理解包含这些问题在内的生物量问题的现实性，本文整理了生物量能源利用的进展状况，尤其是在观察先行发展起来的欧美动向的基础上，着眼于资源占有以及围绕碳中性问题的讨论内容。这一系列问题在日本尚未显现，但是通过固定价格采购制度木材用于发电的环境正在形成，将来生物量利用的扩大也在预料之中，这也是现在要认真考虑的重要问题。

(二)世界木质类生物量的利用状况

生物量约占世界一次能源消费量约 500EJ（500×10^{18}）的约 10%。这个规模甚至大于核电和生物量以外的全部可再生能源之和。根据对 2050 年预测，如果在世界能源总需求量每年约 600~1000EJ 中，生物量能够提供 50~250EJ，那么就可能占能源总需求的 40%（IEA，2009）。

占生物量能源 90% 弱的木质类原料（燃料材）在全球的利用正处于扩大的趋势。木质类原料的年均消费量已从 1989~1993 年的 17.05 亿立方米增至 2004~2008 年的 18.62 亿立方米，15 年里增加近 10%，其主要原因是占需求 2/3 的发展中国家薪炭材的利用。在利用量上亚洲最大，但近年以撒哈拉以南为主的非洲地区增长很快，在上述同期内已从 4.52 亿立方米增至 5.96 亿立方米，增长 30%。在这些发展中国家，燃料材的利用是传统利用，伴随人口的增加和家用薪材需求的持续扩大而增加（巴西例外，主要是用于炼铁的木炭消费），这是森林退化和消失的原因之一。

另一方面，在欧洲燃料材利用规模较小，但在上述同期内，利用量也从 1.21 亿立方米增加到 1.44 亿立方米，增加 20%。这是为应对气候变化，谋求在政策上从化石燃料向生物量转变的结果。例如，在供热供电领域，生物量以木质颗粒及木片的形态得到了利用。

欧盟决定并实施的 2020 目标提出，在 2020 年之前欧盟全体要实现能源需求的 20%

由可再生能源供应。各国设定了目标，瑞典的目标值最高，为49%。很多国家将目标的一半以上转向利用生物量来实现，因此欧盟各国使用了补助金，推进了生物量利用的政策诱导。的确，对生物量的倾斜进一步加大，但现在也有人质疑，这一政策能否持续下去。

（三）木质颗粒生产与贸易动向

颗粒化技术在20世纪80年代到90年代取得了进展，但从数量上看，直到90年代末也只有斯堪的纳维亚诸国及奥地利等国有少量的木质颗粒生产。一般情况下将制材厂等木材加工厂排出的锯屑固化制成颗粒，但最近越来越多的是以原木及木片为原料生产颗粒。

木质颗粒的含水率为10%以下，热值平均为每吨17.5亿焦，高于其他生物量，而且便于储存和运输。木质颗粒可适应各种规模的利用，从家用暖炉到中等规模的地区供暖及热电联供系统，甚至可作为大型火力发电厂的燃料使用。

现在，木质颗粒的生产以欧洲和北美为主要地区，贸易主要发生在欧洲区域及欧美之间，但对其数量很难掌握，因为在HS公约（《商品名称及编码协调制度》国际公约）中尚未对木质颗粒进行分类。但是根据欧盟统计局（EU rostat）2009年以后的统计，得到了在产品代码为44.01.3020（大锯屑及颗粒加工物）下的产品统计结果。

根据对2008年的估计，世界木质颗粒生产量约为1150万吨，贸易量为400万吨。其中，欧洲30个国家估计有630套设备，可生产约800万吨（与生产能力相比利用率为54%）。欧洲各国生产的颗粒大多为本国消费，出口量估计为270万吨，且大部分为欧洲区域内的贸易。

另一方面，北美的生产量从2003年的110万吨猛增至2008年的320万吨。美国为180万吨（生产能力的66%），加拿大为140万吨（生产能力的81%）。加拿大生产的颗粒大部分用于出口，主要销往瑞典、比利时和荷兰，最近对美国及日本的出口也增加了。2007年对美国出口49.5万吨，对欧洲出口74万吨，对日本出口11万吨等。

（四）欧盟的颗粒消费动向和交易所的开设

欧盟木质颗粒消费量2009年为850万吨，瑞典、丹麦、荷兰、比利时、德国和意大利消费量较大，尤其是瑞典达到180万吨，而其他国家均在100万吨左右。国内自给率高的国家很多，但荷兰、比利时、丹麦等在很大程度上依靠进口。

最终消费形态各国不同，瑞典、芬兰、丹麦推进了小到大的多种利用规模，奥地利、意大利和德国则主要是家庭利用，而荷兰、比利时和英国主要用于大型发电厂的混合燃料。荷兰拥有1800兆瓦（MW）级（供应300万家庭需求）发电容量的火力发电厂，推动了木质颗粒与煤炭混燃，混燃比例将从30%提高到2015年的50%。据测算，该发电厂不久的将来将每年使用100万吨规模的木质颗粒。英国也将建很多利用生物量的发电厂，不久的将来也将是木质颗粒的主要消费国和进口国。

欧洲木质颗粒贸易，以鹿特丹为中转港集结货物并运往各国。2011年11月，在鹿特丹港成立了木质颗粒交易所，这是由 Anglo – Dutch 电力公司、天然气交易所 APX 恩德公司和欧洲最大港口鹿特丹港 3 家公司共同成立的合资企业。交易所不仅是货物交易场所而且还是实质上决定国际行情的场所。

鹿特丹港 CEO 汉斯·史密斯 (Hans Smits) 预测，欧盟区域内颗粒交易在 2020 年之前至少是现在的 6 倍，达到 6000 万吨左右，预期仅在鹿特丹港，2025 年之前每年大概有 200 万~300 万吨的货物交易。而且，APX 恩德公司预定在颗粒交易所开展期货交易，预定 3 个月、8 个月或 3 年的期货等。该公司在 2012 年之前开始证券业务。

针对木质颗粒需求的迅速扩大，市场基础设施也在迅速完善，但对此也出现了批评的声音。

(五) 英国生物量需求膨胀与批评

在英国，承担电力供应 10% 的 RWE 公司表示，在英国东南部蒂尔伯里 (Tilbury) 的煤炭火力发电厂将全面转向使用木质颗粒燃料。发电容量为 750 兆瓦，相当于 1 座核电的容量，年发电量为 75 万千瓦时。运转开始后将成为世界最大的生物量专用发电厂。蒂尔伯里自古就是煤炭发电厂鳞次栉比的地区，但由于欧盟环境限制严格，要求在 2015 年之前关闭煤炭发电厂。

所需的颗粒燃料为百万吨规模，这些由美国建在乔治亚州的工厂运往英国。该州南部还盛产松树及阔叶树，年产 3000 立方米，颗粒生产可持续进行。而且 RWE 公司 2012 年度将以 20 亿英镑在苏格兰建设 50 兆瓦的热电联产发电厂。

生物量发电不止 RWE 公司，英国国内现在有 31 家生物量发电厂在运转，还有 39 家在建设中。如果这 70 家发电厂全部投入运转，燃料生物量按原木换算每年约 5000 万吨。据测算，生物量燃料中进口占有率将从现在的 13% 提高到 68%，仅木材进口量，将相当于英国现在木材生产量 3 倍的规模。

对英国电力产业的生物量发展趋势，也有很多批评。例如，英国野鸟保护王会报告 (RSPB, 2011) 在对迅速扩大的英国生物量产业进行综合分析之后指出，英国政府对生物量的补助金投入是典型的"政府失败"。虽然起初可从美国、加拿大、俄罗斯等以可持续的形式获得资源，但如果世界各地开展同样的项目，获取资源的竞争将加速对世界森林资源的掠夺，结果会加剧气候的变化。该报告提出了一个方案，就是利用国内的间伐材。这样也可为喜欢疏林的夜莺等野生鸟类及林内蝴蝶提供良好的栖息环境。而且 2009 年运往填埋地的木质废材达到 600 万吨、食物残渣 900 万吨，应该将补助金用在这些废弃资源的利用上。

英国环境团体 IIED 的报告指出，为弥补供需缺口，对生长旺盛的南半球国家生物量的关心迟早也会提高，巴西生物量用木片的出口日趋活跃，非洲也在迅速推进预测欧洲需求的体制建设。而且以发展中国家为主，世界各地也在加快用于生物量造林的土地的收购及投资，"如果对生物量生产中发展中国家 (尤其是最贫困国家) 的问题置之不理，对土地的压力将会威胁到贫困人群的生活及粮食安全。"因此，"英国政府应该对试图在全球范围扩大的生物量扩张计划，以向市民公开的方式进行检验" (IIED, 2011)。

(六) 碳中性问题

在 2011 年 3 月 29 日的欧洲议会上，讨论了重新评估碳核算规则问题，因意见对立，引起了争执。焦点在于将生物量全部作为碳中性的现行碳核算方法存在问题，必须采取什么样的评价标准是关键。例如，树木被采伐作为能源利用的时间和直到树木吸收排放的时间差问题，以及如何保证生物量供给源的森林的可持续性等问题。讨论了以级联利用为原则以及称得上碳中性的应该仅限于"附加部分"（以林地剩余材为典型）。欧盟成员国都意识到了问题的存在，但重新认识的具体提案遭到芬兰、瑞典等生物量依赖度高的国家的强硬反对。也有人认为，假如重新认识，欧洲 2020 年目标就难以实现了。

无论怎样，如果考虑到应对气候变暖，应该一方面阐明碳中性的概念，一方面推进生物量利用；同样一方面要考虑发展中国家的土地问题，一方面在生物量利用结构中使发展中国家处于合理的位置。的确，燃料材利用在贫穷的发展中国家在增加，成为森林消失和退化的原因。但在其他地区，通过可持续人工林（种植林）集约经营提高资源供给能力也是现实存在。问题的关键是合理的土地配置及供需平衡等综合协调的平衡发展受到质疑，这也是今后要研究解决的问题。

为生物燃料采伐树木导致二氧化碳排放增加

日本环境信息与交流网（www. eic. or. jp/news/）2013 年 8 月 26 日消息，荷兰环境评估局（PBL）发布研究结果称，如果将采伐的树木用于生产生物燃料的原料，那么在生产出生物燃料并发挥减排作用之前，会有一个二氧化碳排放量增加的过程。如果是以作物残渣及木质废弃物为原料的生物燃料，这个缺点就不存在或者很小。

幼龄树木如果不被采伐，在其生长过程中可以持续地固定大量的二氧化碳。因此，要取得碳收支平衡，用于生物能源的最好是等到树木寿命结束，被吸收的二氧化碳尽可能地长期贮存在树木中。而且，树木采伐及间伐后残留在林内的木材剩余物，会慢慢地分解，一方面有助于生物多样性及土壤质量的提高，另一方面随着时间的推移将二氧化碳释放到大气中。这些剩余物如果作为能源燃烧，短时间内与分解相比会更快地提高大气中的二氧化碳浓度。生物能源作为能源其效率要低于化石燃料。因此，要想通过使用生物燃料真正实现削减二氧化碳，需要几年甚至是几十年。

如果可再生能源和削减温室气体的政策目标过于激进（超过了度），就有可能导致对森林的树木剩余物或树木本身的需求增大。这意味着，树木作为能源原料将很快不能使用，很难扩大木质生物量的使用。

现在，欧洲委员会正在准备固型生物能源的可持续标准。PBL 称，为防止以削减二氧化碳为目标的气候政策反而导致了使排放量增加的结果，制定这样一个标准是必不可少的。

欧洲私有林木质燃料供应的限制因素和应对措施

据 AFO(促进私有林木质燃料供应)网站(www. afo. eu. com)2011 年 3 月 29 日报道:欧盟约 60%的森林由 1600 万个私有林主拥有。据估计,目前这些森林年净生长量的 35%未得到利用。调动这些木材储备是促进可再生能源利用的关键。

AFO 项目对法国、拉脱维亚、斯洛文尼亚和英国的约 1000 名林主就私有林状况和增加采伐活动的意愿等问题进行了问卷调查,结果表明,私有林主面临以下挑战:①森林规模小。在许多国家,林主平均拥有森林面积只有几公顷。由于规模小,森林资产通常不被作为具有实际意义的投资。只有当森林面积较大时,林主对森林利用活动才更有积极性。②林主不再居住在森林附近。有些林主甚至不知道自己林地的具体位置。如果林主对森林缺乏亲近感,也就不可能积极地经营森林和收获木材。③老龄人和退休人员在林主中所占比例不断上升。

为促进私有林供应木质燃料,应该采取以下措施:①通过税收和立法手段促进林权集中和发展成较大的林权单位,因为森林规模的扩大有利于提高森林经营水平和森林利用水平;②让林主了解他们的森林以及森林作为可再生资源和收入来源的潜力;③向所有林主提供地区木材市场的最新信息以及林业作业外包服务商的信息。

美国环境保护局制定可再生燃料 2013 年使用标准

日本环境信息与交流网(www. eic. or. jp/news/)2013 年 8 月 21 日消息,美国环境保护局(EPA)决定了"可再生燃料标准"(RFS)中的 2013 年各种燃料标准,"可再生燃料标准"表明了在美国销售的运输用燃料中混入的可再生燃料数量。RFS 规定,可再生燃料的总量为 165.5 亿加仑①(混合率 9.74%),不同种类的目标量和使用比率分别为生物柴油 12.8 亿加仑、1.13%,先进的生物燃料 27.5 亿加仑、1.62%,纤维素生物燃料 600 万加仑、0.004%。

RFS 是 2007 年依据能源自给和安全保障法(EISA)制定的。根据此法,到 2022 年将使可再生燃料的使用总量达到 360 亿加仑,为这一目标制定了每年的目标量。EPA 每年计算出为实现该目标量的使用率标准,并以此标准为基础,决定石油工业必须掺入的可再生燃料最低量。

而且根据 RFS 规定的可再生燃料使用义务量,很多相关者担忧将超过现售 10%乙醇混合汽油(E10 汽油)数量的乙醇纳入燃料供应将会带来障碍,因此 EPA 在 2014 年 RFS 义务量方案中提出,在 RFS 中减少具有灵活性的先进生物燃料和可再生燃料的总量。

---

① 1 加仑 = 4.546 升

美国环保署裁定棕榈油不符合美国可再生燃料标准

美国环保署网站 2012 年 1 月 27 日报道，美国环保署本日裁定，由于砍伐森林导致碳排放，用棕榈油生产的生物燃料不符合美国可再生燃料标准。

据评估，与可再生燃料标准所确定的来源于石油的柴油的排放量基准相比，棕榈油生产的生物柴油和可再生柴油的生命循环周期温室气体减排额分别为 17% 和 11%，均低于可再生燃料标准规定可再生燃料最低减排 20% 的标准。

这一评估意味着用棕榈油生产的生物燃料不符合美国可再生燃料标准，因此相对于其他燃料源将不会获得优惠待遇。

美国环保署的这一裁定是在对棕榈油产品进行了广泛的生命周期分析后作出的。虽然油棕是世界上产量最大的油料作物，但棕榈油的生产却与热带雨林的变化息息相关。热带雨林是一个巨大的温室气体排放源。大量研究表明，毁林显著削弱了棕榈油作为生物燃料来源而产生的减缓气候变化的效益。

美国环保署对这一决议已启动公众评议期，最终的裁定将会权衡公众评议的结果。

美国可再生燃料标准的宗旨是 2012 年底可再生燃料加入量将达到 75 亿加仑。制定该标准的初衷是为了减少对外国石油的依赖并降低来自交通运输的温室气体排放量，但部分专家对该法案的成效表示质疑。环保主义者认为，可再生燃料将主要来自玉米乙醇，其产生的气候影响具有多重性。

韩国和日本木质颗粒燃料和能源用木片进口将大幅度增加

根据美国"全球木材和木制品市场动态"2012 年 9 月 26 日的报道，未来亚洲木质颗粒燃料和能源用木片的消费量将大幅增加。目前，日本和韩国都出台了扩大绿色和低碳能源利用的规划。韩国正采取一系列措施减少对化石能源的进口依赖，同时增加对国内可更新能源技术的投资，包括风能、太阳能、水力发电和生物质能源等。具体目标是：到 2020 年将可更新能源占能源消耗总量的比例从 2011 年的不足 4% 提高到 6.1%；到 2030 年这一比例将达到 11.5%。为实现这一目标，韩国政府启动了一项新计划，内容包括建造 8 个新的木质颗粒燃料厂，同时扩大木质颗粒燃料进口量。目前，韩国木质颗粒燃料的年消费量为几十万吨，预计到 2020 年将达到 500 万吨。

韩国目前主要利用国内制材厂的加工剩余物来生产木质颗粒燃料，鉴于国内供应量远远不足，韩国必须大幅度增加木质颗粒燃料的进口量以实现 8 年后（2020 年）可更新能源占能源消耗总量 6.1% 的目标。据韩国政府估计，2020 年全国木质颗粒燃料消费量的 75%~80% 将依赖进口。目前，韩国一些大型能源公司已经开始着手研究从澳大利亚、越南、印度尼西亚、菲律宾、加拿大和美国进口木质颗粒燃料的可能性。

日本是亚洲另外一个有望增加能源用木片和木质颗粒燃料进口量的国家，其很大一部分原因是由于去年的福岛核电站事故。此次事故之后，日本政府决定暂时关闭所有的核电站。即使今后一些核电站重新运营，核能也不可能像以前那样在日本能源供应中占据重要地位。因此，专家估计今后日本将逐渐依赖可更新能源，其中生物质能可能成为主要的供应能源。截至目前，日本主要从加拿大进口木质颗粒燃料，数量非常有限，但专家预计今后几年日本将大大增加木质颗粒燃料和能源用木片的进口量。

英国生物发电设施增加预计木材进口将迅速扩大

据英国皇家鸟类保护协会（RSPB）网站 2011 年 9 月 12 日报道，最近 RSPB 发表了生物能源特别报告。报告对迅速扩大的英国生物质能部门，特别是以木材和有机物残渣等为原料生产能源的发电厂进行了分析。英国政府大力支持生物质能，希望未来可以作为可再生能源利用。但结果是国内工业部门一边大肆利用对可再生能源行业的补贴，一边砍伐国外的森林，使全球环境陷入破坏性的局面。

目前，英国正在运转的生物质能发电厂有 31 家，另有 39 家正在建设或在规划之中。其中包括埃塞克斯的一家煤电厂转为生物质能发电厂的计划。该电厂计划成为世界上最大的生物质能发电厂，发电能力达到 750 兆瓦规模。总之，这 39 家发电厂如全部运转，每年需要的生物质预计约 5000 万吨，是现在的 10 倍。这相当于日本每年的木材需求量。

对此，环境非政府组织敏锐地观察到，英国木材进口量将会大量增加。目前进口的生物质占生物质燃料的 13%，预计今后将提高到 68%。据认为，届时仅木材进口量就达到相当于英国目前木材生产量 3 倍的规模。

RSPB 保护主任 Martin Harper 说："根据我们的研究表明，短时间内生物质能发电迅速扩大，可能对野生动物和气候产生重大影响。另外，有一点不能忽视，生物质进口量的增加，使经营电厂的企业利用政府宣传的促进环保绿色补贴成为可能。从某种意义上说，这也是一个典型的政府（补贴）失败的例子。政府应尽快意识到这一错误，并削减补贴，推进可持续性生物能源计划和风力发电等其他可再生能源。"

Harper 说："生物质发电厂原本只使用国内生产的木质燃料，但更应该使用来自国内良好管理森林可持续生产的木材和大量产出的剩余物，或是农业生产过程产生的副产品。预计目前计划的国内生物质发电厂将主要从加拿大、俄罗斯和美国进口 3300 万吨木质燃料。但是，如果我们不从这些国家进口，将面临必须从其他国家进口木质燃料的局面。如果出现这种情况，世界生物多样性丰富的森林也有可能成为目标。"

Harper 还说："我们必须找到一种可再生能源，摆脱对煤和石油化石燃料的依赖。正如 RSPB 报告提到的那样，我们应该认识到，如果以可再生的名义开始大量燃烧进口木材，那我们就会成为环境的叛逆者。"最后，RSPB 报告提出建议，增加国内木质燃料的使用，充分利用过密森林的间伐材。这样做还有一个好处，就是可以为蝴蝶、柳莺和沼泽山雀等鸟类提供良好的栖息地。

RSPB 报告指出，2009 年被送到垃圾填埋场的木材剩余物达 600 万吨，食物残渣达900 万吨。包括此类在内的从国内林业、林产业、农业和食品工业回收能源资源是非常重要的。此外，RSPB 报告呼吁政府重新审视对可再生能源的补贴政策，提出削减对进口木质燃料的补贴，振兴国内的生物质资源利用。

韩国木质颗粒利用促进政策

日本《木材情报》2011 年 4 月报道，为促进木质利用，韩国政府制定了如下两个目标：

(1)2012 年农户住宅 4 万户和设施园艺暖房供暖燃料的 8.3% 由木质颗粒替代。供应目标为 75 万吨(国内 40 万吨，进口 35 万吨)；

(2) 2020 年农户住宅 14 万户和设施园艺暖房供暖燃料的 37% 由木质颗粒代替。供应目标为 500 万吨(国内 100 万吨，进口 400 万吨)。

具体的目标和措施为：

(1)通过普及木质颗粒燃料锅炉扩大需求。①从 2009 年起，用于购置农民住宅供暖锅炉的费用由政府补助 70%，计划从 2009 年 3000 台扩大到 2012 年的 3.9 万台。②从2010 年起，用于购置园艺设施供暖设备的费用由政府援助 60%，计划从 2010 年的 160公顷扩大到 2012 年的 1164 公顷。③预计 2009 年更换公共供暖设施设备 104 处。

(2)建设以颗粒为主要原料的"碳循环村"。计划在 2011 年之前建立 11 处中央集中供暖型颗粒燃料供暖设施。

(3)推动示范项目以开拓新的需求领域。①东海火力发电厂于 2009 年实施了混燃发电的示范项目，在混燃木质颗粒 5% 的范围内，未发现技术和环境上的问题，木质颗粒和进口无烟炭相比具有 3.7 倍的竞争力。②作为创造需求的示范项目，决定在军队方面推进 3 处供暖设施。

(4)谋求木质颗粒燃料的稳定供应。①作为提高生产率的造林体系之一，计划 10 公顷以上集约化，间伐率提高至 30%、机械化作业率提高至 30%、林产品收获率提高至35%。②计划在 2020 年之前，利用速生树种鹅掌楸营造 10 万公顷生物质循环林，作为中长期稳定供应木质生物量的生物质循环林。

(5)扩建木质颗粒生产设备。①计划将 2009 年 4 处生产设施扩大到 2010 年末的 18个加工厂(含民间投资)，年产能力达到 20 万吨。②从 2011 年开始谋求在农村等普及小型生产设施(0.1~0.2 吨/小时)。

(6)构筑利用活性化的基础设施。作为木质颗粒销售和流通网的扩大，将现有 24 处销售点扩大至全国范围；推动为普及和扩大木质颗粒的增值税减免，以及通过节约燃料费和流通费降低价格。

7 森林与气候变化

伐木制品碳储量评价是划时代的难题

日本《林政新闻》2012年2月22日报道，评价伐木制品中的碳储量是划时代的难题，也是国际规则的要点，并将对国产材产生一定影响。

（1）伐木制品中也贮存着碳。2011年德班召开的全球气候变化国际会议（COP17）做出了一个划时代的决定，即评价伐木制品中碳储量的新规则。根据现行规则，在第一承诺期（2008～2012年）按照森林采伐后木材被运出森林时计算排放到大气中的碳，但第二承诺期（2013年以后）的新规则认为，森林之外的伐木制品也继续贮存着碳，因此决定在木材产品燃烧或报废时计算其碳排放。

日本以前就主张要合理地评价伐木制品（Harvested Wood Products, HWP）吸收、固定的碳量，这在国际上也得到了认可。林野厅今后要向各方面宣传这一新规则的意义。HWP指伐木制品或"运出森林之外的所有木质资源"。以前，碳的计量对象仅限于林内的树木、枝叶、土壤等，但现在增加了伐木制品，这样就增加了贮存碳的场所。

（2）计量对象仅限于国产材，碳量计算设定半衰期

随着HWP规则的制定，令各方伤脑筋的是对进口木制品的碳排放量如何计算。日本进口大量的HWP，这些材料在报废（燃烧或废弃）时产生的碳排放，纳入出口国的排放还是进口国的排放，这将影响到世界的林产品贸易。

新规则规定，由国产材生产的HWP，只能在其生产国计算碳排放。例如，从美国进口的HWP在日本国内被报废时产生的碳排放，被纳入美国的排放量加以计算。其次是如何推算HWP所贮存的碳量。在新规则中，认为HWP不可能持续永久地贮存碳。简要地说，国家每年报废多少HWP，如何计算碳的排放量，这是最难的技术。因此，

新规则从 HWP 被利用时开始设定固定的半衰期进行推算。半衰期的初期值设为：纸张 2 年、木板 25 年、锯木 35 年，但各国也可采用固有的半衰期。HWP 可广泛用于住宅建材及家具领域等。

（3）老旧木造住宅是排放源、需求扩大和长期利用不可或缺。关于 HWP 贮存的碳逐渐被释放的观点，HWP 新规则的本质在于"时间推移"。被利用的 HWP 不可能一直持续地贮存碳，如上所述，以半衰期为中心，在若干年里将被计算排放量（图 1）。

但是，问题在于过去利用的 HWP 所排放的碳也必须计入总量。日本大约 40 年以前的住宅，其国产材使用率比现在高，因此仅住宅改建这一项，与吸收和固定的碳相比，其排放（报废）量会更大。

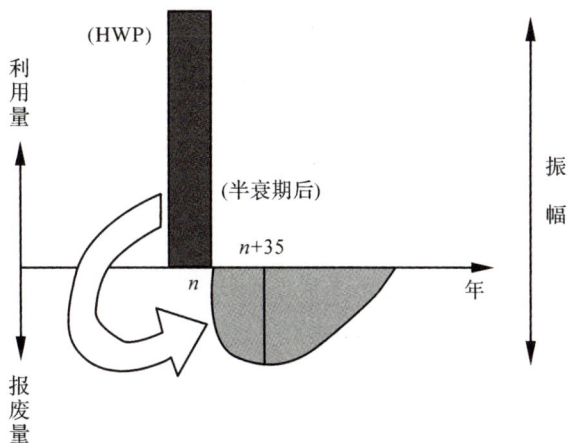

图 1　被利用的 HWP 的排放时间概念图

从 1987 年开始到 1996 年，每年有 140 万 ~ 160 万户新建住宅开工，但近年低于 80 万户，木造住宅的开工户数正在减少。因此，排放（报废）量将大大超过吸收、固定（利用）的二氧化碳量。

HWP 新规则自《京都议定书》的第二个承诺期（2013 年）开始适用，但日本已表明不参加第二承诺期，因此没有采用 HWP 新规则的义务。在认真考察新规则的利弊之后，再决定是否采取为实现自愿减排目标的计算方法等。

据林野厅所言，要基于新规则将 HWP 作为碳吸收源，以下两点很重要：①要继续增加国产材的使用量；②新生产的 HWP 比即将报废的 HWP 利用时间更长。总之，同时推动国产材利用量的增加和国产材的长期利用是最有效的减排办法，这也再次证明了过去一直强调的扩大国产材利用在防止气候变暖方面的必要性。

热带林对全球气候变暖有很强的适应能力

美国《科学日报》网 2013 年 3 月 10 日报道：《自然地理科学》3 月份发表的一项研究显示，在 21 世纪，热带林的生物质因温室气体排放导致的损失可能不如预想得那么大。

该研究团队由来自英国、美国、澳大利亚和巴西的气象学家和热带生态专家组成，负责人是英国生态和水文中心的克里斯·汉廷福德博士（Chris Huntingford）。他们对气候变化造成热带林枯死的风险进行了有史以来最全面的评估，其结果对于认识热带雨林今后的演替及其在全球气候系统和碳循环中的作用具有重要意义。

汉廷福德和他的同事用计算机模拟了 22 个气候模型，研究美洲、非洲和亚洲的热带林对温室气体导致气候变化的响应。他们发现只有美洲的 1 个模型出现了森林面积损失。研究人员还发现在预测过程中，最大的不确定性是植物生理过程的变化。

尽管研究显示气候变化导致热带林遭到破坏的风险很低，但也指出生态系统对全球变暖的响应存在不确定性。研究报告的首席作者汉廷福德说："我们的分析结果中最令人感到惊讶的是，雨林生态模型中的不确定性明显大于气候推测的不确定性。尽管如此，根据我们目前对气候变化和生态响应的了解，美洲（包括亚马孙和中美洲）、非洲和亚洲的森林有自我恢复的能力。"研究报告的另一作者、来自英国利兹大学的大卫·加尔布雷斯（David Galbraith）说："这项研究说明了我们为什么必须更加深入地了解热带林对气温升高和干旱的反应。不同的植被模型模拟了森林对气候变化敏感性的明显差异。这些新成果显示热带林可能对变暖有非常强的恢复适应性。"英国埃克塞特大学的丽娜·梅尔卡多（Lina Mercado）说："在这项研究的基础上，目前剩下的最大挑战是在 Earth 模型中加入热带林对于气候变暖的热驯化和适应性的完整表达。"

关于 REDD + 的国际讨论普遍回避了毁林原因问题

国际林业研究中心（CIFOR）网站 2013 年 10 月 27 日报道：CIFOR 最近的一项分析发现，国际上围绕着 REDD + 的讨论缺乏一个非常关键的内容，即毁林的深层原因。目前的很多讨论都集中在制度以及"谁应当为什么付钱"的问题，但其实毁林的原因这一根本问题才应当是讨论的核心。

研究人员对巴西、喀麦隆、印度尼西亚、尼泊尔、巴布亚新几内亚和越南等 6 个国家进行的调查分析发现，这 6 个国家的政府、社会团体和私人部门在公开讨论联合国资助的 REDD + 项目时，往往回避谈一些深层次的问题。CIFOR 的高级研究员、来自英国利兹大学的莫妮卡·迪格雷戈里奥（Monica Di Gregorio）说："我们发现尽管对于 REDD + 已经开展了很多讨论，比如关于谁应当为什么而付钱的问题，但是却很少谈到国家层面的问题。国家和强大的利益集团虽然表面上支持 REDD + ，但在谈到这个问题时往往是采取敷衍而简单的方式，其实他们并不想真正进行 REDD + 所需的改革。"

迪格雷戈里奥与 CIFOR 的科学家玛利亚·布罗克豪斯（Maria Brockhaus）和索菲·马蒂亚（Sofi Mardiah）共同撰写的题为《如何设计国家 REDD + ：机构权力的分析》的研究报告中提出回避毁林原因是否会葬送 REDD + 的问题。迪格雷戈里奥说："我们知道要想制定出有效的 REDD + 政策，就必须要解决毁林原因的问题，否则就不会有减排。仅仅设立项目或者宣称'这里有一个进程'、'这里有一个机制'是不够的。实施 REDD + 意味着要处理一些非常具有挑战性的问题。但如果他们不谈论实质性的问题，也就不可能解决这些问题。"

REDD + 需要解决的实质性问题应该是造成毁林和森林退化的根源。最近对 100 个发展中国家毁林和森林退化的直接原因的调查发现，73% 的毁林是由于农业的扩张，其中商品农业占 40% ，自给农业占 33% 。其他导致毁林的原因有采矿（7%）、基础设施建设（10%）和城市的扩大（10%）。采伐和获取木材（主要在拉丁美洲和亚洲）是造成森林退化的主要原因，占森林退化总面积的52%，采集薪炭材和木炭生产（主要在非洲）造成的森林退化面积占31%，火灾造成的占9%，放牧造成的占7%。

在这些直接导致毁林和森林退化的行为背后通常有许多间接因素在起作用，如税收、贸易和金融等方面的国家政策、经济发展战略以及市场推动力等。

喀麦隆、印度尼西亚、尼泊尔、巴布亚新几内亚和越南等5个国家都已向世界银行的森林碳伙伴基金（FCPF）提交了REDD+实施准备计划，但其中多数国家没有按要求提供有关毁林原因的完整信息。毫无疑问，这些国家的决策者是知道毁林原因的，也是知道需要对政策进行改革的。但弄不清楚的是这些国家为什么在公开论坛中继续回避这个问题。迪格雷戈里奥认为也许是因为政治上的阻力。如果这些国家真正进行改革或坚决沿着REDD+的方向走下去，也许就会在经济发展方面付出代价。例如，如果政府为了迎合REDD+而决定放弃需要皆伐森林的但又有利可图的农业项目（如开辟新的油棕榈种植园），就会失去可观的收入。在毁林的背后有很多有权势的利益集团，例如在农业中政府在权衡这些问题时都非常谨慎。而非政府组织和其他热衷于变革的社会团体则将注意力集中在REDD+的环境公正性、安全性和"共同利益"，如REDD+对生活会有怎样的影响以及在决策时是否公平等等。虽然毁林的原因对于REDD+政策改革很重要，但这些社会团体没有明确地讨论这个问题。

迪格雷戈里奥说："我们曾经设想非政府环保组织会更关心毁林的原动力的问题，但是尽管很多非政府组织都是国际性的，同时也很有影响力，他们却没有涉及这个核心的问题。"

除非政府和国内要求变革的团体开始将这些问题提到日程上来，否则REDD+可能就无法取得进展。迪格雷戈里奥说："如果想实施REDD+，并且在减排上取得成效，我们就必须要公开讨论这些问题。在制定REDD+政策过程中，毁林根本原因的探讨总是要涉及的，但是进行得越早，政策的效果就会越好。"

多哈大会决定：从2015年开始报告木制品的碳储量

日本《林政新闻》2012年12月19日报道，2012年11月26日至12月8日在卡塔尔的多哈召开的"气候变化框架公约第18次缔约方大会"（COP18）决定，计算森林和木制品的碳储量，从2015年4月开始向公约事务局报告。

COP18决定，第1承诺期（2008～2012年）结束后的京都议定书将延续至2020年，执行第二承诺期。日本及俄罗斯等不参加第二承诺期，但从推进防止气候变暖对策的观点出发，有义务提供必要的数据等。关于森林吸收二氧化碳量的报告，以前也进行过，但关于木制品碳储量的计算等是一项新的工作。

根据京都议定书第一承诺期的规则，在木材被运出森林时视为碳排放。但是，2011年召开的COP17大会，就森林以外的木制品也继续贮存着碳、只有在报废时才会产生排放的新规则达成了一致。CO18 大会规定了按照这个新规则进行报告的义务，对有利于防止气候变暖的木材利用给予了国际性的定论。

另一方面，在向公约事务局报告时，以前的木材供需量要另当别论，必须掌握国产木制品的生产量和报废量的实际情况。因此，林野厅决定抓紧讨论追加数据的鉴定、收集和分析。

向公约事务局继续报告森林吸收二氧化碳量，也是推进日本国内以间伐为主的气候变暖对策的"后盾"。为推进森林的经营管理，稳定的资金来源是必不可少的，林野厅等考虑可通过下一年度的税制改革使用暖化对策税充当财源，并以 COP18 决定的国际义务作为有说服力的理由致力于财源的确保。

波恩气候变化会议所取得与森林相关的成果

森林欧洲(Forest Europe)2013 年 7 月 4 日报道：联合国 2013 年第二轮气候变化谈判会议于 6 月 3~14 日在德国波恩召开。波恩谈判有 3 条线平行推进。第 1 条是执行附属机构(SBI)谈判，第三条是科技咨询附属机构(SBSTA)谈判，第三条是《德班平台(ADP)》谈判。其中，SBSTA 谈判在有关 REDD + 和技术方法等许多问题上取得良好进展，而 SBI 谈判和 ADP 谈判未取得实质性进展。

在 SBSTA 谈判会议中，通过对 REDD + 方法导则的讨论，形成了有关国家森林监测系统模式和解决毁林和森林退化的驱动因素的决议草案，并将提交给 11 月份在华沙召开的第 19 届气候变化大会(COP19)审议。决议草案要求各缔约方将 REDD + 要素整合到当前的国家报告工作中，并根据联合国政府间气候变化专门委员会(IPCC)的指导原则每 2 年报告 1 次温室气体排放情况。但最不发达国家可以灵活执行。

联合国气候变化大会在华沙闭幕

《联合国气候变化框架公约》(UNFCCC)网站(http：//unfccc. int)2013 年 11 月 23 日消息：UNFCCC 第 19 次缔约方大会(COP19)华沙当地时间 23 日晚上 8 点在华沙落下帷幕，延时 26 个小时。各国政府将继续为在 2015 年达成一项具有法律约束力的全球协议而努力。大会就包括帮助发展中国家减少来自毁林和森林退化导致的温室气体排放和就损失损害补偿机制等问题达成协议建立"REDD + 华沙框架"。

COP19 主席、波兰环境部部长克罗莱茨(Marcin Korolec)认为，华沙气候变化大会为各国政府达成新的全球气候协议提供了草案文本，并在 2014 年秘鲁气候变化大会(COP20)上讨论。这为 2015 年在巴黎气候变化大会达成最终协议奠定了基石。各缔约方将于 2015 年第一季度在巴黎召开的 COP21 前提交清晰和透明的减排草案。各国政府还决定通过加强技术工作和各国部长更加频繁的接触，努力缩减 2020 年前的排放差距。

　　大会还决定成立一个"华沙损失损害国际机制"，旨在为最易遭受因全球变暖而引起的极端气候事件和海平面上升等缓慢发生事件袭击的国家和地区提供资助，帮助他们对抗气候变化造成的损失和损害。具体工作将于明年开始。

　　UNFCCC 秘书处执行秘书菲格雷斯（Christiana Figueres）说，越来越多、越来越频繁的极端气候事件使贫困地区和弱势群体已经付出了巨大的代价。因此，各国政府，尤其是发达国家，现在必须做出更多的努力，才能在巴黎气候变化大会之前提交更加可行的减排方案。

　　此外，各国政府提供了更加清晰的资金支持，帮助发展中国家采取行动减少排放和适应气候变化，包括要求发达国家在 2014~2020 年间每两年提交一次扩大资金支持的策略和方案。

　　华沙气候变化大会还宣布了用以支持发展中国家采取应对气候变化的行动的即将到来的公共气候资金。资金来源国家包括挪威、英国、欧盟国家、美国、韩国、日本、瑞典、德国和芬兰。与此同时，绿色气候基金董事会（Green Climate Fund Board）正在尽快启动资金募集进程，要求发达国家在 2014 年 12 月 COP20 召开前兑现承诺。

　　帮助发展中国家减少来自毁林和森林退化的温室气体排放（占人为排放的 1/5）是华沙气候变化大会达成的协议中一组重要的决定。美国、挪威和英国承诺为"REDD + 华沙框架"提供 2.8 亿美元的支持。克罗莱茨主席对这项成果被称作"REDD + 华沙框架"感到非常自豪。他表示，通过谈判，大家为森林的保护和可持续利用做出了重大贡献，这将使居住在森林周边的居民和全世界的人民受益。

　　华沙气候变化大会帮助发展中国家进一步采取行动。全球 48 个最贫困的国家在华沙通过一项里程碑式的决定，共同完成了一组全面应对不可避免的气候变化影响方案。这些国家可通过这组方案更好地评估气候变化的直接影响，以及资助需求变得更加的灵活。发达国家，包括奥地利、比利时、芬兰、法国、德国、挪威、瑞典、瑞士，已经提供或承诺提供超过 1 亿美元的资金投入到适应基金（Adaptation Fund），并已经开始资助国家项目。

　　气候技术中心和网络（CTCN）的建成使发展中国家寻求对技术转让的建议和帮助的需求可以得到快速反应。CTCN 已经启动并鼓励发展中国家设立重点项目加速技术转让。

　　COP19 展示了企业、城市、地区和公民社会等社会各个阶层都在为应对气候变化采取行动。UNFCCC 秘书处还通过庆祝一年一度的"改变的动力：灯塔活动"，展示创新融资的积极结果和妇女与贫困城市居民为应对气候变化而采取的行动。此外，该计划将启动一个新的领域，重点关注信息和科技部门为削减排放和提高适应能力所做的努力。菲格雷斯说，COP19 所有的参与者不仅展示了他们为气候变化所做的一切贡献并认为他们还能做得更多更好。2014 年将是展现他们实际行动的机会。

　　UN 秘书长潘基文在华沙重申他的邀请，希望所有国家的政府首脑、金融和商业界领导人以及公民社会的代表参加 2014 年 9 月 23 日在纽约举办的气候峰会，为 UNFCCC 将全球气温升幅控制在 2℃ 的 2015 谈判达成一份新的协议提供助力和补充。UNFCCC 下一次德班平台特别工作小组会议将于 2014 年 3 月 10~14 日在德国波恩举行。

全球森林碳市场继续健康发展

据森林气候变化网站(www.forestsclimatechange.org)2013 年 11 月 12 日报道,2013 年 11 月 8 日,也就是在联合国华沙气候大会召开前夕,森林趋势生态系统市场在伦敦发布了 2013 森林碳市场状况的年度报告,全面介绍了 2012 年全球森林碳市场项目参与者、项目类型、主要购买方、交易数量及其交易额等信息。

报告显示,2012 年全球森林碳汇交易量为 2800 万吨二氧化碳当量(CO_2-e),交易额达到 2.16 亿美元。与 2011 年相比,交易量增加 9%,交易额下降 8%,碳汇的平均价格为 7.8 美元/吨 CO_2-e。碳汇项目包括农业、林业和土地利用变化 3 种类型。

自愿市场碳汇交易成为全球森林碳汇交易的主体,占到合同交易量的 92%,金额达到 1.98 亿美元。然而,澳大利亚和美国加州的买家是为其强制碳市场交易的需要而购买。私营部门是森林碳汇市场的最大买家,他们购买了 70%(1970 万吨 CO_2-e)的碳汇,2/3 的碳汇项目被多国企业以履行企业社会责任或展示应对气候变化形象而购买。从买家的区域分布看,欧盟是全球最大买家,北美紧随其后,为第二大买家,但北美的买家愿意购买本地项目产生的碳汇。

今年的报告是生态系统市场连续发布的第 4 个年度,这一系列报告追踪了 2650 万公顷的森林碳汇项目,通过适当的碳管理措施,生产并交易了碳汇 1.34 亿吨 CO_2-e,交易额约 9 亿美元。

2012 年对清洁发展机制(CDM)造林/再造林项目产生碳汇量的需求为 860 万吨,与 2011 年相比有所降低,但对 REDD 项目产生碳汇量的需求却明显上升,为 2010 年以来的最高。

从项目的分布看,2012 年实施森林碳汇项目的国家比 2011 年增加了 4 个,达到 58 个。北美项目的交易量占全球交易量的 1/4。南半球项目的交易量占据半壁江山。

多数森林碳汇项目都寻求或实现了核证碳标准(VCS)的认证,其交易量占到市场份额的 57%,即 1570 万吨 CO_2-e。其中,有 1220 万吨 CO_2-e 的碳汇项目寻求 VCS 和气候、社区和生物多样性标准(CCB)的双认证。

通过分析今年的报告,我们可以得出这样的结论:尽管森林碳汇市场存在着未来碳信用需求以及履约碳市场整体价值下降的不确定性,但企业对碳市场的兴趣正在增加并意识到投资森林碳汇的重要性,投资森林碳汇、保护森林生态系统,有助于应对气候变化,并能帮助企业履行社会责任,提升企业的社会影响力。

联合国环境规划署发布《2013 年排放差距报告》

2013 年 11 月 5 日联合国环境规划署(UNEP)(http://www.unep.org/)消息:如果

国际社会不立即采取广泛行动缩小温室气体排放的差距，那么本世纪继续通过成本最低的途径把全球气温升幅控制在2℃以下的机会将很快消失，各种挑战也将随之而来。

《2013年排放差距报告》在各国领导人参加华沙气候变化大会前夕发布。该报告在联合国环境规划署（UNEP）的协调下，由17个国家的44个科学团体编写而成。

报告发现，尽管有可能在更大的排放量下实现2℃目标，但不缩小排放差距将加剧2020年后的减排挑战。这将意味着必须加快全球中期减排速度：更多地锁定碳密集基础设施；中期减排更多地依赖于往往未经证实的技术；中长期减排面临更高的成本；以及无法达到2℃目标的风险更大。

即使各国兑现了他们当前的气候承诺，在2020年温室气体排放量很可能达到80亿~120亿吨二氧化碳当量（CO_2-e），仍然高于有可能继续通过成本最低途径减排的水平。

如果到2020年温室气体排放差距没有消除或显著缩小，把温度上升限制到一个更低的目标即1.5℃的选择就更不可能，这将进一步增大对更快地提高能源效率和具有碳捕获和封存能力的生物质的依赖。

为了不偏离实现2℃目标的正轨，并消除上文所述的负面影响，报告指出，到2020年，最大排放量应不超过440亿吨CO_2-e，以便进一步为减排铺路。2025年要减至400亿吨CO_2-e，2030年要减至350亿吨CO_2-e，到2050年要减至220亿吨CO_2-e。由于这个目标是基于2010年就开始行动的前提设立的，因此报告发现达到这一目标正变得越来越困难。

联合国副秘书长、UNEP执行主任阿齐姆·施泰纳（Achim Steiner）认为："正如报告所强调，延迟行动意味着短期内气候变化速度更快，并可能在短期产生更多气候影响，并导致继续使用碳密集型和能源密集型基础设施。这种'锁定'将减缓气候友好型技术的引进，减少能帮助国际社会踏上可持续的、绿色的未来道路的发展选择。""尽管如此，仍然可以通过加强目前的承诺，并采取进一步行动，包括扩大在能源效率、化石燃料补贴改革和可再生能源等领域的国际合作计划来为实现2020年目标打好基础。"施泰纳补充说："甚至农业也应做出贡献，农业部门直接排放的温室气体目前占全球温室气体排放的11%，如果考虑其间接排放量，这个数字会更大。"

2010年（有可用数据的最近一年）全球温室气体排放已达501亿吨CO_2-e，凸显了未来任务的艰巨。如果全世界继续按照"一切照常"发展（其中未包括承诺），那么2020年的排放量预计将达到590亿吨CO_2-e，比2012年《排放差距报告》的估算高出10亿吨CO_2-e。

科学家们均认为，如果本世纪末全球平均气温比工业革命前的水平上升超过2℃，那么对环境造成不可逆转破坏的风险会显著增加。政府间气候变化专门委员会的最新报告证实，人类活动"极有可能"（95%~100%的概率）是全球变暖的主要原因。

联合国气候变化框架公约执行秘书克里斯蒂娜·菲格拉斯（Christiana Figueres）说："当我们前往华沙参加最新一轮气候谈判时，所有国家都有必要怀有更大抱负。这种抱负能促使这些国家更快地采取进一步行动来弥合排放差距并实现可持续发展的未来。"

"但是，更大的国家抱负将不足以克服气候变化的科学现实，这就是为什么到 2015 年迫切需要一个能推进国际合作的新的全球协议的原因之一。"如果不高度重视并马上解决这一问题，那么今后的减排将需要更快的速度和更大的代价，从而导致向全面气候政策制度过渡期间出现更高的减缓成本和更大的经济挑战。

从 UNEP 的另一份报告发现，如果温度升幅超过 2℃ 的目标，那么非洲的应对成本在 2070 年可能达到每年 3500 亿美元，而如果实现了目标，那么这一成本将每年减少 1500 亿美元。

实现 2020 年每年 440 亿吨 CO_2-e 的目标是可能的。尽管机会的窗口正在缩小，但仍可能通过坚定而迅速的行动去争取实现。研究显示，与往常的水平相比，对每吨二氧化碳当量的排放投入 100 美元可减少 140 亿至 200 亿吨 CO_2-e 的排放。

例如，仅通过收紧气候谈判中的承诺规则就能将差距缩小约 10 亿~20 亿吨 CO_2-e，而如果各国无条件履行已承诺的最大减排量，就可以将差距缩小 20 亿~30 亿吨 CO_2-e。如果扩大承诺范围能进一步将差距缩小 20 亿吨 CO_2-e。这些措施包括在国家承诺中涵盖所有排放，让所有国家承诺减排和减少国际运输所产生的排放。

通过收紧规则增加减排，无条件实施雄心勃勃的承诺并扩大当前承诺的范围，可使国际社会在弥合差距的道路上成功一半。报告称，剩余的差距可通过进一步的国际和国家行动，包括通过国际合作计划来缩小。国际合作计划日益增多，尽管减缓气候变化可能并非这些计划的首要目标，但各国和其他机构通过合作，以推广能给气候变化带来好处的技术或政策，可以带来巨大的收益。

《2013 年排放差距报告》确定了国际合作计划的几个成熟领域，在这些领域中许多合作项目已经到位，可以加以扩大和复制以产生所需的收益：①能源效率：到 2020 年可能削减高达 20 亿吨 CO_2-e 的差距。例如，照明用电约占全球电力消耗的 15% 和全球温室气体排放量的 5%。已经有 50 多个国家加入了 enlighten 全球高效照明合作项目，并同意到 2016 年底逐步淘汰低效白炽灯；②可再生能源计划：到 2020 年可以减少 10 亿~30 亿吨 CO_2-e 排放量。2012 年对可再生能源的总投入为 2440 亿美元，全球新安装的可再生能源容量达 115 千兆瓦，21 世纪可再生能源政策网（REN21）的《2013 可再生能源全球状况报告》称这是创纪录的一年。在过去 8 年，设立清洁能源目标的国家数量从 48 个增加到 140 个，增加了两倍，表明向可再生能源的转变正在加快；③化石燃料补贴改革：到 2020 年可能会带来 4 亿~20 亿吨 CO_2-e 的减排效益。

报告认为，为了让国际合作计划有效，它们必须具备以下条件：①明确的愿景和使命；②适合这一使命的各种参与者组合，不限于传统的气候变化谈判者；③发展中国家更加积极地参与；④支持实施和后续行动的充足资金和体制结构，但应保持灵活性；⑤对参与者的激励；以及⑥透明度和问责机制。

今年的报告着重强调了农业部门，虽然几乎没有哪个国家把在这一领域采取具体行动作为履行其承诺的一部分，但据估算，农业部门的减排潜力介于 11 亿~43 亿吨 CO_2-e 之间。

报告概述了一系列措施，它们不仅有助于缓解气候变化，而且能加强农业部门的环境可持续性，并能带来其他好处，如更高的产量、更低的化肥成本或通过木材供应产生的额外利润。

报告强调，应在更广泛范围推广的三大做法是：①免耕做法：免耕是指不耕田，直接在前一季作物的覆盖层下播种。这能减少来自土壤扰动和使用农机具产生的排放。②在水稻生产中加强养分和水分管理：这包括减少甲烷和一氧化二氮排放量的创新耕作方法。③农林业。包括不同的管理措施，通过这些措施专门在农场和景观中种植多年生木本植物，使生物质和土壤加大对大气中 CO_2 的捕获和贮存。

随着二氧化碳上升森林可能会耗水更少

据国际热带林和环保网站（www. mongabay. com）2013 年 7 月 11 日消息：《自然》杂志一项新的研究报道，当大气中的二氧化碳水平上升，森林可能消耗的水更少。研究结果依据的数据来自 300 个设在世界各地包括温带、热带和寒带地区的用来测量森林上方二氧化碳和水通量的树冠塔。研究发现，当二氧化碳水平上升时，植物变得更节水。尽管研究结果与利用模型得出的预测结果一致，但是节水效率高于预期。

仅关注温度不足以应对全球变暖

据环境消息网（www. enn. com）2013 年 7 月 6 日消息：一项由伯尔尼大学开展且已发表在《自然》杂志上的研究论证，到目前为止，国际气候目标仍被约束为限制温度的升高。但是，如果人类可以阻止海平面升高，海洋酸化以及农业生产的损失，CO_2 排放量就会有更大幅度的下降。

国际气候政策的最终目的是防止气候系统受到危险的人为干扰。要达到这个目的，温室气体排放一定要被稳定在一个对人类和环境都可接受的水平上。气候目标通常以全球平均温度的上升来表示，上升最大限度为自前工业时代以来的 2℃，这个被世界多数国家政府所公认。

但现在，由总部设在伯尔尼的气候研究人员进行的一项研究表明，仅关注温度升高是绝不足以实现国际气候政策的最终及首要目的的。因为，根据 1992 年《联合国气候变化框架公约》，"气候系统"是由大气、水圈、生物圈、岩石圈以及它们之间的相互作用的一个整体组成。"框架公约"还要求生态系统和粮食生产维持可持续发展。如果仅关注 2℃ 的目标，所有这一切几乎是不可能实现的。

改进评估森林生物量和碳储量的新工具出台

2013 年 6 月 28 日 FAO 消息：由 FAO 发起的一个新的在线平台，借此各国可以改进对森林蓄积量、生物量和碳储量的评估。这个平台对研究气候变化和减灾活动是至关重要的，如通过植树造林增加森林碳储量，以及加大生物能源开发。

由 FAO、法国研究中心 CIRAD 和意大利 Tuscia 大学共同开发研制的 GlobAllomeTree 是一个新的国际网络平台，旨在帮助气候变化的项目开发人员、研究人员、科学家和林业工作者计算森林生物量和森林碳汇。这些数据将有助于各国决策者就气候变化和生物能源战略做出明智的决策。FAO 林业官员 Matieu Henry 指出，这是第一次各国可以借此数据库中大量的树木模型来评估全球森林资源。

该平台易于访问和使用。用户通过使用该平台，可根据树的特性如胸高直径、树高和木材密度，对不同类型树木和生态区的树干材积、树木生物量和碳储量进行评估。使用是免费的，用户也可以开发并提交自己的计算模型。

目前，该平台涵盖了欧洲 7 个不同生态区的 61 个树种，北美 16 个生态区的 263 个树种，以及非洲 9 个生态区中的 324 个树种。南亚、东南亚、中亚和南美的计算工具将很快被确定并上传到该平台。

这个新的平台对 REDD +（减少采伐及森林退化造成的温室气体排放）活动将是特别有益的，因为各国政府需要更准确地评估森林碳贮存以及碳储量变化。在此背景下，一些国家已经走在前面。他们使用树木计算模型监测 REDD +。例如，在越南，由 UN－REDD + 国家计划支持的国家机构对越南各地的一些森林类型进行了实地测量，开发了新的计算模型。印度尼西亚制定并采用了建立树木数据库的国家标准。在墨西哥，国家林业主管部门已经创建了国家数据库和新的计算工具。这些努力将有助于这些国家获得关于森林资源和森林碳储量以及变化现状的更准确的数据，并且有助于支持国家和国际林业政策的实施。

世界资源研究所发布全新一站式温室气体排放数据分析工具

据世界资源研究所(WRI)网站(www. wri. org)2013 年 7 月 10 日消息：对浩如烟海的全球温室气体排放数据进行查阅是一项极其艰巨的工作。为了简化程序，使数据查阅和获取更加便捷，WRI 发布了新版的气候分析指标工具 CAIT 2.0。

CAIT 2.0 免费在线，包含 186 个国家和全美 50 个州的温室气体排放及其他气候数据。通过 CAIT 2.0，用户可对数据进行查阅、整理、下载和可视化处理，并对数据进行比较分析。该工具简单易用，包含全面的排放数据，可帮助来自政府、企业、学术界、媒体和民间社会的用户更为有效地认识、理解和交流气候变化问题。

2003 年 12 月至 2012 年 5 月，WRI 对旧版 CAIT 进行定期维护和更新。CAIT 的月均访问量超过 5000 次，多次为新闻报道、政策摘要和政府文件提供重要参考。例如，CAIT 定期为联合国气候变化框架公约和其他论坛的政策讨论提供信息，并被《斯特恩回顾：气候变化经济学》所引用。此外，CAIT 还在美国国家公共电台(NPR)"气候变化趋势：碳排放大国"和美国气候变化行动网络"哪些国家支持哥本哈根协议？"等在线工具和活动中发挥了重要作用。

在旧版基础上，CAIT2.0打造了可靠的在线数据平台，从权威的研究中心、政府部门和国际组织收集关键的气候数据，为几乎所有的国家和全美各州提供包括6种温室气体在内的全面排放清单。CAIT2.0根据全面性和相对精确性等标准选择数据，并使用连贯一致的方法建立各国数据集。

同时，CAIT2.0也使用了先进技术，提升了用户体验。比如，只要接入互联网，轻点几下鼠标(或在iPad上划几下)，用户就能利用它快速查阅全球温室气体排放数据，同时根据比较分析的要求缩小范围(年份、气体类别、国别等)，从而创建出简单、可下载或嵌入的数据视图。此外，每个数据视图都有特定的URL地址，方便用户与同事共享，或保存并返回特定的数据视图。用户也可便捷下载原始数据，对其进行详细分析和图像化处理。CAIT2.0还处在测试阶段。除了核心排放数据之外，近期还会增加新的数据并增强新的网站功能。

2012年全球自愿碳市场状况

根据"森林趋势"(国际森林保护组织)2013年6月20日发布的全球自愿碳市场状况报告，2012年全球自愿碳抵偿需求增长4%，碳信用购买者出资5.23亿美元用于抵偿1.01亿吨温室气体排放量。90%的碳信用额由私营部门购买。这些碳信用额来自造林、热带林保护或在发展中国家发放清洁炉灶等。私营部门购买碳信用额的主要动机是履行社会责任和维护企业形象。

欧洲私营部门(如能源企业)是自愿碳市场最大的买方，其碳信用购买额比2011年增长34%至4340万吨。

美国公司(如迪斯尼公司和雪佛兰公司等)所购买的碳信用额合计为2870万吨，高于其他任何一个国家，其中超过1/3的购买量(970万吨)是为2013年美国加州的"排放限额与交易(cap-and-trade)计划"做准备。

不丹应对气候变化国家战略

日本《海外森林与林业》第82期(2012年)报道了不丹森林和林业领域的研究课题，其中涉及不丹应对气候变化的国家战略。

不丹已经认识到在国家、地区和行业层面上针对适应气候变化的脆弱性和制定长期战略的必要性。但是关于气候变化的知识，仅限于一部分项目成员有所了解而并未扩大到与环境相关的整个部署中，在第10个5年计划(2008~2013)中也未特别提及气候变化问题。另一方面，不丹政府1995年批准了联合国气候变化框架公约(UNFCCC)，作为该公约的义务发表了第1次国家报告。该报告主要包含了温室气体一览表、脆弱性评价以及为制定减缓和适应气候变化影响对策的国家气候变化行动计划。但是，关于脆弱性和适应对策的评估分量不大，因为不是在充分研究基础上进行的评估。

不丹政府的国家环境委员会 2008 年修订了与联合国环境计划有关的备忘录，增加了关于气候变化战略的报道。为制定气候变化战略，在第 2 次国家报告中就应对气候变化现在应该做什么进行了评估。该报告有必要提供关于气候变化风险等信息，增加对气候变化的脆弱性、适应对策、缓和对策的详细评估。国家环境委员会期待着在第 10 个 5 年计划完成后决定国家可持续发展战略。该战略内容应该考虑到现有政策和计划上的可持续土地管理、灾害管理、能源可持续性、全球化、基础设施建设等，同时将气候变化纳入考虑范围。

(一)未来气候变化预测和森林碳蓄积

根据政府间气候变化专门委员会(IPCC)关于 A1B(假定的一种排放情景)情景下的温室气体排放情况，预测不丹在 2100 年之前平均气温将上升 3.3℃，降水量旱季减少5%、雨季增加 11%，但这是根据全球气候预测做出的推测。在不丹国内高空间分辨率的气候变化预测因气象观测数据不足而未能实施。不丹的气象和水文观测站大部分集中在内陆地区和南部地区。由于北部高山地区没有进行观测，加之观测站的绝对数据不足，仅靠现有的气象和水文观测站的数据还不能对反映不丹复杂地形的气温及降水进行空间评价。因此，在不丹增加气象和水文观测点是今后的课题之一。

(二)气候变化对生物多样性和森林的影响

不丹在仅有 3.8 万平方千米的国土上拥有着从热带林到高山苔原的全气候带的生态系统，成为地球上 10 个生物多样性热点地区之一。例如，像西部地区的森林分布那样，在不丹广泛分布着与海拔高度和地形相适应的多种植被。在以山脊为界的山坡上，西坡 2200 米谷底两侧乔松占优势，随着海拔上升栎类增多，在山脊铁杉占优；东坡由山脊向低海拔地区可见从铁杉占优势逐渐向米槠和栎类占优势的常绿阔叶林转变，到海拔约 1200 米附近的干燥谷两侧变为乔松占优势。另一方面，在南部的低地分布着热带雨林及稀树草原。在北部高山区，海拔 3500 米左右冷杉占优势，超过 4000 米左右是杜鹃及圆柏等占优势的低木林，再往上是高山苔原。

气候变化加之森林采伐、土地利用变化、栖息地恶化及零碎化等多种因素组合，将会给不丹的生物多样性及森林生态系统造成重大影响。但是，气候变化影响在不丹尚处于定性估计阶段，因此今后要制定针对气候变化对森林影响的适应对策，重要的是定量影响预测、森林生态系统数据积累和建立数据库。首先，要增加气象观测点，收集全国的气象数据；其次，在全国进行森林资源信息的存储及植被调查和植物分布调查等，建立数据库。在植被调查区继续进行监控，尤其是对植被带变化区域的监控，这有利于发现气候变化导致的影响。通过完善气候变化和生物相与生态系统的数据，可定量评价气候变化影响的风险。

奥巴马宣布气候变化应对计划 呼吁全球协调行动

世界自然基金会(WWF)2013年6月25日消息:当地时间6月25日,美国总统奥巴马在乔治敦大学发布了气候变化应对计划,包括大幅削减温室气体排放、扩大可再生能源项目、提高美国的抗洪能力,以及寻求全球气候变化协议等一系列措施。

面对日益严峻的全球气候变化的挑战,奥巴马表示,美国应当继续加大力度,大幅削减温室气体排放、扩大可再生能源的利用,同时做好应对由气候变化而产生的自然灾害,并呼吁全球协调行动共同应对气候变化。

他指出,近年来全球气候变化已造成不可估量的人员和经济损失,不能再听任这种变化继续恶化下去。奥巴马表示,他已指示联邦环保署制定更为严格的发电厂碳污染排放标准,严格限制发电厂的碳排放;他还指示内政部在联邦政府的土地上批准建设更多的风力和太阳能发电项目,计划到2020年翻一番;计划通过提高排放标准和提高联邦建筑物的能源利用率,到2030年至少减排30亿吨。

奥巴马指出,虽然他的计划将引导美国更快地达成治理碳污染的目标,但是这仍然是一个艰难而又漫长的过程。因此美国必须同时做好准备,保护经济的重要组成部分,并准备迎接无法避免的气候变化所带来的严重影响。这些预防措施包括建设防洪、防火、防风暴的基础设施,与各州、地方及私营企业分享气候数据等。

与此同时,奥巴马表示,美国将通过与世界其它主要排放国的合作领导全球应对气候变化。他特别提到6月初同中国国家主席习近平在加州举行中美元首会晤时双方达成的关于逐步减少氢氟碳化合物的消费和生产的协议,指出全球合作才是解决问题的根本之道。

奥巴马呼吁年轻一代立刻行动起来,表示不希望这一代以及未来的人们背负着一个无法修复的地球。

哥斯达黎加将成为第一个出售林业碳信贷的发展中国家

2013年9月11日森林合作伙伴关系(www.cpfweb.org/en/)消息:9月10日在哥斯达黎加首都圣何塞,哥斯达黎加政府和森林碳伙伴基金(FCPF)宣布签署了高达6300万美元的碳减排支付协定(Emission Reductions Payment Agreement, ERPA)。这将使哥斯达黎加成为世界上第一个为保护其森林、使退化土地更新、为可持续的景观和生计扩大农林系统而获取大额补偿的国家。

意向书的签字仪式由哥斯达黎加总统劳拉·钦奇利亚(Laura Chinchilla)和世界银行驻哥斯达黎加代表Fabrizio Zarcone主持。由哥斯达黎加环境和能源部部长勒内·卡斯特罗(Rene Castro),世界银行拉丁美洲和加勒比地区的可持续发展部的部门经理劳伦特·米塞拉提(Laurent Msellati)共同签署。

FCPF 承诺出资高达 6300 万美元购买哥斯达黎加的碳减排(俗称碳信贷)。哥斯达黎加的提议将有助于满足那些参与环境服务支付计划(the Payments for Environmental Services, PES)的其他的土地拥有者的需求,使约 34 万公顷私人领地上以及土著居民领地上的森林受到保护和更新。

卡斯特罗说,减少由毁林和森林退化造成的碳排放(REDD+)使 PES 计划更显重要。哥斯达黎加环境与能源部的国家林业基金会(FONAFIFO)自 1997 年以来一直负责管理这项计划,这项计划将有助于哥斯达黎加制定其到 2021 年成为第一个二氧化碳零排放的发展中国家的国家战略。

拟议的 REDD+计划首次在准国家级实施并且是迄今最大的计划之一。这个计划最大的不同之处是 10% 的目标面积将在哥斯达黎加土著居民的领地上。布里布里(Bribri)土著领地的代表卡洛斯·卡斯坎特说,这是土著地区首次可以用他们自己的语言而且根据他们自己的世界观获取 REDD+信息。此外,他们将有时间和空间来确定自己参与到 REDD+其中,而 REDD+将是哥斯达黎加国家战略的一部分。

在保护热带雨林、探索创新方法改变发展之路和追求可持续绿色增长的方面,哥斯达黎加一直处于全球先锋行列。此外,哥斯达黎加 2021 年实现碳零排放国的雄心勃勃的目标要依赖于更好地管理林地和农业用地,其中约 80% 碳减排预计将来自林地和农业用地。

世行代表 Fabrizio Zarcone 说,世行期待新的举措将非常有助于对哥斯达黎加全面管理森林和农业景观。REDD+计划与哥斯达黎加低碳经济增长和生态竞争战略的国家气候变化战略完全一致。世行也会资助哥斯达黎加的其他举措,如通过促进在新的住宅建筑和商业建筑中增加认证木材产品的使用,并为拥有小块土地的农民创造新的就业机会。

哥斯达黎加对于森林生态补偿制度的探索开始于 20 世纪 80 年代,1995 年开始进行 PES 计划,成为全球环境服务支付项目的先导,并在 1996 年生效的《森林法》中做出详细规定。后又几经调整,形成了比较完善的森林生态补偿制度法律体系,并在实践中取得了比较成功的经验,得到了国际上的公认。卡斯特罗 3 月 26 日在北京访问时表示,在 GDP 保持增长的情况下,哥斯达黎加有望在 2021 年达到碳排放峰值。他强调,哥斯达黎加在能源消耗没有减少的情况下做到碳排放改善的秘诀之一就是极高的森林覆盖率。

哥斯达黎加是 REDD+概念的早期采用者,作为雨林联盟的创始人之一,在 2005 年正式形成 REDD+的概念,而且也是第一个把 REDD+概念运用在国际气候谈判议程上的国家。

目前,通过建立一个灵活的,具有成本效益的国内碳市场,哥斯达黎加正在从包括交通运输、工业和住房等各个部门来解决温室气体排放的问题,与此同时,还向私营部门提供财政激励以鼓励其向低排放技术投资,并制定国家的生态竞争战略。

墨西哥颁布气候变化法

英国广播电台（BBC）2012 年 6 月 12 日报道：墨西哥总统费利佩·卡尔德龙（Felipe Calderon）日前已签署一项新法律，对减少温室气体排放和增加可再生能源使用设置了目标。

今年 4 月，该法案以 78 票赞成、零票反对获得参议院通过，并最终签署于 6 月 5 日——联合国环境规划署设立的世界环境日。

新法承诺，墨西哥到 2020 年将减排 30%，到 2050 年减排 50%。这项法律使墨西哥在环保领域处于国际领先地位。

除了设置减排目标，法律还规定，到 2024 年，墨西哥将有 35% 的能源为可再生能源，政府机构必须使用可再生能源。尽管墨西哥是世界上第六大石油出口国，但近年来石油部门在墨西哥的重要性已经下降。此外，新法规还要求设立温室气体排放许可证交易体系。

新法的另一个关键贡献是其认为毁林和森林退化是导致温室气体排放的第三大源头，因此新法授权奖励措施，用以改善全墨西哥生活在林区的 1200 万人的生活条件，保护森林，降低碳排放。

新法还说明人与生态系统要适应气候变化，自然基础设施要在适应气候变化影响时发挥作用，新法旨在保护生态系统以降低人们在应对气候变化影响时的脆弱性。

卡尔德龙表示，该法律使墨西哥成为第一个针对气候变化进行全面立法的发展中国家，而且此法规在该类立法中属全球第二例。英国政府在 2008 年颁布了类似的立法，承诺到 2050 年将温室气体排放量至少降低 80%。

附　　录

▷ 1　国际森林年

1.1　国际森林年背景

森林是地球上最大的陆地生态系统，是全球生物圈中重要的一环。森林与所在空间的非生物环境有机地结合在一起，构成完整的生态系统。它是地球上的基因库、碳贮库、蓄水库和能源库，对维系整个地球的生态平衡起着至关重要的作用，是人类赖以生存和发展的资源和环境。此外，森林作为地球生态系统的一个重要组成部分，与 16 亿人口的生计息息相关，并为数以百万计的物种提供栖息地。除了对人类和动植物意义重大，森林在减缓气候变化方面也发挥着关键作用。森林有吸收温室气体的作用。茁壮成长的树木，通过光合作用可以从空气中消耗大量的二氧化碳。但是，森林目前仍在以每年 5 万平方英里①的速度被砍伐。郁郁葱葱的树林也随之变为农田和人类居住地。如果保持目前的砍伐速度，雨林极可能在百年内消失。美国国家航空航天局有研究表明，毁林是造成当前二氧化碳大量增加的一个重要因素，它与进入大气层的近 1/4 碳排放存在关联。

为了加强人们对各类森林的可持续管理、森林保护和可持续发展的认识，唤起公众的生态保护意识，促进在森林保护、开发和管理等方面开展全球性的活动，号召人们行动起来，共同保护森林，并充分发挥森林在促进经济社会可持续发展中的重要作用，联合国大会 2006 年 12 月 20 日第 61/193 号决议宣布 2011 年为国际森林年。国际森林年的主题是"森林为民"，作为一项全球特别行动，国际森林年主要是通过开展一系列"森

---

① 　1 平方英里 = 2.59 平方公里。

林为民"的主题活动，在全球范围内广泛宣传森林的作用和各地发展森林所作出的重大贡献，森林发展和赖此生存的人们所面临的挑战，以及森林可持续经营管理的典型事例和成功经验，以引起全世界对森林问题的关注，提高公众生态意识和对森林活动的参与度，国际森林年活动为国际社会了解森林的价值以及失去森林将付出惨重代价提供了重要平台。通过这一活动可以提高政府的政治意识，并激励人们行动起来，共同保护森林①。

联合国森林论坛第九届会议于 2011 年 2 月 2 日举行，2011 国际森林年活动在会议上正式启动。启动仪式由第 65 届联合国大会主席约瑟弗主持，他指出，沙漠化、土地退化和干旱都受到森林消失和气候变化的影响，应对这些挑战需要国际社会采取协调一致的政策和行动。联合国秘书长潘基文进行了致辞，强调国际森林年将为国际社会了解森林的价值以及失去森林将付出惨重代价提供重要平台。本次大会围绕"森林造福人民、改善民生和消除贫穷"的总主题，着力探讨以社区为基础的森林管理、社会发展和民生问题以及森林的社会功能和文化价值三个方面的问题。森林年启动包括高级别小组讨论、媒体活动、放映电影、发行国际森林年联合国纪念邮票系列等公众活动。

1.2 联合国活动

2011 国际森林年提供了一个独特的机会，借以提高公众意识，使之认识到世界各地的森林所做出的重大贡献，同时彰显世界上大量森林和赖此生存的人所面临的挑战。如何促进可持续森林管理的巨大成功故事和有价值的经验教训已经存在，森林年提供了一个途径，将这些声音汇集在一起，积极造势，在全世界提高公众对森林活动的参与度。

为了推动实现森林年的各项目标，联合国森林论坛秘书处与由支持森林年宣传策略制订和实施工作的媒体领袖组成的咨询委员会合作，开展了以下一系列活动：

（1）制作 2011 森林年徽标。森林年正式徽标是与联合国秘书处新闻部图标设计股联合设计的。2010 年 7 月 9 日该徽标得到联合国出版物委员会认可，并于 2010 年 7 月 19日以所有联合国正式语言文字公布于众。2011 森林年徽标的设计理念是"森林为民"，以此弘扬人民为可持续管理、保护和可持续发展我们世界的森林所起的中心作用。徽标设计中的图标要素显示森林的多重价值以及需要以 360 度的视角来看待：森林给人以遮蔽，让繁多的生物有生息之地；森林是食品、药材和清洁饮水的来源之一；对维持稳定的全球气候和环境起着关键作用。所有这些要素合在一起，强调了这样一种信息，即森林对我们世界各地全体 70 亿人民的生存和福祉至关重要。2011 森林年徽标有联合国六种正式语言文字版本：阿拉伯文、中文、英文、法文、俄文和西班牙文。此外，截至目前，森林年徽标还被翻译成下列语言：亚美尼亚语、保加利亚语、加泰罗尼亚、克罗

---

① 整理自《中国林业》2011 年第 1 期。

地亚语、捷克语、荷兰语、芬兰语、德语、希腊语、冰岛语、日语、吉尔吉斯语、拉脱维亚语、波兰语、葡萄牙语、斯洛文尼亚语、瑞典语、瑞士民族语言和土耳其语。并鼓励会员国将"2011 国际森林年"译成当地文字

（2）建立 2011 森林年网站。森林年网站（www. un. org/forests）是 2010 年 10 月 4 日与新闻部网站事务科联合开通的。网站为所有与庆祝森林年有关的信息资料提供一个在线平台。这个多媒体网站作为一个国际平台介绍世界各地为庆祝 2011 森林年而开展的行动。网站现有内容有：幻灯片、国际森林电影节信息和会员国庆祝森林年的计划。此外，网站还包括与森林年有关的国家、区域和国际活动日历，并将随时提供 2011 森林年的全部宣传材料，包括照片、音像资料和 PowerPoint 演示的电子版。该站很快将推出一个面向媒体的门户网站，设有森林新闻链接和包含有概况介绍、小册子和与重要森林问题有关的其他宣传文件的新闻资料袋。网站还将担任会员国所有 2011 年森林年网站的网关。

（3）设立 2011 森林年电影节。为庆祝 2011 森林年，联合国森林论坛（以下简称联森论坛）秘书处与杰克逊·霍尔野生动物电影节一道组织了国际森林电影节。获选影片于 2011 年 2 月在联合国总部举行的 2011 森林年启动仪式上进行了放映。电影节的总主题是"森林为民"，分主题包括："森林全视角"，获选影片以最佳方式介绍了人类与森林的社会、文化、经济或精神联系，极其生动地展现了森林生态系统的丰富多样性和复杂性，介绍了森林和依赖森林生活的人们所面临的环境和可持续性问题的解决办法。

（4）颁布森林英雄奖。这一计划的目的是发现并表彰在世界各地坚持不懈地养育、保护和管理森林的"普通人"。这些默默无闻的英雄故事将在整个一年的时间里刊载在 2011 森林年的网站上，以激励他人采取行动。获奖者在 2011 森林年闭幕式上获得了表彰。作为宣传 2011 森林年"森林为民"主题的长期战略计划的一部分，联森论坛秘书处希望在 2011 年以后继续开展森林英雄计划，建立全球森林英雄网，交流经验和知识，继续激励他人。

（5）公益告示和宣传短片。联森论坛秘书处制作了 3 ~ 5 分钟的电影短片和公益告示，以不同语言文字在世界各地发行，供电视和其他媒体传播渠道放映；包括在影剧院做公益放映，传递为森林采取行动的鼓舞人心的信息。

（6）艺术、电影和摄影比赛。联森论坛秘书处组织了虚拟（在线）活动，表彰利用艺术、摄影、电影和短录像作品宣传其观点和宣传森林为民的人。秘书处目前正在同博物馆、环境电影制作人、媒体代表和森林网络合作，展开世界性的大型比赛，为 2011 森林年吸引关于森林为民主题的艺术、电影和摄影作品。

（7）2011 森林年联合国邮票系列。联合国邮政管理处同联森论坛秘书处合作制作了国际森林年联合国纪念邮票系列并在联合国日内瓦办事处和维也纳办事处发行。

展览和标语：联森论坛秘书处设立了展览和标语展示，采用相关故事、艺术和照片作为 2011 森林年活动的一个部分，显示人们为世界各地可持续森林管理采取行动的小

场景并体现"森林在你我生活中"的主题。①

1.3　国际活动

除了联森论坛行动之外，各国政府、国际组织、区域和次区域组织及主要团体也开展相应的活动。

以下为 2011 国际森林年举办的会议、大会和活动：

(1)中国举办首届亚太经合组织林业部长级会议。亚太区域林业委员会第二十四届会议将于 11 月 7~11 日在北京举行。同期还举行了第二届亚太林业周："新挑战－新机遇"，包括多场专业活动和外联活动。这是 2011 年亚太区域最重要的林业活动，为提高公众对森林问题和"国际森林年"的认识提供了大量机遇。

(2)东南亚国家联盟(东盟)计划举行东盟和中国第二次森林部长级会议以及东盟和中国关于区域政策对话的高级森林官员会议。

(3)巴西于 2011 年在亚马孙马瑙斯举办城市与森林国际大会。为了响应国际森林年，巴西圣保罗市伊比拉布耶拉公园 22~25 日举办"地球在公园"活动，本届"地球在公园"主题为"森林闯入城市"，旨在引导民众认识圣保罗公园内的动植物，拉近都市人与森林的关系，该活动为民众提供了一系列宣扬保护森林和可持续理念的文娱节目。"地球在公园"是巴西"永续地球计划"从 2007 年起发起的 1 个平台，今年进入第 4 届。"永续地球计划"是一个提供人们不断学习如何永续经营地球资源和环保概念的通讯平台，透过 38 种出版刊物与民众互动，"地球在公园"是最直接的互动活动。主办单位广邀企业参与"永续地球计划"，希望透过这个平台刺激参观民众的创意和想象力，同时唤起企业对维护地球平衡和保护森林的责任。

(4)萨赫勒撒哈拉国家共同体在 2011 年举办了若干有关防治荒漠化和保护森林资源会议的计划，包括绿色长城倡议指导委员会第一次会议。

(5)塞浦路斯 2011 年在塞浦路斯举行了"欧洲科学与技术合作行动暨南欧森林火灾后的管理"会议和森林生态系统综合管理大会。

(6)萨尔瓦多在 2011 年举办了森林博览会，侧重于发展主题。

(7)芬兰环境在线(全球虚拟学校和网络促进可持续发展)于 2011 年 9 月在芬兰约恩苏举办了全球儿童森林大会。

(8)埃塞俄比亚承办一个国际森林年启动活动，政府和包括研究机构和高等教育机构在内的非政府利益相关者参加了这一活动。

(9)2011 年 11 月在波兰举行了欧洲联盟森林主管会议。

(10)欧洲国家森林协会在 2011 年举办了第 12 次会议。

(11)德国为了庆祝"国际森林年"，德国联邦卫生部的食品、农业和消费者保护部

---

① http://www.fao.org/forestry/iyf2011/69190/zh/

在柏林国际绿色周期间(2011 年 1 月 21 ~ 30 日)举行了全国宣传运动，通过宣传让公众了解森林年和与森林有关的问题。在芬兰和奥地利的支持下，德国于 2011 年 10 月 4 ~ 7 日在波恩召开了一场有关"森林对绿色经济的贡献"的会议。该会议是一个由国家牵头的支持联合国森林论坛工作的倡议。会议目标是就森林和可持续森林管理在推进绿色经济方面的作用交流意见和经验，并为实现森林的潜力提供建议。该会议还旨在推进"里约 +20"峰会和联合国森林论坛第十届会议的成果。在举行该会议的同时，粮农组织还与德国合作，于 2011 年 10 月 6 ~ 9 日在波恩中央市场举行了国际波恩森林日，为来自世界各大洲的相关国家提供了一个国际主题展，通过互动的方式展示了原材料、食品、工艺品以及有关文化和精神价值的资料。该活动突出了 2011 年的关键主题："森林造福人民"。

(12) 6 月 7 日，加蓬政府在利伯维尔启动国际森林年活动，加蓬政府在利伯维尔民主城的展厅内搭建了一个微缩森林模型供人们参观体验。呼吁国际社会保护森林，协调发展经济和保护生态系统之间的平衡关系，以实现可持续发展的目标。

(13) 危地马拉于 2011 年举行第九次全国森林大会。

(14) 日本正在筹办一项仪式，将 2010 年国际生物多样性年的终结与 2011 国际森林年衔接起来。该仪式作为 2010 国际生物多样性年的闭幕式的一个部分，闭幕式于 2010 年 12 月在日本石川县举行。2011 年，日本举办一个国际会议，启动日本的国际森林年。

(15) 波兰在国内启动国际森林年，同时举行一个"欧洲和世界森林背景下的波兰森林和林业"研讨会，科学界和媒体报业会议的专家们参加。上述活动的主题是，尽管全球森林在减少，但是欧洲和波兰由于可持续的管理森林在增加。

(16) 韩国举行了一个国际森林年纪念仪式，颁发了林业成就奖，为纪念国际森林年的表彰塔揭幕，并举办了关于森林作用和气候变化政策以及林业的专题讨论会，还进行了讲习班、研讨会、大会和小组讨论，着重探讨森林对社会的多重作用。

(17) 第六次保护欧洲森林部长级会议于 2011 年 6 月 14 ~ 16 日在奥斯陆举行。议程上的重点题目是制定一个全欧洲可持续森林管理的强化政策框架。

(18) 刚果民主共和国环境、自然保护和旅游部在金沙萨举行一个森林区域会议，联合国教育、科学及文化组织(教科文组织)在这方面发挥关键作用，增进人们对国际森林年的了解。预期在 2010 年 11 月底或 12 月初举行该会议。教科文组织将通过热带森林和土地综合管理区域研究培训院参与上述会议。

除上述会议外，为了庆祝和宣传国际森林年，一些国家和组织还举办了其他传播和外联活动：保加利亚、塞浦路斯、捷克共和国、格鲁吉亚、牙买加、黎巴嫩、波兰和韩国组织了摄影、艺术、标语、作文和森林体育比赛，并举办了摄影作品和其他视觉媒体展览，以宣传毁林和森林退化的后果以及森林的保护作用，提高民众的意识；为响应联合国启动的 2011 年森林国际年和联合国防治荒漠化十年计划，越南农业与农村发展部林业总局在这一年举行了多场森林管理研讨会，"应对气候变化、防治荒漠化和保护生物多样性"摄影比赛，荒漠化与气候变化的关系及越南各行业在防治荒漠化的角色知识竞赛等一系列活动；朝鲜、埃塞俄比亚、牙买加、格鲁吉亚、黎巴嫩、波兰以及包括环境在线的非政府组织都组织了植树活动，包括分发树苗、提供植树后信息和指导方针的传递，以此来提高认识，说明植树和恢复植被在可持续森林管理活动中的重要作用；保加利亚、塞浦路斯、捷克共和国、萨尔瓦多、埃塞俄比亚、黎巴嫩和罗马尼亚组织了对森林保护区，国家公园的实地考察来提高公众、青年、记者和政治家对森林资源重要性以及威胁国家森林因素的认识；塞浦路斯、捷克共和国、萨尔瓦多、格鲁吉亚、牙买加、摩洛哥、波兰和罗马尼亚以及环境在线、国际农业发展基金(农发基金)太平洋共同体秘书处都制作了出版物，包括书籍、手册、日历、教材、传单、小本和招贴，这些都是立竿见影的传播和外联工具。①

1.4　中国为响应国际森林年发起的行动

中国积极响应 2011 国际森林年活动，制定了森林年国家行动方案，参加"国际森林年影展"，推荐森林英雄人选。2011 国际森林年期间，中国采取了多种形式广泛开展森林和生态宣传教育活动。举办了中国全民义务植树运动 30 周年纪念大会，并在 3~4 月份中国植树节期间开展一系列义务植树活动，组织各级妇联、共青团和社会团体、企业积极参加植树造林绿化；发动共青团中央组织广大青年团员开展"保护母亲河行动"系列活动，由全国妇联组织广大妇女开展了"三八绿色工程"等活动；发动在华国际知名跨国企业和国内大型企业，通过植树造林抵扣碳排放指标，利用捐赠资金在中西部 10 省份建设完成 10 个高标准碳汇森林示范基地；组织广大适龄公民开展义务植树活动，开展了短信和网络捐款植树活动，举办了第三届中国网络植树节。

此外，中国还承办了联合国粮农组织亚太林业委员会第 23 届会议及第二届亚太林业周活动，参加联合国森林论坛及部长级会议，并主办了首届 APEC 林业部长会议、亚欧森林与气候变化高级别会议等重要国际会议，以配合森林年国际行动的开展；同时主办或与非政府组织合办了森林与湿地的恢复管理、森林公园与保护区管理、野生动植物保护、森林碳汇等研讨培训活动，组织在华国际人士参加了植树活动。

1.5　主要影响与成效

2011 国际森林年的举办产生了广泛深远的影响，它引起了全球范围内从政府到民间各类组织和个人的关注，各个国家、地区以及非政府组织在国际森林年期间广泛开展各项丰富活动，宣传了森林为人类提供庇护场所，为生物多样性提供栖息地；作为食物、药品和洁净水的来源；以及在维持全球气候和环境稳定方面所发挥的至关重要的作

---

① http：//www.un.org/en/events/iyof2011/

用，提供了一个前所未有的机会，唤起了人们的意识，加强了人们对各类森林的可持续管理、森林保护和可持续发展的认识，唤起公众的生态保护意识，让人们关注人类与森林的相互联系。同时促进了在森林管理、保护和开发方面开展全球性的活动。

"国际森林年"为促进国家和国际层面的可持续森林管理提供了一个重大机遇。它倡导对所有类型的森林进行可持续管理、养护和可持续发展，传播了森林和可持续森林管理极大地促进可持续发展、消除贫困以及实现国际商定的发展目标和理念，在各级提高了认识，在国际上达成了推进造林绿化和森林的可持续发展，造福子孙后代的一致共识。

在"国际森林年"活动的准备过程中，来自森林合作伙伴关系的伙伴加强了在森林宣传方面的协作，并在该领域建立起了一个网络，除进一步加强了森林合作伙伴关系的内部合作外，也推动了在全球和区域伙伴建立其他伙伴关系的对话合作进程，深化了国际间的一致共识，推动了国际交流，一定程度上加快了国际范围内加强森林保护、开发利用和可持续发展方面的合作步伐。

"国际森林年"强调了可持续森林管理的重要性，并将涉及森林作用和重要性的关键信息传达给了民众，这次活动的开展不只是一个阶段性的关于森林的宣传，它产生了后期的广泛影响，联合国粮农组织强调要建立一个或多个机制，以保持人们对森林的关注的潜在优势。同时林业委员会（林委）在其第二十届会议（2010 年 10 月 4～8 日，罗马）上建议各国和粮农组织考虑通过开展"国际森林日"活动，加强"国际森林年"期间形成的良好势头。粮农组织大会在其第三十七届会议上指出了"国际森林年"的重要性，该会议支持设立"森林日"，联合国森林论坛第九届会议建议经社理事会，并通过其向联合国大会建议设立"国际森林日"，将"国际森林年"的良好成效继续发挥延续。[①]

1.6　建议

"国际森林年"取得了重要成果，其中许多对林业宣传工作产生了影响。部门对传播工作和宣传培训的需求有所增加，应更加重视林业工作计划中的宣传工作，以转变对森林利用的消极认识，并提高林业计划和项目的可见性。

继续考虑设立"国际森林日"，不断寻求此类合作机遇。国际森林年"强调了可持续森林管理的重要性，还强调了设立一个或多个机制，以持续关注森林问题所能产生的潜在优势。林业委员会在第二十届会议上（2010 年 10 月 4～8 日，罗马）建议各国及粮农组织考虑加强宣传关于庆祝"国际森林日"的想法，并提高庆祝活动的影响力。目前全球并没有统一在某一日庆祝森林日。根据近期研究的多个资料来源，全球约有 40 个国家在不同的日期以不同的名义庆祝森林日，如"森林日"、"乔木日"或"树木日"。近期，联合国森林论坛第九届会议审议了有关设立一个机制以长期认可森林所发挥作用的必要

---

① http：//www.fao.org/forestry/iyf2011/69190/zh/

性，并通过经社理事会向大会建议考虑设立"国际森林日"，以认可森林为可持续发展做出的重大贡献，国际商定的发展目标的实施进展，以及为造福当代和后代而须加强对所有类型森林进行可持续管理的相应需求。

进一步鼓励各会员国让人们了解有关在国家一级实施可持续森林管理的挑战和成功的事例，以此作为促进北南、南南和三角合作的手段；进一步鼓励各国政府、相关区域和国际组织和主要团体支持与森林年有关的活动，其中包括通过提供自愿捐助，并将相关活动与森林年挂钩；鼓励联合国相关机关，包括各职司委员会和区域委员会，以及联合国机构、基金和方案全力支持、促进和参与计划为庆祝 2011 国际森林年举办的活动；进一步鼓励各会员国、国际组织和主要团体组织之间建立自愿伙伴关系，以便利和促进地方和国家两级开展有关国际年的活动；邀请森林合作伙伴关系今后继续维持宣传者网络，以促进公众、会员国和国际组织对森林的诸多贡献以及可持续森林管理必要性的认识；促进森林年庆祝活动，将此作为倡导和伙伴关系连续进程的一部分而不是作为孤立活动，以期提高认识，在各级为可持续森林管理、实际上为 2012 年及以后的森林附加战略采取行动。

参考文献

[1]Forests for people［EB/OL］.（2011－03－02）.http：//www.fao.org/forestry/iyf2011/69186/zh/

[2]Internation year of forests 2011［EB/OL］.（2011－02－24）.http：//www.un.org/en/events/iyof2011/

[3]Inclusion events calendar2011［EB/OL］.（2011 2 24）.http：//www.un.org/en/events/iyof2011/e-vents/

[4]Forests For People［EB/OL］.（2011－2－24）.http：//www.un.org/en/events/iyof2011/forests－for－people/global－objectives/

[5]联合国森林论坛第九届会议秘书长报告.［EB/OL］.（2011－2－24）.http：//www.fao.org/forestry/iyf2011/69193/zh/

[6]刘娜微，温雅莉.我国四项活动三项行动迎国际森林年[J].中国绿色时报，2011(1).

2　里约 + 20 峰会

联合国可持续发展大会（"里约 + 20"峰会）于 2012 年 6 月 20 ~ 22 日在巴西里约热内卢召开，包括中国国务院总理温家宝、法国新任总统奥朗德、伊朗总统内贾德等在内的 120 多个国家的元首和政府首脑齐聚一堂，共商全球可持续发展大计。在为期三天的"里约 + 20"峰会期间，与会代表围绕"可持续发展和消除贫困背景下的绿色经济"和"促进可持续发展的机制框架"两大主题展开讨论，并在闭幕式上通过了会议最终成果文件——《我们憧憬的未来》。作为史上最大的全球环境大会，联合国 193 个成员国有 188 国派出代表团参加本次会议，联合国登记在册的会议参加者则有 4 万多人，其中政府代表团有近万人，NGO 有 5000 多个，记者 3000 多名。

2.1　"里约 + 20"的由来和演变

可持续发展从概念的产生到全球治理框架的建立和不断完善，经历了长达半个世纪的国际谈判历程。1961 年联合国通过了关于"发展"问题的第一个决议《联合国发展十年》。该决议提出，单纯的经济增长不等于发展，发展本身除了"量"的增长要求以外，更重要的是要在总体"质"的方面有所提高和改善。1972 年斯德哥尔摩人类环境会议在全球范围内掀起了关注环境的热潮，会议提出，"为了在自然界里取得自由，人类必须利用知识在同自然合作的情况下建设一个较好的环境"。人类环境会议开创了环境保护事业的新纪元。此后，一系列类似会议相继召开，并促进了联合国环境规划署等多个全球性机构的建立。1992 年里约热内卢联合国环境与发展大会签署了五个重要文件。其中《里约宣言》和《21 世纪议程》明确了在处理全球环境问题方面发达国家和发展中国家"共同但有区别的责任"及发达国家向发展中国家提供资金和进行技术转让的承诺，制定了实施可持续发展的目标和行动计划，确立了建立全球伙伴关系、共同解决全球环境问题的原则。2002年约翰内斯堡地球峰会（以下简称地球峰会）促进了国际社会将可持续发展承诺转化为行动。会议通过了《可持续发展世界首脑会议执行计划》和《约翰内斯堡可持续发展承诺》两个重要文件，达成了一系列关于可持续发展行动的《伙伴关系项目倡议》。这些文件明确了未来10~20年人类拯救地球、保护环境、消除贫困、促进繁荣的世界可持续发展的行动蓝图，也为"里约+20"会议提供了坚实的谈判基础[①]。

2.2 "里约+20"峰会的主题和目标

"里约+20"会议的两大主题为：可持续发展和消除贫穷背景下的绿色经济和促进可持续发展框架下的联合国机构改革。峰会要实现的三个目标：第一，重申各国对实现可持续发展的政治承诺；第二，评估迄今为止在实现可持续发展主要峰会成果方面取得的进展和实施中存在的差距；第三，应对新的挑战。

关于"可持续发展和消除贫困背景下的绿色经济"主题，早在起草各国立场文件阶段就引起了广泛的讨论。争论的焦点集中在绿色经济的概念、目标、时间表、路线图、资金、技术和能力建设等方面。事实上，在"绿色经济"之前加上"可持续发展和消除贫困"的定语，就是发达国家与发展中国家两方力量斗争的结果。

比较而言，发达国家强调绿色经济的重要性，要把绿色经济量化，是要充分利用其技术和制度优势，占领市场；发展中国家出于公平和发展权的角度强调绿色经济不应成为构筑贸易壁垒、扩大技术鸿沟、提供投资及官方发展援助的先决条件，在推动绿色经济理念的同时，还应注重各国的实际情况，为发展中国家留有必要的政策空间。

关于"在可持续发展框架下促进联合国机构改革"问题，与会代表普遍认为，当前联合国可持续发展的制度框架缺乏一致性、协调性和兼容性，经济社会政策制定中未能充分考虑环境因素，全球、区域和国家等不同层面的治理相互脱钩，缺乏协调和交流。这些缺陷导致了可持续发展政策制定和实施之间的脱节。有观点认为应该充分利用和整合联合国框架下现有的国际机构，加强机构之间的协调和信息共享等，进行联合国现有机构的改革。还有一部分观点认为，应该成立新的"可持续发展理事会"。但多数出资国认为，联合国机构改革应该以不增加新的成本为前提，改革后或新成立的国际机构应该发展多元融资体系，充分利用公共部门、私人部门和市场手段等多种融资途径来筹措国际机构运行所需资金。

峰会分析了绿色经济的整体环境、面临的机遇和挑战，并指出，在可持续发展和消除贫困的大背景下，绿色经济能够为实现人类发展的重要目标做出贡献，尤其能够帮助人类实现在消除贫困、保障粮食安全、合理管理水资源、普及现代能源服务、可持续发展城市、管理海洋提升其恢复力与应灾能力、公共卫生、发展人力资源、维持能够创造

---

① 引自《当代世界》2012年7月刊，《里约20峰会，重塑我们的未来》一文。

就业机会的包容性增长和平等增长等优先领域的目标。峰会还提出应支持建立一个国际知识共享平台，协助各国制定和实施绿色经济政策。这个平台应该包括如下内容：可选政策措施的清单；在区域、国家和地方3个层面实施绿色经济政策时可以使用的最佳实践集；用于评估进展的指标体系；帮助发展中国家实施绿色经济的技术服务、技术与筹资指南。另外，针对不同国家和不同部门的需求制定一组各具特色的战略至关重要，应当鼓励所有国家和地区通过一个各利益相关方均参与的透明程序制定各自的绿色经济战略，鼓励联合国与其他相关国际组织携手支持发展中国家制定发展绿色经济战略。峰会还提出了一个世界各国需要遵循的、包含指示性目标与时间节点的路线图。其主要内容是：第一阶段(2012~2015年)，制订相应指标和措施评估实行绿色经济进展；建立技术转让、技术和知识分享和提升能力的各项机制；第二阶段(2015~2030年)，发展绿色经济，并定期评估实施进展；第三阶段(2030年)：全面评估绿色经济的发展状况。

2.3　主要国家的立场与行动

虽然有相当一部分发达国家首脑缺席了本次峰会，但是各国在会议之后都陆续表达了明确的立场。

2.3.1　美国——反对"共同但有区别的责任原则"

美国气候变化特使托德·斯特恩表示，美国将发展问题与国防、外交一道列为美国对外和国家安全政策的三大支柱。发展问题密切存在于美国的经济和国家安全利益中。对美国而言，将"共同但有区别的责任原则"作为发达国家和发展中国家之间的"防火墙"是完全不能令人接受的，即便它过去曾有意义，但在当前这个剧烈、迅速变化的世界中，它已经不再有意义。美国认为，应该"通过一种与快速变化的世界相适应的态度看待共同但有区别的责任原则"。此外，美国不支持在大会中成立发展中国家所呼吁的所谓"可持续发展基金"。

2.3.2　俄罗斯——共同认识与共同努力

作为本次峰会主题之一的绿色经济是俄罗斯最关注的话题，俄罗斯官员和专家表示，俄罗斯在发展绿色经济上不能被动等待。俄罗斯政府的跨部门工作组在递交给"里约+20"峰会的报告中，明确表达了俄罗斯对可持续发展问题的观点。这些观点包括：必须建立生态经济发展的新观念，包括建立以提高能效为基础的新生产消费模式，不给自然资源和大气系统制造额外的负担，经济增长的前提应当是在经济利益和环境保护之间取得合理的平衡等。此外，俄罗斯方面认为，"里约+20"峰会的任务只有一个，那就是让国际社会共同认识到发展绿色经济的必要性。俄罗斯联合国环境署促进委员会专家维克托·乌索夫说："俄罗斯的立场是，必须达成协议。如果没有共同努力，每个国家表面说一套，背地里做一套，那么就不会有任何成果。"这可以作为俄罗斯在此问题上的概括。

2.3.3　哈萨克斯坦——"绿桥"计划

哈萨克斯坦代表团向"里约＋20"峰会递交了两个提案：全球清洁能源战略和"绿桥"合作计划。其中"绿桥"合作计划由哈萨克斯坦总统纳扎尔巴耶夫于2010年7月在阿斯塔纳国际经济论坛上首次提出。这一计划的宗旨是整合欧洲和亚太地区各国、有关国际组织和社会团体以及国际商业界的力量，切实优化经济发展模式，敦促各国向"绿色经济"的方向转变。哈萨克斯坦的观点在发展中国家当中具有一定的代表性。

2.3.4　南非——定位的分歧

南非政府比较关心绿色经济如何促进可持续发展，其具体内容包括利用有限资源增加就业、减少贫困、推进社会公平和确保环境保护等。南非认为发达国家和发展中国家在绿色经济定义上存在分歧，并反对欧盟呼吁确立的"绿色经济路线图"。此外，南非认为发达国家和发展中国家在联合国环境规划署和未来的可持续发展机构定位上也存在很大的分歧。

2.3.5　肯尼亚——绿色外交

肯尼亚认为，现在当务之急是实现经济的增长与发展，但也必须要意识到环境对于经济所起到的作用，并把环境保护纳入整体发展计划中。肯尼亚呼吁国际社会优先考虑食物、水资源和能源安全领域的投资，同时加强在应对气候变化方面的协作与协商。另外，肯尼亚计划在未来广泛开展"环境外交"，即在外交场合游说有关国家和地区向肯尼亚投入环境保护资金、技术等相关方面的支持，以加速实现肯尼亚的绿色经济转型和可持续发展。

2.3.6　以色列——分享经验

以色列在水资源、农业、食品生产、森林化、去沙漠化和其他可持续发展领域的成就举世瞩目。以色列前往里约参加峰会的代表团成员多为可持续发展领域的专业人士，其旨在大力展示以色列在绿色科技、促进可持续发展和对外援助领域取得的成就，并分享成功经验。而其峰会期间与其他国家重点交流的内容，是环境农业和消除贫困以及解决市政用水问题。

2.4　中国的立场与行动——做可持续发展的支持者和实践者

此次联合国可持续发展大会，中国给予高度重视，国务院总理温家宝出席大会并发表重要讲话，阐述中国政府对可持续发展国际合作的原则立场，介绍中国在可持续发展领域付出的努力和取得的成效，并阐述中国未来可持续发展战略。

温总理在《共同谱写人类可持续发展新篇章》演讲报告中明确提出携手推进可持续发展，应当坚持公平公正、开放包容的发展理念；继续发扬伙伴精神，坚持里约原则，特别是共同但有区别的责任原则；应当积极探索发展绿色经济的有效模式，因地制宜，把发展绿色经济作为各国推动可持续发展、促进世界经济复苏的有效途径；同时表示中国是负责任、有担当的发展中大国，愿与国际社会一道，共享机遇、共迎挑战，共同谱写人类可持续发展事业新篇章。峰会期间中国以政府代表团的名义举行了一场名为"中国可持续发展进展及对联合国可持续发展大会期待"的边会，吸引了大量与会代表、NGO 组织和媒体的目光。联合国副秘书长、可持续发展大会秘书长沙祖康出席了此次活动。会中，中国代表团团长、国家发改委副主任杜鹰在会议上介绍了中国推动可持续发展战略的成就，并表示，中国是可持续发展的坚定支持者和积极实践者，此次是抱着诚意怀着信心以一个建设者的姿态参与大会，希望各国都能展现出政治意愿，消除分歧，推动大会走向成功。总之，中方认为，1992 年里约大会 20 年来，可持续发展理念深入人心，虽然实现千年发展目标取得重大进展，但全球可持续发展进程并不平衡，南北差距不断扩大，资源环境问题并未缓解，金融危机、气候变化、能源和粮食安全、地区冲突等因素给可持续发展带来新的严峻挑战。人们所真正期待的是一个达到经济发展、社会公平、环境友好的平衡和谐的绿色繁荣社会[①]。

2.4.1　公平公正、开放包容的发展理念

各国既要勇于承担保护地球的共同责任，又要正视各国发展阶段、发展水平不同的客观现实，继续发扬伙伴精神，坚持里约原则，特别是共同但有区别的责任原则，确保实现全球可持续发展，确保在这一过程中各国获得公平的发展权利。发展中国家应当根据本国国情，制定并实施可持续发展战略，继续把消除贫困放在优先位置。发达国家要践行承诺，改变不可持续的生产和消费方式，减少对全球资源的过度消耗，并帮助发展中国家增强可持续发展能力。多样性是当今世界的基本特征。国际社会应当本着开放包容的精神，尊重不同历史文化、宗教信仰、社会制度的国家自主选择可持续发展道路。

---

① 引自《WTO 经济导刊》2012 年第 8 期，中国以切实行动推动世界可持续发展，里约 20 峰会回顾与展望

2.4.2　探索发展绿色经济的有效模式

绿色经济没有绝对的标准和统一的模式，发展绿色经济应当坚持因地制宜，支持各国自主决定绿色经济转型的路径和进程。发展绿色经济要注重创造更多就业机会，有助于消除贫困、改善民生；注重发展科技、教育，开发绿色技术，创新技术转让模式；注重提高投资效益，降低绿色转型的成本和风险；注重培育绿色生产方式和消费模式，开拓绿色产品市场；注重互利共赢，不以绿色经济之名行保护主义之实，把发展绿色经济作为各国推动可持续发展、促进世界经济复苏的有效途径。

2.4.3　完善全球治理机制

推进可持续发展需要各国的共同努力，国际社会要加强合作，凝聚共识，增进互信。充分发挥联合国的领导作用，形成有效的可持续发展机制框架，提高指导、协调、执行能力，以更好地统筹经济发展、社会进步和环境保护这三大支柱，提高发展中国家的发言权和决策权，解决发展中国家资金、技术和能力建设等实际困难。建立包括相关国际机构、各国政府和社会公众共同参与的可持续发展新型伙伴关系。同时，应当提出具有导向性的可持续发展目标，既明确今后奋斗的方向，又不限制各国的发展空间。

2.4.4　中国的切实行动

中方反复申明，中国是负责任、有担当的发展中大国，中国越发展，给世界带来的机遇和做出的贡献就越大。为推动发展中国家可持续发展，中国向联合国环境规划署信托基金捐款 600 万美元，用于帮助发展中国家提高环境保护能力的项目和活动；帮助发展中国家培训加强生态保护和荒漠化治理等领域的管理和技术人员，向有关国家援助自动气象观测站、高空观测雷达站设施和森林保护设备；基于各国开展的地方试点经验，建设地方可持续发展最佳实践全球科技合作网络；安排 2 亿元人民币开展为期 3 年的国际合作，帮助小岛屿国家、非洲国家等最不发达国家应对气候变化。无论是中国提出的观点还是承诺履行的行动，无不显示出中国推动世界可持续发展的决心和勇气。

2.5　里约 + 20 峰会的成果

大会的主要成果是高度聚焦于重点问题的政治文件——《我们想要的未来》。2012年 7 月 27 日，第 66 届联合国正式认可了里约 20 的会议成果《我们希望的未来》，这份会议成果由 190 个国家的代表经过激烈谈判后形成，包括前言、重申政治承诺、在可持续发展和消除贫困的背景下发展绿色经济、建立可持续发展的体制框架、行动措施框架等五部分内容。

"重申政治承诺"重申了世界各国对《里约环境与发展宣言》、《21世纪议程》、《约翰内斯堡宣言》等地球峰会和后续可持续发展峰会主要成果文件，以及对发展筹资问题国际会议的《蒙特雷共识》等发展筹资机制文件的承诺。评估了目前各国在实现可持续发展方面取得的进展，在实施可持续发展主要峰会成果方面存在的差距，以及需要解决的新问题，并提出了行动框架。

"在可持续发展和消除贫困的背景下发展绿色经济"论述了绿色经济对于可持续发展的重要作用，提出了发展绿色经济的政策手段与具体行动，包括建立有关经验分享的国际机制、制定绿色经济发展战略、增加投资、支持发展中国家等，同时提出了评估绿色经济发展进程的时间节点。

"建立可持续发展的体制框架"论述了推动可持续发展体制框架改革的方法。在机构强化方面提出了加强联合国系统内原有机构能力和建立新机构两种措施。强调国际金融机构对可持续发展的责任，尤其是提供资金支持方面的责任，并提出了针对不同层面的实施要求。"行动措施框架"列举了需要采取行动的优先（重点和交叉）问题和领域及相应行动。提出应确定可持续发展目标和相应评估指标的建议，并从资金、科学与技术、能力建设、贸易4个方面提出了具体实施措施。

除此之外，文件还重申了《里约宣言》和《21世纪议程》，以及《约翰内斯堡可持续发展承诺》等重要文件的原则和意义，巩固了可持续发展全球治理框架。成果文件中"共同但有区别的责任"原则得以保留和重申，但"绿色经济"的概念留下了很大的解读和执行空间。关于联合国机构改革的谈判结果并没有超越会前各方对联合国机构改革问题的估计，目前而言，联合国仍然是解决国际事务的核心机构。成果文件决定建立高级别政治论坛，取代现有的联合国可持续发展委员会，为各国实施可持续发展，统筹经济、社会发展和环境保护提供指导。此外，各国承诺加强联合国环境规划署的作用，加强环境规划署在联合国系统内的发言权及其履行协调任务的能力。本次会议期间，各国政府、联合国机构、企业、科研机构、非政府组织和其他团体纷纷承诺将为可持续发展提供资金支持，捐资承诺总计大约700个，总额达5130亿美元。

联合国大会主席纳赛尔指出，"认可里约+20峰会成果为迈向可持续发展翻开了新的一页，里约+20不是结束而是一个新的开始，峰会为未来确定了新的发展愿景，那就是公平与包容以及考虑地球的极限。我们希望的未来已经确定了，那么下一步就是如何实施以实现我们希望的未来。"

2.6　未来世界可持续发展展望

联合国副秘书长、"里约+20"峰会秘书长沙祖康曾在峰会前发出了"参与磋商的各方应着眼长远、把握大方向，而不是斤斤计较于眼前利益"的期望。"里约+20"峰会在世界范围内巨大的影响力，足以表明可持续发展问题已经成为当今世界最重大议题之一。可持续发展问题与经济、政治和环境问题息息相关，蓬勃的世界经济、和平的国际环境、良好的全球生态，是全球的利益诉求。

里约环境发展大会20年来，各国固然取得了一定成果，然而各国间的合作行动还是面临着一些客观困难的。目前来看，里约环境发展大会后国际社会在全球可持续发展合作方面的成功案例很少，为数不多的几个项目也进展甚微。联合国环境规划署最近发布的《全球环境展望》显示，国际商定的90项重要的环境目标中只有4项取得了显著进步，40项目标取得了一些进步，但鱼类种群破坏与退化、气候变化与干旱等24项目标几乎停滞不前。另外，发达国家与发展中国家之间发展不平衡的状况没有得到改观，南北差距仍然存在，甚至进一步拉大；许多发达国家在本国内实现了清洁生产和较好的环境质量，在污染物排放和环境质量等方面可以采取较高的标准，而把不可持续的产业和生产方式转移到了发展中国家，而高消耗的生活方式仍然在继续，而发展中国家在传统的发展模式中难以自拔，很难采取共同行动。各国虽然认识到全球的可持续发展需要国际合作，但各国在全球经济体系中同时又是激烈的竞争对手，而且后者在多数情况下是首要考虑因素。这使发达国家难以为了全球利益向发展中国家提供实质性的经济和技术援助，也使发展中国家无法轻易做出那些将增加其经济成本的承诺，这使得采取全球性的行动更加困难。

虽然存在一些实际的困难，但是也应看到，推动世界可持续发展行动还是有前进空间的，而且一旦突破困境，会走得更长远。这不是空穴来风，而是有现实依据的。20年来，国际社会对可持续发展有了更为深刻和理性的认识。里约峰会的结果说明可持续发展仍然是国际社会的共同愿景，其成果性文件对于确立全球可持续发展方向具有重要指导意义，将进一步增强各国推动可持续发展的信心。此外，经过20年的沉淀，各国发展的可持续导向逐渐明确了。国际社会逐渐达成了可持续发展与各国国内的发展目标完全一致的共识，通过可持续发展方式减少污染、降低成本，实现高效率和高质量的增长，这是世界人口不断增长、传统资源日益短缺、生态环境容量有限等现实问题中寻找出路的必然选择。

参考文献

[1]郇庆治.重聚可持续发展的全球共识—纪念里约峰会20周年[J].鄱阳湖学刊，2012(7)：5-6.

[2]吴玉萍，玮娜，姜青新等.中国以切实行动推动世界可持续发展—"里约+20峰会"回顾与展望[J]，环境与可持续发展，2012(8)：48-52.

[3]庄贵阳，刘哲."里约20：重塑我们共同的未来"[J]，当代周刊，2012(8)：49-50.

[4]钟德明."里约+20峰会"的成效[J]，WTO世界经济导刊，2012(5)：77.

[5]曾贤刚，李琪，孙英等.可持续发展新里程：问题与探索[J]，中国人口资源与环境，2012(8)：43-45.

[6]杨威杉.里约20：展望全球环境、经济发展新气象[J]，环境经济，2011(10)：29-30.

3　国际森林问题与联合国森林论坛

3.1　国际森林问题谈判 20 年风雨历程

　　过去 20 多年中，森林问题一直是国际谈判和国际政策的焦点之一。1991 年在瑞士召开的关于森林公约的磋商会，讨论了国际森林问题和森林公约问题。发达国家支持旨在保护森林、保护环境的公约，而许多发展中国家特别是巴西、马来西亚坚决反对。1992 年联合国环发大会上，森林成为最具争议性的议题之一，由于森林问题的复杂性、各国森林管理体制差异、发达国家与发展中国家立场不同等多种原因，大会未能就缔结《国际森林公约》达成共识，而仅确立了"可持续发展"的理念，通过了《关于森林问题的原则声明》，认识到了森林的管理、保护和可持续经营对经济与社会发展和环境保护以及全球生命支持系统的至关重要的作用，提出了国际社会关于森林问题的 15 条原则，包括主权原则、可持续发展原则及森林可持续经营原则等。但一些国家和国际组织对此结果感到失望，由此森林问题的国际谈判便开始了马拉松式的磋商进程。

　　环境与发展大会后，关于国际森林问题的双边、多边对话日趋活跃。在联合国可持续发展委员会的支持下，1995 ~ 1997 年间的政府间森林问题小组（IPF）和 1997 ~ 2000 年间的政府间森林论坛（IFF）成为国际森林政策谈判的主要平台。在此期间，IPF 和 IFF 对森林问题的广泛话题进行了探讨，并最终提出了 270 多条关于森林可持续经营的行动建议并提议成立联合国森林论坛（UNFF）。2000 年 10 月，联合国经社理事会在其框架下正式成立了 UNFF，接替 IPF 和 IFF 的工作，成为联合国关于政府间森林政策对话的主要机构，其使命是通过 5 年政府间磋商，就是否最终通过谈判缔结国际森林公约作出决定，目标是推动森林可持续经营，实现国际社会在此方面的政治承诺。UNFF 的第

1~4次会议，每次针对不同林业主题进行讨论，并审议 IPF 和 IFF 的建议，最终通过了一系列关于森林的决议，呼吁各国、各相关区域、国际组织及利益攸关方做出积极行动。大会同时针对论坛自身机制体制进行了改革，除制定和完善工作计划外还先后设立了 3 个特设专家组和 UNFF 森林信托基金等为国际谈判提供基础。自 UNFF 第 5 次会议开始，国际社会已不满足于仅提出积极建议供各国参考，而开始趋向于检验国际森林政策的操作性和各国履行决议的实际行动，因此逐渐出现了建立国际性森林公约的谈判趋势。以下对 UNFF 历次会议的主要内容及成果进行回顾概述：

2001 年第 1 次会议：与会代表讨论并制定了联合国森林论坛多年工作计划（MY-POW）和一份行动计划，并建议成立 3 个特设专家组为 UNFF 提供相关支持，即监测、评价和报告的方法与机制（MAR）、融资及环境友好技术转让（ESTs），以及审议并就制定关于所有森林类型的法律框架的规定要素方面提供建议。

2002 年第 2 次会议：通过了一项"部长宣言"和"给可持续发展世界首脑会议的咨文"，同时通过了 8 项决议，分别针对防治荒漠化和森林退化、特种用途林的保护和保育、脆弱生态系统、低森林覆盖率国家的森林恢复和保护政策、天然林和人工林的抚育、评估国际森林安排（IAF）有效性的特定标准，以及 2002~2005 中期计划的修订建议。

2003 年第 3 次会议：通过了 6 项决议：①加强合作与提高政策和计划的协调性；②提高森林健康水平和生产力；③提高森林的经济效益；④确保森林覆盖率满足目前和未来的需求；⑤建立 UNFF 森林信托基金；⑥加强 UNFF 秘书处工作。同时 UNFF 还就 3 个特设专家组的组成、职权范围、会议安排和报告达成了一致意见。

2004 年第 4 次会议：形成了一项政策决议，在①森林科学知识，②发挥森林的社会和文化功能，③森林监测、评估和报告，④可持续森林管理的标准和指标这四个方面提出行动建议。同时 UNFF 为各主要群体举行了一次涉及森林的经济、社会文化、传统知识等方面的多方利益相关者对话及 3 次专题小组讨论，分别涉及森林在实现更为广泛的发展目标方面的作用和非洲及小岛屿发展中国家的区域重点问题。

2005 年第 5 次会议：原本主要目的之一是审定国际森林安排（IAF）的有效性、国际森林问题的走向和是否形成国际森林公约形成决议，但由于各国间分歧过大，最终未能达成共识，也未达成任何谈判性成果及决议，仅同意进一步考虑四项全球森林目标，及在未来的会议中继续对国际森林政治承诺问题进行磋商。

2006 年第 6 次会议：参会代表就如何修改 IAF 达成共识，要求在 UNFF7 上通过一项不具法律约束力的国际森林文书，并建议经社理事会将 2011 年定为国际森林年，通过宣传提高社会各界对森林的认识。同时通过了森林的四项全球目标：通过可持续森林管理，包括保护、恢复、造林和再造林，以及防止森林退化，扭转世界各地森林覆盖丧失的趋势；增强基于森林的经济、社会与环境效益，以及森林对实现全球发展目标的贡献；显著增加世界各地森林保护区和其他可持续管理林区的面积，提高可持续管理林区的森林产品所占比例；扭转在可持续森林管理方面官方发展援助减少的趋势，从各种来源大幅增加新的和额外的金融资源以实行可持续森林管理。

2007 年第 7 次会议：达成并通过了《关于所有类型森林的不具法律约束力文书》(简称《国际森林文书》)。《国际森林文书》是各国政府推进森林可持续经营的政治承诺，也是国际森林问题谈判的历史性里程碑和新起点。同时，会议通过了《2007～2015 年多年期工作计划》，决定于 2015 年确定是否启动具有法律约束力的"国际森林公约"谈判。然而，《国际森林文书》并没有包含支持履行森林文书的资金方案，这为发展中国家的履约工作带来很大困难，因此会议决定在 UNFF 8 上讨论并通过资金问题的解决方案。

2009 年第 8 次会议：通过了变化环境中的森林、加强合作以及跨部门政策与计划的协调、区域和次区域投入 3 个方面的决议。但各国仍未就资金机制达成共识，只得将这一问题在论坛未来的会议中再做讨论，同时会议同意在 UNFF9 召开前举行一次特别会议，针对资金问题进行讨论。2009 年 10 月召开了 UNFF 9 的特别会议，决定成立一个不限名额的政府间特设专家组 (AHEG) 为制定支持森林可持续经营融资战略提出建议，同时在 UNFF 秘书处建立森林资金协调机制 (FP)，协助发展中国家协调和简化现有资金渠道、获取资金等职能。

2011 年第 9 次会议：重点审议了实现 4 项全球森林目标和执行关于所有类型森林的无法律约束力文书的进展情况，但没有讨论资金机制的具体内容，而是针对 UNFF 第 10 次会议前资金问题谈判安排做出了如下决定：①邀请各国政府向 UNFF 提交关于森林资金问题的意见和建议；②以森林伙伴关系 (CPF) 名义召开一次森林资金问题磋商会议；③召开资金问题特设专家组第 2 次会议；④请 CPF 成员编写全球森林资金报告；⑤改善森林资金协调机制的相关工作。

此后，根据 UNFF9 特别会议和 UNFF9 的决定，在 UNFF 第 10 次会议前分别举行了森林资金问题特设专家组第 1 次会议和第 2 次会议，以及以 CPF 名义召开的一次组织倡议-资金问题磋商会议。第 3 次会议主要就国内、国际资金机制等问题进行讨论，并形成文件，提交 UNFF10 供大会就森林可持续管理融资问题作出决定。同时 CPF 的资金顾问小组也在 2012 年 6 月发布了《2012 年森林资金研究报告》，该报告从林业资金现状、现有及新出现的林业相关资金机制等 6 个方面分析了国际森林资金机制问题，也为各融资方案提出了建议。

根据 UNFF 的工作计划，国际社会将在 2013 年 4 月召开的 UNFF 第 10 次会议上就资金问题进行磋商，并做出决定。在 2015 年召开的 UNFF 第 11 次会议上就是否建立具有法律约束力的国际森林公约进行磋商。

3.2　联合国森林论坛第十次会议进展

联合国森林论坛第十次会议 (UNFF10) 于 2013 年 4 月 8～19 日在土耳其伊斯坦布尔市召开，各国政府代表、专家和国际组织人士等近 1300 人参加了会议。会议围绕着"森林与经济发展"总主题，讨论了森林与经济发展，实施森林可持续经营 (SFM) 的手段，以及新出现的问题如联合国可持续发展大会里约＋20 的成果、森林在联合国 2015 年后发展议程中的地位和未来国际森林安排(IAF)等涉及全球林业发展的重大问题。

4月8日，UNFF10在一整天的全体大会下拉开帷幕，4月9~11日相关各方通过一系列全体大会、圆桌会议和边会针对相关议题分享经验、提出建议，同时也表明了各自立场。4月12日起，参会代表分为两个工作组对UNFF10会议成果进行讨论，第2工作组讨论涉及森林与经济发展、执行森林文书和实现4项全球森林目标的进展情况、区域与次区域投入和加强合作及政策和方案的协调；第3工作组针对实施SFM的手段、新出现的问题和论坛信托基金进行了磋商。经过多日的意见交换与谈判，4月20日各国最终针对以上问题达成了2项决议："关于执行国际森林文书的进展、区域与次区域投入、森林与经济发展和加强合作等决议"和"关于新出现的问题、实施SFM的手段和UNFF信托基金等决议"。决议的主要内容包括：

(1)在执行国际森林文书的进展方面，鼓励成员国在提交给UNFF11的国家报告中纳入一些实施SFM的成功案例；鼓励森林伙伴关系(CPF)成员组织和成员国之间为履行国际森林文书在实施试验项目方面加强合作；简化提交给UNFF11的国家报告的指南和格式。

(2)在区域与次区域投入方面，号召加强SFM的合作以及加强森林和SFM在可持续发展中的作用。

(3)在森林与经济发展方面，强调森林对国家和当地经济及可持续发展的贡献；开发用于识别和评价森林多种价值的方法；将SFM综合到国家发展战略中；加强毁林与森林退化的应对措施；加强森林生态系统服务在经济发展中的作用；鼓励利益相关者参与；促进公共与私人部门在SFM中的投资；建立和加强法律框架及森林治理与制度框架；认识城市森林与树木的重要性并将其纳入城市规划之中。

(4)在加强的合作方面，呼吁加强信息分享，简化国家报告指南，加强CPF成员组织的森林相关活动的协调与整合，号召成员国结合本国实际情况就国际森林日(每年3月21日)组织开展庆祝活动。

(5)在新出现的问题方面，决定在2015年评估IAF的有效性，并建立一个开放式的政府间特设专家组(AHEG)来评估IAF的成绩和有效性。在该决议附件中对评估的内容与活动进行了专门阐述。

(6)在实施SFM的手段方面，承认森林融资架构体系取得了很大进展；邀请成员国采取全方位行动以加强森林融资，也包括在国家层面、区域层面和国际层面采取行动；鼓励成员国充分利用好全球环境基金GEF第五次增资方案及REDD+激励机制等现有的资金资源；呼吁收集关于森林资金流及私人部门SFM投资等方面的资料；考虑建立一个自愿的全球森林基金，作为各种融资选择和战略的一部分纳入到IAF总体评估中去考虑。

(7)在论坛信托基金方面，呼吁向信托基金捐资，以支持发展中国家参与AHEG的活动，并使UNFF秘书处能够顺利完成论坛休会期间的各项任务。

总体来看，本次会议对上述各个方面开展了讨论，其中一个最重要的磋商任务之一，同时也是最具争议性的议题就是，实施SFM的手段。实施SFM的手段主要包括技术转移、能力建设和森林融资三大方面。在前 2 个问题上各国并未进行深入讨论，但一些国家也强调，技术转移和能力建设是帮助受援国合理利用现有资金渠道，提高现有资金利用率的有效手段。而森林融资一直以来就是国际森林谈判的重点，加之 UNFF9 特别会议要求各国在本次大会上就资金问题做出决议，这无疑使森林融资问题引起了各国更多的关注。针对这一问题，发展中国家反复提议和强调建立一个全球森林基金的重要性，认为这将为森林可持续经营提供专项资金，也能够填补现有的资金缺口，应对资金在区域和议题上分配不均等问题。而发达国家认为森林融资问题没有单一的解决方案，在尚未获得 2015 年对 IAF 的评估结果之前建立全球森林基金有些为时过早，并且也有一些发达国家表示，只会在磋商有法律约束力的国际森林机制的背景下探讨建立全球森林基金的可能性。在探讨已有的森林资金中，许多发展中国家建议在 GEF 第六次增资方案（GEF - 6）中开辟 SFM 融资新领域，而一些发达国家认为只有在机制上有突破才会考虑融资新领域。由于双方观点对峙，大会最终通过折中妥协方式达成决议，即将建立全球森林基金问题作为 2015 年 IAF 评估的一部分，在 UNFF11 时再做决定，同时请 GEF 考虑加强对 SFM 的支持，如建立 SFM 的对口部门，在 GEF - 6 中有专门针对 SFM 的融资战略等。

作为 UNFF11 之前的最重要一次会议，本次大会为 IAF 的评估问题及未来走向做了充分的筹备安排，但未能解决多年来悬而未决的森林资金问题，而将其作为 IAF 未来安排的一部分在 UNFF11 中讨论，这无疑也为 2015 年 UNFF11 的谈判工作带来更多挑战。

3.3   联合国森林论坛第十次会议讨论新出现的问题

联合国森林论坛第十次会议（UNFF10）上针对国际森林新出现的问题，主要讨论了 4 个方面的内容：联合国 2015 年后发展议程、未来国际森林安排（IAF）特设专家组（AHEG）、具有法律约束力的森林公约和自然资本核算。

3.3.1   联合国 2015 年后发展议程

许多国家表示，联合国 2015 年后发展议程应该确保解决森林可持续经营问题。爱尔兰作为欧盟代表表示，联合国森林论坛应该鼓励各成员国将森林等自然资源的可持续经营作为 2015 年后发展议程的一个重要原则。印度尼西亚提出设定一个跨领域的可持续发展目标（SDG），该目标应包括消除贫困、公平与可持续发展、森林等内容。

加纳强调跨部门的沟通和联系，并且支持将生态系统维护列入 SDG。中国指出，在联合国 2015 年后发展议程中，森林在改善民生和消除贫困方面发挥重要作用。

美国和巴西敦促联合国森林论坛提供一个强有力的理由，将森林问题纳入联合国 2015 年后发展议程。新西兰和阿根廷警告，不要对联合国 2015 年后发展议程的进程进行预判，同时也呼吁将森林问题纳入联合国 2015 年后发展议程，并且为森林和自然资源设定 SDG。

中国呼吁加强政府间磋商。墨西哥和哥伦比亚表示，应该确保森林问题在联合国 2015 年后发展议程中得到广泛参与讨论。危地马拉提出，在联合国 2015 年后发展议程的背景下，联合国森林论坛对森林问题的讨论，还应该在其他相关进程中进行，如联合国气候变化框架公约和联合国防治荒漠化公约。

3.3.2　未来国际森林安排特设专家组

以斐济为代表的 77 国集团、中国、玻利维亚、土耳其、瑞士、伊朗、喀麦隆、斯威士兰、印度、欧盟、巴西、古巴，均支持设立一个政府间特设专家组对 IAF 的各个方面进行评估。关于 IAF 的特设专家组(AHEG)问题，联合国森林论坛秘书长已经在新出现的问题报告(E/CN. 18/2013/6)中提出了建议。考虑到 2015 年的国际森林安排评估，77 国集团和中国呼吁立即建立特设专家组。

古巴表示，特设专家组应该是开放式的。塞内加尔建议特设专家组在闭会期间会晤两次。中国支持在 UNFF11 召开之前举行一次特设专家组会议，并指出一直以来林业自身的独立性受到弱化、森林功能破碎化、林业部门被边缘化。土耳其强调财政紧缩，建议限制特设专家组会议次数。

美国、巴西、欧盟、新西兰、摩洛哥、肯尼亚强调，联合国森林论坛闭会期间特设专家组的工作任务应该清晰、简洁。喀麦隆表示，特设专家组应考虑中部非洲森林委员会所取得的进展。

77 国集团和中国指出，虽然应该邀请利益相关方提供建议，但是决策权应该由成员国掌握。巴西和阿根廷强调，特设专家组会议进程必须以各成员国为主导。巴西还进一步指出，森林合作伙伴关系(CPF)的作用是支持成员国。瑞士认为，IAF 的评估应该是一个独立的进程，并且应该有一个明确的方法。

古巴支持建立全球森林基金，并强调指出，全球森林基金应该与 IAF 的评估紧密结合。欧盟认为，2 年的 IAF 评估过程应该包括两个方面的内容：一是 CPF 各成员推进 IAF 情况的分析；二是国家和主要团体推进 IAF 情况的分析，并准备相关背景材料。

经过讨论，会议最终决定设立开放式的政府间特设专家组，以审议现行国际森林机制安排的有效性，包括 UNFF 的成效、执行现行国际森林文书的手段及森林合作伙伴关系成员机构的工作，以及国际森林文书与其他公约间的关系，并再次确认于 2015 年决定是否谈判具有法律约束力的国际森林文书。

3.3.3　具有法律约束力的国际森林文书

各国的立场体现了 3 种不同的意见。①表示赞成的，如菲律宾和土耳其呼吁建立一个具有法律约束力的森林文书，内容应涵盖森林可持续发展的所有支柱。土耳其认为，这将是实现森林可持续经营目标的最佳选择。②体现出一定的灵活性，如马来西亚对多边环境协定的扩散表示关切并指出，虽然 2015 年后具有法律约束力的森林公约的发展是开放式的，但是有必要评估这些公约对国家的影响。③表示反对，如巴西反对谈公约，主要是担心资源主权受到侵害，但呼吁设定一个特定机构来处理森林问题，并强调这不同于森林公约。印度也反对谈公约，主要是没有看到森林公约的意义及其可能获得的利益。

3.3.4　自然资本核算

欧盟要求联合国森林论坛秘书处进一步提供自然资本核算相关资料，包括世界银行"自然资本核算行动"和联合国统计委员会"超越 GDP"的自然资本核算举措等信息。

玻利维亚反对自然资本核算的概念，并认为人类中心主义的观点是将自然作为一种可以利用的资源，而原住民视自然为一个拥有权利的实体，因此人类中心主义的观点并不代表原住民的理念。布隆迪和瑞士支持自然资本核算。瑞士认为，自然资本核算对于国民经济核算中森林价值的定义具有重要作用，并且能够吸引林业以外的部门。阿根廷认为，既然自然资本核算是一个相对较新的概念，把它应用到 SFM 之前应该进行更多的分析。

刚果共和国呼吁加强区域和次区域合作，保护刚果盆地的雨林，并进一步强调，"森林可以自给自足"，呼吁支持地方和国家林产品的公平贸易。巴布亚新几内亚呼吁继续促进利益相关方合作，并强调木材行业采取行动的重要性。

加蓬呼吁采取体制措施来分享成果和资源，以帮助各国实现里约地球首脑会议和"里约 +20"做出的承诺，特别是发展中国家。

▶ 4 欧洲森林公约

4.1 欧洲森林公约谈判的背景与发展进程

　　根据最新的欧洲森林状况报告，目前欧洲森林面积为 10.2 亿公顷，覆盖着 45% 的土地，占世界森林总面积的 25%，其中绝大部分(80%)分布在俄罗斯。自 1990 年以来，欧洲地区森林面积持续扩张，每年增加约 80 万公顷；立木蓄积增加了 86 亿立方米，相当于德国、法国和波兰立木蓄积的总和。欧洲丰富的森林资源为社会提供着多种生态系统产品与服务，对促进欧洲地区可持续发展和改善福祉发挥了积极重要的作用，特别是在发展绿色经济、创造就业和收入、减缓气候变化等方面做出了巨大贡献。然而，欧洲森林也面临着诸如全球变暖和极端气候事件等多种挑战。全球经济危机进一步加剧了这些挑战，影响着欧洲林产工业的发展并削弱了对森林经营与管理的投资。欧洲也同样面临着不断增长的资源压力及其竞争性利用包括木质能源、木材生产、生物多样性保护及固碳等挑战。所有这些复杂的挑战不可能仅仅通过林业部门的措施来解决，而是需要加强泛欧洲地区的森林政策框架以应对这些挑战并加强欧洲的森林可持续经营。

　　为此，欧洲负责森林部门的部长们决定建立一个政府间谈判委员会(INC)，授权谈判达成一项全面的针对欧洲森林的具有法律约束力的框架协议(简称"欧洲森林公约")。这项历史性决定源于 2007 年在波兰华沙召开的第 5 次森林欧洲部长级会议，当时大会提议探索建立欧洲森林公约的可行性，并专门成立了 2 个工作组：第 1 个工作组于 2008 年 11 月至 2009 年 10 月受任研究实施森林公约的潜在价值增值以及该公约的多种可能的选择；第 2 个工作组于 2010 年 1～12 月受任研究制定关于欧洲森林公约决议的多种选择，并形成一个关于该公约的非正式文件(Non‑Paper)。2011 年于奥斯陆召开的第 6

次森林欧洲部长级会议则正式通过了关于谈判欧洲森林公约的奥斯陆授权（Oslo Mandate），并根据该授权正式建立了政府间谈判委员会。2012 年 2 月，政府间谈判委员会召开了第 1 次会议，正式开启了欧洲森林公约谈判的进程。

根据奥斯陆授权，政府间谈判委员会对森林欧洲（欧洲森林保护部长级会议）的签约国和观察员开放。自从 2012 年 2 月 27 日政府间谈判委员会（INC）启动第 1 轮谈判以来，迄今已经开展了 3 轮谈判。

欧洲森林公约第 1 轮谈判（INC – Forests1）：2012 年 2 月 27 日至 3 月 2 日在奥地利维也纳召开，来自 35 个国家的政府代表及欧盟代表参加了会议，日本政府及 16 个政府间组织和国际非政府组织作为观察员参加了会议。本轮谈判焦点是为政府间谈判委员会执行局编制欧洲森林公约案文初稿提供指导。在本轮谈判中，政府间谈判委员会对可能作为欧洲森林公约的非正式文件进行了考虑，并讨论了这种公约的可能的篇章结构。会议还确立了欧洲森林公约谈判的路线图，并督促政府间谈判委员会执行局尽快形成公约谈判案文的初稿。

欧洲森林公约第 2 轮谈判（INC – Forests2）：2012 年 9 月 3 ~ 7 日在德国波恩召开，来自 37 个国家的政府代表及欧盟代表，以及作为观察员的日本政府及 18 个政府间组织和国际非政府组织代表共 132 人参加了会议。本轮谈判中，重点对对欧洲森林公约案文初稿进行了初审。会议缔约方及观察员对案文初稿所提出的意见都综合到了修订案文中。除了全体大会之外，还通过两个工作组专门对这些修订意见进行了讨论，特别是对公约的总则、遵约机制、程序和最终条款等进行了讨论。本轮谈判还讨论了定义和术语问题，并认为这些定义和术语对公约来说非常关键，并提出在下一轮谈判之前召开专家会议讨论定义问题。会议还对谈判路线图及闭会期间的工作进行了修订。

欧洲森林公约第 3 轮谈判（INC – Forests3）：2013 年 1 月 28 日至 2 月 1 日在土耳其安塔利亚召开，来自 35 个国家的政府代表及欧盟代表，以及作为观察员的日本政府代表和 18 个区域和国际组织、生产者协会和非政府组织的代表共 150 余人参加了会议。本轮谈判重点是对第 2 轮谈判所形成的案文进行继续修订，接着前一轮谈判的讨论点即总则部分对案文进行了第 2 次审查，在第 2 次审查之后又从头开始进行了第 3 次审查，特别是重点讨论了序言、目标、原则和总则几个部分。会议还讨论了将欧洲森林公约纳入到联合国伞形结构之下的可能性问题，这也是谈判讨论的焦点问题之一。除了全体大会之外，本轮谈判还组织了两个工作组及非正式联络组对具体问题开展讨论。第 1 个工作组重点讨论将欧洲森林公约纳入到联合国伞形结构之下的可能性；第 2 个工作组则重点对谈判案文的遵约机制部分进行详细讨论；非正式联络组重点讨论的问题包括：可持续生产与消费、森林生物多样性，以及遵约机制。

由于谈判形势的需要，会议决定将本轮谈判暂告一段落，并在原定的第四轮轮谈判之前于 2013 年 4 月 3 ~ 5 日在俄罗斯圣彼得堡继续召开第 3 轮谈判，以便对谈判案文进行进一步审查，并深入考虑是否将欧洲森林公约纳入到联合国伞形结构之下的一些关键问题，以及进一步明晰谈判路线图特别是对 2013 年后期的安排进行明确。根据欧洲森林公约谈判路线图，第 4 轮谈判（INC – Forests4）将于 2013 年 6 月 10 ~ 14 日召开，对谈判案文进行最后的审议并落实公约的组织安排。

从欧洲森林公约谈判进展及各方立场来看，参会代表既对现有案文表现出较多共识，也表现出较多分歧。各方几乎一致认同建立欧洲森林公约的重要性，并认为现在是需要做出最终结果的时候。各方的主要分歧还在于是否将欧洲森林公约纳入联合国伞形结构之下。从各方的立场来看，支持纳入联合国伞形结构之下的代表在数量上占有绝对优势。从未来的趋势来看，2013 年最终采纳欧洲森林公约的可能性较大，但由于对案文存在着较多分歧，该公约也有可能面临被推迟采纳的风险。

4.2　欧洲森林公约谈判文案的主要内容

4.2.1　欧洲森林公约谈判案文的结构

根据欧洲森林公约第 3 轮谈判第 1 阶段的成果来看，案文主要包括 7 部分内容：序言、术语和定义、目标、原则、总则、章程、机构和其他程序、最后条款。

瑞士提出对案文的结构进行重新安排，并建议将案文分为如下 5 大部分，最新版本的案文中已经将这一提议纳入备选方案，留待后续谈判中进一步讨论。这 5 大部分包括：序言；第 1 章简介，包括术语和定义、目标、原则共 3 个条款；第 2 章缔约方的承诺/义务，包括总则和 6 个主题条款；第 3 章制度规定，包括缔约方大会（COP）、投票权、秘书处，以及遵约机制 4 个条款；第 4 章最后条款，包括争端解决机制，公约的修订，公约附录的采纳与修订，议定书，代管人，公约的签署，认可、接受、批准或加入，公约生效，保留条款，退出，以及正本共 11 个条款。

4.2.2　欧洲森林公约谈判案文的内容及案文审议进展情况

从公约的标题来看，目前谈判代表们对标题的措辞有不同的意见，案文中包括了 5 种选择：森林协议、森林公约、森林框架公约、森林框架协议、森林可持续经营框架协议。后续谈判中将对此进行讨论明确。

在序言部分，主要是强调森林的经济、社会、文化、环境等多重效益及其对可持续发展等发挥的关键作用，意识到社会对森林的不断增加的和变化的需求，强调可持续森林经营的重要性及采取措施实现森林可持续经营及相关目标的重要性，以及建立森林公约的必要性等。谈判代表们赞同大多数条款的内容，但同时也认为在措辞方面需要进一步考虑，并同意将整个序言部分留待后续会议进一步讨论。

在术语和定义部分，谈判代表们认为明确界定定义和术语是公约的重要组成部分，并同意借鉴 2012 年在西班牙马德里召开的国家领导行动专家会议的成果，对一些关键性术语包括森林、森林生态系统服务、商品与服务、非法采伐、国家森林计划、森林可持续经营、造林、森林恢复、森林破碎化、森林退化等进行界定。然而，具体如何定义这些术语，还存在着分歧，各方同意将这部分内容留待后续会议进一步讨论。

在目标部分，主要是明确森林公约的目标，各方表示如下条款有待以后进一步讨论：加强森林与林业在促进应对全球挑战方面的作用；为促进国家行动和国际合作提供指导框架；维持、保护、恢复和强化森林及其健康、生产力、生物多样性、生命力和应对各种威胁和自然灾害的弹性机制，以及森林适应气候变化的能力及在治理荒漠化中的作用。

在原则部分，阐明了各缔约方在执行森林公约中应该遵循的原则。各方表示该部分内容还需要留待以后进一步讨论，具体条款包括：认识到有关森林的共同利益与责任，各缔约方应根据本国的国情与需要负责本国领土内的森林可持续经营并制定和实施相关的政策；森林所有者与其他利益相关者应积极参与相关政策的制定与实施；加强各层面的跨部门合作与协调，并在制定部门政策时对森林可持续经营予以充分考虑。

在总则部分，主要是明确各缔约方的总体责任，包括帽子部分和6项具体的责任：①维护和适当加强森林资源及其对全球碳循环的贡献；②维持森林生态系统的健康与活力；③维持与鼓励森林生产性功能（木质与非木质产品）；④维持、保护和适当加强森林生态系统的生物多样性；⑤在森林经营中维持、保护和适当加强森林的防护功能（特别是土壤与水）；⑥维持森林的其他社会经济功能。对于该部分的大多数条款，谈判代表们同意留待后续会议进一步讨论。

在章程、机构和其他程序部分，包括4项内容：缔约方大会（COP）、投票权、秘书处、遵约机制。在第3轮谈判第1阶段，主要是讨论了缔约方大会（COP）、秘书处、遵循机制3个条款。在公约秘书处的设立和安排方面，还存在着分歧。在遵约机制方面，目前讨论了遵约委员会的设立、报告、各缔约方报告的评议及其他遵约条款。

在最后条款部分，包括11项具体条款：争端解决机制，公约的修订，公约附录的采纳与修订，议定书，代管人，公约的签署，认可、接受、批准或加入，公约生效，保留条款，退出和正本。对这部分内容，欧盟建议交由法律专家审阅。

4.3　欧洲森林公约谈判涉及的重要问题及其影响

4.3.1　欧洲森林公约谈判涉及的重要问题

欧洲森林公约谈判涉及的一个重要问题就是将欧洲森林公约纳入联合国伞形结构之下的可能性。谈判中提出了如下问题：①森林欧洲部长级会议是否签署该森林公约并交由联合国机构作为一项联合国条约而采纳；或②部长级会议本身是否将该公约作为非联合国条约而采纳。

对这个问题，联合国欧洲经济委员会（UNECE）、联合国粮农组织（FAO）、联合国环境署（UNEP）、欧洲林业研究所（EFI）都递交了申请，希望主持欧洲森林公约秘书处工作。每个组织都强调其能为欧洲森林公约秘书处提供服务的优势。EFI强调其对林业议题的技术专长。FAO 也强调其技术专长、对林业议题的前期积累以及擅长整合相关成果的优势。UNECE 表示其目前负责 5 个多边环境协议，既有区域性的又有全球性的，因此，不管该公约是作为欧洲的还是全球性的工具，它都有能力主持该公约的秘书处工作。UNECE 还解释道，该公约秘书处将由缔约方提供资金来维持其运行，如果该公约被采纳为一项联合国条约且 UNECE 被选为该公约的秘书处，那么位于日内瓦的联合国办公室将免费提供各种服务，包括翻译、会议协调和法律服务。UNEP 则强调其法律专长，以及该公约与 UNEP 目前已经作为秘书处服务的其他公约的可能的联系，表明了其在主持和服务于该公约方面的丰富经验。

除了上述 4 个机构之外，德国宣布正式申请在波恩承担该公约秘书处工作的任务，强调不管该公约是否纳入联合国伞形结构之下，它都会提出此申请要求。德国表示，波恩承办了多项协议或公约签署会议包括联合国气候变化公约，而且它很快将拥有一个新的世界会议中心。

由于多方的意见分歧，政府间谈判委员会同意留待以后再做出是否将欧洲森林公约采纳为联合国条约的决定。直到 2013 年 4 月在俄罗斯圣彼得堡举行的第 3 轮第 2 阶段谈判中，谈判委员会决定将欧洲森林公约纳入到联合国伞形结构之下，但将欧洲森林公约秘书处置于联合国系统内的什么地方则并未达成一致意见，预期将在 2013 年 6 月第四轮谈判中见分晓。

4.3.2 欧洲森林公约谈判对国际森林公约谈判可能产生的影响

从欧洲森林公约谈判进展及各方立场来看，参会代表对现有案文既表现出较多共识也有较多分歧。各方几乎一致认同建立欧洲森林公约的重要性，并认为现在是需要做出最终结果的时候。各方的主要分歧在于是否将欧洲森林公约纳入联合国伞形结构之下。从目前谈判结果来看，欧洲森林公约谈判委员会已经同意将欧洲森林公约纳入联合国伞形结构之下，但由谁来主持欧洲森林公约秘书处的工作尚未明确。从未来的趋势来看，2013 年最终采纳欧洲森林公约的可能性较大，但由于各方对案文存在较多分歧，该公约也可能面临被推迟采纳的风险。

从联合国森林公约谈判的情况看，2013 年 4 月联合国森林论坛第 10 次会议（UNFF10）已经在土耳其召开，为未来国际森林安排的评估及其未来走向进行了充分的准备。2015 年，联合国森林论坛将举行最后一轮谈判，并最终决定是否启动《国际森林公约》谈判。国际森林公约谈判目前已处于最终冲刺的关键阶段。而欧洲森林公约谈判一直走在前列，按照谈判路线图，欧洲森林公约案文预期将于 2013 年 6 月召开的第 4 轮谈判会议上进行终审，并预期在半年后的森林欧洲部长级特别会议宣布最终结果。欧洲森林公约一旦出台，将可能引导国际森林公约谈判，对国际森林公约谈判带来深刻影响。

附录 Ⅱ 世界森林资源与林产品贸易图表

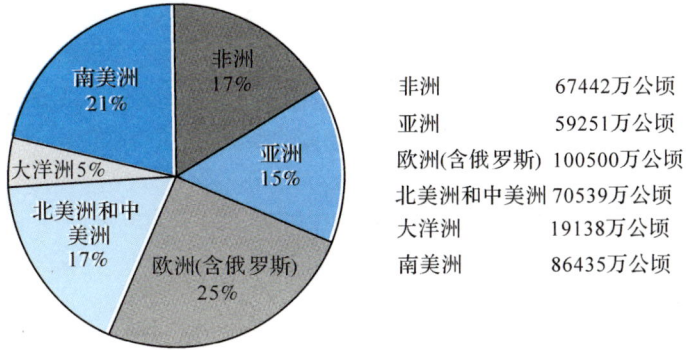

非洲	67442万公顷
亚洲	59251万公顷
欧洲(含俄罗斯)	100500万公顷
北美洲和中美洲	70539万公顷
大洋洲	19138万公顷
南美洲	86435万公顷

图1 世界森林资源分布图(2010 年)

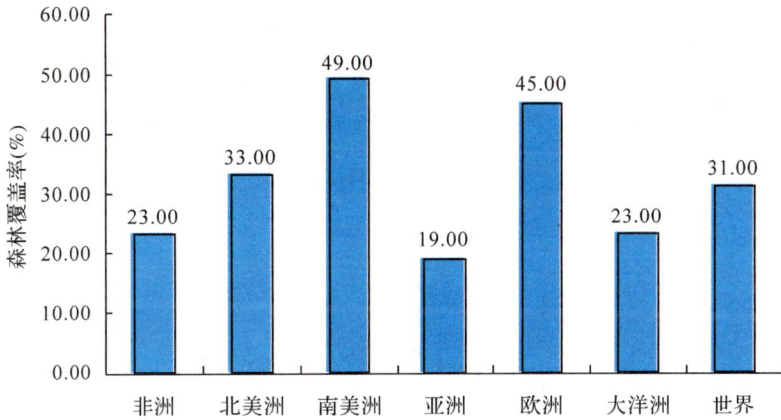

图2 世界各地区森林覆盖率(2010 年)

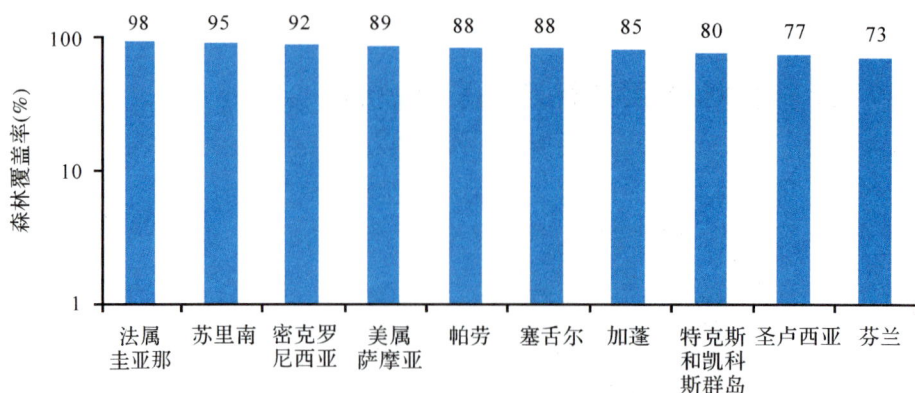

图3 森林覆盖率最高的10个国家（地区）（2010年）

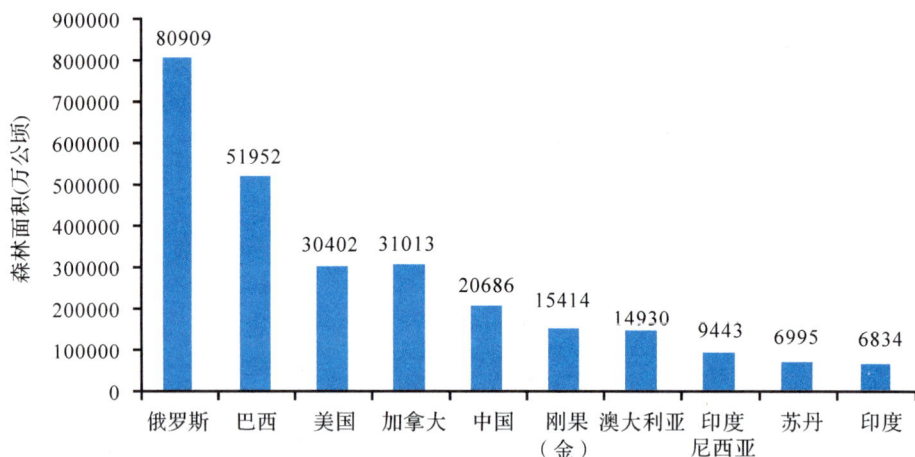

图4 森林面积最大的十个国家（2010年）

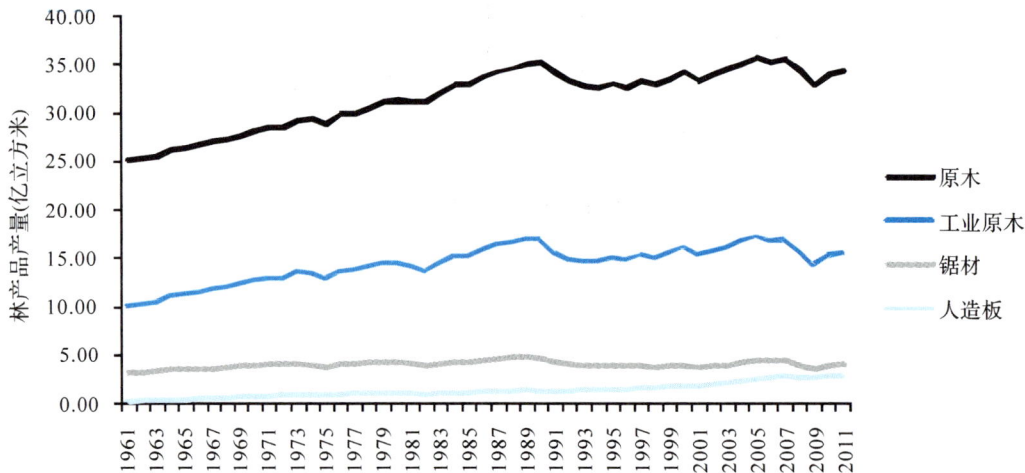

图5 历年世界主要林产品产量

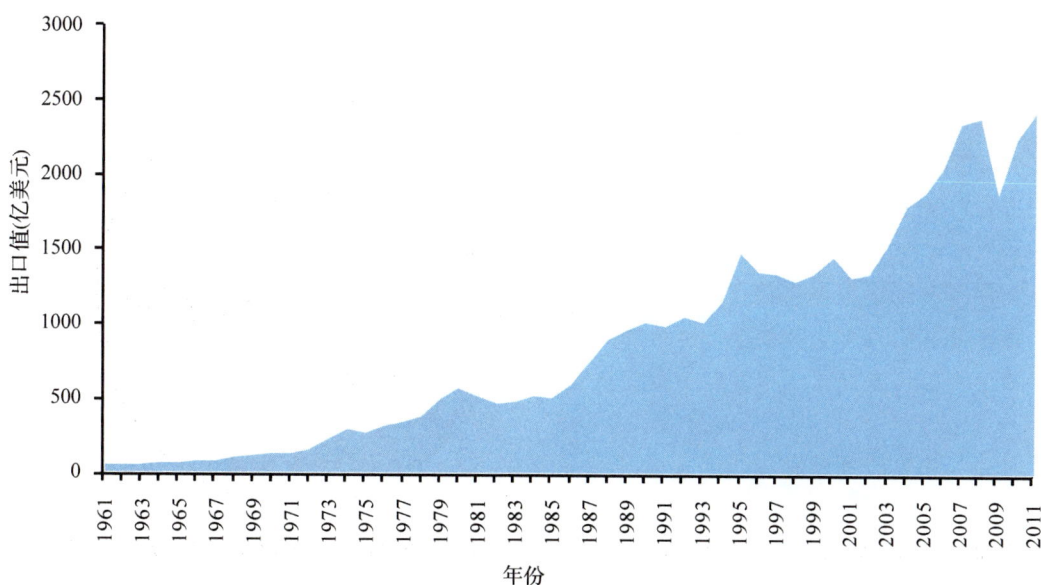

图6　历年世界林产品出口值

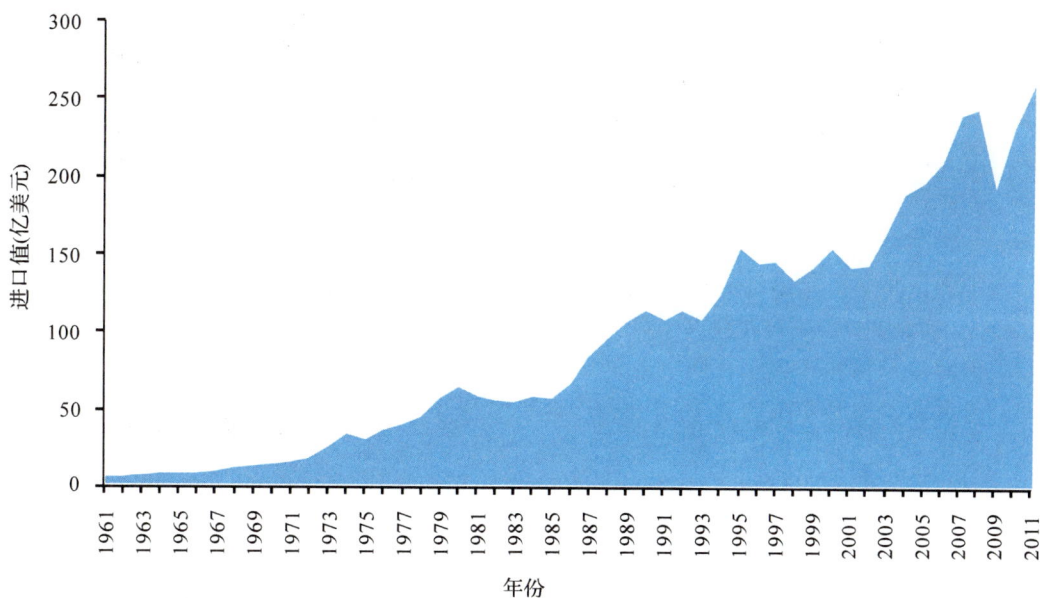

图7　历年世界林产品进口值（1961－2011）

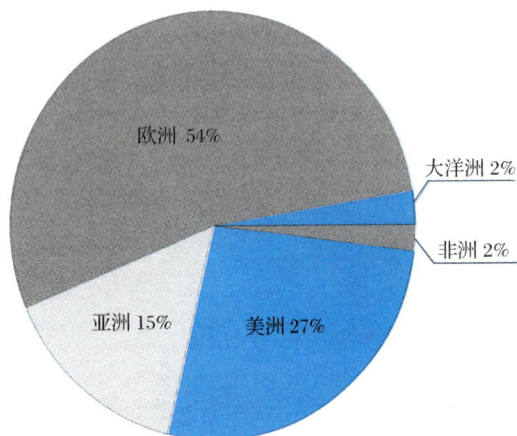

图 8 各地区林产品进口额占世界比例(2011 年)

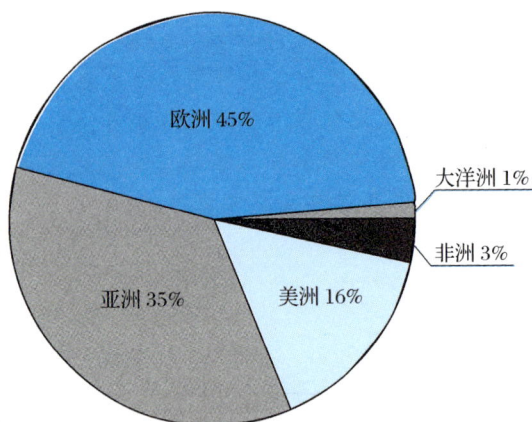

图 9 各地区林产品出口额占世界比例(2011 年)

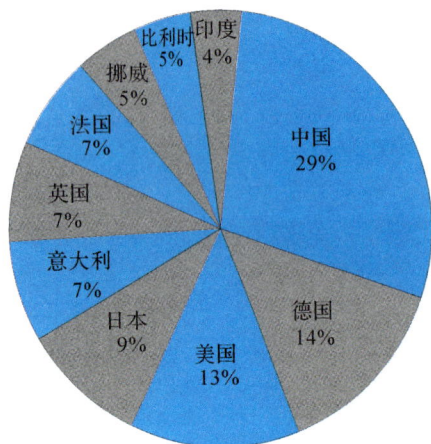

图 10 十大林产品贸易进口国(2011 年)

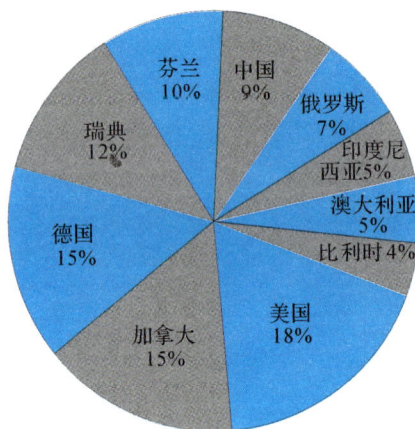

图 11 十大林产品贸易出口国(2011 年)

(附录Ⅱ的数据来源:FAO,2012)

附录Ⅲ　常用缩略语

英文缩略语	英文全称	中文名称
AFS	Australian Forestry Standard	澳大利亚林业标准(体系)
ATFS	American Tree Farm System	美国林场体系
AWG-KP	Ad Hoc Working Group on the Kyoto Protocol	京都议定书特设工作组
AWG-LCA	Ad Hoc Working Group on Long-term Cooperative Action	长期合作行动特设工作组
BioCF	The World Bank Bio Carbon Fund	世界银行生物碳基金
BREEAM	BRE Environmental Assessment Method	建筑研究所环境评估法
CCSP	U. S. Climate Change Science Program	(美国)气候变化科学计划
CCTP	U. S. Climate Change Technology Planning	(美国)气候变化技术规划
CDM	Clean Development Mechanism	清洁发展机制
CoC	Chain of Custody	产销监管链
CSA	Canadian Standards Association	加拿大标准化协会(体系)
CSR	Corporate Social Responsibility	企业社会责任
FAO	Food and Agriculture Organization of the United Nations	联合国粮食及农业组织
FCPF	Forest Carbon Partnership Facility	森林碳伙伴基金
FLEG	Forest Law Enforcement and Governance	森林执法与施政
FLEGT	Forest Law Enforcement, Governance and Trade	森林执法、施政与贸易行动计划
FSC	Forest Stewardship Council	森林管理委员会
GFTN	Global Forest and Trade Network	全球森林与贸易网络
IPCC	Intergovernmental Panel on Climate Change	政府间气候变化专门委员会
ISDR	International Strategy for Disaster Reduction	国际减灾战略组织
ITTO	International Tropical Timber Organization	国际热带木材组织
IUCN	International Union for Conservation of Nature	世界自然保护联盟
LCA	Working Group on Long-term Cooperative Action	(《联合国气候变化框架公约》)长期合作行动工作组
LEED	Leadership in Energy and Environmental Design	领先能源与环境设计建筑
LEI	Lembaga Ekolabel Indonesia	印度尼西亚生态标签研究所(体系)

LULUCF	Land Use，Land Use Change and Forestry	土地利用变化与林业问题
MTCC	Malaysian Timber Certification Committee	马来西亚木材认证委员会(体系)
NAMAs	National Mitigation Actions	国家缓减行动
NGO	Non-Governmental Organization	非政府组织
PEFC	Programme for the Endorsement of Forest Certification	森林认证认可计划(体系)
RED	Reducing Emissions from Deforestation	减少毁林排放
REDD	Reducing Emissions from Deforestation and Forest Degradation	减少毁林和森林退化排放
REDD +	Reducing Emissions from Deforestation and Forest Degradation，Plus Conservation, Sustainable Management of Forests and Enhancement of Forest Carbon Stocks	减少毁林和森林退化排放，以及森林保护、可持续经营和增加森林碳储量
SFI	Sustainable Forestry Initiative	美国可持续林业倡议(体系)
TFT	Tropical Forest Trust	热带森林信托基金
UNCEEA	The United Nations Committee on Environmental Economic Accounting	联合国环境经济核算委员会
UNDP	United Nations Development Program	联合国发展规划署
UNECE	The United Nations Economic Commission for Europe	联合国欧洲经济委员会
UNEP	United Nations Environment Programme	联合国环境规划署
UNFCCC	United Nations Framework Convention on Climate Change	联合国气候变化框架公约
VPA	Voluntary Partnership Agreement	合作伙伴关系协议
WWF	World Wild Fund for Nature	世界自然基金会